ENCYCLOPÉDIE DES TRAVAUX PUBLICS
FONDÉE PAR **M.-C. LECHALAS**, INSPECTEUR GÉNÉRAL DES PONTS ET CHAUSSÉES
Médaille d'or à l'Exposition Universelle de 1889

ARCHITECTURE ET CONSTRUCTIONS CIVILES

PLOMBERIE

EAU, ASSAINISSEMENT, GAZ

PAR

J. DENFER

ARCHITECTE
Professeur du cours d'Architecture et Constructions civiles
à l'École centrale des Arts et Manufactures

TUYAUTERIES. — APPAREILS D'ARRÊT ET DE PUISAGE
PRISES D'EAU, POMPES, COMPTEURS. — CANALISATION, RÉSERVOIRS D'EAU
APPAREILS UTILISATEURS D'EAU ET LEURS DÉCHARGES
CANALISATIONS DES EAUX RÉSIDUAIRES D'UNE PROPRIÉTÉ
GAZ, CANALISATIONS ET ACCESSOIRES
COMPTEURS ET RÉGULATEURS. — BRULEURS ET APPAREILS

PARIS
LIBRAIRIE POLYTECHNIQUE
BAUDRY ET Cie, LIBRAIRES-ÉDITEURS
RUE DES SAINTS-PÈRES, 15
MÊME MAISON A LIÈGE

ENCYCLOPÉDIE DES TRAVAUX PUBLICS

ARCHITECTURE ET CONSTRUCTIONS CIVILES

PLOMBERIE

EAU, ASSAINISSEMENT, GAZ

ENCYCLOPÉDIE DES TRAVAUX PUBLICS
FONDÉE PAR **M.-C. LECHALAS**, INSPECTEUR GÉNÉRAL DES PONTS ET CHAUSSÉES
Médaille d'or à l'Exposition Universelle de 1889

ARCHITECTURE ET CONSTRUCTIONS CIVILES

PLOMBERIE

EAU, ASSAINISSEMENT, GAZ

PAR

J. DENFER

ARCHITECTE

Professeur du cours d'Architecture et Constructions civiles
à l'École centrale des Arts et Manufactures

TUYAUTERIES. — APPAREILS D'ARRÊT ET DE PUISAGE
PRISES D'EAU, POMPES, COMPTEURS. — CANALISATION, RÉSERVOIRS D'EAU
APPAREILS UTILISATEURS D'EAU ET LEURS DÉCHARGES
CANALISATIONS DES EAUX RÉSIDUAIRES D'UNE PROPRIÉTÉ
GAZ, CANALISATIONS ET ACCESSOIRES
COMPTEURS ET RÉGULATEURS. — BRULEURS ET APPAREILS

PARIS

LIBRAIRIE POLYTECHNIQUE

BAUDRY ET Cie, LIBRAIRES-ÉDITEURS

RUE DES SAINTS-PÈRES, 15

MÊME MAISON A LIÈGE

—

1897

PREMIÈRE PARTIE

DISTRIBUTION DES EAUX

DANS LES PROPRIÉTÉS

CHAPITRE PREMIER

TUYAUTERIES

SOMMAIRE :

1. Tuyaux en fonte à emboîtements et cordons. — 2. Joint Doré. — 3. Tuyaux à bagues. — 4. Tuyaux à brides. — 5. Tuyaux en fonte système Petit. — 6. Tuyaux système Lavril. — 7. Tuyaux avec joints Marini. — 8. Joint en fonte Gibault. — 9. Essais des tuyaux en fonte, vérification de l'épaisseur. — 10. Altération de la fonte. Goudronnage. — 11. Pose de tuyaux de fonte en tranchée. — 12. Pose de tuyaux de fonte en élévation ou galerie. Supports. — 13. Réservoirs d'air. — 14. Tuyaux en plomb. — 15. Nœuds de soudure. — 16. Nœuds de plomb sur cuivre. — 17. Nœuds à empattements — 18. Tamponnages. — 19. Joints à brides sur conduites en plomb. Cuirs gras. — 20. Pose de tuyaux de plomb en tranchée. — 21. Pose de tuyaux de plomb en élévation. — 22. Branchements à raccords. Nourrices. — 23. Tuyaux en cuivre jaune ou laiton. — 24. Tuyaux en cuivre rouge. — 25. Jonction des tuyaux en cuivre. — 26. Tuyaux en fer taraudés. — 27. Tuyaux en fer à brides. — 28. Tuyaux en fer à raccords rodés. — 29. Raccord express Muller et Roger. — 30. Tuyaux en grès vernissé. — 31. Tuyaux en mortier de ciment. — 32. Détermination du diamètre des conduites. — 33. Table des tuyaux de conduites d'eau. — 34. Tableau sommaire. — 35. Débit des tuyaux à moitié pleins.

CHAPITRE PREMIER

TUYAUTERIES

---

1. Tuyaux en fonte à emboîtements et cordons.
— Les tuyaux en fonte à emboîtements et cordons sont très
fréquemment employés dans les canalisations soignées; ils
conviennent spécialement pour les conduites d'eau forcée sous
une pression considérable. Coulés de bout, ils ont une épaisseur régulière, et dans certaines usines on les essaye couramment à une pression minima de 10 atmosphères.

La figure 1 représente la coupe longitudinale des tuyaux

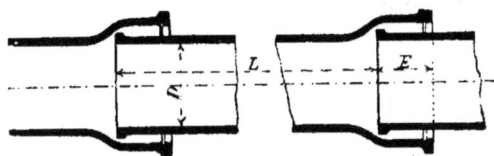

Fig. 1.

droits. L'une des extrémités est évasée en forme de tulipe;
c'est ce qui constitue l'*emboîtement*. L'autre est simplement
terminée par un *cordon* saillant. Les diamètres respectifs de
ces deux parties sont tels qu'après leur emboîtement il reste
un intervalle libre de 0^m,008 à 0^m,012, destiné à contenir le
joint étanche sur une longueur de 0^m,06 à 0^m,08.

Ce joint se fait au plomb fondu, coulé dans un godet en

terre glaise que l'on dispose autour du tuyau. Préalablement,
on a tassé au fond du vide de l'emboîtement quelques spires
de corde goudronnée, afin d'empêcher le métal de pénétrer
dans la conduite.

Le reste, c'est-à-dire les deux tiers environ du vide, est
rempli par le plomb. Ce dernier, refroidi et figé, tient dans
l'emboîtement par une légère conicité de l'alvéole, et aussi
par une rainure circulaire de $0^m,005$ disposée à la paroi
interne de la tulipe.

La figure 2 montre, à une plus grande échelle, les pro-

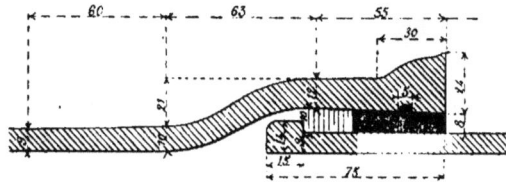

Fig. 2.

portions des diverses parties du joint pour une conduite
de $0^m,080$ de diamètre.

Lorsque le plomb est refroidi, on le mate extérieurement.
C'est également par le matage qu'on rend étanche tout joint
qui laisse filtrer la plus faible quantité d'eau.

Les tuyaux s'ajoutent ainsi les uns au bout des autres
pour constituer des conduites, et il est important de réduire
autant que possible le nombre des joints. On cherche donc à
obtenir des pièces de la plus grande longueur possible.

Il y a à distinguer entre la longueur totale d'un tuyau et
la longueur réellement utile L (*fig.* 1). Celle-ci est ordinairement : de $1^m,50$, pour les petits diamètres jusqu'à $0^m,045$
inclusivement ; de 2 mètres, depuis $0^m,050$ jusqu'à $0^m,070$;
de 3 mètres, depuis $0^m,075$ jusqu'à $0^m,250$; et 4 mètres, pour
les plus gros tuyaux jusqu'à $1^m,30$.

Voici, pour les petits diamètres qu'on est susceptible d'employer dans les usines ou dans les grands établissements, les

longueurs et poids des conduites [1] par mètre courant utile :

D, DIAMÈTRE intérieur en millimètres	L, LONGUEUR utile en mètres	POIDS EN KILOGRAMMES		D, DIAMÈTRE intérieur en millimètres	L, LONGUEUR utile en mètres	POIDS EN KILOGRAMMES	
		du tuyau	du mètre courant utile			du tuyau	du mètre courant utile
27	1m,50	10k, »	6k, 66	90	2m,50	60k, »	24k, »
38	1 50	12 »	8 »	90	3 00	66 »	22 »
41	1 50	14 25	9 50	100	2 50	65 »	26 »
45	1 50	15 »	10 »	100	3 00	75 »	25 »
50	2 00	24 »	12 »	110	3 00	81 »	27 »
54	2 00	27 »	13 50	120	3 00	90 »	30 »
60	2 00	30 »	15 »	127	3 00	99 »	33 »
65	2 00	33 »	16 50	135	3 00	105 »	35 »
70	2 00	36 »	18 »	150	3 00	120 »	40 »
75	2 50	50 »	20 »	165	3 00	135 »	45 »
75	3 00	57 »	19 »	180	3 00	150 »	50 »
80	2 50	55 »	22 »	200	3 00	174 »	58 »
80	3 00	60 »	20 »				

On exécute les tuyaux non seulement par grands bouts, tels qu'on vient de les décrire, mais encore par bouts de longueurs réduites permettant, par des combinaisons faciles, d'arriver à très peu près à telle longueur précise que l'on désire. C'est ainsi que l'on a des demi-bouts, des quarts de bout, dans un certain nombre de fonderies. On a en plus la ressource, lorsque l'on peut sacrifier un peu de temps, de commander les longueurs complémentaires spécialement

---

[1] Les dimensions des tuyaux à emboîtement et de leurs raccords, donnés dans cet article, sont ceux des fonderies de Pont-à-Mousson, Haldy-Rœchling et Cie.

n écessaires au cas dont on s'occupe. Le délai que demande alors la modification des modèles et la fabrication des pièces moulées est d'environ un mois. On facilite également ces combinaisons en fabriquant des bouts à deux emboîtements et aussi d'autres à deux cordons. Enfin on fait des pièces qui servent soit à changer les directions des alignements, soit à créer des branchements.

Tous ces tuyaux spéciaux portent le nom de *raccords;* ils ont aux 100 kilogrammes un prix supérieur à celui des tuyaux droits de grande longueur.

Les raccords qui servent à changer de direction sont les *coudes.* On les trouve dans le commerce sous les angles de 90° (coude au quart), de 45° (coude au huitième) et de 22° (coude au seizième). La figure 3 donne les tracés de ces trois sortes de coudes. On voit par ces dessins que ces coudes portent un cordon d'un bout et un emboîtement de

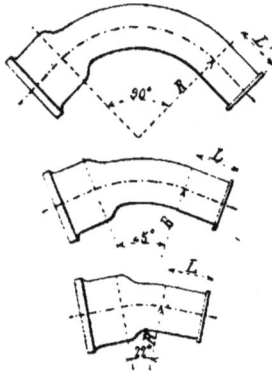

Fig. 3.

l'autre. En combinant ces coudes on peut obtenir des changements de direction très variables, surtout si on profite du jeu de l'emboîtement pour accentuer encore dans une certaine limite les changements de direction.

On nomme *manchons* des bouts de tuyaux de 0^m,400 de longueur et du diamètre des tulipes de la conduite. Ils servent à changer le sens des emboîtements, ou encore à varier la longueur d'un alignement pour faire tomber les joints en un point précis. Il s'en fait de droits et aussi de courbes ; ces sortes de raccords sont dessinés dans la figure 4.

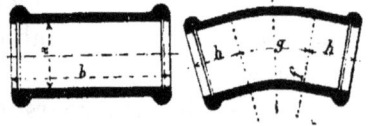

Fig. 4.

Lorsque, sur une conduite, on doit faire un branchement,
on se sert de manchons
à tubulures (*fig.* 5).
Comme aux autres, on
leur donne une lon-
gueur de 0^m,400 et
quelquefois plus pour
les gros diamètres.

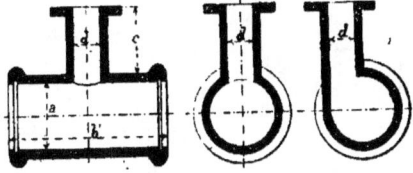

FIG. 5.

Le diamètre *d* de la tubulure est variable depuis 0^m,027,
sans pouvoir dépasser le diamètre de la conduite principale.
La tubulure peut avoir son axe rencontrant celui de la conduite et, par conséquent, être branchée au milieu du manchon ; elle peut aussi être tangentielle. Ces deux dispositions
sont indiquées dans la figure 5.

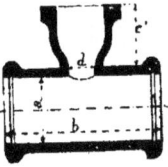

FIG. 6.

La tubulure peut être terminée par une
bride, de façon à pouvoir se relier à un robinet ou à un appareil quelconque ; elle
peut présenter soit un cordon, soit un
emboîtement (*fig.* 6), pour le cas où le
branchement se continue directement par
un alignement de tuyaux droits.

Les dispositions qui précèdent s'appliquent à des branchements perpendiculaires à la direction de la conduite principale, et de fait, dans la pratique, il en est presque toujours
ainsi. Si l'embranchement doit suivre une direction oblique,
on regagne cette direction au moyen de coudes convenables
consécutifs au branchement.

Si l'embranchement oblique était nécessaire dès le départ
de la conduite principale, il faudrait avoir recours à des
pièces faites exprès sur modèle spécial.

Le tableau suivant donne les principales dimensions des
raccords du commerce.

DIAMÈTRE INTÉRIEUR D de la conduite	COUDES		MANCHONS SIMPLES		MANCHONS A TUBULURES					MANCHONS COURBES au $\frac{1}{16^e}$		
	R, Rayon de courbure	L, Longueur de la partie droite	a	b	a	b'	c	d	e'	f	g	h
27	150	150	60	m/m 400	60	m/m 400	100	Le diamètre D de la tubulure est variable depuis 27 millimètres, sans dépasser le diamètre de la conduite principale.	150	»	»	»
38	150	id.	70	id.	70	id.	100		id.	»	»	»
41	150	id.	70	id.	70	id.	100		id.	»	»	»
45	150	id.	77	id.	77	id.	100		id.	»	»	»
50	150	id.	85	id.	85	id.	100		id.	»	»	»
54	150	id.	90	id.	90	id.	100		id.	»	»	»
60	200	id.	100	id.	100	id.	120		id.	»	»	»
65	200	id.	105	id.	105	id.	120		id.	»	»	»
70	200	id.	110	id.	110	id.	120		id.	»	»	»
75	200	id.	116	id.	116	id.	150		id.	»	»	»
80	230	id.	122	id.	122	id.	150		id.	»	»	»
90	230	id.	132	id.	132	id.	150		id.	»	»	»
100	500	105	142	id.	142	id.	150		id.	144	250	110
110	500	id.	152	id.	152	id.	150		id.	»	»	»
120	500	id.	162	id.	162	id.	150		id.	»	»	»
127	500	id.	170	id.	170	id.	150		id.	»	»	»
135	500	id.	178	id.	178	id.	150		id.	»	»	»
150	500	id.	193	id.	193	id.	150		id.	193	250	110
165	500	id.	208	id.	208	id.	150		id.	»	»	»
180	500	id.	224	id.	224	id.	150		id.	»	»	»
200	500	id.	244	id.	244	400 à 450	150		id.	246	250	110

Lorsqu'il est nécessaire de terminer par une bride une portion de conduite pour la jonctionner avec un appareil, on se sert de raccords appelés *bouts d'extrémités ;* ils sont figurés dans les dessins (1) et (2) du croquis 7. Suivant le sens des

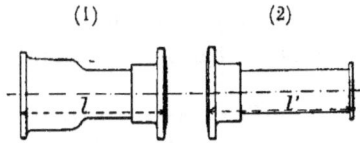

Fig. 7.

joints, on les prend soit à bride et emboîtement (1), soit à bride et cordon (2). Leur longueur est uniforme et réglée à 0^m,400.

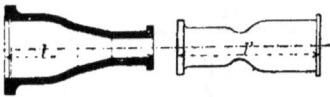

Fig. 8.

Les variations de diamètres, qui dans les conduites suivent les branchements, s'obtiennent au moyen de *cônes de réduction.* Ceux-ci sont représentés dans la figure 8. Ils ont 0^m,400 de longueur, comme les bouts d'extrémités, et ils se font aux diamètres des conduites à raccorder, avec l'emboîtement au petit ou au gros diamètre.

2. Joint Doré. — Lorsqu'une conduite est sinueuse, les joints à emboîtement ne laissent pas une grande latitude pour infléchir la conduite, et celle-ci présente alors des difficultés de pose que l'on évite avec le joint Doré. Dans le système Doré, la partie extérieure du cordon est de forme sphérique, forme qu'on obtient en faisant varier l'épaisseur. L'intérieur de la tulipe présente la même courbure en ménageant le jeu nécessaire pour faire le joint.

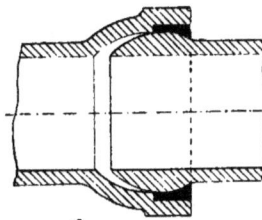

Fig. 9.

Cette disposition laisse une grande latitude soit pour établir des coudes de grand rayon et réguliers, soit pour suivre les sinuosités irrégulières d'un

parement de mur mal aligné, en conservant l'épaisseur du
joint et toute facilité pour le faire.

La coupe de ce joint, suivant l'axe longitudinal du
tuyau, est dessinée dans la figure 9.

3. Tuyaux en fonte à bagues. — Depuis longtemps
la ville de Paris emploie dans les égouts des tuyaux complètement cylindriques, sans aucun renflement ni saillie, que l'on
réunit par des bagues mobiles en fonte avec plomb interposé.
Ce sont les *tuyaux à bagues*. Ils sont représentés dans le
croquis de la figure 10. Les bagues se posent à cheval sur
les extrémités des tuyaux juxtaposés. Le plomb est tantôt

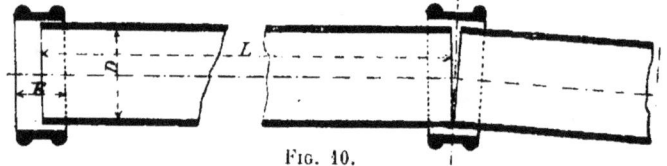

FIG. 10.

coulé et tantôt employé à l'état de rondelles très exactes,
préparées d'avance, et l'étanchéité est obtenue par le matage.

Cette disposition est surtout applicable aux tuyaux de
$0^m,100$, $0^m,150$, $0^m,200$ et au-dessus. Elle a été employée
pour la première fois par MM. Fortin-Hermann, à Paris.

Voici, dans le tableau ci-dessous, les dimensions des
tuyaux à bagues pour les conduites des trois diamètres qui
viennent d'être cités :

D, DIAMÈTRE intérieur en millimètres	L, LONGUEUR totale en mètres	E, LONGUEUR des bagues cylindriques	POIDS EN KILOGRAMMES du tuyau	de la bague cylindrique	poids total, bague comprise
100	$3^m,10$	80	78	$5^k,00$	83
150	id.	90	119	7 00	126
200	id.	100	164	11 00	175

Ces tuyaux, avantageux en galerie, où l'on peut surveiller les joints et remédier aux fuites par le matage, ne conviennent pas pour les canalisations abandonnées en terre ; le moindre tassement y dérange le plomb et donne lieu à des fuites qu'on ne peut étancher.

4. Tuyaux en fonte à brides. — Un mode de jonction, moins économique que le précédent, mais avantageux dans nombre de cas, consiste dans l'emploi de brides. Il s'emploie pour l'assemblage d'un tuyau avec une pièce spéciale quelconque. L'extrémité du tuyau est terminée par un disque normal à l'axe longitudinal et d'une largeur de quelques centimètres ; c'est la *bride* (*fig.* 11). Deux pièces adjacentes se jonctionnent par leurs brides mises en regard ; on les serre par une série de boulons répartis sur la circonférence.

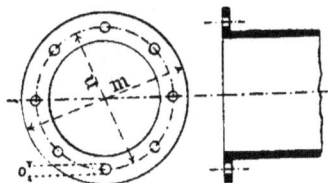

Fig. 11.

Le joint se fait par l'interposition d'un corps mou pouvant se comprimer énergiquement. Les brides peuvent être brutes, et alors la matière molle est ou du *cuir gras*, ou du *caoutchouc*, ou une rondelle *en plomb* garnie de filasse avec mastic de minium ou de céruse sur les deux faces. Il faut que la rondelle élastique ait dans ce cas une certaine épaisseur pour épouser toutes les irrégularités de la surface des brides.

Pour des travaux soignés on dresse les brides au tour ; on obtient ainsi des surfaces régulières qui s'appliquent exactement l'une contre l'autre, et il suffit d'une couche très mince d'une des matières molles citées tout à l'heure pour faire un joint solide.

On a vu qu'un grand nombre de raccords des tuyaux à emboîtement étaient terminés par des brides.

Voici les dimensions des joints à brides adoptés le plus généralement dans les conduites en fonte.

DIAMÈTRES intérieurs des conduites	27 à 45	50	54 et 60	65	70	75	80	90	100	110	120	127	135	150	165	180	200
m	140	140	170	175	180	185	200	210	220	230	240	240	255	280	295	320	350
n	110	110	135	135	145	145	155	174	174	185	200	200	212	235	240	265	290
o	17	17	17	17	17	17	17	20	21	21	21	21	21	21	21	21	21
p	3	4	4	4	4	4	4	4	4	4	4	4	5	6	6	6	6

Les joints à brides ne s'emploient pas pour relier les tuyaux d'une canalisation courante ; ils sont trop rigides et se cassent par la tension due au retrait lors d'une diminution dans la température de l'eau. Mais ils sont précieux pour fixer à une canalisation les appareils spéciaux, tels que des robinets-vannes, ou des raccords fondus sur modèles.

5. Tuyaux en fonte système Petit. — Par raison d'économie, on a construit des canalisations en fonte avec joints en caoutchouc d'une pose prompte et commode. Le principe consiste à loger le caoutchouc dans un encaisse-

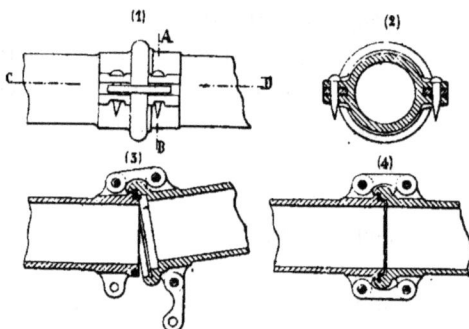

Fig. 12.

ment protecteur, où il se trouve fortement serré. Au nombre des meilleures dispositions se trouve le joint système Petit, représenté dans la figure 12.

Les extrémités des tuyaux présentent (4) : l'une, un cordon ; l'autre, un petit emboîtement ; de plus, deux paires d'oreilles doubles à la jonction.

On appuie le bout à cordon sur le sol au moyen d'une cale en bois, on pose la bague de caoutchouc, on présente le bout suivant sous une légère inclinaison (3), on réunit les oreilles au moyen d'une patte retenue par deux broches, et on fait abatage en redressant le dernier tuyau. On ajoute la seconde patte, et on la fixe au moyen de broches. Les pattes sont choisies de la longueur qui convient pour obtenir un bon serrage et l'on peut aussi prendre des broches plus ou moins grosses.

En (1), la figure 12 montre le tuyau vu de dessus ; en (2), elle représente la coupe verticale suivant AB ; en (3), elle donne la coupe verticale suivant CD au moment de l'assemblage ; enfin, en (4), elle présente cette même coupe lorsque le joint est terminé complètement.

Ces tuyaux sont minces, essayés à 10 atmosphères, et leur longueur utile est assez restreinte. Lorsque la pression n'est pas excessive, ils font un bon service. Les diamètres le plus généralement employés dans les usines et les grands établissements sont les suivants :

Diamètre intérieur :	$0^m,040$	$0^m,050$	$0^m,060$	$0^m,070$	$0^m,080$	$0^m,100$	$0^m,125$	$0^m,150$	$0^m,175$	$0^m,200$
Longueur utile :	1 00	1 00	1 25	1 25	1 50	1 50	2 00	2 00	2 00	2 00

Lorsque les conduites sont susceptibles d'éprouver de notables changements de température, les attaches par les pattes et les broches sont un peu rigides et les oreilles sont exposées à se casser. Dans les autres joints dont la description va suivre, on remarquera que les pièces qui servent au serrage du caoutchouc, au lieu d'appartenir aux deux bouts de tuyaux adjacents, ne sont reliées qu'à l'un de ces bouts,

ce qui permet au bout libre de se dilater à volonté, en faisant
céder légèrement la matière élastique.

D'autre part, les broches sont précieuses pour annuler les
efforts développés par la pression de l'eau, et qui pourraient, en tendant fortement la conduite dans le sens longitudinal, amener la disjonction des tuyaux.

6. Tuyaux en fonte système Lavril. — Une autre
disposition, établie sur le même principe d'une rondelle en
caoutchouc logée dans une rainure protectrice, est celle des
tuyaux système Lavril. La forme du joint est détaillée dans
la figure 13 ; le bout à emboîtement porte deux oreilles fixes
percées de deux trous opposés ; le bout à cordon vient péné-

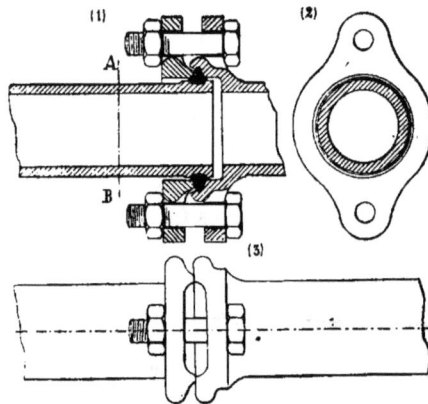

Fig. 13.

trer dans l'emboîtement, et le joint se fait par une bague en
caoutchouc interposée. Enfin, par-dessus, pour former serrage, on ajoute une bride mobile fixée par deux boulons.

Les oreilles se posent horizontales, afin de pouvoir serrer
les écrous de chaque côté de la tranchée. Il en résulte une
grande flexibilité de la conduite et un bon maintien dans le
cas de tassements inégaux du sol.

Les longueurs utiles des tuyaux Lavril, fabriqués aux

fonderies de A. Durenne à Sommevoire (Haute-Marne), sont
les suivantes :

Diamètres....	0ᵐ,040 à 0ᵐ,050	0ᵐ,060 à 0ᵐ,080	0ᵐ,100 à 0ᵐ,175	0ᵐ,200 et au-dessus
Longueurs ...	1ᵐ,25	1ᵐ,50	2ᵐ,00	2ᵐ,50

7. Tuyaux avec joint Marini. — La figure 14 donne
une variante de la disposition précédente, appelée, du nom
de son auteur, joint Marini. Ce joint consiste en un emboî-

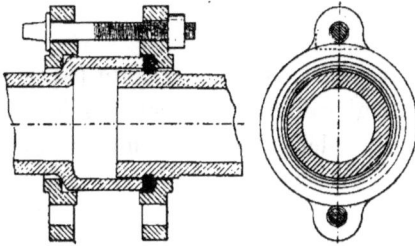

Fig. 14.

tement qui termine le bout d'un tuyau et un cordon qui
s'engage dans cet emboîtement. La bague en caoutchouc est
logée au bout de l'emboîtement et correspond à une rainure
tracée au milieu de la surépaisseur du cordon. On la serre
au moyen de deux rondelles mobiles en fonte, identiques
et opposées, fixées par des boulons : l'une presse le caoutchouc, l'autre vient prendre appui sur la saillie de l'emboîtement. Le joint est solide, et la dilatation de chaque bout de
tuyau se trouve parfaitement ménagée.

8. Joint en fonte Gibault. — M. Gibault a appliqué
aux canalisations en fonte un joint à bague en fonte avec
rondelles de caoutchouc ; il le nomme *joint universel*, parce
qu'il s'applique indistinctement à tous les tuyaux cylin-

driques sans emboitement ni cordon, ni saillie d'aucune
sorte, qu'ils soient en fonte ou en tout autre métal.

La figure 15 représente la composition de ce joint : A est
une bague centrale en fonte recouvrant les deux extrémités

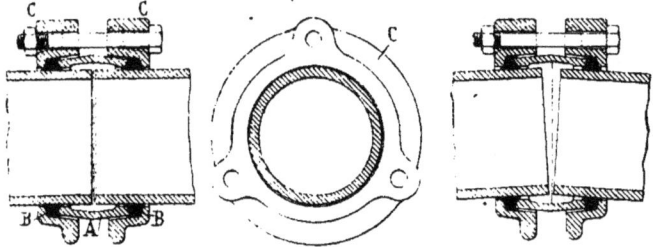

FIG. 15.

adjacentes des tuyaux à assembler. Cette bague est d'un diamètre tel qu'elle glisse facilement sur ces derniers. Intérieurement, elle est évidée, afin de permettre aux tuyaux des
inflexions notables ; extérieurement, elle est conique.

BB sont deux rondelles en caoutchouc vulcanisé, de section carrée, dont le diamètre extérieur est le même que celui
de la bague centrale à ses extrémités ; deux contrebrides en
fonte CC, évidées de manière à embrasser les extrémités de
la bague, viennent presser le caoutchouc par le serrage de
deux ou plusieurs boulons. Le joint est ainsi hermétique ;
de plus, les deux rondelles en caoutchouc forment deux
joints articulés qui permettent aux tuyaux des inflexions,
comme le montre le troisième croquis.

Le nombre des boulons d'un joint varie suivant le diamètre des tuyaux ; il est :

De	2	3	4
Pour les conduites de....	0,040 à 0,080	0,090 à 150	0,200 à 0,300

La disposition de ce joint permet une pose facile, même
dans l'eau, par le premier ouvrier venu ; le remplacement
d'un tuyau est de la plus grande simplicité. Ces avantages,

joints à une étanchéité complète, en font un joint de premier ordre. En raison de la mobilité du joint, il y a lieu,
aux changements de direction, d'annuler les tractions longitudinales qui peuvent s'exercer sur les conduites.

**9. Essais des tuyaux en fonte. — Vérification de
l'épaisseur.** — On essaie les tuyaux en fonte à la presse
hydraulique, afin de s'assurer qu'une fois en place ils résis-
teront à la pression de l'eau. Le principe de cet essai est
indiqué dans la figure 16.

On dispose le tuyau à essayer horizontalement sur un éta-

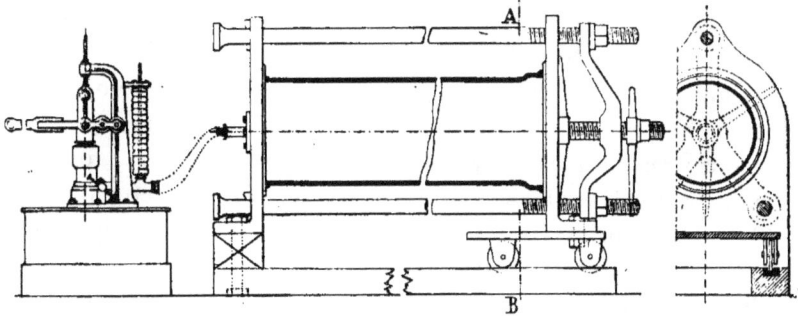

Fig. 16.

bli convenablement disposé. On adosse l'une des extrémités
contre un fond vertical fixe, en interposant une matière
élastique, telle que du cuir, pour faire joint ; on approche de
l'autre bout un autre fond semblable, mais mobile sur cha-
riot ; enfin, on réunit les deux fonds par trois boulons que
l'on serre fortement. On ferme ainsi la capacité du tuyau.

Une presse hydraulique se trouve du côté du fond fixe et
en communication avec lui. Sa soupape de sûreté est chargée du poids nécessaire pour correspondre à la pression
limite. On manœuvre la presse et on examine la paroi du
tuyau pour s'assurer qu'il n'y a aucun suintement ni aucune
fissure. Quand les défauts sont accentués, ils amènent de
suite la rupture de la pièce.

Indépendamment de l'essai à la presse, il faut s'assurer de
la régularité de l'épaisseur de la fonte. Si cette épaisseur est
constante sur la circonférence, on est d'autant plus sûr d'une
résistance maximum et d'un bon service dans l'emploi. On a
établi des compas d'épaisseur permettant de mesurer l'épaisseur de la fonte en un point quelconque ; l'un de ces compas
est indiqué dans la figure 17. C'est un instrument formé de
deux branches articulées droites terminées par un crochet

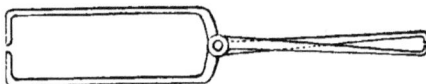

Fig. 17.

et auxquelles on donne toute la rigidité possible ; l'une des
branches est introduite à l'intérieur de la pièce à mesurer,
l'autre reste à l'extérieur, et on ferme le compas pour qu'il
y ait contact sur les deux faces entre la fonte et les crochets.
Les branches se prolongent en arrière de quantités égales
et sont recourbées ; elles accusent entre leurs deux pointes
la distance exacte des crochets, et on n'a qu'à lire l'épaisseur
ainsi accusée.

10. Altérations de la fonte. Goudronnage. —
Malgré la résistance que présente la fonte à l'oxydation, on
a constaté que les conduites en fonte ayant servi pendant
quelques années à l'écoulement de l'eau présentaient dans
certains cas des altérations sérieuses, avec boursouflement
de la paroi intérieure capable de diminuer la section et de
gêner très notablement le mouvement de l'eau.

On a remarqué aussi que certaines eaux avaient à un bien
plus haut degré que d'autres cette faculté oxydante, sans
que la composition accusée par l'analyse puisse faire prévoir
ce résultat.

On a alors cherché les moyens de préserver les parements
de la fonte de cet effet du contact de l'eau, et on a obtenu des

résultats satisfaisants en imprégnant celle-ci soit d'huile de lin pure, soit d'huile de lin siccative mélangée de cire.

Aujourd'hui, on a remplacé les produits précédents, qui reviennent à un prix très élevé, par le *coaltar* ou goudron de houille. On le rend fluide par la fusion à température élevée dans une chaudière profonde, en l'additionnant, au besoin, d'un peu d'huile de pétrole ; on y plonge les tuyaux verticalement, on les soulève ensuite et on les laisse s'égoutter au-dessus de la chaudière.

Le goudron forme ainsi une sorte de vernis qui protège la paroi du métal et cette opération se fait économiquement. On ne l'exécute, bien entendu, qu'après les essais, et après avoir laissé sécher les tuyaux, pour éviter les effets de la vaporisation rapide de l'eau au moment de l'immersion dans la chaudière à goudron.

Les usines vendent ainsi leurs tuyaux tout goudronnés, secs et prêts à être immédiatement employés.

Il faut bien se garder de goudronner à l'extérieur les tuyaux qui doivent être employés dans l'intérieur des pièces d'habitation, car il n'est pas possible de peindre à l'huile sur le goudron, et celui-ci ne disparaît que sous l'effet d'un lessivage des plus énergiques à la potasse pure, lessivage qui peut endommager les parois voisines.

11. Pose des tuyaux en fonte en tranchée. — Les conduites en fonte se posent souvent en terre ; on les met à une profondeur telle, qu'elles soient à l'abri de la gelée. Dans le climat de Paris, en terrain découvert, cette profondeur doit être de 1 mètre au moins.

On compose les tranchées d'alignements droits en plan, raccordés par des courbes en rapport avec les coudes cintrés des tuyaux ; la largeur des tranchées est au minimum 0^m,70 au fond, 1 mètre en haut, et on les augmente si, les berges ne se tenant pas, on se trouve obligé de les étrésillonner.

Dans le sens vertical, on emploie rarement des conduites de niveau ; si le terrain est horizontal, on leur donne néanmoins une faible pente de quelques millimètres par mètre, vers un point bas où l'on se ménage la possibilité de les vider. Si la longueur est grande, et qu'on ne puisse avoir partout une même pente, on sectionne le tuyau en alignements à pleins jalons dans les sens convenables ; mais il faut aux points hauts se ménager la possibilité de purger l'air qui peut s'y cantonner, de même qu'aux points bas il faut pouvoir vider l'eau.

La tranchée une fois faite et réglée comme pentes de fond, on dépose les tuyaux sur l'une des berges, afin de déterminer la position des joints lorsqu'ils sont à emboîtement ; il faut, en effet, pour dégager les joints, y faire des niches, c'est-à-dire creuser des poches au fond de la fouille, de manière à rendre commode le coulage et le matage du plomb. Avant de faire le joint, on met successivement les tuyaux bien en position et on les cale afin qu'ils ne puissent bouger.

Lorsque les conduites font des coudes, il y a une réaction intérieure due au changement de direction de l'eau qui tend à ouvrir les joints. On s'y oppose en butant ces coudes contre des cales en maçonnerie de terre ou de mortier, bien appuyée contre le terrain. C'est une précaution qu'il ne faut pas négliger de prendre avec les conduites importantes comportant des coudes brusques.

Lorsqu'on peut le faire sans grande dépense, il est bon de remblayer en sable ou en terre fine sableuse, exempte de pierres, le fond de la tranchée, en foulant cette terre ou ce sable sous le tuyau de manière à le soutenir sur toute sa longueur, et ensuite on achève de remplir la tranchée avec la terre que l'on a extraite en faisant la fouille. Si on a de l'eau à sa disposition on l'emploie avec avantage à inonder la tranchée à mesure qu'on remblaye, afin d'obtenir de suite tout le tassement possible ; pour le sable, l'effet est immédiat. Dans presque tous les terrains, on peut, en agissant ainsi, faire rentrer dans la fouille toute la terre qui en était sortie, à la condition d'ajouter le *damage* à l'action de l'eau quand il s'agit de terre argileuse et en général de remblai autre que le sable pur.

12. Pose de tuyaux de fonte en élévation ou galerie. — Supports. — Lorsque les canalisations en fonte courent horizontalement le long des murs, il faut les soutenir; on les porte sur des crochets, en fer pour les petits diamètres, et plus généralement en fonte pour les diamètres supérieurs à $0^m,100$. Ordinairement on en met un par tuyau, immédiatement en arrière de la tulipe d'emboîtement. La figure 18 donne l'élévation et le plan d'un de ces supports, exécuté en fer. C'est une tige à section carrée, légèrement

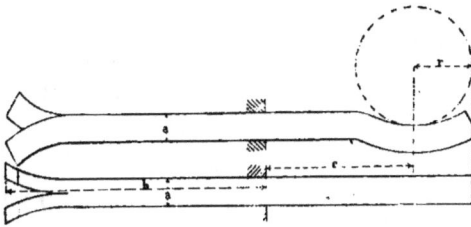

Fig. 18.

cintrée au point qui reçoit le tuyau, assez forte pour le soutenir en porte-à-faux, et terminée par une queue de carpe pour le scellement. Les hachures indiquent le parement du mur.

Pour des tuyaux d'un diamètre intérieur de :

0,050	0,060	0,070	0,080	0,090	0,100

Les dimensions de ces supports peuvent être :

$a = 0,020$	0,025	0,025	0,030	0,030	0,030
$c = 0,100$	0,100	0,100	0,110	0,120	0,120
$h = 0,120$	0,120	0,120	0,150	0,150	0,150

Pour les conduites de petits diamètres verticales, en même
temps que pour les coudes qu'il est nécessaire de mieux
maintenir, en raison des efforts
de réaction de l'eau, on emploie avec avantage les colliers
en deux pièces figurés dans les
trois croquis de la figure 19.
On emploie encore cette sorte
de supports lorsqu'une conduite
doit être suspendue au plafond
horizontal d'un sous-sol.

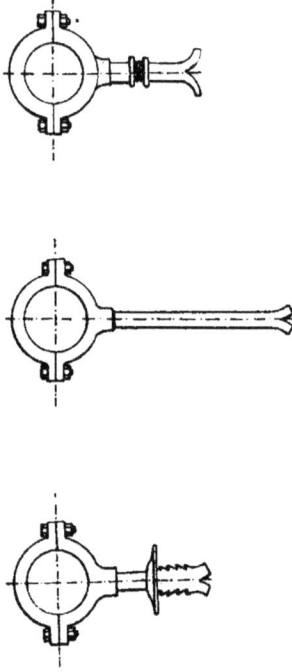

Lorsque les tuyaux sont d'un
diamètre supérieur à $0^m,100$ on
emploie presque toujours pour
les conduites horizontales des
supports en fonte, auxquels on
donne la forme la plus avantageuse pour la résistance; la
tablette supérieure qui reçoit le
tuyau est doublée d'une nervure
verticale qui lui donne la section d'un double **T**, et dont la
hauteur croît jusqu'au point
d'insertion dans le mur.

Fig. 19.

En ce point, la nervure est élargie pour éviter de couper
la maçonnerie.

L'extrémité de la tablette est cintrée pour retenir le tuyau,
et en arrière une nervure courbe continue le cintre, afin de
caler le tuyau du côté du mur. La figure 20 donne, dans ses
quatre croquis, la représentation complète d'une de ces consoles, celle qui correspond au diamètre de conduite de $0^m,100$.

Lorsque les longues conduites en fonte sont susceptibles
de contenir des liquides chauds, il faut prendre les systèmes
de joints les moins rigides et disposer les canalisations de
telle sorte que leur dilatation puisse se faire aussi librement
que possible. On prend alors les genres de supports qui ont

été indiqués pour les conduites de vapeur dans notre ouvrage *Fumisterie, Chauffage et Ventilation.*

Dans les galeries d'égout ou de sous-sols, lorsque l'on a à supporter un certain nombre de conduites et que les questions de pente ne s'y opposent pas, on simplifie beaucoup la création des supports, en les constituant par des traverses en fer carré, à **T** ou à double **T**, sur lesquelles on

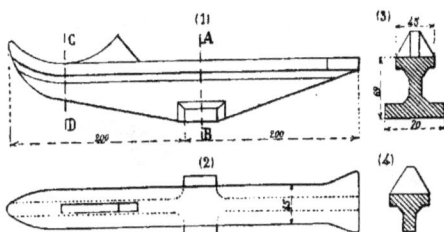

Fig. 20.

place toutes les conduites, écartées l'une de l'autre à la distance convenable. C'est une solution à adopter dans bien des cas.

Il faut prendre comme principe de ne jamais sceller les canalisations à leur traversée dans les murs ou planchers. On leur ménage un passage suffisant pour qu'elles puissent les franchir avec un isolement de quelques centimètres au pourtour et on régularise les parois de la baie par un tuyau de drainage ou une poterie de dimensions appropriées. On évite ainsi que le plus léger tassement ne vienne briser les tuyaux et, en cas de fuite, on prévient l'inondation des maçonneries des murs toujours très longues à assécher. Enfin, en cas de réparation, on simplifie singulièrement la main-d'œuvre.

13. Réservoirs d'air. — Lorsque l'eau arrive dans une conduite en fonte avec une abondance irrégulière et une vitesse à chaque instant variable, il se produit des bruits et des chocs qui sont gênants et préjudiciables à la solidité des

joints. On régularise l'écoulement et on obtient une vitesse
à peu près constante par l'emploi des réservoirs d'air.

Ce sont des récipients communiquant largement avec la
conduite et que l'on maintient pleins d'air. Cet air se comprime sous les fortes pressions, en donnant un logement provisoire à l'excès d'eau, qui reprend son écoulement dans les
moments où son affluence diminue.

Les croquis (1) et (2) de la figure 21 montrent les formes
les plus ordinaires de ces réservoirs que l'on construit

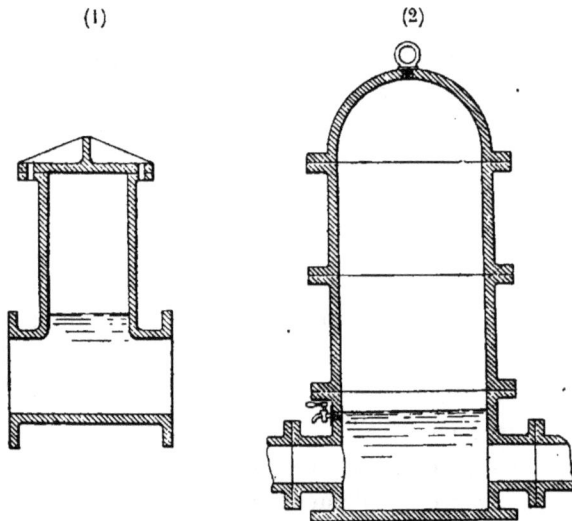

Fig. 21.

presque toujours en fonte et auxquels on donne une capacité
en rapport avec la régularisation à produire.

On peut encore établir un réservoir d'air sur une conduite
verticale, en le constituant par un renflement ménageant une
capacité annulaire autour d'un bout de conduite verticale,
ainsi que le montre le croquis (1) de la figure 22.

Lorsque sur une conduite horizontale on n'a pas de place
pour loger un des réservoirs figurés plus haut, on peut encore
l'établir en contre-bas, au moyen de la disposition dessinée au
croquis (2) de la figure 22, en créant sur un branchement ver-

tical un réservoir annulaire analogue à celui du croquis (1).
Mais on n'emploie ce moyen qu'accidentellement ; il est
défectueux en ce sens que la communication avec la conduite
n'est pas assez immédiate ni de section suffisante.

(1)   (2)

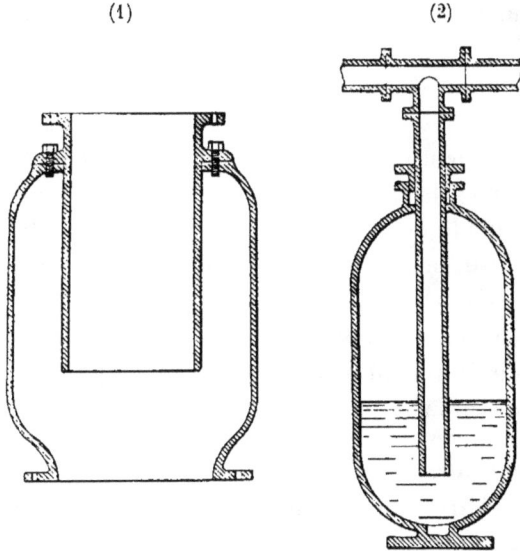

Fig. 22.

L'air enfermé dans les réservoirs est en contact direct
avec la surface liquide et se dissout d'une façon constante
dans l'eau sans pression, de telle sorte que, si on ne le
renouvelait pas, il ne tarderait pas à disparaître.

On peut le renouveler par des moyens mécaniques lorsqu'on dispose d'une force motrice, en l'injectant au moyen
d'une petite pompe à air. On peut en introduire périodiquement au moyen d'un jeu de robinets formant une
écluse à air ; mais c'est un inconvénient d'avoir à faire
cette manœuvre de temps en temps.

Lorsque l'alimentation de la conduite se fait par une
pompe dont l'aspiration est en contre-bas, on met sur l'aspiration un petit robinet analogue à un purgeur, et de

quelques millimètres de diamètre. Il se fait par ce robinet, que l'on nomme un *reniflard*, une petite introduction d'air qui se mélange à l'eau et vient se cantonner en passant dans le réservoir d'air ; cela compense à tout instant la perte en air qui se fait par dissolution.

On peut réduire dans une notable proportion la dissolution de l'air dans l'eau en établissant dans le réservoir d'air un flotteur qui diminue la surface de contact ; mais on a à combattre les mouvements désordonnés du flotteur et le bruit qu'il peut produire, si on ne le guide pas convenablement.

Enfin, dans le cas où le réservoir d'air est établi de telle manière que le mouvement de l'eau n'y soit pas tumultueux et que la surface du liquide change seulement de niveau, tout en restant tranquille, on peut remplacer le flotteur par une couche d'huile, qui empêche tout contact entre l'air et l'eau ; on entretient cette couche au moyen d'un robinet graisseur ordinaire.

14. Tuyaux en plomb. — Les tuyaux en fonte qui viennent d'être décrits sont absolument rigides, il faut construire leurs branchements, leurs déviations et les portions courtes d'alignements au moyen de pièces spéciales dont les combinaisons sont difficiles à produire et quelquefois à se procurer. Dans tous les cas, il y a multiplication des joints. On n'a pas tous ces inconvénients avec les tuyaux exécutés en plomb. On est parvenu à produire très régulièrement à la presse hydraulique des tuyaux dans lesquels le métal repoussé par la pression sort à l'état de cylindre d'un seul morceau, sans qu'il y ait besoin de soudure longitudinale. Dans les applications, ces tuyaux se coudent et se plient avec la plus grande facilité pour suivre les passages les plus variés. On trouve dans le commerce des tuyaux en plomb de diamètres variables depuis 0m,010 jusqu'à 0m,110, avec des épaisseurs de 0m,0015 à 0m,007.

Le tableau suivant donne les poids au mètre linéaire des tuyaux de fabrication courante :

DIAMÈTRES intérieurs en millimètres	POIDS D'UN MÈTRE COURANT DE L'ÉPAISSEUR DE :									
	1 millimètre 1/2	2 millimètres	2 millimètres 1/2	3 millimètres	3 millimètres 1/2	4 millimètres	4 millimètres 1/2	5 millimètres	6 millimètres	7 millimètres
	kg.	kg.	kg.	kg.	kg.	kg.	kg.	kg.	kg.	kg.
10	0.65	0.85	1 »	1.40	1.65	2 »	2.30	2.65	3.40	»
12	0.75	0.90	1.03	1.60	2 »	2.20	2.60	3 »	3.85	»
13	0.85	1 »	1.40	1.80	2.05	2.50	2.80	3.20	4 »	5 »
16	1.10	1.30	1.65	2 »	2.40	3 »	3.25	3.70	4.70	5.70
18	1.30	1.50	1.80	2.20	2.60	3.10	3.55	4 »	5.10	6.20
20	»	1.70	2 »	2.45	2.95	3.40	»	4.45	5.50	6.75
25	»	»	2.40	3 »	3.55	4.15	»	5.35	6.65	8 »
27	»	»	2.75	3.15	3 80	4.40	»	5.65	7 »	8.40
30	»	»	3.20	3.50	4.20	4.90	»	6.25	7.70	9.25
35	»	»	»	4 »	4.80	5.55	6.35	7.15	8.75	10.50
40	»	»	»	»	5 »	6.25	7.15	8 »	9.85	11.75
45	»	»	»	»	»	»	7.95	8.90	10.95	13 »
50	»	»	»	»	»	»	8.75	9.80	12 »	14.10
55	»	»	»	»	»	»	9.80	10.70	13.05	15.35
60	»	»	»	»	»	»	»	11.60	14.10	16.70
65	»	»	»	»	»	»	»	12.40	15.10	18 »
70	»	»	»	»	»	»	»	13.35	16.25	19.20
80	»	»	»	»	»	»	»	15.15	18.40	21.70
95	»	»	»	»	»	»	»	17.80	21.60	25.45
110	»	»	»	»	»	»	»	20.50	24.80	29.20

Les tuyaux de 0^m,010 à 0^m,035 sont livrés en couronnes de 10 mètres ; ceux de 0^m,040 à 0^m,055 se trouvent en couronnes de 7 à 8 mètres ; enfin, de 0^m,060 à 0^m,110, on se les procure par bouts de 4 mètres.

Pour faire les canalisations d'eaux forcées, on emploie plus généralement les tuyaux de :

0,005 d'épaisseur pour les diamètres de 0,010 à 0,013
0,006   —   —   de 0,016 à 0,025
0,007   —   —   de 0,027 à 0,110

Pour faire les canalisations d'eaux sans pression, on adopte d'ordinaire les épaisseurs :

De 0,03, pour les faibles diamètres jusqu'à   0,013
De 0,04, pour les diamètres de.......... 0,016 à 0,025
De 0,05   —   .... 0,027 à 0,110

15. Nœuds de soudure. — La jonction des tuyaux bout à bout s'effectue d'ordinaire au moyen de *soudures* que l'on nomme des *nœuds*, en raison de la saillie qu'elles forment sur les conduites.

On donne également le nom de *soudure* à un alliage d'étain et de plomb qui sert dans cette opération et que l'on a préalablement coulé en longues baguettes. Cet alliage est formé pour les travaux de plomberie de parties égales des deux métaux; il est bien plus fusible que le plomb.

Cela posé, lorsque l'on veut faire *un nœud de soudure*, on commence par préparer un emboîtement des extrémités des tuyaux, coupés avec un couteau et un marteau à la longueur voulue avec un léger excédent. L'une des extrémités, celle de gauche dans le croquis (1) de la figure 23, est diminuée au marteau de matière à restreindre le diamètre, et, au couteau, on enlève la surface afin d'obtenir un métal très brillant en même temps qu'on amincit le métal. On fait à l'autre bout l'opération inverse : on l'écarte avec une *toupie en bois*, sur laquelle on frappe, et on décape au couteau extérieurement et intérieurement. On met les

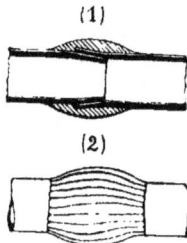
Fig. 23.

extrémités en contact, et le tuyau est prêt pour la soudure. On établit plusieurs supports provisoires auxquels on attache les deux bouts de manière qu'ils ne puissent bouger.

On a fait fondre pendant ce temps de la soudure et on la maintient à température élevée ; on la prend avec une cuiller et on en fait couler sur le joint de manière à échauffer le plomb ; on saupoudre de résine, de cire ou de suif pour maintenir les surfaces décapées, et il arrive un moment où la soudure commence à adhérer au plomb. L'ouvrier plombier cherche à la retenir de la main gauche avec un tampon fait de plusieurs doubles de chiffons de laine ; en appuyant convenablement au pourtour, il la répartit jusqu'à faire le bourrelet indiqué sur la figure. Il prend alors un outil que l'on nomme un fer, ayant une forme de toupie et longuement emmanché en fer avec poignée d'extrémité en bois. Avec le fer fortement chauffé, l'ouvrier plombier appuie sur la soudure avec soin pour former sur la surface du nœud les côtes régulières qui, dans la figure 23, sont indiquées, sur l'élévation de ce joint. On assure ainsi le parfait contact de la soudure et du plomb et une plus grande étanchéité du joint. Les ouvriers habiles font ainsi des nœuds parfaitement réguliers et arrêtés par des cercles bien perpendiculaires à la longueur du tuyau.

On donne beaucoup de netteté à ces joints en limitant, au moyen d'un peu de noir de fumée délayé à la colle et étendu au pinceau, les portions de plomb qui doivent prendre la soudure ; là où est la peinture, la soudure n'adhère pas.

L'on emploie beaucoup maintenant, pour faire les jonctions qui précèdent, la lampe à alcool,

FIG. 24.

figurée dans le dessin 24. Dans un cylindre en cuivre, muni d'un fond et d'une poignée, se trouve un foyer à alcool ordinaire ; au-dessus est disposé un récipient fermé, avec bouchon

vissé supérieur fermant un orifice par lequel on verse une
petite quantité d'alcool. La lampe inférieure, étant allumée,
chauffe cet alcool, le met en ébullition et produit un courant
de vapeur qui s'échappe par le tuyau indiqué en ponctué ;
celui-ci, courbé convenablement, dirige la vapeur horizontalement et lui fait traverser la flamme, en la débitant par un
orifice restreint. Il en résulte un jet horizontal puissant
formant une flamme allongée, que l'on utilise pour les travaux de soudure.

Avec cette flamme on chauffe le plomb, tel qu'il a été
préparé pour le joint ; dès qu'il est chaud, on le frotte de
suif et on approche l'extrémité d'une baguette de soudure
qui, au contact de la flamme, se met à fondre. L'alliage,
trouvant le plomb à température convenable, adhère de
suite, et, lorsqu'on a accumulé la quantité convenable pour
pouvoir faire le joint, on l'égalise au tampon de laine et on
fait les côtes en fer chaud, comme précédemment.

L'inconvénient de la lampe à alcool, outre le prix élevé
de ce combustible, est que l'on ne peut pencher la lampe
sans déplacer l'alcool du récipient ; dès que celui-ci est hors de la flamme, il ne bout plus et le dard diminue.

On fait maintenant des lampes à souder au pétrole, qui n'ont pas les inconvénients qui viennent d'être indiqués. L'une d'elles est représentée dans la figure 25. La forme générale est sensiblement la même, mais le récipient supérieur est supprimé. Un réservoir A

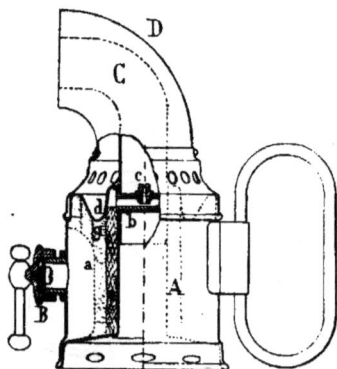

Fig. 25.

contient l'essence de pétrole, retenue par des matières
spongieuses *e*. L'emplissage a lieu par la tubulure B munie
d'un bouchon à vis. La paroi supérieure est ondulée et forme

un godet *d* dans lequel on verse un peu d'essence que l'on allume. La chaleur produite échauffe la lampe ; l'essence se vaporise et dégage par l'orifice *c* un jet que l'on allume. L'air arrive pour alimenter la combustion par les trous que l'on voit au pourtour, et aussi par un conduit qui traverse verticalement la lampe en son milieu ; la flamme forme un dard, gros et allongé, que l'on recourbe par un ajutage à double paroi CD; l'air passe entre ces parois, s'échauffe et entoure la flamme en augmentant sa température.

La chaleur dégagée se transmet par le métal des enveloppes à la lampe et entretient le dégagement des vapeurs de pétrole.

Cette lampe donne plus de sécurité que la lampe précédente à alcool, son jet est plus puissant et permet de diminuer le temps de la main-d'œuvre; de plus, on peut sans inconvénient l'incliner même fortement; mais elle demande plus d'attention et des ouvriers plus exercés.

16. Nœuds de plomb sur cuivre. — On peut également employer les nœuds de soudure pour jonctionner un tuyau de plomb avec une *douille* en cuivre, le bout d'un robinet par exemple; le même alliage de jonction suffit. Il faut seulement commencer par décaper et étamer le cuivre; on le trempe dans un acide, puis on le plonge de suite dans un bain de soudure fondue; on le retire étamé.

On élargit le tuyau de plomb à la toupie, afin de lui faire envelopper la douille, et on fait la soudure par les moyens précédemment décrits.

17. Nœuds à empattement. — Lorsque l'on veut brancher un tuyau de plomb sur une conduite en même métal, on emploie encore la soudure et on fait ce que l'on nomme un *nœud à empattement*. On commence par percer dans la conduite, au moyen d'une tarière courte, un trou au point de branchement, de diamètre assez faible. A l'aide d'une tringle en fer et d'un marteau on frappe successivement sur tout le pourtour du trou; on agrandit celui-ci en refoulant le plomb et on l'amène à un diamètre voisin de celui du branchement, mais un peu plus petit. On décape au couteau la surface du plomb qui doit recevoir l'alliage, et l'on tient la conduite immobile par un ou deux supports provisoires, auxquels on l'attache.

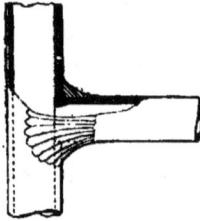

Le branchement, de son côté, est taillé en cône extérieurement au moyen du couteau, battu au marteau pour le *rétreindre* légèrement; puis il est présenté dans le trou de la conduite et attaché solidement à un support pour l'immobiliser.

FIG. 26.

Cela fait, on procède à la soudure, comme il est dit pour les nœuds ordinaires.

18. Tamponnages. — Si la conduite doit se terminer après le dernier branchement, on la bouche au moyen d'un *nœud de tamponnage*. La conduite étant coupée d'équerre au couteau, on commence par la *rétreindre* au moyen d'un maillet de bois dur, de manière à diminuer insensiblement le diamètre et à refouler le plomb jusqu'à obturation complète; le bout se trouve alors arrondi régulièrement; mais, sous une pression un peu forte ou continue, ce matage ne suffirait pas pour assurer l'étanchéité. On fait par-dessus le plomb, que l'on décape au couteau pour la circonstance, un nœud de soudure

FIG. 27.

qui est le *tamponnage*. On chauffe le plomb à la lampe, on y fond l'alliage à la flamme; on l'étend et on procède avec un fer à la façon des côtes. Le bout ainsi exécuté est légèrement plus gros que le tuyau.

19. Joints à brides sur conduites en plomb. — Cuirs gras. — Lorsque la jonction de deux tuyaux en plomb est susceptible d'être démontée, ou lorsqu'ils se trouvent

dans une position telle qu'un nœud de soudure ne puisse
s'exécuter facilement ni se préparer d'avance, on adopte un
joint à brides. On prend des brides mobiles en fer, bien planes,
percées au milieu d'un trou dont le diamètre correspond,
sauf un léger jeu, au diamètre
extérieur du tuyau, et portant en
outre des trous pour les boulons
qui doivent effectuer le serrage.
Pour les petits diamètres, jusqu'à
0^m,050 par exemple, deux boulons
suffisent; au-delà, il est préférable d'en mettre trois.

Quand on veut faire un joint
à brides, on commence par présenter les deux tuyaux de plomb,
en leur laissant un excédent de
longueur de 2 centimètres environ ; on passe dans chaque
bout une bride, et par dessus on

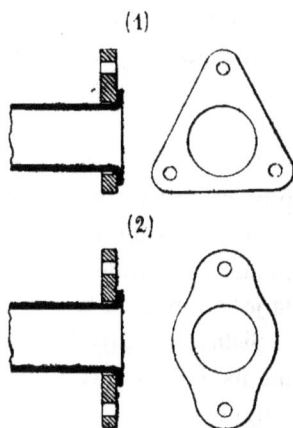

Fig. 28.

rabat l'excédent de manière à en former un large *collet*,
bien réparti comme épaisseur sur le fer. Les brides se présentent alors suivant les croquis (1) ou (2) de la figure 28.

Il ne reste plus qu'à interposer la matière élastique qui
fera le joint. Cette matière est : ou une rondelle de cuir gras,
ou une rondelle de caoutchouc. On met les brides opposées
bien en regard et on serre avec les boulons, en rendant la
pression aussi régulière que possible.

20. Pose de tuyaux de plomb en tranchée. —
Lorsque l'on doit poser des tuyaux en plomb dans le sol, il
faut commencer par faire une tranchée assez profonde pour
que les tuyaux soient à l'abri de la gelée. Dans le climat de
Paris, il gèle jusqu'à 0^m,90 à 1 mètre au maximum dans
les endroits découverts; c'est à cette profondeur de 1 mètre
à 1^m,10 qu'il est prudent de descendre.

La tranché e doit être assez large pour qu'un ouvrier puisse y travailler facilement et on adopte couramment $0^m,70$ pour la largeur au fond.

Le fond de la tranchée doit être en pente bien régulière, afin qu'on puisse vider la conduite jusqu'à la dernière goutte, si besoin est.

Lorsque le sol est irrégulier, on maintient la pente du fond à pleins jalons, en donnant en chaque point à la tranchée une profondeur suffisante.

Le plomb est apporté en couronne ; on en soude l'extrémité à la conduite déjà posée ; on le développe en longueur, puis on le bat avec un maillet ou avec un marteau, par l'intermédiaire d'un morceau de bois un peu long, jusqu'à obtenir une rectitude parfaite. On relève seulement le bout pour la jonction avec la couronne suivante.

Si la configuration du sol est telle qu'une seule pente à pleins jalons soit impossible, on fractionne la conduite en longueurs partielles, chacune à pleins jalons, séparées par des points bas ou des points hauts. .

En ces points on établit des regards en maçonnerie, traversés par la conduite, et assez grands pour qu'un ouvrier puisse s'y introduire et y travailler ; on les termine supérieurement par un tampon mobile en fonte. Si le regard correspond à un point bas, on y établit sur la conduite un robinet purgeur qui permet de vider complètement le liquide, soit pour éviter la gelée, soit pour toute autre raison.

Si le regard correspond à un point haut, on met également sur le dessus de la conduite un petit robinet ; il sert à purger l'air, lorsqu'en s'accumulant il détermine des irrégularités dans le fonctionnement de la canalisation.

Quand on dispose d'une pente très faible, on régularise la rectitude du tuyau en le posant sur une sorte de volige goudronnée, placée au fond de la fouille, bien réglée de pente. Elle permet de rendre la pose très précise.

21. Pose de tuyaux de plomb en élévation. — En galerie ou en élévation, le principe de la pente reste le

même, c'est-à-dire qu'on doit régler les déclivités de la conduite et de ses branchements, de telle sorte que les tuyaux
puissent se vider entièrement par une manœuvre facile ; de
plus, il faut supporter les tuyaux par des appuis assez rapprochés : 0^m,40 à 0^m,50 au plus.

Ces supports sont, dans les travaux économiques, des
crochets à pointes de forme spéciale que l'on enfonce au
marteau dans le parement des maçonneries (*fig.* 29, 1).
Pour les travaux plus soignés on emploie des colliers à scellement (2) en feuillard contourné et que l'on prend soin de
galvaniser.

Enfin, dans les points où le tuyau doit être très solidement

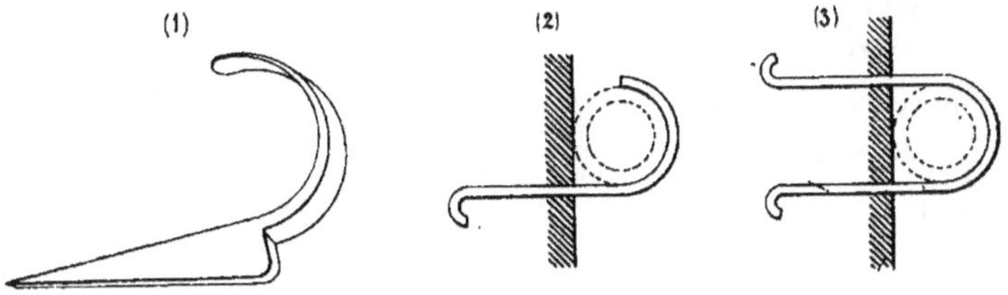

FIG. 29.

fixé, lorsqu'il est susceptible de recevoir des efforts de traction, au point d'insertion d'un robinet de puisage par
exemple, on prend des colliers à deux scellements, tels que
l'indique le croquis (3) de la même figure.

Lorsqu'on dispose de très peu de pente, et que le vidage
de la conduite s'impose, on règle cette pente en posant la
conduite sur une suite de tasseaux en bois bien dressés qui
permettent une rectitude absolue dans la pose ; les tasseaux
sont tenus par des pattes, tandis que le tuyau est néanmoins
maintenu par des colliers.

Enfin, si un tuyau est susceptible d'être déposé, en cas de
nettoyage des appareils auxquels il accède, on emploie les
colliers à deux pièces, représentés dans la figure 19.

Lorsqu'une canalisation parcourt les différents comparti-
ments d'un édifice, les tuyaux doivent traverser les murs
de séparation pour passer d'une pièce dans une autre. Il est

de principe, en bonne construction, de ne jamais sceller les
tuyaux dans les murs traversés ; on évite ainsi des bris en
cas de tassements ; on ménage les dilatations; enfin, on facilite les recherches des fuites, tout en évitant les inondations
dans l'épaisseur des maçonneries.

On laisse les passages assez grands pour permettre le
démontage des tuyaux et le passage de leurs extrémités,
joints compris, et ordinairement on régularise l'orifice en le
garnissant d'un tuyau en poterie, en grès, ou en métal
(cuivre, zinc, fonte ou fer), que l'on scelle, et qui dépasse de
0^m,02 les parements du mur. Ces tuyaux se nomment des
fourreaux.

Dans la traversée du plancher, on emploie également des
fourreaux pour éviter le scellement des canalisations ; seulement on prolonge ces fourreaux de 0^m,80 à 1 mètre dans
la pièce supérieure, afin de protéger la base du tuyau en
plomb contre les chocs auxquels il est exposé, et pour cela
on les exécute, suivant les cas, en cuivre, en fonte, ou en fer,
avec l'épaisseur suffisante.

Quand on étudie le tracé d'une canalisation, il faut prendre
comme principe que dans les étages les conduites horizontales sont toujours gênantes, et n'admettre au-dessus du sol
que des conduites verticales et des branchements aussi
courts que possible.

Les conduites horizontales doivent circuler en sous-sol et
atteindre tous les points où une colonne montante est nécessaire pour aller directement aux appareils des locaux
desservis.

Les canalisations en plomb sont, à diamètre intérieur égal,
d'un prix bien plus élevé que les canalisations en fonte ;
mais elles présentent l'avantage de se plier en tous sens et
de suivre les chemins les plus tortueux, alors que la fonte
exige de grands alignements droits. Celle-ci devient onéreuse dès que le nombre des pièces de raccord augmente,
et en même temps la multiplicité des joints expose à des
fuites plus nombreuses.

22. Branchement à raccords. — Nourrices. —

Lorsqu'en un point précis d'une canalisation en plomb on peut prévoir l'emplacement d'un branchement, on simplifie le travail ultérieur en plaçant en ce point une pièce spéciale de forme sphérique, montée à raccords et sur laquelle on fait le branchement. Cette pièce à raccords est représentée dans le croquis (1) de la figure 30. La pièce est représentée, après branchement fait, dans le croquis (2).

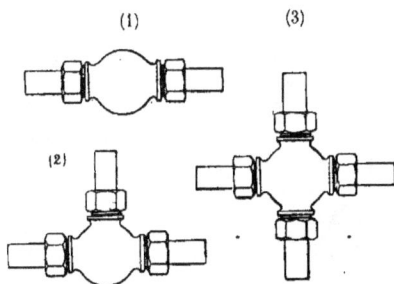

Fig. 30.

Enfin, le croquis (3) montre cette même boule avec deux branchements; sur les quatre conduites ainsi concourantes l'une peut alimenter les trois autres, et pour cette raison la pièce sphérique porte souvent le nom de *nourrice*.

Lorsqu'une conduite doit alimenter un certain nombre de branchements, commandés chacun par un robinet de manœuvre fréquente, on remplace la conduite dans une partie de sa longueur par une nourrice portant le nombre des branchements nécessaires. A l'origine de chaque branchement, on met un robinet d'arrêt. La réunion de tous les robinets, bien étiquetés suivant leur destination et enfermés dans une même case, rend des services bien importants dans la manœuvre de tous les jours.

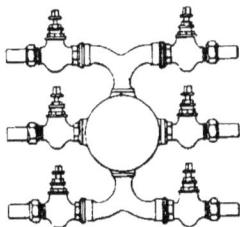

Fig. 31.

La nourrice qui se trouve à l'origine de tous les branchements doit avoir un certain développement.

La figure 31 donne la forme d'une nourrice sphérique donnant naissance à six tuyaux, dont un d'arrivée, et cinq pour des branchements desservis chacun par un robinet.

Quand le nombre de branchements augmente, on est obligé d'abandonner la forme sphérique et de prendre une forme cylindrique.

La figure 32 en donne un modèle : le robinet d'introduction étant en bas, par exemple, il donne accès au moyen de la nourrice à l'origine de sept branchements, munis chacun d'un robinet de commande permettant de régler le service, et aussi d'effectuer une réparation par l'arrêt du seul branchement intéressé. Ce sont des dispositions que l'on a fréquemment à appliquer, dans les maisons à loyer par exemple.

On cherche dans le sous-sol de la maison un local isolé qui soit directement accessible par le couloir des caves, et on le munit d'une porte pour le fermer à clef. C'est dans ce local que l'on fait arriver le tuyau d'amenée de l'eau. On le jonctionne avec une nourrice de forme convenable, qui servira de point de départ de tous les branchements et on munit chacun d'eux au départ d'un robinet d'arrêt. Tous ces robinets portent une étiquette en tôle émaillée donnant l'indication de la destination du branchement; de plus, après le robinet d'arrêt, on met un purgeur permettant de vider la conduite partielle, si besoin est.

On conçoit la commodité de service que donne une pareille disposition ; mais la dépense est augmentée, puisque presque toujours chacun des tuyaux doit présenter un plus grand développement pour arriver à la nourrice ou pour en repartir.

23. Tuyaux en cuivre jaune ou laiton. — Les tuyaux en cuivre jaune ou laiton sont employés pour les canalisations de gaz et pour les fourreaux de passage dans les murs ou les planchers. Voici un tableau des poids, dia-

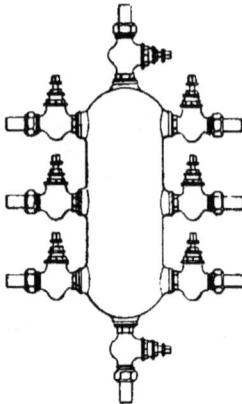

FIG. 32.

mètres et épaisseurs des tuyaux le plus généralement employés pour ces usages :

TUYAUX EN LAITON

DIAMÈTRES extérieurs en millimètres	POIDS DU MÈTRE COURANT POUR LES ÉPAISSEURS DE :					
	1 millimètre	1 millimètre 1/4	1 millimètre 1/2	1 millimètre 3/4	2 millimètres	2 millim. 1/4
10	0^k, 240	0^k, 292	0^k, 340	0^k, 385	0^k, 427	»
15	0 373	0 458	0 540	0 619	0 694	0 766
20	0 507	0 625	0 741	0 852	0 961	1 066
25	0 640	0 7?2	0 941	1 086	1 228	1 366
30	0 774	0 959	1 141	1 320	1 495	1 667
35	0 907	1 126	1 341	1 533	1 762	1 967
40	1 041	1 293	1 542	1 787	2 029	2 268
45	1 174	1 460	1 742	2 021	2 296	2 568
50	1 308	1 627	1 942	2 254	2 563	2 868
55	1 441	1 794	2 142	2 488	2 830	3 169
60	1 575	1 961	2 343	2 722	3 097	3 469
65	1 709	2 127	2 543	2 955	3 364	3 770
70	1 842	2 294	2 743	3 189	3 631	4 070
75	1 976	2 461	2 944	3 423	3 898	4 371
80	2 109	2 628	3 144	3 656	4 165	4 671
85	2 243	2 795	3 344	3 890	4 432	4 971
90	2 376	2 962	3 544	4 124	4 700	5 272
95	»	»	3 745	4 357	4 967	5 572

24. Tuyaux en cuivre rouge. — Les tuyaux en cuivre rouge se trouvent dans le commerce, fabriqués sans soudures, aux dimensions et poids donnés dans le tableau ci-après. On voit que les diamètres, comme les épaisseurs, se suivent de très près.

POIDS DES TUYAUX EN CUIVRE ROUGE DES ÉPAISSEURS DE :

DIAMÈTRE INTÉRIEUR EN MILLIMÈTRES	1mm	1mm 1/4	1mm 1/2	1mm 3/4	2mm	2mm 1/4	2mm 1/2	2mm 3/4	3mm	3mm 1/2	4mm	5mm
	kil.	kil.	kil.	kil.	kil.	kil.	kil.	kil.	kil.	kil.	kil.	kil.
10	0.305	0.390	0.479	0.571	0.667	0.760	0.868	0.974	1.064	1.313	1.536	2.085
11	0.333	0.425	0.521	0.620	0.722	0.828	0.938	1.051	1.167	1.411	1.668	2.224
12	0.361	0.460	0.563	0.669	0.778	0.891	1.007	1.127	1.251	1.508	1.779	2.363
13	0.389	0.495	0.604	0.717	0.834	0.953	1.077	1.204	1.334	1.606	1.890	2.502
14	0.417	0.529	0.646	0.766	0.889	1.016	1.146	1.280	1.417	1.702	2.001	2.641
15	0.444	0.564	0.688	0.814	0.945	1.079	1.216	1.357	1.501	1.800	2.113	2.780
16	0.472	0.599	0.729	0.863	1.000	1.141	1.285	1.433	1.584	1.897	2.224	2.919
17	0.500	0.634	0.771	0.912	1.056	1.204	1.355	1.509	1.668	1.994	2.335	3.058
18	0.528	0.669	0.813	0.960	1.112	1.266	1.424	1.586	1.751	2.092	2.446	3.197
19	0.556	0.703	0.854	1.009	1.167	1.329	1.494	1.662	1.833	2.180	2.557	3.336
20	0.583	0.738	0.896	1.058	1.223	1.391	1.563	1.739	1.918	2.288	2.669	3.475
25	0.722	0.912	1.105	1.301	1.501	1.704	1.911	2.121	2.335	2.713	3.225	4.170
30	0.861	1.086	1.313	1.544	1.779	2.017	2.259	2.503	2.752	3.199	3.781	4.865
35	1.000	1.259	1.522	1.788	2.057	2.330	2.606	2.886	3.169	3.686	4.337	5.560
40	1.139	1.433	1.730	2.031	2.335	2.643	2.954	3.268	3.586	4.173	4.893	6.255
45	1.278	1.607	1.939	2.274	2.613	2.955	3.301	3.650	4.003	4.659	5.449	6.950
50	1.417	1.781	2.147	2.517	2.894	3.268	3.649	4.033	4.420	5.146	6.005	7.645
55	1.556	1.954	2.356	2.761	3.169	3.581	3.996	4.415	4.837	5.632	6.561	8.340
60	1.695	2.128	2.564	3.004	3.447	3.894	4.344	4.797	5.254	6.119	7.117	9.035
65	1.835	2.302	2.773	3.247	3.725	4.206	4.691	5.179	5.671	6.605	7.673	9.731
70	1.974	2.476	2.981	3.491	4.003	4.519	5.039	5.562	6.088	7.092	8.229	10.426
75	2.113	2.649	3.190	3.734	4.281	4.832	5.386	5.944	6.505	7.578	8.785	11.121
80	2.252	2.823	3.398	3.977	4.559	5.145	5.734	6.326	6.922	8.065	9.341	11.816
85	2.391	2.997	3.607	4.220	4.837	5.458	6.081	6.709	7.340	8.552	9.897	12.511
90	2.530	3.171	3.815	4.464	5.115	5.770	6.429	7.091	7.757	9.038	10.453	13.206
95	2.669	3.345	4.024	4.707	5.393	6.083	6.777	7.473	8.174	9.525	11.010	13.901
100	2.808	3.518	4.233	4.950	5.671	6.396	7.124	7.856	8.591	10.011	11.566	14.596
105	2.947	3.692	4.441	5.193	5.949	6.709	7.472	8.238	9.008	10.498	12.122	15.291
110	3.086	3.866	4.650	5.437	6.227	7.022	7.819	8.620	9.425	10.984	12.678	15.986
115	3.225	4.040	4.858	5.680	6.505	7.334	8.167	9.002	9.842	11.471	13.234	16.681
120	3.364	4.213	5.067	5.923	6.783	7.647	8.514	9.385	10.259	11.957	13.790	17.376
125	»	»	»	»	7.061	7.960	8.862	9.767	10.676	12.444	14.346	18.072
130	»	»	»	»	7.340	»	9.209	10.149	11.093	12.930	14.902	18.767
135	»	»	»	»	7.618	»	9.557	10.532	11.510	13.417	15.458	19.462
140	»	»	»	»	7.896	»	9.904	10.914	11.927	13.904	16.014	20.157
145	»	»	»	»	»	»	10.252	11.296	12.344	14.390	16.570	20.852
150	»	»	»	»	»	»	10.599	11.678	12.761	14.877	17.126	21.547

On s'en sert pour les canalisations d'eau chaude et de vapeur et aussi, en diamètres plus importants, pour faire des cylindres de corps de pompes.

Lorsque les tuyaux en cuivre doivent résister à de l'eau sous forte pression, on leur donne environ les épaisseurs suivantes :

Diamètre in-térieur.....	millim. 15	millim. 20	millim. 25	millim. 30	millim. 40	millim. 60	millim. 100	millim. 120	millim. 250
Épaisseur....	1,5	1,75	2	2	2,5	3	3,5	3,0	3,5

Lorsque, sans avoir à résister à de fortes pressions, on aura à faire beaucoup de coudes de petit rayon, il faut conserver une épaisseur suffisante pour pouvoir faire le cintre. On maintient alors les épaisseurs ci-dessus.

Lorsque les tuyaux sont sans pression et sans coudes, on prend les épaisseurs suivantes :

Diamètre in-térieur.....	millim. 15	millim. 20	millim. 25	millim. 30	millim. 40	millim. 60	millim. 100	millim. 120	millim. 250
Épaisseur....	1	1	1 1/2	1 1/2	1 3/4	2	2	2	2

Les tuyaux se trouvent dans le commerce par bouts de 4 mètres.

25. Jonctions des tuyaux en cuivre. — Un premier mode de jonction des tuyaux en cuivre consiste dans l'emploi des brides. Ces brides sont représentées par la figure 33. Elles sont en fer et tournées sur les deux faces. Outre le trou central dont le diamètre correspond exactement au diamètre extérieur du tuyau, elles présentent deux petites

encoches pour recevoir, d'un côté, le *collet* relevé sur l'extrémité du tuyau en cuivre, de l'autre une
quantité suffisante de brasure ou soudure
forte (cuivre, 13 + zinc, 10) que l'on
mélange de borax comme fondant.

La bride est légèrement arrondie au
collet, afin de ne pas casser le cuivre par
un coude trop brusque. La bride et le
tuyau sont brasés au feu de forge, de
manière à ne former qu'une seule et
même pièce.

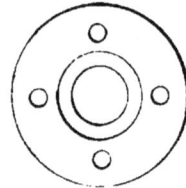
Fig. 33.

Voici les dimensions ordinaires des brides :

	m/m	m/m	m/m	m/m	m/m	m/m	m/m	m/m	m/m	m/m	m/m	m/m
Diamètres intérieurs des tuyaux..........	15	20	25	30	40	50	60	70	80	100	120	150
Diamètres extérieurs des brides..........	70	90	115	115	130	140	175	195	205	220	240	270
Épaisseur des brides...	9	10	11	11	11	12	13	13	14	15	16	17
Nombre de boulons....	3	3	3	3	4	4	4	4	4	5	6	7
Diamètres des boulons.	10	15	15	15	15	18	18	18	18	18	18	18

Le joint entre deux brides tournées se fait au moyen de
mastic de minium et de céruse mélangé d'un peu d'étoupes,
ou bien à l'aide d'une rondelle en caoutchouc durci. On emploie aussi avec avantage une petite virole en cuivre très
amincie aux deux bouts et s'engageant dans deux grains
d'orge de même diamètre, enlevés au tour sur les surfaces des
brides. La pression des boulons écrase dans le grain d'orge
la partie amincie de la virole ; c'est ce joint qui est représenté dans la figure 34 ; il est excellent et très étanche.

Les coudes des tuyaux en cuivre se font à la demande, sur
place, en cintrant des tuyaux à chaud après les avoir préalablement remplis de résine, afin d'éviter les déformations.

Ces coudes s'exécutent de toutes formes, et, à moins de circonstances spéciales, avec un rayon au
moins égal à quatre ou cinq fois le
diamètre du tuyau. Il est bon, lorsque
les cintres sont compliqués et très accentués, de les exécuter avec des
tuyaux épais, afin qu'ils puissent résister à plusieurs chaudes successives,
et aussi qu'il reste encore assez de
métal dans les parties amincies par
l'opération.

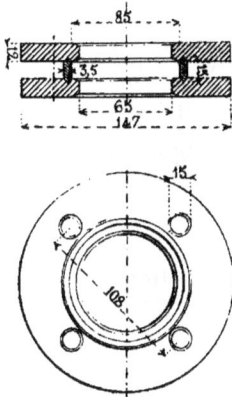

Fig. 34.

Les branchements des canalisations
en cuivre se font au moyen de tubulures de même métal, élargies à la
naissance et brasées sur la conduite

principale. Ces tubulures portent un joint à brides pour se
continuer par les pièces du branchement.

La figure 35 donne, en (1), l'élévation de la tubulure toute
posée sur la conduite ; en (2),
l'élargissement à la jonction ;
en (3), la coupe par l'axe du
branchement, montrant le collet battu et la bride de la pièce
suivante.

Les joints à la soudure forte
s'emploient pour les canalisations d'eau chaude sous pression. Lorsque la pression est

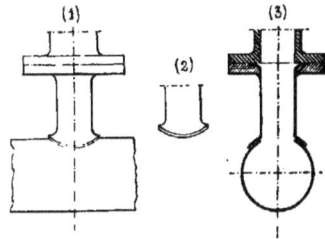

Fig. 35.

faible, et qu'on se sert de coudes préparés d'avance qu'il
n'y a qu'à couper de longueur, on peut éviter l'emploi de la
forge et faire les joints à la soudure ordinaire des plombe-
ries de la manière suivante :

On prend un second tuyau ayant comme diamètre intérieur
le diamètre extérieur des tuyaux à joindre, et on le scie en
tronçons de 0^m,05 environ de longueur. On obtient ainsi des
sortes de manchons qui vont servir à faire les joints.

On commence par étamer les extrémités des tuyaux à joindre, ainsi que l'un des manchons obtenus ci-dessus (ce dernier en dedans comme en dehors). On emmanche le man-chon sur les deux tuyaux juxtaposés, on chauffe à la lampe en présentant une baguette de soudure. Celle-ci fond et vient remplir tout l'intervalle entre le manchon et les tuyaux, ce qui donne un joint très solide lorsqu'il est bien exécuté.

26. Tuyaux en fer taraudés. — On trouve dans le commerce des tuyaux en fer, soudés par rapprochement, pour canalisation d'eau et de gaz.

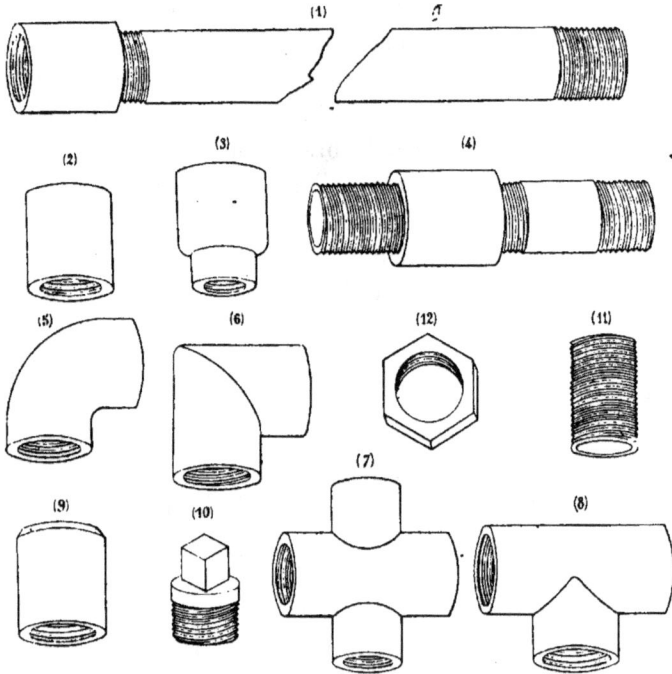

Fig. 36.

Les *tubes*, représentés par le croquis (1) de la figure 36, ont, suivant les usines qui les fabriquent, une longueur variable qui peut aller jusqu'à 6 mètres. Leurs extrémités sont filetées, et la jonction se fait par l'intermédiaire de *manchons* taraudés correspondant à leur filetage.

Les deux extrémités de chaque tube sont filetées dans le même sens. Le joint se fait par l'interposition dans les filets de mastic de céruse. Le croquis (2) représente un *manchon de jonction*.

Le croquis (3) est un *manchon de réduction* permettant le changement de diamètre de la conduite.

Le croquis (12) est un *écrou à six pans* que l'on emploie dans certaines installations concurremment avec le manchon ; il forme contre-écrou et empêche le desserrage du joint, tout en augmentant son étanchéité.

En (4) on a représenté un joint *à longue vis* que l'on emploie de distance en distance sur la canalisation, pour faciliter le démontage et le remontage d'une portion de conduite en cas de réparations. Il n'y a jamais lieu d'en avoir un grand nombre.

En (5) et (6) sont figurés des *coudes*, soit arrondis, soit à angles vifs ; ordinairement ils correspondent à un angle droit. On en profite quelquefois pour opérer le changement de diamètre d'une conduite ; dans ce cas les diamètres des deux branches d'une même pièce n'ont pas même mesure.

Le croquis (7) montre une *boîte de communication* à quatre branches pour branchements ; les diamètres des branches peuvent être égaux ou inégaux. Le croquis (8) montre une boîte de communication à trois branches, dont les diamètres sont à la demande.

La pièce (11) est appelée un *mamelon ;* elle sert à faire le joint entre les pièces (5), (6), (7) et (8), lorsque celles-ci sont juxtaposées.

En (9) et (10), sont des *bouchons* femelle et mâle. Ils servent à obturer une canalisation dont le dernier tube a son extrémité filetée ou taraudée.

Les dimensions courantes des tuyaux en fer de l'usine de Montluçon sont les suivantes :

Diamètre intérieur..	0^m,005	0^m,008	0^m,012	0^m,015	0^m,021	0^m,027	0^m,033	0^m,040	0^m,050	0^m,060	0^m,066	0^m,072	0^m,080
Diamètre extérieur..	0 010	0 013	0 017	0 021	0 027	0 034	0 042	0 049	0 060	0 070	0 076	0 082	0 090

Les dimensions des tuyaux de fabrication anglaise en diffèrent légèrement ; on en trouve dans le commerce des diamètres suivants :

Diamètres																	
Intér., en pouces anglais.	1/8	1/4	3/8	1/2	3/4	1	1 1/4	1 1/2	1 3/4	2	2 1/4	2 1/2	2 3/4	3	3 1/2	4
Intérieur, en millimètres.	4	6	10	13	20	26	32	38	44	51	57	63	70	76	89	102
Extérieur, en millimètres.	10	11	15	19	27	34	41	48	54	61	67	73	81	87	101	114

27. Tuyaux en fer à brides. — Les tuyaux en fer s'assemblent quelquefois au moyen de brides avec les appareils avec lesquels ils doivent se raccorder. On peut braser les brides aux extrémités des tuyaux, au moyen de la soudure forte, comme si on avait affaire à du cuivre, et les joints se font ainsi qu'il a été dit pour ce métal.

Pour des diamètres un peu forts on a fait quelquefois usage de tuyaux en tôle rivée. Les extrémités sont alors exécutées à brides, et ces dernières faites avec une forme de fer à cornières comme section ; l'une des branches de la cornière compose la bride, la seconde vient constituer un cylindre qui s'applique sur le corps

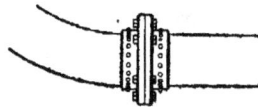

FIG. 37.

même du tuyau. On applique les métaux exactement l'un sur l'autre et on les rive. La figure 37 représente le joint à brides dont il vient d'être question, appliqué à un tuyau en tôle rivée de fort diamètre.

Ces joints à brides jonctionnant les tuyaux en fer sont exceptionnels, onéreux et peu employés dans les canalisations d'eau. Du reste, les tuyaux en fer conviennent peu pour cet usage à cause de la rouille qui se forme et se

détache sous forme d'écailles. On les applique plus spécialement aux canalisations de gaz.

28. Tuyaux en fer à raccords rodés. — Un autre
joint qui peut trouver son application dans des canalisations
d'eau chaude que l'on veut soigner, ou qui sont à monter
au loin, consiste à employer des raccords en bronze rodés.
Ces raccords sont en trois pièces ; l'une d'elles est montée à
vis sur le tuyau en fer et porte à son extrémité et à l'extérieur un pas de vis, en même temps à l'intérieur elle est
alésée en cône évasé. La seconde pièce, vissée de même à
l'extrémité du second tuyau, porte un simple cordon et se
trouve tournée en cône de même
inclinaison que celui de la pièce
précédente. Les deux pièces
s'emmanchent à frottement et
elles sont maintenues en place
par une troisième, taraudée, formant chapeau, rappelant le cordon de la seconde sur le pas de
vis extérieur de la première.

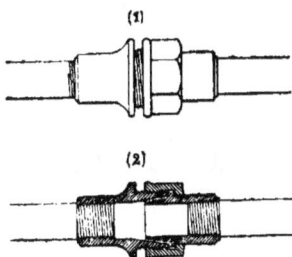

Fig. 38.

La figure 38 donne, dans son
croquis (1), l'élévation et, dans le croquis (2), la coupe suivant
l'axe du joint qui vient d'être décrit.

29. Raccord express Muller et Roger. —
MM. Muller et Roger ont créé un système de joint qu'ils
appellent *raccord express*. Il est destiné à jonctionner deux
tuyaux métalliques quelconques à extrémités lisses. Ce
joint est représenté dans les deux croquis de la figure 39,
dans l'un par sa coupe suivant l'axe, et dans l'autre par
une élévation.

Ainsi qu'on le voit, les deux tuyaux TT sont mis bout à
bout et recouverts par le manchon D fileté des deux bouts
et portant au milieu une saillie hexagonale qui permet de
le maintenir avec une clef; les extrémités sont affranchies

en cône et, de chaque côté, sont en contact avec une bague B
en matière plus ou moins molle chargée de faire le joint, du
caoutchouc par exemple. Pour presser ce caoutchouc, on
ajoute des chapeaux AA que l'on serre au moyen de deux
raccords à vis CC. La forme des bagues et des cônes qui les

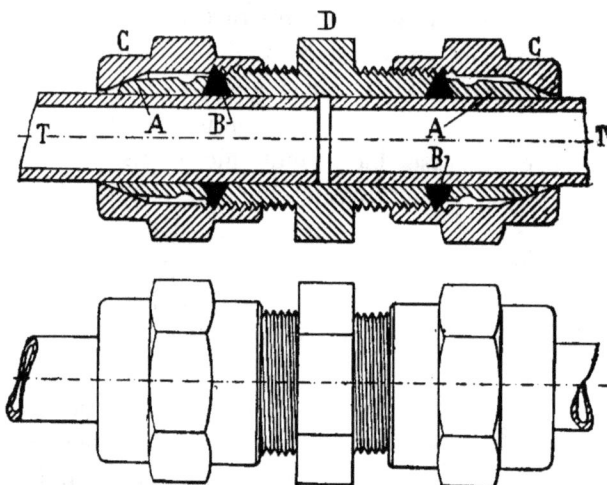

Fig. 39.

serrent détermine une pression considérable du joint sur la
surface extérieure du tuyau ; il en résulte une adhérence
notable qui s'oppose dans une certaine mesure à la disjonction des deux tuyaux sous l'effort d'une traction longitudinale.

30. Tuyaux en grès vernissé. — Pendant longtemps,
l'on a fabriqué exclusivement en Angleterre des tuyaux en
grès très solides, vernissés à la surface et présentant, pour
la construction de certaines canalisations, des avantages considérables. Les tuyaux de la maison Doulton sont renom-
més. Aujourd'hui on est parvenu à en fabriquer dans un
certain nombre d'usines françaises, et de la même qualité.

Les divers croquis de la figure 40 représentent ces tuyaux
dans leurs formes principales, ainsi que les raccords que
nécessitent ordinairement les circonstances des canalisations.

On les fait à emboîtement et cordons et les emboîtements
présentent le jeu nécessaire pour permettre de faire le joint
en ciment; on augmente l'adhérence de ce dernier par des
stries parallèles ménagées sur les surfaces qui le reçoivent.

On a des bouts ayant ordinairement 1 mètre, des bouts
plus courts de 0^m,60, 0^m,35, 0^m,25 [*fig*. 40, (1), (2), (3) et (4)],
des embranchements d'équerre (10), des culottes simples ou
doubles (8) et (9), des coudes aux divers angles (6) et (7),
enfin des tuyaux coniques (5).

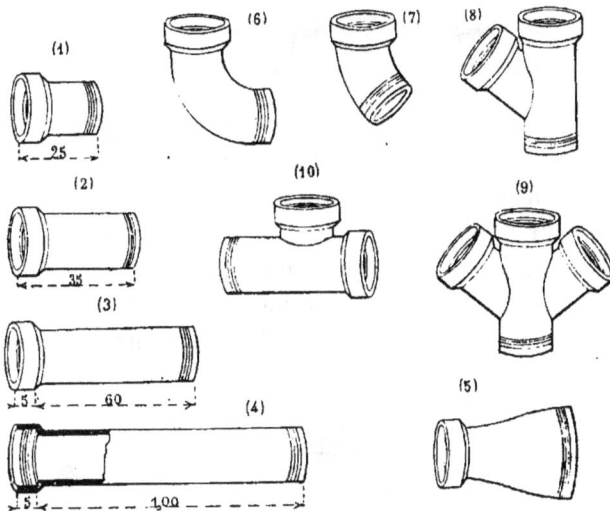

Fig. 40

L'émail de la surface intérieure est particulièrement avantageux pour les canalisations des eaux résiduaires, parce que
les dépôts y adhèrent beaucoup moins que sur les parois
rugueuses de la fonte.

Pour que les tuyaux en grès cérame remplissent toutes
les conditions requises dans les applications, il faut des
argiles homogènes et de qualités supérieures, travaillées de
manière à obtenir une pâte bien uniforme que l'on sèche et
que l'on soumet à une cuisson prolongée à haute température, allant presque jusqu'à la vitrification. Enfin, il faut y

déposer sur toutes les parois un émail bien réparti et inaltérable. On obtient ainsi des canalisations de durée indéfi-
nie. Quand la pâte est à grains très serrés, non poreuse, ces
tuyaux résistent à une traction de 40 à 50 kilogrammes par
centimètre carré.

Les avantages que peut présenter le grès vernissé, joints
à un prix relativement bas, les ont fait proposer pour les
canalisations sous pression. On emploie, à cet effet, des
tuyaux droits avec manchons. La figure 41 donne la coupe
longitudinale des tuyaux de fabrication anglaise de la mai-

Fig. 41.

son Doulton et Cie. Ces tuyaux sont à bouts droits à extrémités striées, d'une longueur de 0^m,60 à 0^m,76. Ils se
posent par juxtaposition ; on couvre le joint avec une corde
grossière qui intercepte le vide du joint et on place le manchon dont la section est indiquée dans la figure ; enfin, on
remplit l'intervalle avec du mortier de ciment bien appuyé.

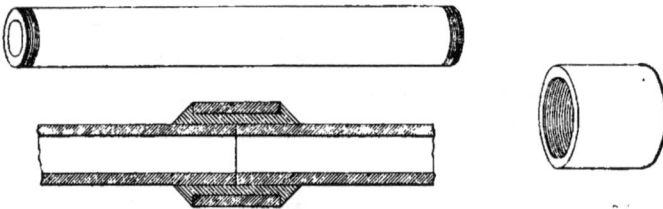

Fig. 42.

Il faut préalablement que les tuyaux soient bien calés, de
manière qu'aucun mouvement ultérieur ne soit possible.

Les tuyaux en grès vernissé de la fabrique de MM. Jacob
frères, à Pouilly-sur-Saône, ont de 0^m,60 à 1 mètre de longueur et présentent les mêmes dispositions ; l'épaisseur de
leurs parois est, pour les tuyaux de 0^m,03 à 0^m,04, de 0^m,018 ;
pour ceux de 0^m,10, de 0^m,022 ; pour ceux de 0^m,20, de 0^m,027 ;

pour ceux de 0ᵐ,030, de 0ᵐ,029. Cette usine en fait jusqu'au diamètre de 0ᵐ,60 avec une épaisseur de 0ᵐ,040.

Les canalisations en grès vernissé, ne jouissant d'aucune flexibilité, ne peuvent être employées que dans les constructions et les terrains où aucun tassement n'est à craindre, surtout s'il s'agit de conduites d'eau forcée. La figure 42 montre un tuyau droit, un manchon isolé, et, enfin, deux tuyaux jonctionnés avec leur manchon et le joint en ciment.

Voici, dans le tableau ci-après, les diamètres intérieurs, épaisseurs, poids et longueurs des deux usines française et anglaise qui fournissent la plupart des tuyaux vernissés.

GRÈS DE POUILLY-SUR-SAONE				GRÈS ANGLAIS DOULTON			
Diamètre intérieur	Épaisseur	Poids du mètre courant	Longueur des bouts entiers	Diamètre intérieur	Épaisseur	Poids du mètre courant	Longueur des bouts entiers
		kilog.				kilog.	
0ᵐ,05	0ᵐ,013	6	0ᵐ,60	0ᵐ,05	0ᵐ,010	4	0ᵐ,060
0 08	0 014	10	0 60	0 075	0 013	10	id.
0 10	0 015	12	1ᵐ,00 et 0ᵐ,60	0 100	0 015	12	0ᵐ,76 et 0ᵐ,60
0 12	0 016	17	id.	0 125	8 016	18	id.
0 15	0 017	20	id.	0 152	0 019	24	id.
0 18	0 018	28	id.	0 190	0 020	34	id.
0 20	0 020	32	id.	0 228	0 022	40	id.
0 22	0 020	36	id.	0 254	0 023	50	id.
0 25	0 022	44	0ᵐ,75 et 0ᵐ,60	0 305	0 023	56	id.
0 30	0 025	60	id.	0 380	0 028	86	id.
0 38	0 030	90	0ᵐ,60	0 457	0 030	120	id.
0 46	0 030	120	id.	0 530	0 040	200	id.
0 50	0 035	150	id.	0 610	0 050	225	id.
0 60	0 040	170	id.	0 760	0 050	400	id.

31. Canalisation en tuyaux de ciment. — On a exécuté des canalisations en tuyaux de ciment, fabriqués d'avance avec du mortier de bonne qualité, s'emboîtant légèrement les uns au bout des autres. On en a fait également en béton Coignet, et les profils de la figure 43 sont ceux adoptés par la maison Coignet. Lors de la pose, les joints se font en mortier de ciment.

On emploie ces tuyaux pour des canalisations d'eaux à

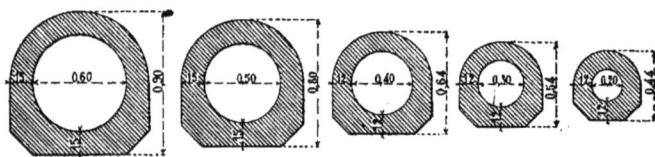

Fig. 43.

pression limitée, lorsqu'on est sûr de la stabilité absolue du sol, car ils ne présentent aucune flexibilité et le moindre tassement déterminerait une fuite.

Le prix de premier établissement est faible par rapport à celui des conduites en métal.

Ainsi le prix des tuyaux ci-dessus, posés à Paris, est le suivant :

TUYAUX	DIAMÈTRE intérieur	CUBE par mètre	PRIX
Numéros			Francs
1	$0^m,60$	0,440	22,00
2	0 50	0,380	19,00
3	0 40	0,250	15,00
4	0 30	0,200	12,00
5	0 20	0,150	9,00

tandis que celui des tuyaux en fonte, posés, est d'environ 1 franc par centimètre de diamètre intérieur.

On a proposé également ces tuyaux maçonnés pour les canalisations des eaux résiduaires, dans les portions de parcours dont l'importance ne demande pas la dépense d'un égout à grande section. Dans cette application, il ne faut pas donner à ces conduites une trop forte section, afin que les dépôts sur les parois puissent être facilement entraînés par des chasses d'eau. Il est indispensable de leur ménager des regards de distance en distance et surtout aux points de jonction des conduites entre elles, et aux changements de direction ou de pente.

Au-dessus de $0^m,40$ à $0^m,50$, il vaut mieux recourir pour les évacuations résiduaires aux égouts ovoïdes dont nous donnerons plus loin les profils les plus avantageux.

32. Détermination du diamètre des conduites.
— Si l'on suppose deux réservoirs à niveaux constants, mais différents, A et B (*fig.* 44), reliés par une conduite de

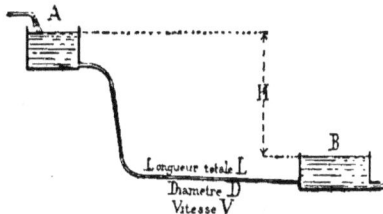

FIG. 44.

longueur L et de diamètre D, il y aura nécessairement écoulement du réservoir le plus élevé A vers le réservoir le plus bas B. Au commencement de l'ouverture de la conduite, la vitesse de l'eau croît rapidement jusqu'à une limite qu'elle ne dépasse pas. Cette limite est la *vitesse de régime*. Elle dépend : 1° de la différence du niveau H des deux réservoirs ; 2° du diamètre D de la conduite.

La hauteur H qui produit l'écoulement se nomme fréquemment la *charge*. Cette charge est employée à vaincre les frottements dans la conduite, une fois la vitesse de régime obtenue.

Le quotient de la charge par la longueur de la conduite $\frac{H}{L}$ donne ce que l'on appelle *la charge par mètre;* on la désigne souvent par la lettre J; c'est la mesure du frottement par mètre dans la conduite, frottement qui dépend de la vitesse V de l'eau. Si on fait varier H de manière à produire diverses vitesses, à chacune de celles-ci correspondra, pour un même diamètre, un frottement différent.

On a cherché la relation qui pouvait lier ces diverses quantités (la charge, le diamètre, la vitesse) et, se basant sur de nombreuses expériences faites par Dubuat sur des conduites circulaires, Prony a trouvé la formule :

$$\frac{DJ}{4} = aV + bV^2,$$

D, étant le diamètre de la conduite ;

J, la charge par mètre ;

V, la vitesse de régime ;

a, un coefficient numérique égal à...... 0,000 017 3314;

b, un autre coefficient numérique égal à 0,000 348 2590.

De cette formule on peut tirer l'une quelconque des quantités D, J, V, étant données les deux autres; mais le calcul est long. Pour l'abréger, on a établi des tables d'après la formule, et ces tables facilitent les recherches ; Prony, Mary, Bresse les ont mises sous des formes diverses. Nous donnons celle de Prony, transformée par Claudel[1], pour les diamètres de $0^m,05$ jusqu'au diamètre de $0^m,30$, c'est-à-dire pour les dimensions que dans la pratique on est susceptible de donner aux conduites dans leurs applications à l'intérieur d'un établissement.

Ces tables sont excessivement commodes dans la pratique soit pour trouver le diamètre d'une conduite dans des conditions déterminées, soit pour connaître le débit d'une conduite donnée, soit pour trouver la charge nécessaire pour le débit que l'on désire.

---

[1] CLAUDEL, *Formules, tables et renseignements pratiques;* 3e édition, p. 132.

33. Table des tuyaux de conduites d'eau

VITESSES moyennes	DIAM. DE LA CONDUITE : 0ᵐ,05 SECTION — 0ᵐᶜ,0019635		DIAM. DE LA CONDUITE : 0ᵐ,06 SECTION — 0ᵐᶜ,00282744		DIAM. DE LA CONDUITE : 0ᵐ,07 SECTION — 0ᵐᶜ,00384846	
	Dépenses en litres par seconde	Charges par mètre de longueur de conduite	Dépenses en litres par seconde	Charges par mètre de longueur de conduite	Dépenses en litres par seconde	Charges par mètre de longueur de conduite
m.	l.	m.	l.	m.	l.	m.
0.005	0.0098	0.000 007 62	0.0141	0.000 006 35	0.0192	0.000 005 44
0.01	0.0196	0.000 016 66	0.0283	0.000 013 88	0.0385	0.000 011 90
0.02	0.0393	0.000 038 88	0.0565	0.000 032 40	0.0770	0.000 027 77
0.03	0.0589	0.000 066 68	0.0848	0.000 055 57	0.1155	0.000 047 63
0.04	0.0785	0.000 100 04	0.1131	0.000 083 37	0.1539	0.000 071 46
0.05	0.0982	0.000 138 98	0.1414	0.000 115 82	0.1924	0.000 099 27
0.06	0.1178	0.000 183 48	0.1696	0.000 152 90	0.2309	0.000 131 06
0.07	0.1374	0.000 233 58	0.1979	0.000 194 65	0.2694	0.000 166 84
0.08	0.1571	0.000 289 22	0.2262	0.000 241 02	0.3079	0.000 206 59
0.09	0.1767	0.000 350 46	0.2545	0.000 292 05	0.3464	0.000 250 33
0.10	0.1963	0.000 417 26	0.2827	0.000 347 72	0.3848	0.000 298 04
0.11	0.2160	0.000 489 64	0.3110	0.000 408 03	0.4233	0.000 349 74
0.12	0.2356	0.000 567 58	0.3393	0.000 472 98	0.4618	0.000 405 41
0.13	0.2552	0.000 651 10	0.3676	0.000 542 58	0.5003	0.000 465 07
0.14	0.2749	0.000 740 18	0.3958	0.000 616 82	0.5388	0.000 528 70
0.15	0.2945	0.000 834 84	0.4241	0.000 695 70	0.5773	0.000 596 31
0.16	0.3142	0.000 935 08	0.4524	0.000 779 23	0.6158	0.000 667 91
0.17	0.3338	0.001 040 88	0.4807	0.000 867 40	0.6542	0.000 743 49
0.18	0.3534	0.001 152 26	0.5089	0.000 960 22	0.6927	0.000 823 04
0.19	0.3731	0.001 269 20	0.5372	0.001 057 67	0.7312	0.000 906 57
0.20	0.3927	0.001 391 74	0.5655	0.001 159 78	0.7697	0.000 994 10

TABLE DES TUYAUX DE CONDUITES D'EAU (*suite*)

VITESSES moyennes	DIAM. DE LA CONDUITE : 0ᵐ,05 SECTION — 0ᵐᶜ,0019635		DIAM. DE LA CONDUITE : 0ᵐ,06 SECTION — 0ᵐᶜ,00282744		DIAM. DE LA CONDUITE : 0ᵐ,07 SECTION — 0ᵐᶜ,00384846	
	Dépenses en litres par seconde	Charges par mètre de longueur de conduite	Dépenses en litres par seconde	Charges par mètre de longueur de conduite	Dépenses en litres par seconde	Charges par mètre de longueur de conduite
m.	l.	m.	l.	m.	l.	m.
0.22	0.4320	0.001 653 50	0.6220	0.001 377 92	0.8467	0.001 181 07
0.25	0.4909	0.002 087 92	0.7069	0.001 739 93	0.9621	0.001 491 37
0.28	0.5498	0.002 572 50	0.7917	0.002 143 75	1.0775	0.001 837 50
0.30	0.5890	0.002 923 42	0 8482	0.002 436 18	1.1545	0.002 088 16
0.32	0.6283	0.003 296 62	0.9048	0.002 747 18	1.2315	0.002 354 73
0.35	0.6872	0.003 898 22	0.9896	0.003 248 52	1.3470	0.002 784 44
0.38	0.7461	0.004 549 96	1.0744	0.003 791 63	1.4624	0.003 249 97
0.40	0.7854	0.005 012 32	1.1310	0.004 176 93	1.5394	0.003 580 23
0.42	0.8247	0.005 496 96	1.1875	0.004 580 80	1.6164	0.003 926 40
0.45	0.8836	0.006 265 72	1.2723	0.005 221 43	1.7318	0.004 473 51
0.48	0.9425	0.007 084 64	1.3572	0.005 903 87	1.8473	0.005 060 46
0.50	0.9817	0.007 658 44	1.4137	0.006 382 03	1.9242	0.005 470 31
0.55	1.0799	0.009 190 44	1.5551	0.007 658 70	2.1166	0.006 564 60
0.60	1.1781	0.010 861 76	1.6965	0.009 051 47	2.3091	0.007 758 40
0.65	1.2763	0.012 672 38	1.8378	0.010 560 32	2.5015	0.009 051 70
0.70	1.3744	0.014 622 32	1.9792	0.012 185 27	2.6939	0.010 444 51
0.75	1.4726	0.016 711 54	2.1206	0.013 926 28	2.8863	0.011 936 81
0.80	1.5708	0.018 940 08	2.2619	0.015 783 40	3.0788	0.013 528 63
0.85	1.6690	0.021 307 90	2.4033	0.017 756 58	3.2712	0.015 219 93
0.90	1.7671	0.023 815 04	2.5447	0.019 845 87	3.4636	0.017 010 74
0.95	1.8653	0.026 461 48	2.6861	0.022 051 23	3.6560	0.018 901 C6
1.00	1.9635	0.029 247 24	2.8274	0.024 372 70	3.8484	0.020 890 89

TABLE DES TUYAUX DE CONDUITES D'EAU (*suite*)

VITESSES moyennes	DIAM. DE LA CONDUITE : 0m,05 SECTION — 0mc,0019635		DIAM. DE LA CONDUITE : 0m,06 SECTION — 0mc,00282744		DIAM. DE LA CONDUITE : 0m,07 SECTION — 0mc,00384816	
	Dépenses en litres par seconde	Charges par mètre de longueur de conduite	Dépenses en litres par seconde	Charges par mètre de longueur de conduite	Dépenses en litres par seconde	Charges par mètre de longueur de conduite
m.	l.	m.	l.	m.	l.	m.
1.05	2.0617	0.032 172 28	2.9688	0.026 810 23	4.0409	0.022 980 20
1.10	2.1598	0.035 236 64	3.1102	0.029 363 87	4.2333	0.025 169 03
1.15	2.2580	0.038 440 30	3.2516	0.032 033 58	4.4257	0.027 457 36
1.20	2.3562	0.041 783 26	3.3929	0.034 819 38	4.6181	0.029 845 19
1.25	2.4544	0.045 265 52	3.5343	0.037 721 27	4.8105	0.032 332 51
1.30	2.5525	0.048 887 08	3.6757	0.040 739 23	5.0030	0.034 919 34
1.35	2.6507	0.052 647 96	3.8170	0.043 873 30	5.1954	0.037 605 69
1.40	2.7489	0.056 548 12	3.9584	0.047 123 43	5.3878	0.040 391 51
1.45	2.8471	0.060 587 60	4.0998	0.050 489 67	5.5803	0.043 276 86
1.50	2.9452	0.064 766 38	4.2412	0.053 971 98	5.7727	0.046 261 70
1.55	3.0434	0.069 084 48	4.3825	0.057 570 40	5.9651	0.049 346 06
1.60	3.1416	0.073 541 86	4.5239	0.061 284 88	6.1575	0.052 529 90
1.65	3.2397	0.078 138 56	4.6653	0.065 115 47	6.3499	0.055 813 26
1.70	3.3379	0.082 874 56	4.8066	0.069 062 13	6.5424	0.059 196 11
1.75	3.4361	0.087 749 86	4.9480	0.073 124 88	6.7348	0.062 678 47
1.80	3.5343	0.092 764 46	5.0894	0.077 303 72	6.9272	0.066 260 33
1.85	3.6324	0.097 918 36	5.2308	0.081 598 63	7.1196	0.069 941 69
1.90	3.7306	0.103 211 58	5.3721	0.086 009 65	7.3120	0.073 722 56
1.95	3.8288	0.108 644 08	5.5135	0.090 536 73	7.5045	0.077 602 91
2.00	3.9270	0.114 215 90	5.6549	0.095 179 92	7.6969	0.081 582 79
2.05	4.0251	0.119 927 02	5.7963	0.099 939 18	7.8893	0.085 662 16
2.10	4.1233	0.125 777 46	5.9376	0.104 814 55	8.0817	0.089 841 04

TABLE DES TUYAUX DE CONDUITES D'EAU (*suite*)

VITESSES moyennes	DIAM. DE LA CONDUITE : 0ᵐ,05 SECTION — 0ᵐᶜ,0019635		DIAM. DE LA CONDUITE : 0ᵐ,06 SECTION — 0ᵐᶜ,00282744		DIAM. DE LA CONDUITE : 0ᵐ,07 SECTION — 0ᵐᶜ,00384846	
	Dépenses en litres par seconde	Charges par mètre de longueur de conduite	Dépenses en litres par seconde	Charges par mètre de longueur de conduite	Dépenses en litres par seconde	Charges par mètre de longueur de conduite
m.	l.	m.	l.	m.	l.	m.
2.15	4.2215	0.131 767 18	6.0790	0.109 805 98	8.2741	0.094 119 41
2.20	4.3197	0.137 896 22	6.2204	0.114 913 52	8.4666	0.098 497 30
2.25	4.4179	0.144 164 54	6.3617	0.120 137 12	8.6590	0.102 974 67
2.30	4.5160	0.150 572 18	6.5031	0.125 476 82	8.8514	0.107 551 56
2.35	4.6142	0.157 119 12	6.6445	0.130 932 60	9.0438	0.112 227 94
2.40	4.7124	0.163 805 38	6.7859	0.136 504 48	9.2362	0.117 003 84
2.45	4.8106	0.170 630 92	6.9272	0.142 192 43	9.4287	0.121 879 23
2.50	4.9087	0.177 595 78	7.0686	0.147 996 48	9.6211	0.126 854 13
2.55	5.0070	0.184 699 94	7.2100	0.153 916 62	9.8135	0.131 928 53
2.60	5.1051	0.191 943 40	7.3513	0.159 952 83	10.0060	0.137 102 43
2.65	5.2032	0.199 326 16	7.4927	0.166 105 13	10.1984	0.142 375 83
2.70	5.3014	0.206 848 24	7.6341	0.172 373 53	10.3908	0.147 748 74
2.75	5.3996	0.214 509 60	7.7755	0.178 758 00	10.5832	0.153 221 14
2.80	5.4978	0.222 310 28	7.9168	0.185 258 57	10.7757	0.158 793 06
2.85	5.5960	0.230 250 26	8.0582	0.191 875 22	10.9681	0.164 464 47
2.90	5.6942	0.238 329 56	8.1996	0.198 607 97	11.1605	0.170 235 40
2.95	5.7923	0.246 548 14	8.3409	0.205 456 78	11.3529	0.176 105 81
3.00	5.8905	0.254 906 04	8.4823	0.212 421 70	11.5454	0.182 075 74

TABLE DES TUYAUX DE CONDUITES D'EAU (*suite*)

VITESSES moyennes	DIAM. DE LA CONDUITE : 0m,08 SECTION — 0mc,00502656		DIAM. DE LA CONDUITE : 0m,09 SECTION — 0mc,00636174		DIAM. DE LA CONDUITE : 0m,10 SECTION — 0mc,007854	
	Dépenses en litres par seconde	Charges par mètre de longueur de conduite	Dépenses en litres par seconde	Charges par mètre de longueur de conduite	Dépenses en litres par seconde	Charges par mètre de longueur de conduite
m.	l.	m.	l.	m.	l.	m.
0.005	0.0251	0.000 004 76	0.0318	0.000 004 23	0.0393	0.000 003 81
0.01	0.0503	0.000 010 41	0.0636	0.000 009 26	0.0785	0.000 008 33
0.02	0.1005	0.000 024 30	0.1272	0.000 021 60	0.1571	0.000 019 44
0.03	0.1508	0.000 041 68	0.1908	0.000 037 05	0.2356	0.000 033 34
0.04	0.2011	0.000 062 53	0.2545	0.000 055 58	0.3142	0.000 050 02
0.05	0.2513	0.000 086 86	0.3181	0.000 077 21	0.3927	0.000 069 49
0.06	0.3016	0.000 114 68	0.3817	0.000 101 93	0.4712	0.000 091 74
0.07	0.3519	0.000 145 99	0.4453	0.000 129 77	0.5498	0.000 116 79
0.08	0.4021	0.000 180 76	0.5089	0.000 160 68	0.6283	0.000 144 61
0.09	0.4524	0.000 219 04	0.5726	0.000 194 70	0.7069	0.000 175 23
0.10	0.5027	0.000 260 79	0.6362	0.000 231 81	0.7854	0.000 208 63
0.11	0.5529	0.000 306 03	0.6998	0.000 272 02	0.8639	0.000 244 82
0.12	0.6032	0.000 354 74	0.7634	0.000 315 32	0.9425	0.000 283 79
0.13	0.6535	0.000 406 94	0.8270	0.000 361 72	1.0210	0.000 325 55
0.14	0.7037	0.000 462 61	0.8906	0.000 411 21	1.0996	0.000 370 09
0.15	0.7540	0.000 521 78	0.9543	0.000 463 80	1.1781	0.000 417 42
0.16	0.8042	0.000 584 43	1.0179	0.000 519 49	1.2566	0.000 467 54
0.17	0.8545	0.000 650 55	1.0815	0.000 578 27	1.3352	0.000 520 44
0.18	0.9048	0.000 720 16	1.1451	0.000 640 15	1.4137	0.000 576 13
0.19	0.9550	0.000 793 25	1.2087	0.000 705 11	1.4923	0.000 634 60
0.20	1.0053	0.000 869 84	1.2723	0.000 773 19	1.5708	0.000 695 87
0.22	1.1058	0.001 033 44	1.3996	0.000 918 61	1.7278	0.000 826 75

TABLE DES TUYAUX DE CONDUITES D'EAU (*suite*)

VITESSES moyennes	DIAM. DE LA CONDUITE : 0m,08 SECTION — 0mc,00502656		DIAM. DE LA CONDUITE : 0m,09 SECTION — 0mc,00636174		DIAM. DE LA CONDUITE : 0m,10 SECTION — 0mc,007854	
	Dépenses en litres par seconde	Charges par mètre de longueur de conduite	Dépenses en litres par seconde	Charges par mètre de longueur de conduite	Dépenses en litres par seconde	Charges par mètre de longueur de conduite
m.	l.	m.	l.	m.	l.	m.
0.25	1.2566	0.001 304 95	1.5904	0.001 159 96	1.9635	0.001 043 96
0.28	1.4074	0.001 607 81	1.7813	0.001 429 17	2.1992	0.001 286 25
0.30	1.5080	0.001 827 14	1.9085	0.001 624 12	2.3562	0.001 461 71
0.32	1.6085	0.002 060 39	2.0357	0.001 831 46	2.5132	0.001 648 31
0.35	1.7593	0.002 436 39	2.2266	0.002 165 68	2.7489	0.001 949 11
0.38	1.9100	0.002 843 73	2.4175	0.002 527 76	2.9846	0.002 274 98
0.40	2.0106	0.003 132 70	2.5447	0.002 784 62	3.1416	0.002 506 16
0.42	2.1111	0.003 435 60	2.6719	0.003 053 87	3.2986	0.002 748 48
0.45	2.2620	0.003 916 08	2.8628	0.003 480 96	3.5343	0.003 132 86
0.48	2.4127	0.004 427 90	3.0536	0.003 935 91	3.7700	0.003 542 32
0.50	2.5133	0.004 786 53	3.1809	0.004 254 69	3.9270	0.003 829 22
0.55	2.7646	0.005 744 03	3.4989	0.005 105 80	4.3197	0.004 595 22
0.60	3.0159	0.006 788 60	3.8170	0.006 034 31	4.7124	0.005 430 88
0.65	3.2672	0.007 920 24	4.1351	0.007 040 21	5.1051	0.006 336 19
0.70	3.5186	0.009 138 95	4.4532	0.008 123 51	5.4978	0.007 311 16
0.75	3.7699	0.010 444 71	4.7713	0.009 284 19	5.8905	0.008 355 77
0.80	4.0212	0.011 837 55	5.0894	0.010 522 27	6.2832.	0.009 470 04
0.85	4.2726	0.013 317 44	5.4075	0.011 837 72	6.6759	0.010 653 95
0.90	4.5239	0.014 884 40	5.7255	0.013 230 58	7.0686	0.011 907 52
0.95	4.7752	0.016 538 43	6.0436	0.014 700 82	7.4613	0.013 230 74
1.00	5.0266	0.018 279 53	6.3617	0.016 248 47	7.8540	0.014 623 62
1.05	5.2779	0.020 107 68	6.6798	0.017 873.49	8.2467	0.016 086 14

TABLE DES TUYAUX DE CONDUITES D'EAU (*suite*)

VITESSES moyennes	DIAM. DE LA CONDUITE : 0ᵐ.08 SECTION — 0ᵐᶜ,00502656		DIAM. DE LA CONDUITE : 0ᵐ,09 SECTION — 0ᵐᶜ,0063174		DIAM. DE LA CONDUITE : 0ᵐ,10 SECTION — 0ᵐᶜ,007854	
	Dépenses en litres par seconde	Charges par mètre de longueur de conduite	Dépenses en litres par seconde	Charges par mètre de longueur de conduite	Dépenses en litres par seconde	Charges par mètre de longueur de conduite
m.	l.	m.	l.	m.	l.	m.
1.10	5.5292	0.022 022 90	6.9979	0.019 575 91	8.6394	0.017 618 32
1.15	5.7805	0.024 025 19	7.3160	0.021 355 72	9.0321	0.019 220 15
1.20	6.0319	0.026 114 54	7.6341	0.023 212 92	9.4248	0.020 891 63
1.25	6.2832	0.028 290 95	7.9522	0.025 147 51	9.8175	0.022 632 76
1.30	6.5345	0.030 554 43	8.2702	0.027 159 49	10.2102	0.024 443 54
1.35	6.7858	0.032 904 98	8.5883	0.029.248 87	10.6029	0.026 323 98
1.40	7.0372	0.035 342 58	8.9064	0.031 415 62	10.9956	0.028 274 06
1.45	7.2885	0.037 867 25	9.2245	0.033 659 78	11.3883	0.030 293 80
1.50	7.5398	0.040 478 99	9.5426	0.035 981 32	11.7810	0.032 383 19
1.55	7.7911	0.043 177 80	9.8607	0.038 380 27	12.1737	0.034 542 24
1.60	8.0425	0.045 963 66	10.1788	0.040 856 59	12.5664	0.036 770 93
1.65	8.2937	0.048 836 60	10.4968	0.043 410 31	12.9591	0.039 069 28
1.70	8.5451	0.051 796 60	10.8149	0.046 041 42	13.3518	0.041 437 28
1.75	8.7965	0.054 843 66	11.1330	0.048 749 92	13.7445	0.043 874 93
1.80	9.0478	0.057 977 79	11.4511	0.051 535 81	14.1372	0.046 382 23
1.85	9.2991	0.061 198 98	11.7692	0.054 399 09	14.5299	0.048 959 18
1.90	9.5505	0.064 507 24	12.0873	0.057 339 77	14.9226	0.051 605 79
1.95	9.8018	0.067 902 55	12.4053	0.060 357 82	15.3153	0.054 322 04
2.00	10.0531	0.071 384 94	12.7234	0.063 453 28	15.7081	0.057 187 95
2.05	10.3044	0.074 954 39	13.0415	0.066 626 12	16.1007	0.059 963 51
2.10	10.5558	0.078 610 91	13.3596	0.069 876 37	16.4934	0.062 888 73
2.15	10.8071	0.082 354 49	13.6777	0.073 203 99	16.8861	0.065 883 59

TABLE DES TUYAUX DE CONDUITES D'EAU (*suite*)

VITESSES moyennes	DIAM. DE LA CONDUITE : 0m,08 SECTION — 0mc,00502656		DIAM. DE LA CONDUITE : 0m,09 SECTION — 0mc,00636174		DIAM. DE LA CONDUITE : 0m,10 SECTION — 0mc,007854	
	Dépenses en litres par seconde	Charges par mètre de longueur de conduite	Dépenses en litres par seconde	Charges par mètre de longueur de conduite	Dépenses en litres par seconde	Charges par mètre de longueur de conduite
m.	l.	m.	l.	m.	l.	m.
2.20	11.0584	0.086 185 14	13.9958	0.076 609 01	17.2788	0.068 948 11
2.25	11.3097	0.090 102 84	14.3139	0.080 091 41	17.6715	0.072 082 27
2.30	11.5610	0.094 107 61	14.6320	0.083 651 21	18.0642	0.075 286 09
2.35	11.8124	0.098 199 45	14.9501	0.087 288 40	18.4569	0.078 559 56
2.40	12.0637	0.102 378 36	15.2682	0.091 002 99	18.8496	0.081 902 69
2.45	12.3150	0.106 644 33	15.5862	0.094 794 96	19.2423	0.085 315 46
2.50	12.5664	0.110 997 36	15.9043	0.098 664 32	19.6350	0.088 797 89
2.55	12.8177	0.115 437 46	16.2224	0.102 611 08	20.0277	0.092 349 97
2.60	13.0690	0.119 964 63	16.5405	0.106 635 22	20.4204	0.095 971 70
2.65	13.3203	0.124 578 85	16.8586	0.110 736 76	20.8131	0.099 663 08
2.70	13.5717	0.129 280 15	17.1766	0.114 915 69	21.2058	0.103 424 12
2.75	13.8230	0.134 068 50	17.4947	0.119 172 00	21.5985	0.107 254 80
2.80	14.0743	0.138 943 93	17.8128	0.123 505 71	21.9912	0.111 155 14
2.85	14.3256	0.143 906 41	18.1309	0.127 916 81	22.3839	0.115 125 13
2.90	14.5770	0.148 955 98	18.4490	0.132 405 31	22.7766	0.119 164 78
2.95	14.8283	0.154 092 50	18.7671	0.136 971 19	23.1693	0.123 274 07
3.00	15.0797	0.159 316 28	19.0852	0.141 614 47	23.5620	0.127 453 02

TABLE DES TUYAUX DE CONDUITES D'EAU (*suite*)

VITESSES moyenne	DIAM. DE LA CONDUITE : 0m,11 SECTION — 0mc,00950334		DIAM. DE LA CONDUITE : 0m,12 SECTION — 0mc,01130976		DIAM. DE LA CONDUITE : 0m,14 SECTION — 0mc,01539384	
	Dépenses en litres par seconde	Charges par mètre de longueur de conduite	Dépenses en litres par seconde	Charges par mètre de longueur de conduite	Dépenses en litres par seconde	Charges par mètre de longueur de conduite
m.	l.	m.	l.	m.	l.	m.
0.01	0.0950	0.000 007 57	0.1131	0.000 006 94	0.1539	0.000 005 95
0.02	0.1901	0.000 017 67	0.2262	0.000 016 20	0.3079	0.000 013 89
0.03	0.2851	0.000 030 31	0.3393	0.000 027 79	0.4618	0.000 023 82
0.04	0.3801	0.000 045 47	0.4524	0.000 041 69	0.6158	0.000 035 73
0.05	0.4752	0.000 063 17	0.5655	0.000 057 91	0.7697	0.000 049 64
0.06	0.5702	0.000 083 40	0.6786	0.000 076 45	0.9236	0.000 065 53
0.07	0.6652	0.000 106 17	0.7917	0.000 097 33	1.0776	0.000 083 42
0.08	0.7603	0.000 131 46	0.9048	0.000 120 51	1.2315	0.000 103 30
0.09	0.8553	0.000 159 30	1.0179	0.000 146 03	1.3854	0.000 125 17
0.10	0.9503	0.000 189 66	1.1310	0.000 173 86	1.5394	0.000 149 02
0.11	1.0454	0.000 222 56	1.2441	0.000 204 02	1.6933	0.000 174 87
0.12	1.1404	0.000 257 99	1.3572	0.000 236 49	1.8473	0.000 202 71
0.13	1.2354	0.000 295 95	1.4703	0.000 271 29	2.0012	0.000 232 54
0.14	1.3305	0.000 336 45	1.5834	0.000 308 41	2.1551	0.000 264 35
0.15	1.4255	0.000 379 47	1.6965	0.000 347 85	2.3091	0.000 298 16
0.16	1.5205	0.000 425 04	1.8096	0.000 389 61	2.4630	0.000 333 96
0.17	1.6156	0.000 473 13	1.9227	0.000 433 70	2.6169	0.000 371 75
0.18	1.7106	0.000 523 75	2.0358	0.000 480 11	2.7709	0.000 411 52
0.19	1.8056	0.000 576 91	2.1489	0.000 528 84	2.9248	0.000 453 28
0.20	1.9007	0.000 632 61	2.2620	0.000 579 89	3.0788	0.000 497 15
0.22	2.0907	0.000 751 59	2.4881	0.000 688 96	3.3866	0.000 590 54
0.25	2.3758	0.000 949 05	2.8274	0.000 869 97	3.8485	0.000 745 69

TABLE DES TUYAUX DE CONDUITES D'EAU (*suite*)

VITESSES moyennes	DIAM. DE LA CONDUITE : 0m,11 SECTION — 0mc,00950334		DIAM. DE LA CONDUITE : 0m,12 SECTION — 0mc,01130976		DIAM. DE LA CONDUITE : 0m,14 SECTION — 0mc,01539384	
	Dépenses en litres par seconde	Charges par mètre de longueur de conduite	Dépenses en litres par seconde	Charges par mètre de longueur de conduite	Dépenses en litres par seconde	Charges par mètre de longueur de conduite
m.	l.	m.	l.	m.	l.	m.
0.28	2.6609	0.001 169 32	3.1667	0.001 071 88	4.3103	0.000 918 75
0.30	2.8510	0.001 328 83	3.3929	0.001 218 09	4.6182	0.001 044 08
0.32	3.0411	0.001 498 46	3.6191	0.001 373 59	4.9260	0.001 177 37
0.35	3.3262	0.001 771 92	3,9584	0.001 624 26	5.3878	0.001 392 22
0.38	3.6113	0.002 068 16	4.2977	0.001 895 82	5.8497	0.001 624 99
0.40	3.8013	0.002 278 33	4.5239	0.002 088 47	6.1575	0.001 790 12
0.42	3.9914	0.002 498 62	4.7501	0.002 290 40	6.4654	0.001 963 20
0.45	4.2765	0.002 848 05	5.0894	0.002 610 72	6.9272	0.002 237 76
0.48	4.5616	0.003 220 29	5 4287	0.002 951 94	7.3890	0.002 530 23
0.50	4.7517	0.003 481 11	5.6549	0.003 191 02	7.6969	0.002 735 16
0.55	5.2268	0.004 177 47	6.2204	0.003 829 35	8.4666	0.003 282 30
0.60	5.7020	0.004 937 16	6.7859	0.004 525 74	9.2363	0.003 879 20
0.65	6.1772	0.005 760 17	7.3513	0.005 280 16	10.0060	0.004 525 85
0.70	6.6523	0.006 646 51	7.9168	0.006 092 64	10.7757	0.005 222 26
0.75	7.1275	0.007 596 15	8.4823	0.006 963 14	11.5454	0.005 968 41
0.80	7.6027	0.008 609 13	9.0478	0.007 891 70	12.3151	0.006 764 32
0.85	8.0778	0.009 685 41	9.6133	0.008 878 29	13.0848	0.007 609 97
0.90	8.5530	0.010 825 02	10.1788	0.009 922 93	13.8545	0.008 505 37
0.95	9.0282	0.012 027 95	10.7443	0.011 025 62	14.6242	0.009 450 53
1.00	9.5033	0.013 294 20	11.3098	0.012 186 35	15.3938	0.010 445 45
1.05	9.9785	0.014 623 76	11.8753	0.013 405 12	16.1635	0.011 490 10
1.10	10.4537	0.016 016 65	12.4407	0.014 681 94	16.9332	0.012 584 52

TABLE DES TUYAUX DE CONDUITES D'EAU (*suite*)

VITESSES moyennes	DIAM. DE LA CONDUITE : 0m,11 SECTION — 0ms,00950334		DIAM. DE LA CONDUITE : 0m,12 SECTION — 0mc,01130976		DIAM. DE LA CONDUITE : 0m,14 SECTION — 0mc,01539384	
	Dépenses en litres par seconde	Charges par mètre de longueur de conduite	Dépenses en litres par seconde	Charges par mètre de longueur de conduite	Dépenses en litres par seconde	Charges par mètre de longueur de conduite
m.	l.	m.	l.	m.	l.	m.
1.15	10.9288	0.017 472 86	13.0062	0.016 016 79	17.7029	0.013 728 68
1.20	11.4040	0.018 992 39	13.5717	0.017 409 69	18.4726	0.014 922 59
1.25	11.8792	0.020 575 24	14.1372	0.018 860 64	19.2423	0.016 166 26
1.30	12.3543	0.022 221 40	14.7027	0.020 369 62	20.0120	0.017 459 67
1.35	12.8295	0.023 930 89	15.2682	0.021 936 65	20.7817	0.018 802 85
1.40	13.3047	0.025 703 69	15.8337	0.023 561 72	21.5514	0.020 195 76
1.45	13.7798	0.027 539 82	16.3992	0.025 244 84	22.3211	0.021 638 43
1.50	14.2550	0.029 439 26	16.9646	0.026 985 99	23.0908	0.023 130 85
1.55	14.7302	0.031 402 04	17.5301	0.028 785 20	23.8604	0.024 673 03
1.60	15.2053	0.033 428 12	18.0956	0.030 642 44	24.6301	0.026 264 95
1.65	15.6805	0.035 517 53	18.6611	0.032 557 74	25.3998	0.027 906 63
1.70	16.1557	0.037 670 25	19.2266	0.034 531 07	26.1695	0.029 598 06
1.75	16.6308	0.039 886 30	19.7921	0.036 562 44	26.9392	0.031 339 24
1.80	17.1060	0.042 165 66	20.3576	0.038 651 86	27.7089	0.033 130 17
1.85	17.5812	0.044 508 35	20.9231	0.040 799 32	28.4786	0.034 970 85
1.90	18.0563	0.046 914 35	21.4885	0.043 004 83	29.2483	0.036 861 28
1.95	18.5315	0.049 383 67	22.0540	0.045 268 37	30.0180	0.038 801 46
2.00	19.0067	0.051 916 32	22.6195	0.047 589 96	30.7877	0.040 791 40
2.05	19.4818	0.054 512 28	23.1850	0.049 969 59	31.5574	0.042 831 08
2.10	19.9570	0.057 171 57	23.7505	0.052 407 28	32.3271	0.044 920 52
2.15	20.4322	0.059 894 17	24.3160	0.054 902 99	33.0968	0.047 059 71
2.20	20.9073	0.062 680 10	24.8815	0.057 456 76	33.8664	0.049 248 65

TABLE DES TUYAUX DE CONDUITES D'EAU (*suite*)

VITESSES moyennes	DIAM. DE LA CONDUITE : 0ᵐ,11 SECTION — 0ᵐᶜ,0095033⁴		DIAM. DE LA CONDUITE : 0ᵐ,12 SECTION — 0ᵐᶜ,0113976		DIAM. DE LA CONDUITE : 0ᵐ,14 SECTION — 0ᵐᶜ,01539384	
	Dépenses en litres par seconde	Charges par mètre de longueur de conduite	Dépenses en litres par seconde	Charges par mètre de longueur de conduite	Dépenses en litres par seconde	Charges par mètre de longueur de conduite
m.	l.	m.	l.	m.	l.	m.
2.25	21.3825	0.065 529 34	25.4470	0.060 068 56	34.6361	0.051 487 34
2.30	21.8577	0.068 441 90	26.0124	0.062 738 41	35.4058	0.053 775 78
2.35	22.3328	0.071 417 78	26.5779	0.065 466 30	36.1755	0.056 113 97
2.40	22.8080	0.074 456 99	27.1434	0.068 252 24	36.9452	0.058 501 92
2.45	23.2832	0.077 559 51	27.7089	0.071 096 22	37.7149	0.060 939 62
2.50	23.7583	0.080 725 35	28.2744	0.073 998 24	38.4846	0.063 427 07
2.55	24.2335	0.083 954 52	28.8399	0.076 958 31	39.2543	0.065 964 27
2.60	24.7087	0.087 247 00	29.4054	0.079 976 42	40.0240	0.068 551 22
2.65	25.1839	0.090 602 80	29.9709	0.083 052 57	40.7937	0.071 187 92
2.70	25.6590	0.094 021 93	30.5364	0.086 186 77	41.5634	0.073 874 37
2.75	26.1342	0.097 504 36	31.1018	0.089 379 00	42.3331	0.076 610 57
2.80	26.6094	0.101 050 13	31.6673	0.092 629 29	43.1027	0.079 396 53
2.85	27.0845	0.104 659 21	32.2328	0.095 937 61	43.8724	0.082 232 24
2.90	27.5597	0.108 331 62	32.7983	0.099 303 99	44.6421	0.085 117 70
2.95	28.0349	0.112 067 34	33.3638	0.102 728 39	45.4118	0.088 052 91
3.00	28.5100	0.115 866 38	33.9293	0.106 210 85	46.1815	0.091 037 87

TABLE DES TUYAUX DE CONDUITES D'EAU (suite)

VITESSES moyennes	DIAM. DE LA CONDUITE : 0ᵐ,15 SECTION — 0ᵐᶜ,0176715		DIAM. DE LA CONDUITE : 0ᵐ,16 SECTION — 0ᵐᶜ,02010624		DIAM. DE LA CONDUITE : 0ᵐ,18 SECTION — 0ᵐᶜ,02544696	
	Dépenses en litres par seconde	Charges par mètre de longueur de conduite	Dépenses en litres par seconde	Charges par mètre de longueur de conduite	Dépenses en litres par seconde	Charges par mètre de longueur de conduite
m.	l.	m.	l.	m.	l.	m.
0.01	0.1767	0.000 005 55	0.2011	0.000 005 21	0.2545	0.000 004 63
0.02	0.3534	0.000 012 96	0.4021	0.000 012 15	0.5089	0.000 010 80
0.03	0.5301	0.000 022 23	0.6032	0.000 020 84	0.7634	0.000 018 53
0.04	0.7069	0.000 033 35	0.8042	0.000 031 27	1.0179	0.000 027 79
0.05	0.8836	0.000 046 33	1.0053	0.000 043 43	1.2723	0.000 038 61
0.06	1.0603	0.000 061 16	1.2064	0.000 057 34	1.5268	0.000 050 97
0.07	1.2370	0.000 077 86	1.4074	0.000 073 00	1.7813	0.000 064 89
0.08	1.4137	0.000 096 41	1.6085	0.000 090 38	2.0358	0.000 080 34
0.09	1.5904	0.000 116 82	1.8096	0.000 109 52	2.2902	0.000 097 35
0.10	1.7671	0.000 139 09	2.0106	0.000 130 40	2.5447	0.000 115 91
0.11	1.9439	0.000 163 21	2.2117	0.000 153 02	2.7992	0.000 136 01
0.12	2.1206	0.000 189 19	2.4127	0.000 177 37	3.0536	0.000 157 66
0.13	2.2973	0.000 217 03	2.6138	0.000 203 47	3.3081	0.000 180 86
0.14	2.4740	0.000 246 73	2.8149	0.000 231 31	3.5626	0.000 205 61
0.15	2.6507	0.000 278 28	3.0159	0.000 260 89	3.8170	0.000 231 90
0.16	2.8274	0.000 311 69	3.2170	0.000 292 22	4.0715	0.000 259 75
0.17	3.0042	0.000 346 96	3.4181	0.000 325 28	4.3260	0.000 289 14
0.18	3.1809	0.000 384 09	3.6191	0.000 360 08	4.5805	0.000 320 08
0.19	3.3576	0.000 423 07	3.8202	0.000 396 63	4.8349	0.000 352 56
0.20	3.5343	0.000 463 91	4.0212	0.000 434 92	5.0894	0.000 386 60
0.22	3.8877	0.000 551 17	4.4234	0.000 516 72	5.5983	0.000 459 31
0.25	4.4179	0.000 695 97	5.0266	0.000 652 48	6.3617	0.000 579 98

TABLE DES TUYAUX DE CONDUITES D'EAU *(suite)*

VITESSES moyennes	DIAM. DE LA CONDUITE : 0ᵐ,15 SECTION — 0ᵐᶜ,0176715		DIAM. DE LA CONDUITE : 0ᵐ,16 SECTION — 0ᵐᶜ,02010624		DIAM. DE LA CONDUITE : 0ᵐ,18 SECTION — 0ᵐᶜ,02544696	
	Dépenses en litres par seconde	Charges par mètre de longueur de conduite	Dépenses en litres par seconde	Charges par mètre de longueur de conduite	Dépenses en litres par seconde	Charges par mètre de longueur de conduite
m.	l.	m.	l.	m.	l.	m.
0.28	4.9480	0.000 857 50	5.6297	0.000 803 91	7.1251	0.000 714 59
0.30	5.3014	0.000 974 47	6.0319	0.000 913 57	7.6341	0.000 812 06
0.32	5.6549	0.001 098 87	6.4340	0.001 030 20	8.1430	0.000 915 73
0.35	6.1850	0.001 299 41	7.0372	0.001 215 20	8.9064	0.001 082 84
0.38	6.7152	0.001 516 65	7.6404	0.001 421 87	9.6698	0.001 263 88
0.40	7.0686	0.001 670 77	8.0425	0.001 566 35	10.1788	0.001 392 31
0.42	7.4220	0.001 832 32	8.4446	0.001 717 80	10.6877	0.001 526 94
0.45	7.9522	0.002 088 57	9.0478	0.001 958 04	11.4511	0.001 740 48
0.48	8.4823	0.002 361 55	9.6510	0.002 213 95	12.2145	0.001 967 96
0.50	8.8357	0.002 552 81	10.0531	0.002 393 27	12.7235	0.002 127 35
0.55	9.7193	0.003 063 48	11.0584	0.001 872 02	13.9958	0.002 552 90
0.60	10.6029	0.003 620 59	12.0637	0.003 394 30	15.2682	0.003 017 16
0.65	11.4865	0.004 224 13	13.0690	0.003 960 12	16.5405	0.003 520 11
0.70	12.3700	0.004 874 11	14.0744	0.004 569 48	17.8129	0.004 061 76
0.75	13.2536	0.005 570 51	15.0797	0.005 222 36	19.0852	0.004 642 10
0.80	14.1372	0.006 313 36	16.0850	0.005 918 78	20.3576	0.005 261 14
0.85	15.0208	0.007 102 63	17.0903	0.006 658 72	21.6299	0.005 918 85
0.90	15.9043	0.007 938 35	18.0956	0.007 442 20	22.9023	0.006 615 29
0.95	16.7879	0.008 820 49	19.1009	0.008 269 22	24.1746	0.007 350 41
1.00	17.6715	0.009 749 08	20.1062	0.009 139 77	25.4470	0.008 124 24
1.05	18.5550	0.010 724 09	21.1115	0.010 053 84	26.7193	0.008 936 75
1.10	19.4386	0.011 745 55	22.1169	0.011 011 45	27.9917	0.009 787 96

TABLE DES TUYAUX DE CONDUITES D'EAU (*suite*)

VITESSES moyennes	DIAM. DE LA CONDUITE : $0^m,15$ SECTION — $0^{mc},0176715$		DIAM. DE LA CONDUITE : $0^m,16$ SECTION — $0^{mc},2010624$		DIAM. DE LA CONDUITE : $0^m,18$ SECTION — $0^{mc},02544696$	
	Dépenses en litres par seconde	Charges par mètre de longueur de conduite	Dépenses en litres par seconde	Charges par mètre de longueur de conduite	Dépenses en litres par seconde	Charges par mètre de longueur de conduite
m.	l.	m.	l.	m.	l.	m.
1.15	20.3222	0.012 813 43	23.1222	0.012 012 60	29.2640	0.010 677 86
1.20	21.2058	0.013 927 75	24.1275	0.013 057 27	30.5364	0.011 6C6 46
1.25	22.0893	0.015 088 51	25.1328	0.014 145 48	31.8087	0.012 573 76
1.30	22.9729	0.016 295 69	26.1381	0.015 277 22	33.0810	0.013 579 75
1.35	23.8565	0.017 549 32	27.1434	0.016 452 49	34.3534	0.014 624 44
1.40	24.7401	0.018 849 37	28.1487	0.017 671 29	35.6257	0.015 707 81
1.45	25.6237	0.020 195 87	29.1540	0.018 933 63	36.8981	0.016 829 89
1.50	26.5072	0.021 588 79	30.1594	0.020 239 50	38.1704	0.017 990 66
1.55	27.3908	0.023 028 16	31.1647	0.021 588 90	39.4428	0.019 190 13
1.60	28.2744	0.024 513 95	32.1700	0.022 981 83	40.7151	0.020 428 30
1.65	29.1580	0.026 046 19	33.1753	0.024 418 30	41.9875	0.021 705 16
1.70	30.0415	0.027 624 85	34.1806	0.025 898 30	43.2598	0.023 020 71
1.75	30.9251	0.029 249 95	35.1859	0.027 421 83	44.5322	0.024 374 96
1.80	31.8087	0.030 921 49	36.1912	0.028 988 90	45.8045	0.025 767 91
1.85	32.6922	0.032 639 45	37.1965	0.030 599 49	47.0769	0.027 199 55
1.90	33.5758	0.034 403 86	38.2019	0.032 253 62	48.3492	0.028 669 89
1.95	34.4594	0.036 214 69	39.2072	0.033 951 28	49.6216	0.030 178 91
2.00	35.3430	0.038 071 97	40.2125	0.035 692 47	50.8939	0.031 726 64
2.05	36.2265	0.039 975 67	41.2178	0.037 477 40	52.1663	0.033 313 06
2.10	37.1101	0.041 925 82	42.2231	0.039 305 46	53.4386	0.034 938 19
2.15	37.9937	0.043 922 39	43.2284	0.041 177 25	54.7110	0.036 602 00
2.20	38.8772	0.045 965 41	44.2337	0.043 092 57	55.9833	0.038 304 51

TABLE DES TUYAUX DE CONDUITES D'EAU (*suite*)

VITESSES moyennes	DIAM. DE LA CONDUITE : 0m,15 SECTION — 0mc,0176715		DIAM. DE LA CONDUITE : 0m,16 SECTION — 0mc,02010624		DIAM. DE LA CONDUITE : 0m,18 SECTION — 0mc,02544696	
	Dépenses en litres par seconde	Charges par mètre de longueur de conduite	Dépenses en litres par seconde	Charges par mètre de longueur de conduite	Dépenses en litres par seconde	Charges par mètre de longueur de conduite
m.	l.	m.	l.	m.	l.	m.
2.25	39.7608	0.048 054 85	45.2390	0.045 051 42	57.2557	0.040 045 71
2.30	40.6444	0.050 190 73	46.2443	0.047 053 81	58.5280	0.041 825 61
2.35	41.5279	0.052 373 04	47.2496	0.049 099 73	59.8004	0.043 644 20
2.40	42.4115	0.054 601 79	48.2550	0.051 189 18	61.0727	0.045 501 50
2.45	43.2951	0.056 876 97	49.2603	0.053 322 17	62.3451	0.047 397 48
2.50	44.1787	0.059 198 59	50.2656	0.055 498 68	63.6174	0.049 332 16
2.55	45.0623	0.061 566 65	51.2709	0.057 718 73	64.8897	0.051 305 54
2.60	45.9458	0.063 981 13	52.2762	0.059 982 32	66.1620	0.053 317 61
2.65	46.8294	0.066 442 05	53.2815	0.062 289 43	67.4344	0.055 368 38
2.70	47.7130	0.068 949 41	54.2868	0.064 640 08	68.7068	0.057 457 85
2.75	48.5966	0.071 503 20	55.2921	0.067 034 25	69.9791	0.059 586 00
2.80	49.4802	0.074 103 43	56.2975	0.069 471 97	71.2515	0.061 752 86
2.85	50.3637	0.076 750 09	57.3028	0.071 953 21	72.5238	0.063 958 41
2.90	51.2473	0.079 443 19	58.3081	0.074 477 99	73.7962	0.066 202 66
2.95	52.1309	0.082 182 71	59.3135	0.077 046 30	75.0685	0.068 485 60
3.00	53.0145	0.084 968 68	60.3187	0.079 658 14	76.3409	0.070 807 24

TABLE DES TUYAUX DE CONDUITES D'EAU (*suite*)

VITESSES moyennes	DIAM. DE LA CONDUITE : 0ᵐ,20 SECTION — 0ᵐᶜ,031416		DIAM. DE LA CONDUITE : 0ᵐ,22 SECTION — 0ᵐᶜ,03801336		DIAM. DE LA CONDUITE : 0ᵐ,24 SECTION — 0ᵐᶜ,04523904	
	Dépenses en litres par seconde	Charges par mètre de longueur de conduite	Dépenses en litres par seconde	Charges par mètre de longueur de conduite	Dépenses en litres par seconde	Charges par mètre de longueur de conduite
m.	l.	m.	l.	m.	l.	m.
0.01	0.3142	0.000 004 17	0.3801	0.000 003 79	0.4524	0.000 003 47
0.02	0.6283	0.000 009 72	0.7603	0.000 008 84	0.9048	0.000 008 10
0.03	0.9425	0.000 016 67	1.1404	0.000 015 16	1.3572	0.000 013 90
0.04	1.2566	0.000 025 01	1.5205	0.000 022 74	1.8096	0.000 020 85
0.05	1.5708	0.000 034 75	1.9007	0.000 031 59	2.2619	0.000 028 96
0.06	1.8850	0.000 045 87	2.2808	0.000 041 70	2.7143	0.000 038 23
0.07	2.1991	0.000 058 40	2.6609	0.000 053 09	3.1667	0.000 048 67
0.08	2.5133	0.000 072 31	3.0411	0.000 065 73	3.6191	0.000 060 26
0.09	2.8274	0.000 087 62	3.4212	0.000 079 65	4.0715	0.000 073 02
0.10	3.1416	0.000 104 32	3.8013	0.000 094 83	4.5239	0.000 086 93
0.11	3.4558	0.000 122 41	4.1815	0.000 111 28	4.9763	0.000 102 01
0.12	3.7699	0.000 141 90	4.5616	0.000 129 00	5.4287	0.000 118 25
0.13	4.0841	0.000 162 78	4.9417	0.000 147 98	5.8811	0.000 135 65
0.14	4.3982	0.000 185 05	5.3219	0.000 168 23	6.3335	0.000 154 21
0.15	4.7124	0.000 208 71	5.7020	0.000 189 74	6.7859	0.000 173 93
0.16	5.0265	0.000 233 77	6.0821	0.000 212 52	7.2382	0.000 194 81
0.17	5.3407	0.000 260 22	6.4623	0.000 236 57	7.6906	0.000 216 85
0.18	5.6549	0.000 288 07	6.8424	0.000 261 88	8.1430	0.000 240 06
0.19	5.9690	0.000 317 30	7.2225	0.000 288 46	8.5954	0.000 264 42
0.20	6.2832	0 000 347 94	7.6027	0.000 316 31	9.0478	0.000 289 95
0.22	6.9116	0.000 413 38	8.3629	0.000 375 80	9.9526	0.000 344 48
0.25	7.8540	0.000 521 98	9.5033	0.000 474 53	11.3098	0.000 434 99

TABLE DES TUYAUX DE CONDUITES D'EAU (*suite*)

VITESSES moyennes	DIAM. DE LA CONDUITE : 0m,20 SECTION — 0mc,031416		DIAM. DE LA CONDUITE : 0m,22 SECTION — 0mc,03801336		DIAM. DE LA CONDUITE : 0m,24 SECTION — 0mc,04523901	
	Dépenses en litres par seconde	Charges par mètre de longueur de conduite	Dépenses en litres par seconde	Charges par mètre de longueur de conduite	Dépenses en litres par seconde	Charges par mètre de longueur de conduite
m.	l.	m.	l.	m.	l.	m.
0.28	8.7964	0.000 643 13	10.6437	0.000 584 66	12.6669	0.000 535 94
0.30	9.4248	0.000 730 86	11.4040	0.000 664 42	13.5717	0.000 609 05
0.32	10.0531	0.000 824 16	12.1643	0.000 749 23	14.4765	0.000 686 80
0.35	10.9956	0.000 974 56	13.3047	0.000 885 96	15.8337	0.000 812 13
0.38	11.9380	0.001 137 49	14.4450	0.001 034 08	17.1908	0.000 947 91
0.40	12.5664	0.001 253 08	15.2053	0.001 139 17	18.0956	0.001 044 24
0.42	13.1947	0.001 374 24	15.9656	0.001 249 31	19.0004	0.001 145 20
0.45	14.1372	0.001 566 43	17.1060	0.001 424 03	20.3576	0.001 305 36
0.48	15.0797	0.001 771 16	18.2464	0.001 610 15	21.7147	0.001 475 97
0.50	15.7080	0.001 914 61	19.0067	0.001 740 56	22.6195	0.001 595 51
0.55	17.2788	0.002 297 61	20.9073	0.002 088 74	24.8815	0.001 914 68
0.60	18.8496	0.002 715 44	22.8080	0.002 468 58	27.1434	0.002 262 87
0.65	20.4204	0.003 168 10	24.7087	0.002 880 09	29.4054	0.002 640 08
0.70	21.9912	0.003 655 58	26.6094	0.003 323 26	31.6673	0.003 046 32
0.75	23.5620	0.004 177 89	28.5100	0.003 798 08	33.9293	0.003 481 57
0.80	25.1328	0.004 735 02	30.4107	0.004 304 57	36.1912	0.003 945 85
0.85	26.7036	0.005 326 98	32.3114	0.004 842 71	38.4532	0.004 439 15
0.90	28.2744	0.005 953 76	34.2120	0.005 412 51	40.7151	0.004 961 47
0.95	29.8452	0.006 615 37	36.1127	0.006 013 98	42.9771	0.005 512 81
1.00	31.4160	0.007 311 81	38.0134	0.006 647 10	45.2390	0.006 093 18
1.05	32.9868	0.008 043 07	39.9140	0.007 311 88	47.5010	0.006 702 56
1.10	34.5576	0.008 809 16	41.8147	0.008 008 83	49.7629	0.007 340 97

TABLE DES TUYAUX DE CONDUITES D'EAU (*suite*)

VITESSES moyennes	DIAM. DE LA CONDUITE : 0^m,20 SECTION — 0^mc,031416		DIAM. DE LA CONDUITE : 0^m,22 SECTION — 0^mc,03801336		DIAM. DE LA CONDUITE : 0^m,24 SECTION — 0^mc,04523904	
	Dépenses en litres par seconde	Charges par mètre de longueur de conduite	Dépenses en litres par seconde	Charges par mètre de longueur de conduite	Dépenses en litres par seconde	Charges par mètre de longueur de conduite
m.	l.	m.	l.	m.	l.	m.
1.15	36.1284	0.009 610 08	43.7154	0.008 736 43	52.0249	0.008 008 40
1.20	37.6992	0.010 445 82	45.6160	0.009 496 20	54.2868	0.008 704 85
1.25	39.2700	0.011 316 38	47.5167	0.010 287 62	56.5488	0.009 430 32
1.30	40.8408	0.012 221 77	49.4174	0.011 110 70	58.8108	0.010 184 81
1.35	42.4116	0.013 161 99	51.3180	0.011 965 45	61.0727	0.010 968 33
1.40	43.9824	0.014 137 03	53.2187	0.012 851 85	63.3347	0.011 780 86
1.45	45.5532	0.015 146 90	55.1194	0.013 769 91	65.5966	0.012 622 42
1.50	47.1240	0.016 191 60	57.0200	0.014 719 63	67.8586	0.013 493 00
1.55	48.6948	0.017 271 12	58.9207	0.015 701 02	70.1205	0.014 392 60
1.60	50.2656	0.018 385 47	60.8214	0.016 714 06	72.3825	0.015 321 22
1.65	51.8364	0.019 534 64	62.7220	0.017 758 77	74.6444	0.016 278 87
1.70	53.4072	0.020 718 64	64.6227	0.018 835 13	76.9064	0.017 265 54
1.75	54.9780	0.021 937 47	66.5234	0.019 943 15	79.1683	0.018 281 22
1.80	56.5488	0.023 191 12	68.4240	0.021 082 83	81.4303	0.019 325 93
1.85	58.1196	0.024 479 59	70.3247	0.022 254 18	83.6922	0.020 399 66
1.90	59.6904	0.025 802 90	72.2254	0.023 457 18	85.9542	0.021 502 42
1.95	61.2612	0.027 161 02	74.1261	0.024 691 84	88.2161	0.022 634 19
2.00	62.8320	0.028 553 98	76.0267	0.025 958 16	90.4781	0.023 794 98
2.05	64.4028	0.029 981 76	77.9274	0.027 256 14	92.7400	0.024 984 80
2.10	65.9736	0.031 444 37	79.8281	0.028 585 79	95.0020	0.026 203 64
2.15	67.5444	0.032 941 80	81.7287	0.029 947 09	97.2639	0.027 451 50
2.20	69.1152	0.034 474 06	83.6294	0.031 340 05	99.5259	0.028 728 38

TABLE DES TUYAUX DE CONDUITES D'EAU *(suite)*

VITESSES moyennes	DIAM. DE LA CONDUITE : 0ᵐ,20 SECTION — 0ᵐᶜ,031416		DIAM. DE LA CONDUITE : 0ᵐ,22 SECTION — 0ᵐᶜ,03801336		DIAM. DE LA CONDUITE : 0ᵐ,24 SECTION — 0ᵐᶜ,04523904	
	Dépenses en litres par seconde	Charges par mètre de longueur de conduite	Dépenses en litres par seconde	Charges par mètre de longueur de conduite	Dépenses en litres par seconde	Charges par mètre de longueur de conduite
m.	l.	m.	l.	m.	l.	m.
2.25	70.6860	0.036 041 14	85.5301	0.032 764 67	101.7878	0.030 034 28
2.30	72.2568	0.037 643 05	87.4307	0.034 220 95	104.0498	0.031 369 21
2.35	73.8276	0.039 279 78	89.3314	0.035 708 89	106.3117	0.032 733 15
2.40	75.3984	0.040 951 35	91.2321	0.037 228 50	108.5737	0.034 126 12
2.45	76.9692	0.042 657 73	93.1327	0.038 779 76	110.8356	0.035 548 11
2.50	78.5400	0.044 398 95	95.0334	0.040 362 68	113.0976	0.036 999 12
2.55	80.1108	0.046 174 99	96.9341	0.041 977 26	115.3595	0.038 479 16
2.60	81.6816	0.047 985 85	98.8347	0.043 623 50	117.6215	0.039 988 21
2.65	83.2524	0.049 831 54	100.7354	0.045 301 40	119.8835	0.041 526 29
2.70	84.8232	0.051 712 06	102.6361	0.047 010 97	122.1454	0.043 093 39
2.75	86.3940	0.053 627 40	104.5367	0.048 752 18	124.4074	0.044 689 50
2.80	87.9648	0.055 577 57	106.4374	0.050 525 07	126.6693	0.046 314 65
2.85	89.5356	0.057 562 57	108.3381	0.052 329 61	128.9313	0.047 968 81
2.90	91.1064	0.059 582 39	110.2387	0.054 165 81	131.1932	0.049 652 00
2.95	92.6772	0.061 637 04	112.1394	0.056 033 67	133.4552	0.051 364 20
3.00	94.2480	0.063 726 51	114.0401	0.057 933 19	135.7171	0.053 105 43

TABLE DES TUYAUX DE CONDUITES D'EAU (suite)

VITESSES moyennes	DIAM. DE LA CONDUITE : 0ᵐ,25 SECTION — 0ᵐᶜ,0490875		DIAM. DE LA CONDUITE : 0ᵐ,28 SECTION — 0ᵐᶜ,06157536		DIAM. DE LA CONDUITE : 0ᵐ,30 SECTION — 0ᵐᶜ,070686	
	Dépenses en litres par seconde	Charges par mètre de longueur de conduite	Dépenses en litres par seconde	Charges par mètre de longueur de conduite	Dépenses en litres par seconde	Charges par mètre de longueur de conduite
m.	l.	m.	l.	m.	l.	m.
0.01	0.4909	0.000 003 33	0.6158	0.000 002 98	0.7069	0.000 002 78
0.02	0.9817	0.000 007 78	1.2315	0.000 006 95	1.4137	0.000 006 48
0.03	1.4726	0.000 013 34	1.8473	0.000 011 91	2.1206	0.000 011 12
0.04	1.9635	0.000 020 01	2.4630	0.000 017 87	2.8274	0.000 016 68
0.05	2.4544	0.000 027 80	3.0788	0.000 024 82	3.5343	0.000 023 17
0.06	2.9452	0.000 036 70	3.6945	0.000 032 77	4.2412	0.000 030 58
0.07	3.4361	0.000 046 72	4.3103	0.000 041 71	4.9480	0.000 038 93
0.08	3.9270	0.000 057 84	4.9260	0.000 051 65	5.6549	0.000 048 21
0.09	4.4179	0.000 070 09	5.5418	0.000 062 59	6.3617	0.000 058 41
0.10	4.9087	0.000 083 45	6.1575	0.000 074 51	7.0686	0.000 069 55
0.11	5.3996	0.000 097 93	6.7733	0.000 087 44	7.7755	0.000 081 61
0.12	5.8905	0.000 113 52	7.3890	0.000 101 36	8.4823	0.000 094 60
0.13	6.3814	0.000 130 22	8.0048	0.000 116 27	9.1892	0.000 108 52
0.14	6.8722	0.000 148 04	8.6205	0.000 132 18	9.8960	0.000 123 37
0.15	7.3631	0.000 166 97	9.2363	0.000 149 08	10.6029	0.000 139 14
0.16	7.8540	0.000 187 02	9.8521	0.000 166 98	11.3098	0.000 155 85
0.17	8.3449	0.000 208 18	10.4678	0.000 185 88	12.0166	0.000 173 48
0.18	8.8357	0.000 230 45	11.0836	0.000 205 76	12.7235	0.000 192 05
0.19	9.3266	0.000 253 84	11.6993	0.000 226 64	13.4303	0.000 211 54
0.20	9.8175	0.000 278 35	12.3151	0.000 248 58	14.1372	0.000 231 96
0.22	10.7992	0.000 330 70	13.5466	0.000 295 27	15.5509	0.000 275 59
0.25	12.2719	0.000 417 58	15.3938	0.000 372 85	17.6715	0.000 347 99

TABLE DES TUYAUX DE CONDUITES D'EAU (suite)

VITESSES moyennes	DIAM. DE LA CONDUITE : 0ᵐ,25 SECTION — 0ᵐᶜ,0490875		DIAM. DE LA CONDUITE : 0ᵐ,28 SECTION — 0ᵐᶜ,06157536		DIAM. DE LA CONDUITE : 0ᵐ,30 SECTION — 0ᵐᶜ,070686	
	Dépenses en litres par seconde	Charges par mètre de longueur de conduite	Dépenses en litres par seconde	Charges par mètre de longueur de conduite	Dépenses en litres par seconde	Charges par mètre de longueur de conduite
m.	l.	m.	l.	m.	l.	m.
0.28	13.7445	0.000 514 50	17.2411	0.000 459 38	19.7921	0.000 428 75
0.30	14.7262	0.000 584 68	18.4726	0.000 522 04	21.2058	0.000 487 24
0.32	15.7080	0.000 659 32	19.7041	0.000 588 69	22.6195	0.000 549 44
0.35	17.1806	0.000 779 64	21.5514	0.000 696 11	24.7401	0.000 649 71
0.38	18.6532	0.000 909 99	23.3986	0.000 812 50	26.8607	0.000 758 33
0.40	19.6350	0.001 002 46	24.6301	0.000 895 06	28.2744	0.000 835 39
0.42	20.6167	0.001 099 39	25.8616	0.000 981 60	29.6881	0.000 916 16
0.45	22.0894	0.001 253 14	27.7089	0.001 118 88	31.8087	0.001 044 29
0.48	23.5620	0.001 416 93	29.5562	0.001 265 12	33.9293	0.001 180 78
0.50	24.5437	0.001 531 69	30.7877	0.001 367 58	35.3430	0.001 276 41
0.55	26.9981	0.001 838 09	33.8664	0.001 641 15	38.8773	0.001 531 74
0.60	29.4525	0.002 172 35	36.9452	0.001 939 60	42.4116	0.001 810 30
0.65	31.9069	0.002 534 48	40.0240	0.002 262 93	45.9459	0.002 112 07
0.70	34.3612	0.002 924 46	43.1027	0.002 611 13	49.4802	0.002 437 06
0.75	36.8156	0.003 342 31	46.1815	0.002 984 21	53.0145	0.002 785 26
0.80	39.2700	0.003 788 02	49.2603	0.003 882 16	56.5488	0.003 156 68
0.85	41.7244	0.004 261 58	52.3391	0.003 804 99	60.0831	0.003 551 32
0.90	44.1787	0.004 763 01	55.4178	0.004 252 69	63.6174	0.003 969 18
0.95	46.6331	0.005 292 30	58.4966	0.004 725 27	67.1517	0.004 410 25
1.00	49.0875	0.005 849 45	61.5754	0.005 222 73	70.6860	0.004 874 54
1.05	51.5418	0.006 434 46	64.6541	0.005 745 05	74.2203	0.005 362 05
1.10	53.9962	0.007 047 33	67.7329	0.006 292 26	77.7546	0.005 872 78

TABLE DES TUYAUX DE CONDUITES D'EAU (*suite*)

VITESSES moyennes	DIAM. DE LA CONDUITE : 0m,25 SECTION — 0mc,0490875		DIAM. DE LA CONDUITE : 0m,28 SECTION — 0mc,06157536		DIAM. DE LA CONDUITE : 0m,30 SECTION — 0mc,070686	
	Dépenses en litres par seconde	Charges par mètre de longueur de conduite	Dépenses en litres par seconde	Charges par mètre de longueur de conduite	Dépenses en litres par seconde	Charges par mètre de longueur de conduite
m.	l.	m.	l.	m.	l.	m.
1.15	56.4506	0.007 688 06	70.8117	0.006 864 34	81.2889	0.006 406 72
1.20	58.9050	0.008 356 65	73.8904	0.007 461 30	84.8232	0.006 963 88
1.25	61.3593	0.009 053 10	76.9692	0.008 083 13	88.3575	0.007 544 26
1.30	63.8137	0.009 777 42	80.0480	0.008 729 84	91.8918	0.008 147 85
1.35	66.2681	0.010 529 59	83.1267	0.009 401 43	95.4261	0.008 774 66
1.40	68.7225	0.011 309 62	86.2055	0.010 097 88	98.9604	0.009 424 69
1.45	71.1769	0.012 117 52	89.2843	0.010 819 22	102.4947	0.010 097 94
1.50	73.6312	0.012 953 28	92.3630	0.011 565 43	106.0290	0.010 794 40
1.55	76.0856	0.013 816 90	95.4418	0.012 336 52	109.5633	0.011 514 03
1.60	78.5400	0.014 708 37	98.5206	0.013 132 48	113.0976	0.012 256 98
1.65	80.9944	0.015 627 71	101.5993	0.013 953 32	116.6319	0.013 023 10
1.70	83.4487	0.016 574 91	104.6781	0.014 799 03	120.1662	0.013 812 43
1.75	85.9031	0.017 549 97	107.7569	0.015 669 62	123.7005	0.014 624 98
1.80	88.3575	0.018 552 89	110.8356	0.016 565 09	127.2348	0.015 460 75
1.85	90.8118	0.019 583 67	113.9144	0.017 485 43	130.7691	0.016 319 73
1.90	93.2662	0.020 642 32	116.9932	0.018 430 64	134.3034	0.017 201 93
1.95	95.7206	0.021 728 82	120.0719	0.019 400 73	137.8377	0.018 107 35
2.00	98.1750	0.022 843 18	123.1507	0.020 395 70	141.3720	0.019 035 99
2.05	100.6293	0.023 985 40	126.2295	0.021 415 54	144.9063	0.019 987 84
2.10	103.0837	0.025 155 49	129.3083	0.022 460 26	148.4406	0.020 962 91
2.15	105.5381	0.026 353 44	132.3870	0.023 529 85	151.9749	0.021 961 20
2.20	107.9924	0.027 579 24	135.4658	0.024 624 33	155.5092	0.022 982 71

TABLE DES TUYAUX DE CONDUITES D'EAU *(suite)*

VITESSES moyennes	DIAM. DE LA CONDUITE : 0ᵐ,25 SECTION — 0ᵐᶜ,0490875		DIAM. DE LA CONDUITE : 0ᵐ.28 SECTION — 0ᵐᶜ,06157536		DIAM. DE LA CONDUITE : 0ᵐ,30 SECTION — 0ᵐᶜ,070686	
	Dépenses en litres par seconde	Charges par mètre de longueur de conduite	Dépenses en litres par seconde	Charges par mètre de longueur de conduite	Dépenses en litres par seconde	Charges par mètre de longueur de conduite
m.	l.	m.	l.	m.	l.	m.
2.25	110.4468	0.028 832 91	138.5446	0.025 743 67	159.0435	0.024 027 43
2.30	112.9012	0.030 114 44	141.6233	0.026 887 89	162.5778	0.025 095 37
2.35	115.3555	0.031 423 82	144.7021	0.028 056 99	166.1121	0.026 186 52
2.40	117.8099	0.032 761 08	147.7809	0.029 250 96	169.6464	0.027 300 90
2.45	120.2643	0.034 126 18	150.8596	0.030 469 81	173.1807	0.028 438 49
2.50	122.7187	0.035 519 16	153.9384	0.031 713 54	176.7150	0.029 599 30
2.55	125.1731	0.036 939 99	157.0172	0.032 982 14	180.2493	0.030 783 33
2.60	127.6274	0.038 388 68	160.0959	0.034 275 61	183.7836	0.031 990 57
2.65	130.0818	0.039 865 23	163.1747	0.035 593 96	187.3179	0.033 221 03
2.70	132.5362	0.041 369 65	166.2535	0.036 937 19	190.8522	0.034 474 71
2.75	134.9906	0.042 901 92	169.3322	0.038 305 29	194.3865	0.035 751 60
2.80	137.4450	0.044 462 06	172.4110	0.039 698 27	197.9208	0.037 051 72
2.85	139.8993	0.046 050 05	175.4898	0.041 116 12	201.4551	0.038 375 05
2.90	142.3537	0.047 665 91	178.5685	0.042 558 85	204.9894	0.039 721 60
2.95	144.8081	0.049 309 63	181.6473	0.044 026 46	208.5237	0.041 091 36
3.00	147.2625	0.050 981 21	184.7261	0.045 518 94	212.0580	0.042 484 34

34. Tableau sommaire approximatif d'après les pentes et les diamètres. — Il est commode, pour un avant-projet, de consulter le tableau sommaire suivant des débits approximatifs en litres par seconde, que donnent les tuyaux cylindriques, avec un diamètre donné et sous une charge ou une pente déterminée.

PLOMBERIE.   6

DÉBITS EN LITRES PAR SECONDE, CORRESPONDANT A UNE CHARGE
ET A UN DIAMÈTRE DONNÉS.

PENTES par MÈTRE	AVEC DES DIAMÈTRES DE TUYAUX DE :							
	$0^m, 050$	$0^m,060$	$0^m,070$	$0^m,080$	$0^m,090$	$0^m,100$	$0^m,108$	$0^m,120$
$0^m,001$	$0^l,33$	$0^l,53$	$0^l,78$	$1^l,10$	$1^l,45$	$1^l,89$	$2^l,40$	$3^l,$ »
0 002	0 49	0 78	1 15	1 60	2 13	2 78	3 35	4 40
0 003	0 62	0 97	1 40	1 97	2 65	3 48	4 22	5 60
0 004	0 70	1 12	1 62	2 27	3 07	4 »	4 88	6 60
0 005	0 78	1 25	1 83	2 55	3 45	4 51	5 50	7 »
0 006	0 87	1 36	1 98	2 79	3 80	4 96	6 »	7 90
0 007	0 94	1 48	2 23	3 07	4 12	5 24	6 55	8 50
0 008	0 97	1 58	2 32	3 30	4 40	5 67	7 »	9 10
0 009	1 02	1 69	2 50	3 50	4 72	6 »	7 45	9 75
0 010	1 15	1 82	2 68	3 75	5 »	6 50	7 80	10 20
0 015	1 44	2 19	3 26	4 55	6 10	7 90	9 66	12 50
0 020	1 62	2 55	3 74	5 25	7 »	9 25	11 33	14 65
0 025	1 80	2 84	4 22	5 90	7 90	10 35	12 55	16 30
0 030	1 98	3 13	4 62	6 50	8 65	11 35	13 77	17 85
0 035	2 12	3 40	5 »	7 »	9 35	12 20	15 18	19 30
0 040	2 30	3 65	5 37	7 50	10 »	13 15	16 13	20 60
0 045	2 44	3 88	5 69	7 95	10 70	13 85	17 08	22 »
0 050	2 60	4 09	6 »	8 41	11 30	14 70	17 95	23 20
0 060	2 83	4 48	6 58	9 20	12 38	16 10	19 80	25 42
0 070	3 05	4 83	7 11	9 96	13 35	17 41	21 40	27 50
0 080	3 31	5 20	7 62	10 62	14 30	18 60	23 »	29 45
0 090	3 50	5 50	8 08	11 28	15 12	19 83	24 50	31 20

DÉBITS EN LITRES PAR SECONDE, CORRESPONDANT A UNE CHARGE
ET A UN DIAMÈTRE DONNÉS (*suite*)

PENTES par MÈTRE	AVEC DES DIAMÈTRES DE TUYAUX DE :							
	0m,135	0m,150	0m,162	0m,180	0m,200	0m,216	0m,250	0m,300
0m,001	4l,35	4l,85	6l,55	8l,40	11l,33	13l,55	19l,55	31l,10
0 002	5 96	6 88	9 44	12 30	16 20	19 50	28 10	44 50
0 003	7 35	8 45	11 60	15 25	19 80	24 10	34 80	55 20
0 004	8 55	9 95	13 55	17 75	23 10	27 80	40 10	64 10
0 005	9 60	11 15	15 20	19 85	25 80	31 30	45 70	71 80
0 006	10 55	12 25	16 70	21 75	28 30	34 50	50 »	78 50
0 007	11 40	13 30	18 10	23 »	30 70	36 45	54 10	84 90
0 008	12 22	14 22	19 35	24 70	33 10	39 80	57 70	90 80
0 009	12 92	15 15	20 60	26 90	35 15	42 40	61 25	96 60
0 010	13 75	16 »	21 75	28 »	36 95	45 05	64 60	102 10
0 015	16 90	19 85	26 85	35 »	45 60	54 70	79 »	125 50
0 020	19 55	23 »	30 90	40 30	52 30	63 45	91 80	144 70
0 025	21 90	25 70	34 65	45 10	58 80	70 95	103 10	162 50
0 030	24 20	28 »	38 10	49 »	64 45	77 90	112 00	177 80
0 035	26 05	30 45	41 10	53 50	69 50	84 40	121 50	192 »
0 040	27 75	32 44	43 95	57 20	74 60	90 10	130 10	205 »
0 045	29 60	34 50	46 65	60 50	78 90	95 80	138 »	»
0 050	31 15	36 40	49 25	64 »	83 50	100 »	145 20	»
0 060	34 20	39 90	54 »	70 10	91 60	»	»	»
0 070	37 05	43 10	58 »	76 »	»	»	»	»
0 080	39 50	46 »	»	»	»	»	»	»
0 090	41 85	48 86	»	»	»	»	»	»

35. Débit des tuyaux à moitié pleins. — Pour les canalisations d'eaux résiduaires, on fait souvent les calculs en supposant les tuyaux à moitié pleins. Voici un tableau qui facilite les recherches d'un avant-projet.

TABLEAU DU DÉBIT DES TUYAUX A MOITIÉ PLEINS

PENTES par mètre	DIAMÈTRES DES TUYAUX														
	0m,10	0m,12	0m,15	0m,18	0m,20	0m,22	0m,25	0m,30	0m,35	0m,38	0m,40 litres	0m,43 litres	0m,50 litres	0m,55 litres	0m,60 litres
0m,001	1l,	1l,7	3l,3	5l,3	7l,1	9l,2	12l,9	21l,1	31l,6	39l,1	44	64	80	102	129
0 002	1 5	2 5	4 6	7 6	10 1	13 »	18 3	29 8	44 7	55 4	63	91	113	145	182
0 003	1 8	3 »	5 6	9 3	12 4	15 9	22 4	36 5	54 7	67 8	77	112	139	178	223
0 004	2 1	3 5	6 5	10 7	14 3	18 4	25 8	42 2	63 2	78 3	90	129	161	205	258
0 005	2 4	3 9	7 3	12 »	16 »	20 6	28 9	47 2	70 7	86 6	100	144	179	230	288
0 006	2 6	4 3	8 7	13 1	17 5	22 5	31 7	51 6	77 4	96 »	110	158	196	252	316
0 008	3 »	5 »	9 2	14 4	20 2	26 »	36 6	59 6	89 4	110 8	127	182	227	291	365
0 010	3 4	5 6	10 3	17 »	22 6	29 1	40 9	66 7	100 »	124 »	142	204	234	325	408
0 012	3 7	6 1	11 2	18 6	24 7	31 9	44 8	73 0	109 5	136 »	155	223	278	256	447
0 014	4 »	6 6	12 2	20 1	26 7	34 4	48 4	78 8	118 3	146 »	168	241	300	384	483
0 016	4 3	7 »	13 »	21 5	28 6	36 8	51 7	84 3	126 4	157 »	179	258	321	411	516
0 018	4 6	7 5	13 8	22 8	30 3	39 »	54 9	89 4	134 1	166 »	190	273	340	436	547
0 020	4 8	7 9	14 5	24 »	31 9	41 1	57 8	94 3	141 4	175 »	201	288	359	460	577
0 025	5 4	8 8	16 3	26 9	35 7	46 »	64 6	105 4	158 1	196 »	224	322	401	514	645
0 030	5 9	9 7	17 8	29 4	39 1	50 4	70 8	115 5	173 2	215 »	246	353	440	563	707
0 035	6 4	10 4	19 3	31 8	42 3	54 4	76 5	124 7	187 »	231 »	270	381	475	608	763
0 040	6 8	11 2	20 6	34 »	45 2	58 2	81 8	136 4	260	248 »	284	408	508	650	816
0 050	7 6	12 5	23 »	38 »	50 5	65 1	91 4	149 1	223 6	277 »	317	436	568	727	912
0 060	8 3	13 7	25 2	41 6	55 3	71 3	100 2	163 3	244 9	304 »	348	500	622	796	999
0 080	9 6	15 8	29 1	48 1	63 9	82 3	115 7	188 6	282 8	350 »	401	577	718	919	1154

Ce tableau est extrait de l'*Album de la Société des Produits céramiques et réfractaires de Boulogne-sur-Mer*. Il donne approximativement les débits, tout calculés, des tuyaux cylindriques à moitié pleins, pour des diamètres variant de $0^m,10$ à $0^m,60$ et des pentes par mètre variant de $0^m,001$ à $0^m,080$.

Il a été calculé d'après la formule :

$$\sqrt{\frac{R}{0,00015 \left(1 + \frac{0,03}{R}\right)}} \sqrt{I}.$$

Ce tableau s'applique à des tuyaux en service, mais non obstrués et en bon état de nettoyage.

CHAPITRE II

APPAREILS D'ARRÊT ET DE PUISAGE

SOMMAIRE :

CHAPITRE II

APPAREILS D'ARRÊT ET DE PUISAGE

36. Robinets d'arrêt à boisseau ou à rodage. —
A l'origine des conduites principales, et bien souvent sur
les conduites secondaires, on établit des robinets d'arrêt
permettant d'interrompre le cours de l'eau, ou de sectionner, en l'isolant, une portion de conduite à réparer. Ces robinets se mettent entre deux bouts de tuyaux, avec lesquels
on les raccorde par les joints le mieux appropriés à la
nature de la conduite.

La figure 45 donne l'élévation du robinet à boisseau à
deux bouts droits. Le boisseau est
conique à angle très aigu ; la clef est
tournée suivant le même cône et les
deux pièces s'ajustent à rodage ; un
écrou inférieur rappelle la tige filetée
de la clé, en s'appuyant sur la partie
basse du boisseau ; la clé est terminée
par une tête à béquille qui permet
la manœuvre. Ce robinet se place sur
les conduites en plomb et la jonction se fait par des nœuds
de soudure.

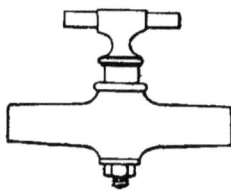

Fig. 45.

La figure 46 montre un robinet dit à raccords, de même
composition, mais dont les bouts sont mobiles. Ceux-ci se jonc-

tionnent avec le boisseau au moyen de raccords vissés, rappelés par un écrou mobile appuyant sur un épaulement. On fait les joints avec le boisseau au moyen de cuirs gras, tandis que les extrémités des portions mobiles se relient par des soudures avec les tuyaux en plomb.

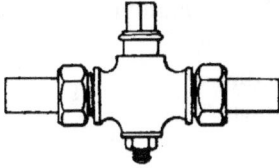

Fig. 46.

La clé est disposée comme ci-dessus, et la tête peut être mobile ou fixe. On emploie ce système de robinets lorsqu'on prévoit avoir à les déposer quelquefois, les joints à vis se démontant et se remontant bien plus facilement qu'une soudure.

La figure 47 donne, moitié en élévation et moitié en coupe longitudinale, un robinet à rodage, avec brides aux extrémités. Ce genre convient lorsque le robinet doit se placer sur un appareil présentant des contrebrides semblables, ou bien sur des tuyaux en cuivre ou en fonte, pour lesquels ce mode de jonctionnement par brides convient plus particulièrement.

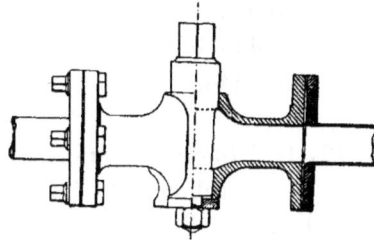

Fig. 47.

Les clés de ces robinets à boisseau doivent être à peine tenus dans le boisseau, et l'écrou inférieur ne doit être serré qu'avec la plus grande modération ; sans cela, il y a un frottement trop fort entre les pièces en contact, et la clé ne tourne plus ; il peut même y avoir altération de surfaces frottantes et *grippement*. Aussi, pour éviter ce grippement, lorsque des robinets actionnables à distance doivent recevoir l'action de clés de manœuvre très lourdes, venant faire effort sur la clef, prend-on la précaution, représentée dans la figure 48, de surmonter la clef du robinet d'un *chapeau à carré*, pouvant entraîner cette clef dans son mouvement de rotation sans exercer sur elle aucun effort vertical. Il suffit pour cela qu'elle pose, non sur la clef, mais sur le bord de l'orifice du boisseau. La clé de manœuvre vient coiffer le chapeau, souvent avec choc, mais la clé du robinet se trouve à l'abri des composantes verticales des efforts exercés.

Les robinets à rodage doivent être manœuvrés souvent, entretenus graissés avec soin ; malgré cela, ils sont susceptibles de gripper, de donner des fuites qui s'accentuent par l'usage. Pour des diamètres supérieurs à 0,040, ils deviennent très durs à manœuvrer.

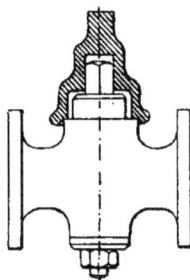

Fig. 48.

Aussi, pour les gros diamètres sont-ils inadmissibles, et, même pour les petites dimensions, tend-on à leur substituer les robinets à vis, dont le fonctionnement est infiniment plus commode.

37. Robinets d'arrêt à soupapes ou à vis. — Le principe des robinets dit *à soupape*, ou encore *à vis*, consiste dans l'emploi d'un boisseau formant une capacité renflée, traversée par une cloison sinueuse le divisant en deux parties.

Dans la portion horizontale de cette cloison est un orifice circulaire garni d'un siège, sur lequel vient s'appliquer une soupape mobile que l'on élève ou que l'on abaisse à volonté.

Pour obtenir ce mouvement vertical de la soupape, on la continue par une tige d'abord cylindrique lisse, puis filetée. La partie cylindrique traverse un presse-étoupes pour sortir de la capacité du boisseau ; la partie filetée est commandée par un écrou manœuvré par une poignée et maintenu fixe dans le sens vertical à la partie supérieure du boisseau. Il en résulte qu'en tournant la poignée on produit le mouvement voulu et, par suite, l'ouverture ou l'occlusion du robinet.

La figure 48 *bis* montre la forme et la coupe d'un robinet d'arrêt de ce genre, dont les bouts sont à raccords. On voit la

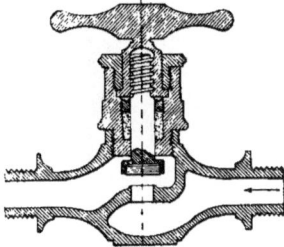

FIG. 48 *bis.*

protection que l'on donne à la vis de manœuvre par le chapeau, qui fait écrou fixe, et la disposition que l'on a prise pour permettre un démontage en cas de réparations. Cette forme est celle qui est adoptée pour les petits diamètres. On fait aussi ces robinets soit à bouts droits, soit à brides.

Lorsque le diamètre augmente, on rend la manœuvre plus facile au moyen d'un volant ; en même temps on sépare davantage la vis du presse-étoupes.

La figure 49 représente un robinet dans lequel la tige de la soupape est ainsi allongée le plus possible, de manière à être parfaitement guidée dans son mouvement vertical ; la soupape elle-même porte des ailettes traversant le siège.

La vis de commande fonctionne dans l'intérieur du boisseau, et le presse-étoupes est au-delà, présentant son chapeau en dehors, afin de permettre de refaire facilement la garniture. On voit par l'examen de la figure que tout est disposé pour faciliter le démontage en cas de réparation. Ce genre de robinets est presque toujours construit avec brides,

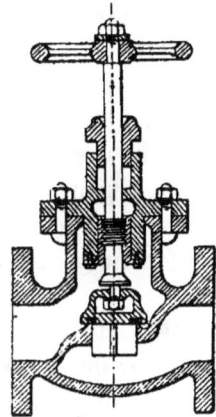

FIG. 49.

les nœuds de soudures, lorsqu'ils arrivent à un diamètre important, devenant difficiles à faire et de prix onéreux. Cette forme de robinets s'applique facilement à des diamètres de $0^m,040$ à $0^m,060$.

Dans les deux robinets qui viennent d'être décrits, la soupape est garnie d'une rondelle compressible, en cuir ou en caoutchouc qui s'appuie sur le siège métallique de l'orifice.

Lorsque le diamètre devient plus considérable encore, on prend une disposition dessinée dans la figure 50. La soupape devient métallique et repose sur son siège par simple contact; mais, pour être étanches, les surfaces sont en bronze et exactement rodées. On améliore le guidage en prolongeant la soupape par une tige qui coulisse dans un collier.

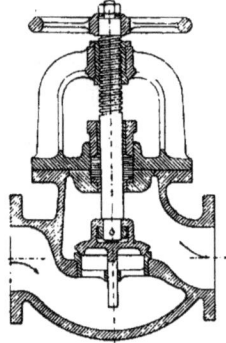

FIG. 50.

Au-dessus de la soupape, la tige cylindrique unie sort du boisseau en traversant un presse-étoupes accessible, et elle se prolonge par une partie filetée qui traverse un écrou fixe porté par une arcade. On allonge ainsi la tige verticale et on obtient un excellent guidage, indispensable pour un bon fonctionnement.

La manœuvre se fait par un volant calé sur l'extrémité de la tige.

Dans ces sortes de robinets à vis, on dispose toujours le robinet pour que la pression de l'eau tende à s'exercer sur le dessous de la soupape et à l'ouvrir. C'est le sens qui donne le fonctionnement le plus doux.

38. Robinets-vannes. — Pour les grosses conduites, à partir de 0^m,100, et surtout pour les portions de ces conduites qui se trouvent placées sous le sol et qu'on établit sous bouche à clé, on emploie comme robinets d'arrêt ce que l'on nomme des *robinets-vannes*. Ce genre d'appareils, construit d'abord exclusivement par la maison Herdevin, est établi maintenant par un certain nombre de constructeurs avec de légères différences de détail seulement.

La vanne représentée par la figure 51 est le modèle de MM. Mathelin et Garnier.

L'appareil se compose d'une portion de tuyau horizontal en fonte, muni de brides à ses extrémités et interrompu

en son milieu sur une petite largeur. Les deux portions
ainsi séparées sont réunies par une boîte fondue avec
elles d'une seule pièce, formant un cylindre vertical terminé par une bride ; cette bride reçoit un chapeau hémi-
sphérique.

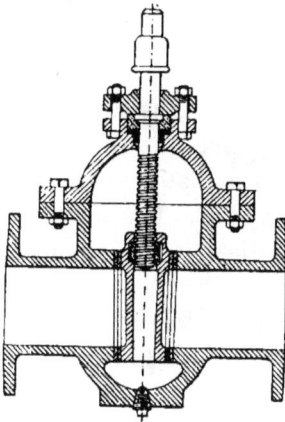

Fig. 51.

De chaque côté de l'interruption
on fixe un siège en bronze et les
deux sièges, écartés l'un de l'autre,
sont légèrement inclinés symé-
triquement. Dans leur intervalle
se meut un disque à double paroi
en fonte, muni de cercles en
bronze correspondant aux sièges.
Ce disque porte un écrou taraudé
dans lequel passe une vis verticale en bronze terminée par une
tige sortant hors de la boîte à
travers un presse-étoupes. Par
l'effet d'un collet circulaire fai-
sant une saillie circulaire convenablement logée, la tige ne
peut que tourner sur son axe sans se déplacer longitudinalement. Elle se termine par un carré de manœuvre. Quand, au
moyen d'une clé ou d'un volant, on tourne la vis, on déplace
le disque verticalement et on dégage plus ou moins la section
de passage du tuyau ; le chapeau est d'une dimension telle
qu'il puisse loger entièrement le disque, auquel cas le passage est tout grand ouvert et complètement libre.

Dans le modèle de MM. Mathelin et Garnier, le passage de
l'eau autour de la tige est rendu impossible par la garniture
en cuir embouti du presse-étoupes indiqué en noir dans la
coupe longitudinale de l'appareil.

Pour les conduites de $0^m,100$ à $0^m,300$, les robinets-vannes
sont d'une manœuvre très douce ; il n'en est pas de même
pour les gros diamètres, en raison de la grande poussée de
l'eau sur le disque lorsqu'il est fermé. On est alors obligé de
prendre des dispositions qui sortent du cadre de ce chapitre

et que l'on trouvera dans le savant ouvrage de M. Bech-mann [1].

39. Robinets de puisage à rodage. — Les robinets de puisage ne sont fixés que d'un bout à la canalisation ; l'autre bout est recourbé, de manière à changer la direction du liquide et à l'écouler dans une direction verticale. Le type le plus ordinaire du robinet de puisage est celui dit *à rodage*. Le boisseau est alésé, de forme conique ; dans le cône se meut une clef, de même forme, rappelée en bas par un écrou agissant sur une queue filetée, et prenant appui sur le bord horizontal du bas du boisseau [*fig.* 52, (1)]. La clef se prolonge en haut par une tête à béquille, commode pour la manœuvre à la main.

Pour les cas les plus ordinaires, on emploie le robinet *à bout droit* qui doit se souder directement sur le branchement

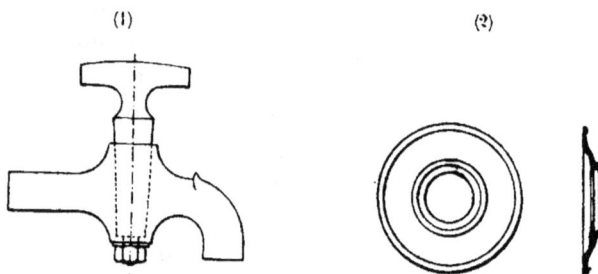

Fig. 52.

en plomb de la prise d'eau, par le moyen d'un empattement. Au-dessus du robinet, le branchement se prolonge et se termine par un tamponnage (*fig.* 53). Au-dessus et au-dessous du robinet, on tient le tuyau fixé par un collier à scellement au mur auquel il est adossé ; de la sorte, le robinet se trouve avoir une solidité assez grande pour résister aux efforts qu'il subit quand on le manœuvre.

[1] Encyclopédie des Travaux publics : *Distributions d'eau ; Assainissement*, par BECHMANN (2ᵉ édition).

Le tuyau auquel le robinet est fixé peut être en saillie sur le mur, comme le montre le croquis (1) de la figure 53.

Dans les installations plus soignées, le tuyau peut être encastré dans une tranchée faite sur le parement de la maçonnerie ; le robinet est alors en deux pièces avec raccord vissé, et on interpose entre cet appareil et le parement du mur une rondelle, ou *rosace* [*fig.* 52, (2)]. La disposition est alors celle qui est dessinée dans le croquis (2) de la figure 53. Ce robinet est dit *à rodage et à raccord*. Une fois le raccord soudé, on scelle le tuyau, on rétablit le parement du mur, on pose la rondelle et on visse le robinet en interposant un cuir gras pour rendre le raccord étanche.

Lorsque la canalisation est soumise à une pression considérable d'eau, on évite les *coups d'eau* ou *coups de bélier*, provoqués par les arrêts brusques des robinets, en prolongeant de $0^m,40$ ou $0^m,50$ le tuyau au-dessus du robinet. L'air

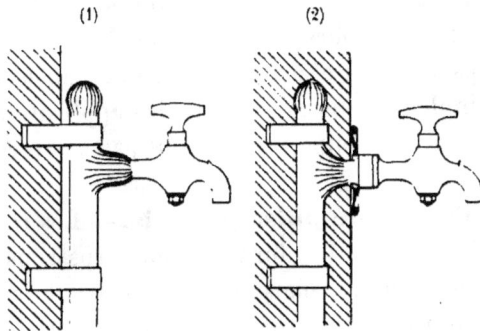

Fig. 53.

se cantonne dans ce prolongement et amortit les chocs et, par suite, les bruits. Dans d'autres cas, le tuyau est horizontal et on le tient alors aussi court que possible au-delà du robinet, jusqu'au tamponnage qui le termine.

La maison Guinier (P. Vuillot, successeur) exécute pour des robinets de puisage des raccords coudés en bronze donnant une attache d'une solidité à toute épreuve (*fig.* 54). Ils sont fondus d'une seule pièce avec une douille verticale, et aussi avec une plaque d'attache. La forme varie suivant que les tuyaux sont mis contre les parements des murs ou qu'ils doivent s'établir dans un angle.

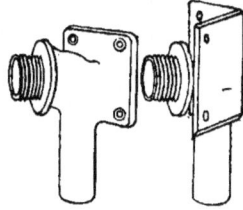

La douille verticale se jonctionne au bout du branchement en plomb par un nœud de soudure ordinaire. Quant à la plaque d'attache, on la maintient soit par quatre boulons à scellement, soit par quatre vis

FIG. 54.

engagées fortement dans des tamponnages en bois.

Les robinets à rodage, exclusivement employés autrefois, présentent des inconvénients sérieux. Au bout d'un certain temps de fonctionnement, le rodage s'altère et ils arrivent à fuir d'une manière constante. Lorsqu'ils servent rarement, ils grippent et sont durs à manœuvrer, surtout pour les gros diamètres. Enfin, la fermeture brusque de l'orifice donne lieu à des coups de bélier et à des bruits désagréables. Maintenant on les remplace, dans la plupart des applications, par des robinets à vis et à soupape, qui n'ont pas ces inconvénients.

40. Robinets de puisage à vis. — Les robinets à vis sont, ainsi qu'on l'a vu, formés d'un corps séparé par une cloison intermédiaire, dans la partie horizontale de laquelle est percé un orifice formant le siège d'une soupape. Celle-ci, en se mouvant dans le sens vertical, ouvre ou ferme l'orifice et donne ou interrompt le passage de l'eau. Ce mouvement vertical de la soupape est obtenu par la rotation sur elle-même de la tige verticale filetée qui surmonte la soupape, passe à cet effet dans un écrou fixe et se termine par une clé de manœuvre. Au-dessous du filetage se trouve un presse-étoupes avec garniture convenable, cuir gras ou caoutchouc, qui donne toute étanchéité.

Les figures 55 et 56 représentent deux modèles de ce genre de robinets, établis par la maison Cadet (Guesnier, suc-

cesseur). Dans le premier, le pas de vis dépasse au dehors
lorsque le robinet est ouvert. Dans les établissements où l'on
récure beaucoup au grès, la vis s'use assez promptement;
on y remédie en adoptant le modèle voisin, qui enveloppe
la vis dans un chapeau cylindrique qui la garantit. Ce second

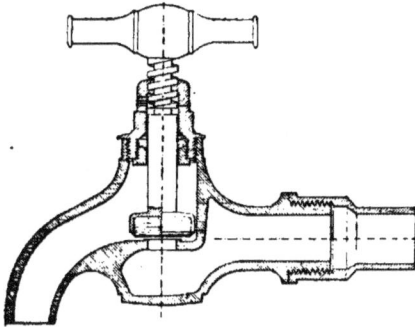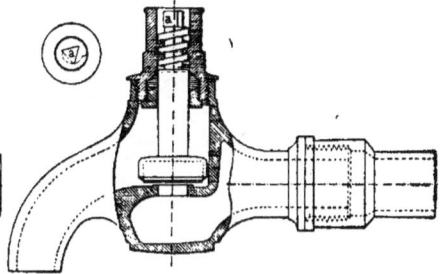

Fig. 55.   Fig. 56.

modèle montre en même temps une variante de la clef, qui
est mobile, à triangle ou à carré, et ne permet l'ouverture
du robinet qu'aux personnes à qui on la confie.

Les robinets à vis s'ouvrent lentement et se ferment de
même. L'eau prend ou perd graduellement son mouvement,
ce qui évite les chocs et les bruits fâcheux. On règle comme
l'on veut le débit en tournant plus ou moins la clef. Enfin,
lorsqu'il y a une fuite à la soupape, il est très facile de
changer sa garniture qui est en cuir ou en caoutchouc.

L'inconvénient que présentent souvent les robinets à vis
est qu'on tend toujours à serrer la clé avec trop de force
pour obtenir la fermeture de l'appareil; cette pression fréquemment renouvelée coupe rapidement la garniture, qu'il
faut alors renouveler.

La figure 57 représente la coupe longitudinale d'un robinet
à vis construit par M. Vuillot. Il diffère des robinets Cadet en
ce que le presse-étoupes est à l'extérieur et protège le filet
de la vis. Cette dernière est à pas assez allongé pour obtenir

l'ouverture complète avec un demi-tour de la tête ; cela est
plus commode, mais rend plus brusque la variation de vitesse

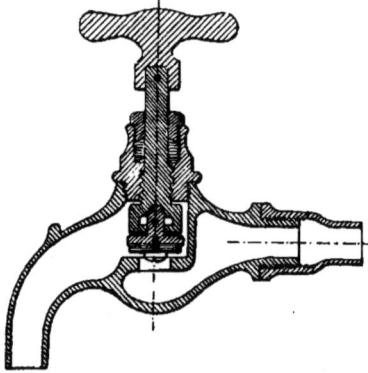

Fic. 57.

de l'eau. La garniture de la soupape est maintenue par une
vis dans une pièce mobile, retenue elle-même par une goupille.

La figure 58 donne la coupe d'un robinet à vis construit

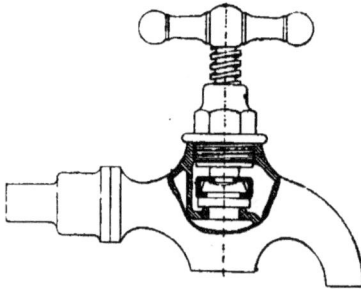

Fig. 58.

par la maison Muller et Roger ; dans cet appareil, la garniture est spéciale et emprisonnée dans une griffe qui rend
toute séparation fortuite impossible.

Le nombre des modèles de robinets à vis est considérable ;

mais ils se rapprochent tous plus ou moins des modèles qui viennent d'être décrits.

41. Robinets de puisage se fermant seuls. — Pour éviter dans nombre de cas les dépenses inutiles d'eau, par suite d'oubli ou de négligence dans la fermeture des robinets, on a depuis longtemps employé des appareils *se fermant seuls*, que l'on nomme aussi robinets *à repoussoirs*. Le principe de leur construction repose encore sur l'emploi d'une soupape ; seulement, cette soupape se maintient toujours fermée d'elle-même, par l'effet d'un ressort qui la pousse constamment. L'ouverture se produit par la pression d'une came fixée à une tige verticale terminée par une béquille. En tournant la béquille avec la main, la came pousse la queue de la soupape et la soulève en comprimant le ressort. L'eau ne coule que pendant le temps de l'action sur la béquille; dès qu'on l'abandonne, le ressort agit, la soupape retombe, et le robinet se ferme.

La figure 59 montre un exemple d'un robinet à repoussoir

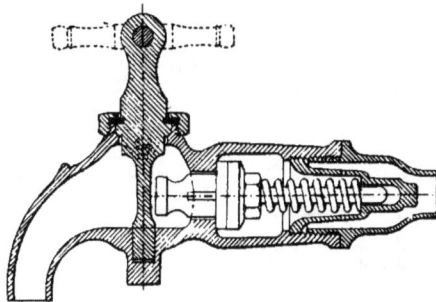

Fig. 59.

dit robinet *Guinier*, du nom de son premier constructeur. Il est construit par la maison Vuillot. L'orifice d'écoulement est vertical, ainsi que la soupape qui le recouvre. La coupe longitudinale du dessin, faite verticalement par l'axe de l'appareil, montre la tête de la clé, la disposition de la came qui est plus large dans le sens perpendiculaire à la coupe, et la forme de la soupape qui pose sur son siège par l'effet du ressort. Le bout de la tige de la soupape est guidé dans une sorte de panier en cul-de-lampe percé d'un certain nombre de petits orifices pour le passage de l'eau ; on restreint ainsi l'écoulement, surtout lorsque la pression est forte, et on atténue dans une certaine mesure le choc, ou *coup de bélier*, produit par la fermeture brusque de la soupape.

Ces sortes de robinets sont assez durs à maintenir ouverts et, par suite, incommodes. Leur fermeture est immédiate et donne lieu à des bruits gênants, qui se répercutent dans toute la canalisation. M. Vuillot a cherché à amortir ces chocs en ajoutant à son robinet, immédiatement avant la soupape, une sorte de réservoir d'air vertical maintenu par un chapeau vissé. Ainsi modifié, le robinet est représenté dans la figure 60. Il est avantageux de l'employer, de préfé-

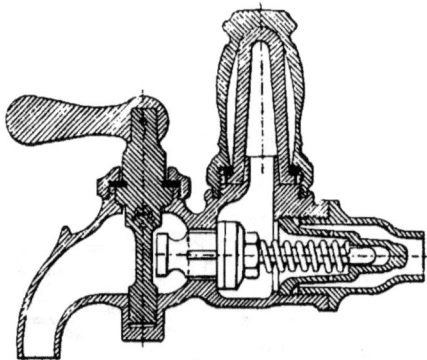

Fig. 60.

rence au précédent, lorsque la pression de l'eau dans la canalisation qui aboutit à l'appareil est considérable.

Un autre genre de robinets, d'un mécanisme excessivement simple, est celui à soupapes horizontales pressées par l'eau. Il a été construit en premier lieu par MM. Fortin-Her-

mann et se trouve représenté dans la figure 61. Le tube du
robinet est coudé d'équerre, et la portion verticale contient
une soupape retombant naturel-
lement sur son siège par son
propre poids en même temps
que par l'action du liquide.

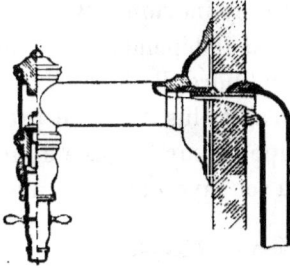

Fig. 61.

Pour manœuvrer cet appareil,
on n'a qu'à soulever la douille
mobile inférieure qui forme
l'ajutage, ce qui est facile au
moyen de deux boutons latéralement en saillie. La douille à
son tour soulève la soupape et permet l'écoulement.

Ces robinets donnent, avec de l'eau à forte pression, une
fermeture un peu brusque et sont sujets à laisser suinter
l'eau goutte à goutte.

La figure 62 représente le robinet se fermant seul de

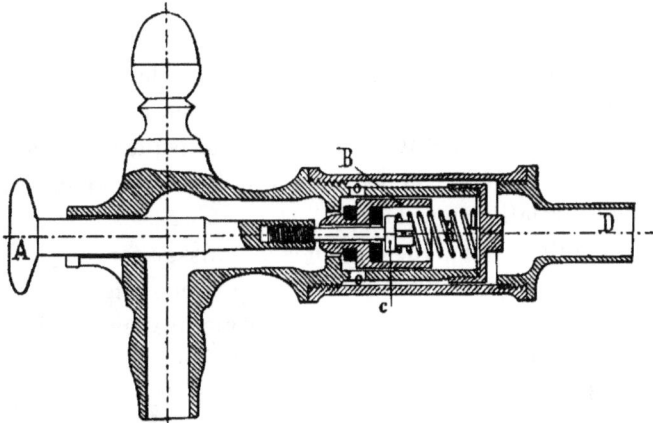

Fig. 62.

M. Chameroy. Il est d'une manœuvre plus douce que celle
des robinets précédents, et la fermeture est moins brusque ;
aussi est-il fort employé. Il est construit de telle sorte que
la soupape n'est soumise qu'à l'action du ressort et est indé-

pendante de la pression de l'eau. L'axe de l'appareil est
horizontal, et c'est dans ce sens que se meut le bouton de
manœuvre A. Celui-ci pousse directement le ressort R, en
mettant en communication l'espace cylindrique B qui le
contient et l'extérieur. La soupape est indépendante et liée
à un piston qui se meut dans le cylindre B dont il vient
d'être question. Dès que le ressort n'agit plus, l'eau en pression qui arrive par les orifices *oo* appuie sur l'espace annulaire qui entoure l'orifice, soulève la soupape, et l'écoulement

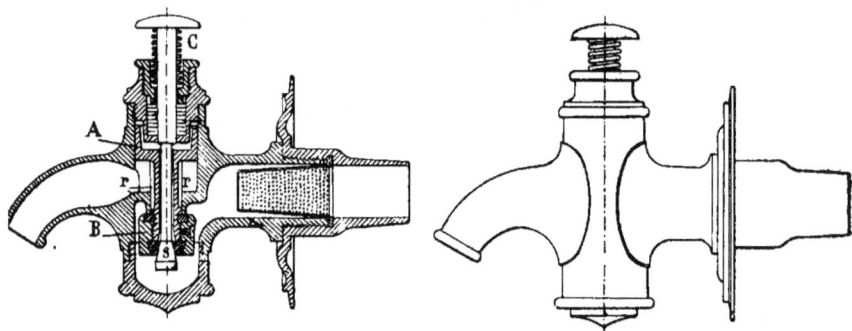

Fig. 63.

a lieu. Dès qu'on cesse de presser le bouton, le ressort ferme
l'orifice milieu de la soupape, l'eau passe lentement derrière
le piston, et la fermeture a lieu sans brusquerie. C'est un
robinet très pratique, et la poussée qu'il faut exercer sur le
bouton est relativement faible.

M. Gibault construit des robinets de puisage servo-moteurs
pour l'intérieur des habitations ; ces appareils joignent à une
grande douceur de manœuvre une fermeture lente qui atténue beaucoup les coups de bélier. L'un d'eux est représenté
en élévation et en coupe longitudinale par les deux croquis
de la figure 63.

Ces robinets, dont nous ne donnerons qu'une description
sommaire, se composent :

D'une soupape *s* de très faible section, destinée, *lorsqu'on
appuie sur la tige repoussoir*, à introduire la pression sur un
piston moteur A, portant une seconde soupape B de grande

section, dite *soupape de débit*, laquelle a son siège sur le corps
même du robinet. Sous l'influence de la pression, le piston A
s'abaisse, ouvre la soupape B, et l'eau s'écoule par le dégorgeoir en passant par les canaux *rr*.

Il y a lieu de remarquer que les mouvements des soupapes
sont solidaires : aussitôt que l'action cesse, la pression
amenant le contact entre la petite soupape et son siège, l'eau
cesse d'être introduite au-dessus du piston A ; il en résulte
que la course de la soupape B est asservie à la volonté de la
main, d'où le nom de *servo-moteur* appliqué à ces robinets.

Un ressort C sert à éviter le coup de bélier à l'ouverture
et à faire remonter le piston A. Le coup de bélier est complètement nul à la fermeture, par suite de l'emprisonnement
d'une certaine quantité d'eau au-dessus du piston. Ce volume
d'eau ne pouvant s'écouler que très lentement, parce qu'il ne
peut passer qu'entre le piston et le cylindre dans lequel il se
meut, forme matelas et empêche la fermeture brusque du
robinet.

Il est prudent de n'employer ce robinet qu'avec des eaux
propres, en raison de la faible dimension des passages dans
lesquels l'eau doit se mouvoir et qu'il importe de maintenir
complètement libres pour obtenir un bon fonctionnement.
Un panier, du reste, percé de trous très fins, retient en
amont les impuretés que l'eau peut amener.

MM. Muller et Roger construisent également d'autres
séries de robinets *servo-moteurs*, établis sur le même principe
et dont la forme seule est différente.

Les robinets se fermant seuls ont été fort employés il y a
un certain nombre d'années, lorsque la Ville de Paris a
admis l'abonnement des eaux à robinets libres. Ces robinets
devaient se fermer seuls. Dans les premiers abonnements au
compteur, les propriétaires ont conservé l'usage de ces robinets qui avaient l'avantage d'éviter le gaspillage de l'eau.
Mais ces appareils ont présenté un inconvénient sérieux
contre lequel il est bon de se prémunir. L'eau ne montait
pas toujours dans les étages avec la pression qu'on lui main-

tient aujourd'hui. Les étages supérieurs n'étaient pas desservis pendant un certain nombre d'heures de la journée,
surtout au moment des arrosages ; les locataires tournaient
les robinets et n'avaient pas d'eau, et, pour en recevoir dès
qu'elle arrivait à leur étage, ils calaient la clé par un moyen
quelconque, par exemple avec un bout de bois arc-bouté
à l'extérieur. L'eau tardant à venir, on était distrait par
d'autres occupations, et on oubliait le robinet ouvert,
souvent même l'on s'absentait. Dès que l'eau faisait son
apparition, elle se répandait à flots, et, ne trouvant pas d'issue par la bonde fermée ou encombrée de l'évier, elle débor-
dait sur le sol et causait de véritables désastres, en inondant
les planchers et mouillant plusieurs étages de mobilier des
locataires inférieurs.

42. Bornes-fontaines. — Lorsque les robinets de
puisage doivent être placés à l'extérieur, dans une cour par

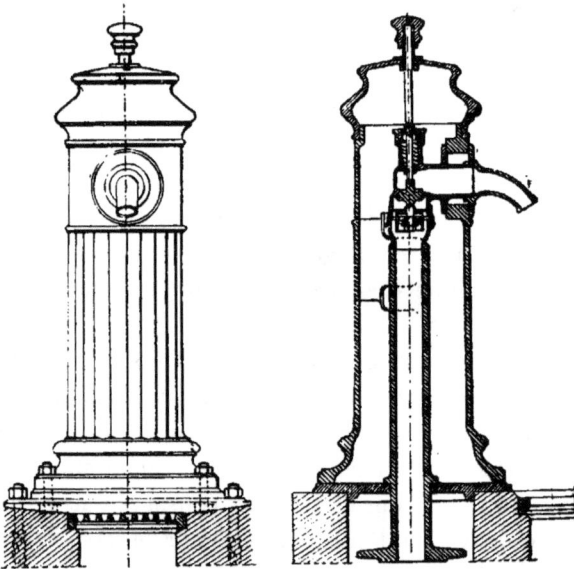

Fig. 64.

exemple, et que la question de forme est importante, on

installe le tuyau d'arrivée et le robinet de commande dans
un coffre en fonte les garantissant des chocs extérieurs.
L'ensemble porte le nom de *borne-fontaine*. Dans bien des
cas, en effet, le coffre reçoit la forme d'une borne ; on le
construit soit pour être isolé, soit pour être adossé à un mur.

Il n'y a de saillant au dehors que l'ajutage de déverse-
mente t la poignée de manœuvre.

La disposition la plus ordinaire d'une borne-fontaine, à la
forme près, est indiquée dans la figure 64 par une élévation
et une coupe verticale montrant la canalisation et le robinet.

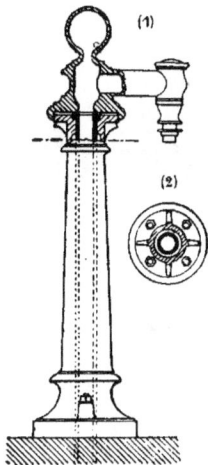

On voit l'arrivée du tuyau d'eau, le robinet à soupape, d'une forme appropriée à la circonstance, et l'ajutage. La
borne est boulonnée à un massif de
fondation, évidé afin de laisser passer le
tuyau. En avant se trouve une grille en
fer permettant de poser les vases à emplir
au-dessus d'un souillard de décharge
destiné à l'évacuation des eaux inutiles.

Le type qui vient d'être décrit est
construit par la maison Muller et Roger.

Voici (*fig.* 65) une borne-fontaine
plus simple, employée au chemin de
fer du Nord, et construite par la *Société
d'entreprise générale de distributions
et de concessions d'eau et de gaz et de*

Fig. 65.

travaux publics. Elle se compose d'un fût en fonte, boulonné
à la base sur un massif de fondation et contenant le branchement d'eau terminé par un collet. Ce fût porte une bride supérieure destinée à fixer un chapeau coudé terminé par un
robinet Fortin-Hermann se fermant seul.

Le chapeau est muni d'une boule supérieure qui constitue
un réservoir d'air et s'oppose au coup de bélier, lorsqu'une
fermeture brusque a lieu.

Le croquis (2) de la figure 65 donne la coupe horizontale
du fût en fonte, faite un peu en contre-bas de la bride supé-

rieure. Ce croquis comprend la section du fût, celle du tuyau qu'elle contient et, enfin, la vue de la bride par dessous.

Un modèle très fréquemment employé, toutes les fois que la borne est adossée à un mur, est celui que représente la figure 66, tirée de l'*Album de la maison Vuillot*.

L'enveloppe est une caisse moulurée en fonte, de forme quadrangulaire, terminée supérieurement par un demi-cylindre. Au devant, formant soubassement, se trouve un souillard avec grille.

Le dégorgeoir sort de la borne, sur la face d'avant : il est placé au centre du cercle qui limite le demi-cylindre.

Le croquis de détail donne la coupe verticale du robinet à repoussoir, que l'on commande par la pression de la main sur le bouton supérieur. Ce robinet est du système Guinier. La partie supérieure de la borne peut

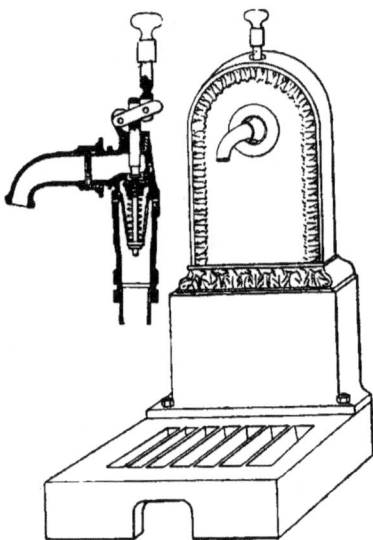

Fig. 66.

être enlevée, afin de permettre le démontage en cas de réparations.

Les modèles de coffres de bornes-fontaines varient à l'infini, suivant les services que doit rendre l'appareil et l'emplacement qu'il doit occuper. La figure 67 donne un autre modèle de borne-applique, convenable pour la cour d'un établissement simple. Au-dessus d'une petite fondation dans laquelle se logent les nervures inférieures de la vasque contenant la grille, on voit le fût, mouluré sur toutes ses faces visibles, et terminé par une corniche simple et par un couvercle mobile.

La manœuvre du robinet qu'on installe dans le coffre peut se faire soit par la pression sur le bouton supérieur, soit par un levier émergeant latéralement, à hauteur convenable pour la main, d'une rainure pratiquée dans la fonte.

Cette borne est tirée de l'*Album de la Société d'entreprises générales de distributions d'eau et de gaz.*

Les bornes-fontaines qui viennent d'être décrites pré-

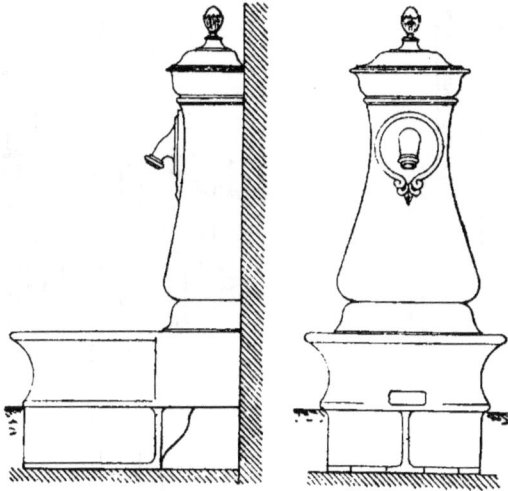

FIG. 67.

sentent l'inconvénient d'être exposées à la gelée pendant la saison froide. Pour éviter les dégâts causés par la gelée, on est obligé, ou de les abriter dans des caisses garnies de corps mauvais conducteurs, ou d'y laisser couler continuellement un filet d'eau, ou bien enfin d'arrêter l'eau complètement pendant certaines périodes de froid et de vider entièrement la conduite au moyen d'un robinet de purge.

Lorsque la borne-fontaine est très exposée au froid et doit pouvoir fonctionner pendant tout l'hiver, on prend une disposition figurée dans le croquis 68. Elle consiste à séparer le robinet et à le placer non plus dans la borne en fonte, mais

dans le sol, à 0^m,70 ou à 0^m,80 en contre-bas du pied de la
borne.

On manœuvre ce robinet par le moyen d'une tringle

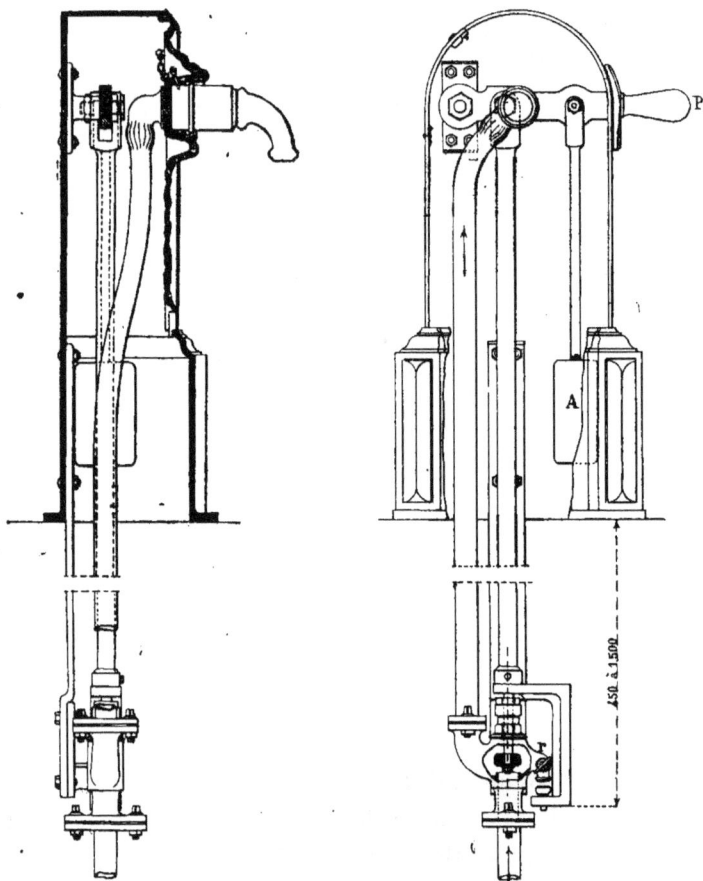

Fig. 68.

commandée par un levier latéral muni, s'il est nécessaire,
d'un contrepoids A. Dans l'appareil représenté, on ouvre la
fontaine en soulevant le levier et, par suite, le contrepoids A
et on le maintient levé tant que l'on a besoin de l'écoulement. Dès qu'on lâche le levier, le contrepoids le ramène
en bas de sa course et ferme le robinet de la borne.

L'eau qui peut rester dans le tuyau, chaque fois qu'on
manœuvre l'appareil, s'écoule au moyen d'un petit orifice *r*
muni d'un robinet à peine ouvert, la plus petite section permettant le vidage immédiat. Si on veut, on peut fermer, l'été,
le robinet *r*, afin d'éviter la perte d'eau, peu sensible du
reste, qui peut se faire par cet orifice pendant toute la saison
chaude.

Le dessin de la figure 68 est tiré de l'*Album de M. Guesnier*.

MM. Gibault et Cⁱᵉ ont appliqué aux bornes-fontaines
leur robinet de puisage servo-moteur à
repoussoir, se fermant seul, et la figure 69
donne en coupe la disposition qu'ils lui
ont donnée pour cet usage. Le robinet se
compose : 1° d'une soupape d'introduction *s*, de faible surface, actionnée
directement par la tige *t* du repoussoir ;
lorsqu'on presse le bouton supérieur, la
soupape *s* s'ouvre, et, dès qu'on le lâche,
elle se ferme, le ressort extérieur se déten-
dant après la fermeture ; 2° d'une soupape
de débit *r*, suffisante pour débiter le volume d'eau maximum que doit donner le
robinet sous les pressions les plus faibles ;
3° d'un piston moteur *a* relié à la soupape de débit. Ces divers organes sont
agencés, comme on l'a vu pour le robinet
de puisage, de telle sorte que la course,
et, par suite, la section d'ouverture de la
soupape de débit, soient tributaires de la
course de la tige *t* du repoussoir.

Les soupapes sont en caoutchouc, ce
qui permet d'obtenir une fermeture
étanche, et le caoutchouc est placé de
telle façon qu'il ne puisse s'écraser. La manœuvre est facile
et douce : les coups de bélier sont supprimés.

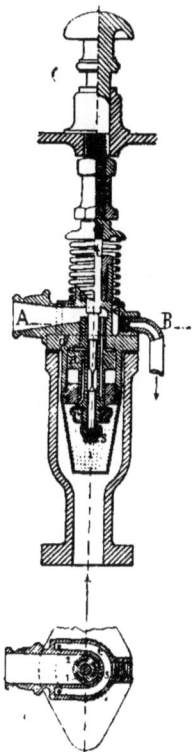

Fig. 69.

On peut régler le débit par l'action simultanée du principe servo-moteur et d'une disposition d'écrou et de contre-
écrou placés sur la tige du repoussoir, au-dessus du ressort,
permettant d'allonger ou de raccourcir cette tige à volonté
et d'en modifier la course.

Enfin, l'appareil contient un dispositif contre la gelée : il
consiste en un canal annulaire *e*, ayant son origine en *o*,
communiquant avec l'intérieur de la tubulure d'arrivée
entourant le robinet, et dans lequel circule un filet d'eau
continu de 1 litre par minute, que l'on fait écouler, soit
dans un égout ou un caniveau souterrain, soit dans un pui-
sard ou forage de faible section aboutissant à un terrain
absorbant ou une nappe aquifère. Avec de l'eau s'écoulant
ainsi à 5° seulement au-dessous de zéro, on maintient le
fonctionnement de la borne pendant les températures les
plus basses de l'hiver.

43. Robinets flotteurs. — Les robinets qui alimentent
les réservoirs doivent se fermer automatiquement dès que le
réservoir est plein ; on les nomme *robinets flotteurs* et on
se sert du liquide lui-même pour les manœuvrer.

Le robinet flotteur le plus simple est représenté sur la
figure 70. Il est à rodage et la clef est horizontale. La tête

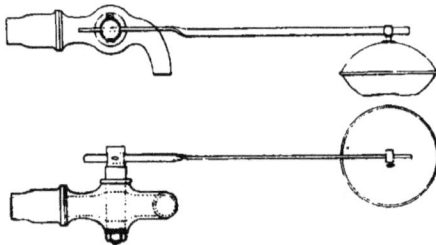

Fig. 70.

de la clef est traversée horizontalement par une tige formant
levier, au bout de laquelle est une boule creuse en zinc ou
en cuivre, d'un ou plusieurs litres de capacité, suivant les

cas. C'est cette boule qui est soulevée par l'eau lorsque le niveau atteint sa limite, et l'appareil est réglé pour qu'à ce moment le robinet soit entièrement fermé. Dès que l'eau se dépense, le flotteur baisse, le robinet s'ouvre et le liquide est remplacé par une quantité équivalente. Il y a lieu de limiter la course du flotteur dans la position ouverte.

Les robinets à rodages employés comme flotteurs ne sont pas meilleurs que pour les usages d'arrêt ou de puisage. S'ils sont trop serrés, ils sont trop durs, et le flotteur n'est pas suffisant : s'ils sont trop lâches, ils donnent lieu à une fuite d'eau continue, dont la dépense va toujours en augmentant.

On les remplace préférablement par des robinets à soupapes, plus dociles et d'une marche régulière plus assurée.

La figure 71 donne la coupe verticale d'un type de robi-

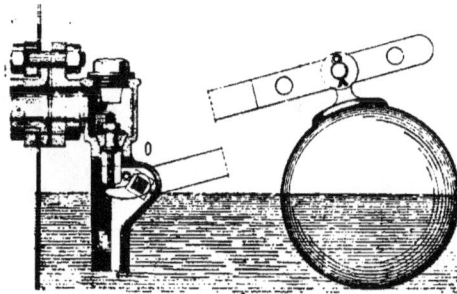

Fig. 71.

nets à soupapes ; il y en a de nombreux modèles, tous construits d'après le même principe général.

Celui-ci est du type Fortin-Hermann. Ainsi que le montre le dessin, la boule du flotteur, qui peut prendre plusieurs positions au choix à l'extrémité du levier, lève ou baisse ce dernier suivant la position du niveau de l'eau. Articulé en *o*, ce levier commande une came placée dans la boîte du robinet, de telle sorte qu'elle soulève la soupape lorsqu'il en est besoin.

Dans ce type de robinet, l'action de la boule doit, pour en faire l'ouverture, vaincre la pression de l'eau qui s'exerce sur la surface supérieure de la soupape, mais la construction est simple et le fonctionnement normal assuré.

Pour diminuer l'importance de la boule des flotteurs et les longueurs de leviers, on a cherché à rendre plus douce la manœuvre des soupapes. Pour cela on les a équilibrées. La disposition représentée dans la figure 72, en coupe verticale, est employée par MM. Muller et Roger.

Leur robinet se compose d'un cylindre vertical traversé

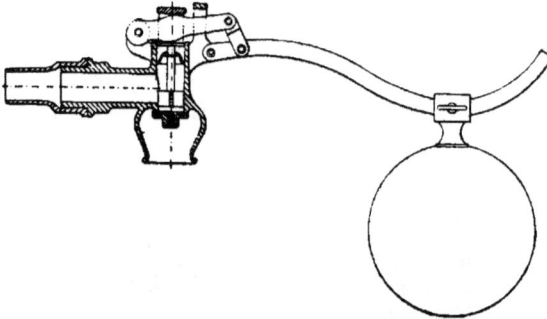

Fig. 72.

horizontalement par la cloison portant l'orifice de la soupape ; au-dessous la boîte s'élargit pour permettre le passage de l'eau. La douille d'arrivée débouche immédiatement au-dessus de la soupape, et celle-ci est reliée à un piston supérieur en cuir embouti, qui occupe une position variable en haut du cylindre ; enfin, ce piston est relié à une articulation commandée par le flotteur.

On peut juger du fonctionnement d'après la figure: la soupape n'a jamais à vaincre la pression de l'eau, ni à l'ouverture, ni à la fermeture, puisque la pression se fait sentir en même temps et en sens contraire sur la soupape et sur le piston avec lequel elle est reliée; malgré l'emploi du flotteur très petit et d'un levier très court, cet appareil est très sensible.

Un second moyen de rendre les robinets flotteurs très dociles consiste à ouvrir la soupape dans le sens même de l'eau, de telle sorte que la pression du liquide tende à ouvrir l'appareil. La figure 73 donne la coupe verticale d'un robinet très simple établi sur ce principe : la soupape se

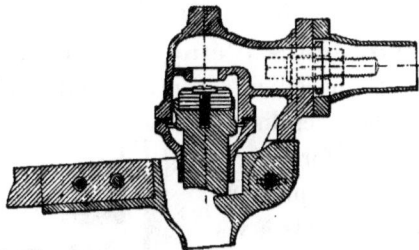

Fig. 73.

meut verticalement et tend toujours à retomber par son propre poids. C'est l'action de la boule et du levier qui, au moyen d'un taquet, remonte la soupape et ferme l'orifice, dès que le niveau a atteint le maximum qu'on lui a imposé.

Ici la boule doit vaincre à la fois le poids de la soupape et la pression de l'eau. Ce robinet est construit par la maison Vuillot.

Dans le robinet flotteur de M. Croppi, dont la coupe longitudinale est dessinée dans la figure 74, la douille d'arrivée se termine par une cloison verticale dans laquelle est percé

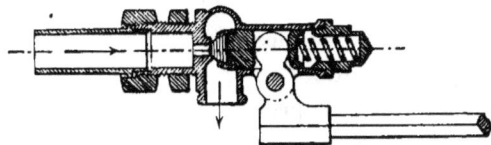

Fig. 74.

l'orifice de sortie communiquant avec le dégorgeoir. La soupape vient appuyer extérieurement sur cet orifice ou

s'en écarter, suivant le mode d'action du levier K du flotteur. Cette soupape a une certaine longueur et est guidée
par un cylindre horizontal dans lequel elle se meut. Le
cylindre est bouché par un chapeau H, dans lequel se loge
un ressort qui contrebalance la pression de l'eau. Ce robinet
est très pratiquement étudié.

44. Distributeurs d'étages. — On a vu que, pour
éviter les coups de bélier, qui produisent des bruits souvent
très intenses dans les distri-
butions d'eau sous forte pression, on peut y prendre
l'eau par des robinets à vis
d'une manœuvre lente, ou
bien établir des réservoirs
d'air multipliés qui forment
autant de coussins pour
amortir les mouvements de
l'eau. Il existe encore un
troisième moyen ; il con-
siste à diminuer la pression
de l'eau dans les locaux
desservis et à la réduire à
2 ou 3 mètres seulement.

On réalise cette solution
par l'emploi des distributeurs d'étages, imaginés par
MM. Fortin-Hermann. Ces
distributeurs sont de simples
petits réservoirs que l'on
place à chaque étage près

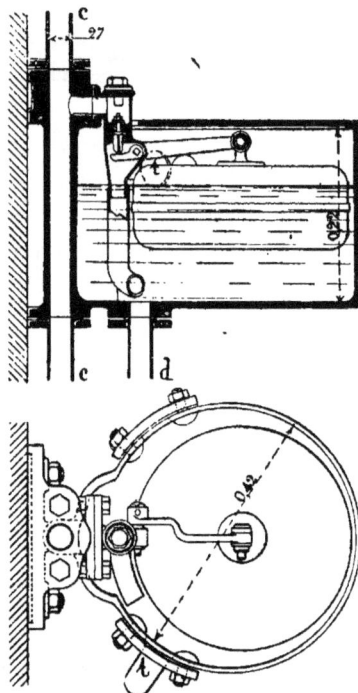

Fig. 75.

du plafond des pièces où l'on a besoin d'eau ; de ce réservoir partent les canalisations aboutissant aux robinets de
puisage. L'un de ces appareils est représenté dans la
figure 75 ; il est muni d'un tuyau d'amenée d'eau, branché
sur une colonne montante, terminé par un robinet à soupape

commandé par un flotteur cylindrique de très fortes dimensions et occupant presque toute la surface libre du réservoir. Un trop-plein de fort diamètre assure qu'en aucun cas il ne pourra déborder. Dès qu'on prend de l'eau aux robinets de puisage, le flotteur baisse et une quantité d'eau équivalente la remplace immédiatement.

La pression sur les robinets de puisage n'est plus que la différence de niveau entre leur orifice et le distributeur ; par suite, leur fermeture, quelque brusque qu'elle soit, ne pourra produire aucun bruit.

La caisse du distributeur est fermée à la partie haute par un couvercle pour éviter la chute des poussières et des corps étrangers.

L'emploi de ces distributeurs d'étage complique nécessairement la canalisation et peut présenter l'inconvénient de créer l'obligation d'établir des conduites horizontales dans la partie hors sol du bâtiment, ce qu'il faut absolument éviter ; mais il est des cas où leur emploi fournit d'heureuses solutions de la question des coups de bélier.

45. Bouchons. — L'extrémité d'une conduite peut être fermée par une bride pleine ou par une soudure dite tamponnage, suivant la nature de la conduite.

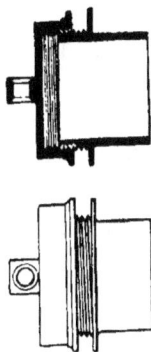

Fig. 76.

Lorsque l'on est susceptible d'avoir à l'ouvrir de temps en temps, on termine la conduite par un ajutage en bronze portant un pas de vis, et on y met un *bouchon* taraudé en rapport avec la vis. Ce bouchon, représenté par la figure 76, en élévation et en coupe, est accompagné d'une saillie fondue avec la masse et percée d'un trou transversal. Cela permet d'y passer une broche pour opérer la rotation et le serrage. Le joint se fait en intercalant entre les épaulements des deux parties de ce raccord une rondelle de cuir gras ou de caoutchouc.

D'autres fois, on fait l'extérieur du bouchon à pans, suivant un prisme hexagonal régulier, et on le tourne avec une clé.

Les bouchons sont très commodes pour permettre le dégorgement de certaines conduites susceptibles de s'obstruer. Ils dégagent, en effet, la section totale du tuyau.

46. Ventouses. — Dans les points hauts des canalisations placées en terre ou en galerie, il peut se cantonner de l'air, qui, par son accumulation, gêne le mouvement de l'eau par suite des contrepressions qui se produisent. On a vu qu'il était toujours bon d'y mettre un robinet purgeur pour évacuer cet air lorsqu'il devient gênant.

On a cherché à éviter la manœuvre de ces purgeurs et à construire des appareils automatiques. Ce sont les *ventouses*, dont l'une est représentée dans la figure 77. Cet appareil se place au point haut de la conduite; il se compose d'un récipient en métal dans lequel est un flotteur. Celui-ci, terminé en haut par une soupape, ferme un orifice percé

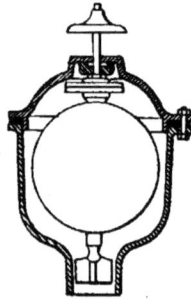

Fig. 77.

dans le couvercle du récipient; le mouvement du flotteur est guidé en haut et en bas.

S'il n'y a pas d'air dans la conduite, le flotteur est fortement soulevé par la pression de l'eau et appuie la soupape sur son siège : l'orifice est fermé, l'eau ne peut sortir. Si l'air s'accumule au point de découvrir le flotteur, celui-ci s'abaisse par son propre poids et entraîne la soupape, l'orifice s'ouvre et l'air est évacué.

Une autre disposition de ventouse est celle représentée par la figure 78. Le récipient est d'un diamètre plus grand et contient un flotteur F très large, traversé par une tige guidée à sa partie inférieure.

Le haut de la tige est articulé avec un levier, dont l'autre extrémité commande une soupape donnant issue à l'air, dès que le flotteur s'abaisse. Lorsque le niveau de l'eau remonte, la soupape se ferme.

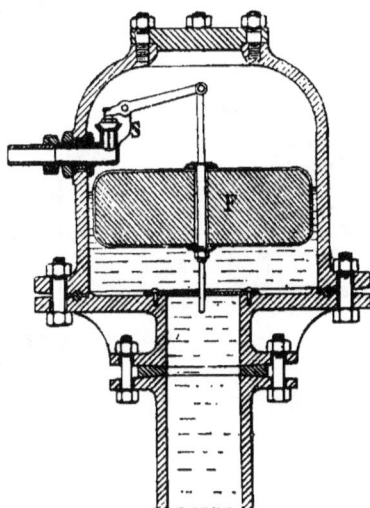

FIG. 78.

47. Bouches de lavage sous trottoir, d'incendie, d'arrosage. — Dans les établissements un peu importants, on peut avoir à disposer dans les cours ou les chemins des bouches de lavage sous trottoirs, analogues à celles que l'on voit sur les voies publiques, et qui servent au nettoyage des ruisseaux.

Le croquis (1) de la figure 79 donne la coupe longitudinale d'une des bouches sous trottoirs dont il est question. Elle est destinée à se mettre en bordure et se compose d'une boîte en fonte terminée par une tubulure inférieure, par laquelle se fait l'arrivée de l'eau. Cette tubulure est renflée et reçoit, au moyen d'un joint à brides, un robinet à soupape et à vis, dont la tige est terminée par un carré. Latéralement se trouve l'orifice de déversement, terminé par un pas de vis.

La face supérieure de la boîte est mobile, afin de permettre

la manœuvre de l'appareil ; la face latérale du côté du chemin est inclinée, pour se bien raccorder avec les bordures,
et est terminée par un orifice inférieur de section suffisante
pour écouler le débit du robinet. Enfin le pas de vis de l'orifice de déversement est de la dimension voulue pour recevoir

(1)   (2)

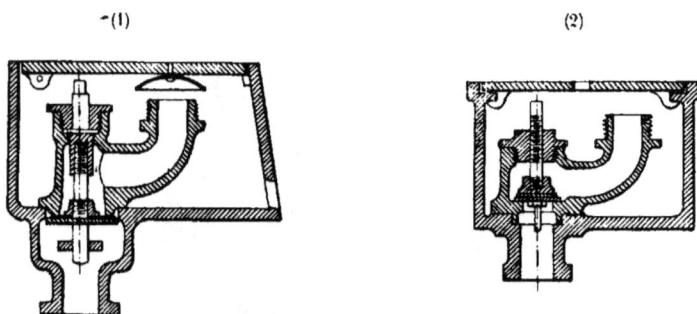

Fig. 79.

directement les raccords des engins des pompiers et leur servir en cas d'incendie.

Le croquis (2) montre une bouche de dimensions plus restreintes, mais construite sur le même principe, qui ne sert
que pour les cas d'incendie. Le fond de la boîte, qui alors a
en plan la forme ronde, doit être percé d'un trou, afin de
dégager l'eau qui peut suinter du robinet ou qui peut arriver dans la boîte ; ce trou doit correspondre à un moyen de
drainage inférieur, ou simplement d'absorption dans les
joints maintenus vides d'une accumulation de pierrailles
servant de fondation à l'appareil.

Les bouches d'arrosage dans les jardins ont exactement
la même forme et le même fonctionnement, mais leurs
dimensions sont encore plus petites. L'ajutage d'écoulement,
au lieu d'être fileté au pas des pompiers, n'a plus que $0^m,020$,
$0^m,027$, $0^m,030$ ou $0^m,035$ de diamètre, suivant l'importance
de l'arrosement que l'on veut produire.

Sur cet ajutage, on visse un raccord coudé représenté par

le croquis (2) de la figure 80 ; l'autre bout de cette pièce
présente les barbelures nécessaires pour s'assembler avec le
tuyau flexible, toile, caoutchouc ou cuir, qui doit
lui faire suite. La jonction se
fait ordinairement au moyen
d'une ligature en fil de laiton.

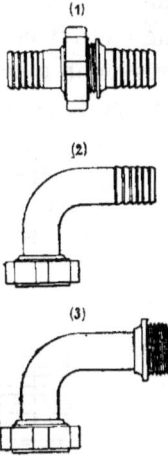

Lorsque la longueur qu'il
faut donner au tuyau flexible
est trop grande pour per-
mettre de l'obtenir d'une seule
pièce, on le prend en deux
longueurs que l'on jonctionne
au moyen du raccord du croquis (1). Le croquis (3) donne
une variante du coude précédent ; il permet de rendre
le coude indépendant du tuyau,
et la jonction se fait au moyen
de la partie femelle du raccord du croquis (1).

Les tuyaux d'arrosage se terminent par une lance en laiton, venant se visser sur un bout mâle du
raccord (1) fixée au tube flexible. La lance
porte divers ajutages qui se remplacent.
Ceux-ci se jonctionnent à vis, et leur forme
dépend du genre de jet liquide que l'on veut
produire. La figure 81 donne la forme d'une
lance d'arrosage terminée par un ajutage à
pomme.

Enfin, lorsqu'on veut répandre l'eau à l'arrosoir, on remplace les tuyaux flexibles par
un *tube de puisage* (*fig.* 82). C'est un tuyau
en cuivre recourbé, portant un raccord se
vissant sur la bouche d'arrosage, et terminé à l'autre extrémité par un robinet de puisage ordinairement à vis pour la
facilité de la manœuvre. Si on veut obtenir une fermeture

FIG. 80.

FIG. 81.

FIG. 82.

automatique, on peut avec avantage y adapter le robinet de
puisage représenté dans la figure 61.

48. Services d'incendie. — Dans nombre d'établissements on installe des postes d'incendie permettant d'avoir à
disposition, réunis tout prêts dans un même endroit facilement accessible, tous les engins nécessaires pour obtenir
immédiatement et lancer de l'eau en abondance sous pres-

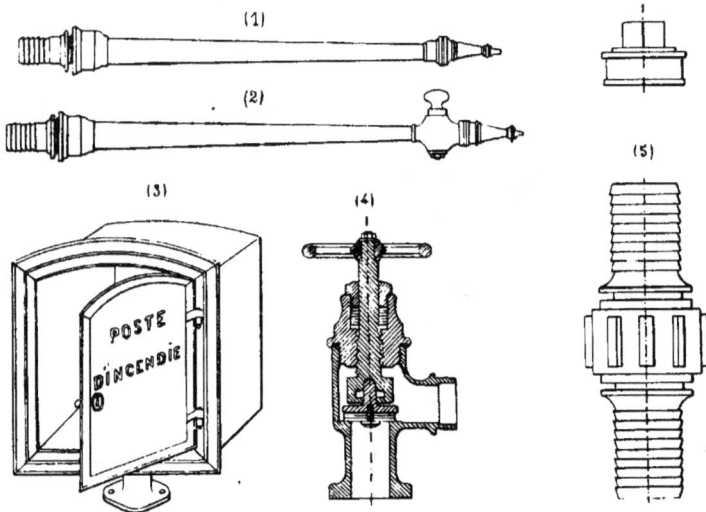

Fig. 83.

sion. Le jet doit permettre l'arrosage vif et commode des
portions incendiées, dès le premier moment du sinistre.

Le choix de l'emplacement de ces postes est très important.
Il faut les mettre dans les vestibules d'entrée, sur les paliers
des escaliers, dans les locaux de dégagement et d'accès
facile.

Une colonne montante d'eau dessert une série de postes
superposés; son diamètre est de $0^m,060$ ou $0^m,080$; à chaque
poste, dans une armoire en bois ou en fonte facile à ouvrir
[*fig.* 83, croquis (3)], on trouve un robinet à soupape (4)
d'une manœuvre commode par le moyen d'un volant et fixé

sur un embranchement. L'orifice de dégagement est garni
d'un pas de vis spécialem ent adopté pour les garnitures des
pompiers. Ordinairement le poste est accompagné d'une longueur suffisante de *boyaux* tout vissés sur l'ajutage et qu'il
n'y a qu'à développer pour les mettre en service ; les diverses
sections sont réunies par des raccords dont l'un est figuré
en (5) et que l'on fixe d'avance sur les boyaux par des ligatures métalliques. D'autres fois, lorsque le poste est inactif,
l'ajutage est fermé par un bouchon à vis (6). Le dernier
tuyau reçoit une lance rétrécissant l'orifice et donnant un
jet puissant en rapport avec la pression de l'eau dans la
conduite. En (1) est une lance sans robinet. En (2) une lance
avec robinet. Cette dernière est plus commode pour modifier
les manœuvres suivant les besoins.

Les tuyaux sont en toile ou en cuir. Ceux en cuir sont
plus solides ; ceux en toile sont plus légers et plus maniables.
Ils laissent passer un peu d'eau au premier moment ; mais
bientôt le tissu se resserre et ils rendent les mêmes services s'ils sont en bon état. Il faut ajouter à ces appareils
quelques seaux en toile. Pour être prêts au moment d'un
incendie, tous ces engins doivent être souvent visités et mis
en service ; autrement on s'expose à ce qu'ils ne fonctionnent
pas normalement, au moment critique.

CHAPITRE III

PRISES D'EAU. — POMPES

COMPTEURS

SOMMAIRE

CHAPITRE III

PRISES D'EAU. — POMPES. — COMPTEURS

---

49. Divers moyens de se procurer l'eau. — Une propriété peut se procurer de l'eau de plusieurs manières :

1° Au moyen de citernes ou bassins recueillant les eaux pluviales ;

2° En creusant des puits pour atteindre la première couche d'eau souterraine ;

3° Par des captations souterraines et des drainages ;

4° Au moyen de prises directes faites dans une rivière passant à proximité ;

5° Par des puits artésiens ;

6° Par concession, au moyen d'un embranchement établi sur la canalisation d'une ville.

Ces divers moyens seront successivement étudiés dans le présent chapitre.

50. Emploi de l'eau de pluie. Citernes. — L'eau de pluie est souvent saturée des gaz de l'atmosphère, azote, oxygène et acide carbonique ; elle s'est chargée, en outre, de toutes les poussières tenues en suspension dans l'air. Ces poussières se composent de matières solides inorganiques et organiques ; une partie reste en dissolution dans l'eau, l'autre se précipitera par le repos.

Lorsqu'on recueille l'eau de pluie par les toitures, le lavage de ces dernières augmente encore la somme des impuretés. Il faut alors rendre impossible le départ, par les lucarnes et châssis, d'eaux sales pouvant s'écouler par les gouttières et chéneaux, et les tuyaux de descente doivent se relier à des canalisations fermées aboutissant aux réservoirs. Dans aucun des cas où cette eau est susceptible de servir à la boisson, il ne faut recueillir les eaux tombées sur la surface du sol à rez-de-chaussée, aux environs des habitations.

L'eau peut être recueillie soit dans des réservoirs placés dans l'édifice, en contre-bas des chéneaux, soit dans des réservoirs en maçonnerie construits sous le sol et auxquels on donne le nom de citernes. Ces réservoirs sont le plus souvent fermés; on y puise, soit directement lorsque le niveau est assez élevé, soit au moyen de pompes.

L'eau des citernes se corrompt assez facilement, il faut procéder à un ou plusieurs nettoyages annuels de tous les dépôts qui s'accumulent au fond.

La quantité d'eau de pluie qui peut tomber par mètre carré est très variable suivant les années et aussi suivant les mois de l'année, pour une même localité; à Paris, où il tombe annuellement de $0^m,40$ à $0^m,50$ de hauteur d'eau, la quantité d'eau de la période chaude des six mois (de mai à octobre) dépasse d'environ moitié celle de la période froide, novembre à avril (M. Dausse).

Pour recueillir ou distribuer l'eau de pluie, il est prudent d'éviter l'emploi du plomb. L'oxyde de ce métal est légèrement soluble dans l'eau peu calcaire venant de l'atmosphère, et peut lui communiquer des propriétés toxiques dont il y a lieu de se défier pour la boisson.

Les eaux qui se trouvent recueillies par la superficie du sol sont fréquemment réunies dans des pièces d'eau, dans des étangs servant de réservoirs. Les matières solides se déposent au fond sous forme de limon, et, sous l'influence des rayons lumineux et calorifiques du soleil, il se développe une vie végétale et animale qui épure l'eau et peut

la conserver potable jusqu'à un certain point, surtout s'il y
a un certain renouvellement par de nouveaux afflux de
temps à autre. Il faut, malgré cela, procéder à des nettoyages
périodiques des matières vaseuses du fond.

Si la mare ou l'étang est très ombragé, la vie s'éteint ou
languit ; les matières organiques se décomposent et l'eau
se corrompt. Dans ce cas, ce réservoir à demi-éclairé est loin
de valoir une citerne complètement fermée.

51. Établissement des puits. — L'établissement des
puits constitue l'une des manières les plus commodes d'obtenir de l'eau, lorsque les couches imperméables l'ont retenue
à une faible profondeur. L'eau superficielle filtre à travers
les terrains perméables et s'étend en nappes au-dessus de la
première couche d'argile rencontrée. C'est cette nappe qu'il
faut atteindre au moyen des puits ; elle se trouve à des
profondeurs très variables.

En se filtrant ainsi dans les couches compactes du sol,
l'eau s'épure et prend la température des masses traversées.
Elle se charge, par contre, des matières minérales solubles
qu'elle peut rencontrer : son acide carbonique lui permet
de dissoudre du carbonate de chaux ; si elle passe sur
du gypse, elle prend du sulfate de chaux en notable proportion. Aussi les eaux de puits sont-elles fréquemment très
calcaires, très dures et impropres à certains usages domestiques ou industriels. D'autres fois elles restent très douces,
et dans bien des pays c'est encore le seul moyen d'alimenter
d'eau les habitations.

Le puits est un trou cylindrique, maçonné au pourtour,
traversant le terrain jusqu'à pénétrer de un ou plusieurs
mètres dans la couche aquifère. L'eau s'extrait au seau ou
au moyen d'une pompe ; elle se renouvelle en venant du terrain voisin, et passe à travers les parois inférieures des matériaux de maçonnerie disposés pour leur laisser le passage
libre. Elle peut arriver également par le fond, si ce dernier
n'est pas poussé jusqu'à l'argile.

Une prise d'eau régulière dans un puits détermine un abaissement de la surface de l'eau qui prend alors la forme d'un cône curviligne, plus ou moins accentué suivant la perméabilité du terrain. La quantité d'eau disponible est excessivement variable avec les pays et dans chaque localité; il est facile de se renseigner sur l'abondance et la qualité de l'eau que l'on pourra obtenir par ce moyen.

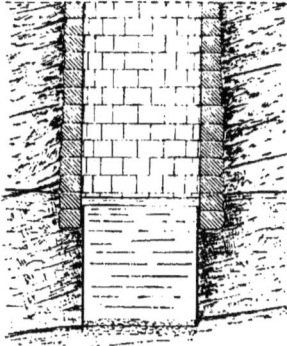

Les puits ont de 1 mètre à $1^m,50$ de diamètre intérieur; la paroi maçonnée a $0^m,20$ à $0^m,25$ d'épaisseur, souvent elle est en pierres sèches dans la partie basse, afin de faciliter le passage de l'eau par les parois latérales. D'autres fois, pour traverser des sables fins coulants, on a dû se servir d'une tonne sans fond ou d'une trousse coupante en tôle. Il ne faut pas que la trousse s'enfonce jusqu'à l'argile, car l'eau, ne pouvant plus arriver par les côtés, doit venir par le fond; on garnit alors ce dernier de pierrailles concassées, pour maintenir le sable et éviter qu'on ne dérange sa surface.

La figure 84 représente la coupe verticale d'un puits monté ainsi au moyen d'une trousse en tôle inférieure.

Lorsque l'épaisseur du sablon est faible, on diminue la trousse de hauteur; on lui donne comme diamètre le dia-

Fig. 84.

mètre extérieur de la maçonnerie et on pose celle-ci sur un disque en tôle, relié à la trousse par les consoles nécessaires pour en porter le poids ; on construit la maçonnerie au niveau du sol, à mesure que la trousse s'enfonce avec la paroi cylindrique déjà exécutée. On emploie alors du mortier de bonne qualité pour relier les matériaux et on cherche néanmoins le moyen de les rendre perméables. Le procédé le plus généralement admis consiste à prendre des briques creuses très cuites, trouées longitudinalement, que l'on dispose suivant le rayon, et cela sur la hauteur de la nappe d'eau ; les joints sont maçonnés, mais l'eau peut passer par les trous de la brique, pour alimenter le puits.

Lorsque l'on veut prendre l'eau en plus grande quantité, on y établit une pompe à main ou à moteur : on verra plus loin la manière de la disposer.

L'eau de puits qui doit servir à l'arrosage est souvent trop froide et trop peu aérée. Il est bon de la verser préalablement dans un bassin où elle se réchauffe et s'aère avant d'être employée. Lorsque l'arrosage doit se faire à la lance, il faut élever le réservoir de telle manière que son fond soit au moins à 4 mètres du sol. On doit lui donner en plan la plus grande surface possible, afin de développer le contact avec l'air.

52. Puits dits instantanés. — On donne le nom de puits instantanés à des forages percés économiquement à travers la couche superficielle du sol, permettant d'atteindre en quelques heures de travail une couche d'eau peu éloignée. Le procédé est représenté

FIG. 85.

dans la figure 85. Au moyen des trois montants d'une bigue, on soutient verticalement une tige en fer composée de deux pièces : un tube creux percé de trous à sa partie basse et terminé par une pointe aiguë légèrement plus large ;

une tringle supérieure, munie d'un arrêt saillant sur lequel
vient frapper un lourd anneau manœuvré par deux corde-
lettes passant par des poulies de renvoi. — On prépare
l'entrée du terrain par un trou à la bêche, puis on place le
tube ; au-dessus on emmanche la tringle et on commence le
battage. Quand le tube s'est enfoncé jusqu'à disparaître, on
démonte et on soulève la tringle, afin
d'interposer un second tube vissé sur le
premier ; on recommence le battage ; on
allonge ainsi le forage d'un ou plusieurs
tubes jusqu'à ce qu'on arrive à l'eau. On
n'est limité que par le frottement du sol
sur les parois du tube qui, à un moment
donné, devient assez énergique pour
paralyser l'effort supérieur.

On n'a plus, lorsque l'on a atteint la
couche aquifère, qu'à établir une pompe
sur le haut du dernier tube ; la première
eau extraite est trouble, elle entraîne des
terres fines et des sables dont l'enlèvement détermine une poche favorable à
l'aspiration (fig. 86). Puis, l'eau s'éclaircit
et le puits peut faire pendant longtemps
un bon service.

Quelquefois, au cours de l'opération,
il y a refus avant que l'on soit arrivé
à la couche aquifère ; on n'a d'autre
ressource que d'essayer la méthode des
forages successifs ; un premier, avec tube de fort diamètre,
amène à une profondeur donnée, mais insuffisante. On passe
alors un second tube dans le premier ; il descend librement
jusqu'au bas de celui-ci, et on l'enfonce ensuite en battant ;
de cette manière, on peut avancer plus profondément dans le
sol. Quelquefois même, on emploie un troisième tube, qui
doit être de diamètre encore suffisant pour servir à alimenter
la pompe.

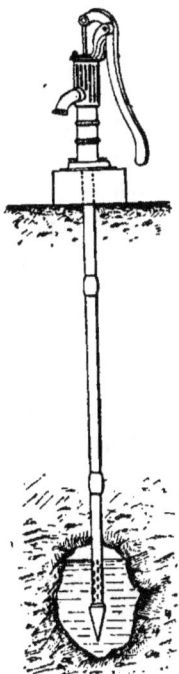

Fig. 86.

53. Captations souterraines. Drainages. — L'eau
que certains plateaux argileux reçoit par les pluies coule
souterrainement sur les couches imperméables, suit lentement leurs déclivités et s'accumule dans certains points bas,
où parfois elle trouve des écoulements naturels l'amenant à
la surface d'un sol de niveau inférieur.

Les eaux peuvent être plus ou moins temporaires et couler seulement dans les moments de pluie. Elles peuvent ne
durer que pendant l'hiver et un ou deux mois à la suite,
avec décroissance du débit devenant à la fin nul. — Enfin,
ces eaux peuvent correspondre à des terrains assez profonds
et compacts, formant magasin et les laissant couler lentement
pendant toute l'année avec des débits peu variables. On a
alors des sources que l'on peut canaliser et recueillir de bien
des façons différentes, suivant la manière dont elles se présentent.

A faible profondeur on les recueille par des drainages,
c'est-à-dire dans des lignes de tuyaux à joints non étanches,
que l'on place dans des tranchées, ou bien on garnit
celles-ci de pierrailles dont les joints libres leur donnent
écoulement. Les drains s'établissent suivant les directions
les plus avantageuses, avec les pentes voulues pour obtenir
le meilleur résultat. Fréquemment, on les compose de
canalisations secondaires ramifiées, se réunissant dans des
conduites maitresses qui amènent l'eau au point où on doit
l'utiliser.

Les profondeurs des tranchées sont souvent très considérables, en raison des irrégularités de la surface extérieure ;
elles deviennent dans ce cas très onéreuses par les fouilles et
les étaiements. On les remplace quelquefois par des galeries
exécutées sous le sol et maçonnées à mesure. Ces galeries
peuvent être des galeries de captation, dont les piédroits
laissent filtrer les eaux par des joints ouverts ou des matériaux creux choisis à cet effet. Le radier est alors la roche
imperméable sur laquelle coule l'eau. Les galeries peuvent
ne servir que pour l'adduction de l'eau et loger le tuyau ou le

canal d'aqueduc ; on ne s'inquiète dans ce cas que de la pente, de l'étanchéité et de la solidité.

Ces captations souterraines sortent, comme étude, du cadre de cet ouvrage ; nous dirons seulement que le prix auquel arrive leur établissement est souvent élevé.

54. Prise directe dans une rivière. — La prise directe dans une rivière passant à proximité de la propriété à alimenter peut se faire très simplement, au moyen d'un canal ou d'un tuyau d'aqueduc commandé par un vannage, lorsque la rivière n'est ni navigable ni flottable, et qu'elle joint directement la propriété.

Il n'en est plus de même lorsque la rivière est navigable, bordée de chemins de halage et de circulation, qui la séparent de l'immeuble.

On doit remplir certaines conditions indispensables ; ce sont les suivantes :

Il faut éviter de prendre l'eau sur le bord, là où elle peut être contaminée par les écoulements résiduaires des voisins ; on cherche à atteindre le milieu du courant, là où l'eau est plus pure et où la prise peut se faire à plus grande profondeur.

Il est utile d'établir dans la propriété un large puits, communiquant avec la prise par un tuyau de gros diamètre, placé en contre-bas de l'étiage, de telle sorte que le puits soit toujours alimenté par la communication directe avec la

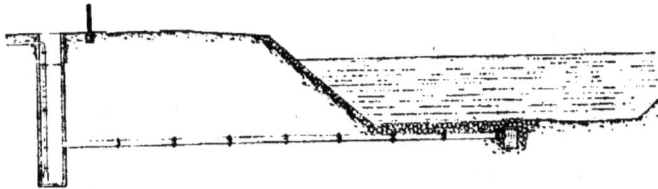

Fig. 87.

rivière. C'est dans ce puits qu'on établira les aspirations de pompes formant la véritable prise de l'eau.

Le gros tuyau de communication avec la rivière doit être d'un diamètre assez fort pour éviter les engorgements ; il doit

être immergé sous le sol du fond de la rivière, de manière
à ne faire aucune saillie et être assez résistant pour ne pas
être entamé par les ancres de la batellerie.

Enfin, il doit être terminé par une crépine d'aspiration,
disposée de manière à ne pas être engorgée par les sables
et à pouvoir être en tous cas dégagée assez facilement.

La figure 87 indique, à petite échelle, la disposition d'ensemble d'un tel travail, qui exige des tranchées profondes,
des dragages en rivière pour placer
le gros tuyau en contre-bas du fond, et
enfin, souvent, l'emploi de scaphandres
pour faire la pose. On recouvre le tout
de petits enrochements sur une épaisseur convenable, afin de préserver le
tuyau des ancres de la batellerie. La
figure 88 montre une des formes pos-

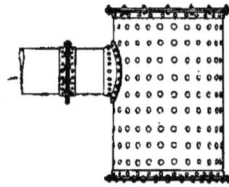

Fig. 88.

sibles de la crépine d'aspiration, présentant un couvercle supérieur dont l'enlèvement facilite au besoin le dégorgement
du sable.

55. Puits artésiens. — La première nappe d'eau que
l'on rencontre à peu de distance du sol et que l'on atteint
par les procédés qui viennent d'être indiqués n'est pas toujours pourvue de l'abondance et de la qualité désirées, tandis qu'à de plus grandes profondeurs le terrain contient
d'autres nappes plus avantageuses. Lorsqu'on peut les
atteindre, ces dernières se présentent souvent avec des pressions qui les amènent à peu de distance du sol, quelquefois
même elles sont jaillissantes. Les sources sont dites alors
artésiennes. On les atteint par des forages.

L'industrie des sondages a fait de très grands progrès
depuis une cinquantaine d'années ; ces progrès ont permis
d'entreprendre pratiquement des forages allant jusqu'à
400 et 500 mètres, d'un diamètre de $0^m,10$ au fond s'augmentant jusqu'à 1 mètre, 2 mètres et plus ; on commence naturellement par poser les plus gros diamètres, puis on enfile

les autres, de plus en plus petits à mesure que la profondeur
augmente. Les tubages sont en fer dans la plupart des cas ;
ils soutiennent les terrains traversés et empêchent l'eau de
se perdre dans les couches perméables.

Les eaux profondes sont souvent de qualité bien meilleure que celles des couches superficielles, en même temps
que leur abondance est plus grande. Leur débit est plus
constant. Dans chaque localité maintenant, les configura-
tions des pays environnants, en même temps que l'étude des
affleurements géologiques, permettent de prévoir les chances
de succès d'un forage, destiné à alimenter un établissement
important. Des puits artésiens exécutés dans le voisinage
peuvent également donner des renseignements très importants
sur les résultats à attendre de l'entreprise.

L'étude des forages artésiens
n'est pas à faire ici; mais il fallait
mentionner ce moyen, quelquefois très avantageux, de se procurer de l'eau.

56. Élévation de l'eau au moyen de pompes. Considérations générales.

— Le prin-
cipe de l'élévation de l'eau au
moyen d'une pompe consiste à
prendre un cylindre métallique
bien calibré, appelé *corps de
pompe* P (*fig.* 89), à le munir d'un
obturateur mobile *o* qui est le
piston, et à donner au piston, par
le moyen d'un mécanisme simple, un mouvement de va-et-vient.

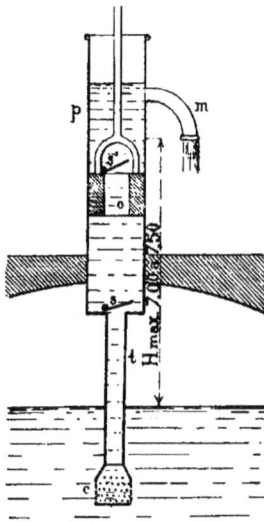

Fig. 89.

Le bas du corps de pompe est mis en communication
par un tuyau *t* avec la source ou le réservoir de l'eau à
élever; on munit l'entrée d'une soupape *s* qui ne lui permet pas de retourner en arrière. Le piston est percé d'un

orifice muni d'une soupape s' s'ouvrant dans le même sens que la première. Enfin, au-dessus de la position la plus haute du piston, on ménage à l'eau une tubulure de sortie et de puisage m.

Chaque fois que le piston monte, il tend à faire le vide dans le corps de pompe, et la pression atmosphérique, agissant sur la surface de l'eau du réservoir, presse le liquide en tous ses points, le fait entrer dans le tuyau t, et, de là, dans le corps de pompe en soulevant la soupape s.

Le piston s'arrête, la soupape s s'abat et ferme l'orifice. Le piston descend, l'eau est pressée, elle soulève la soupape s' et passe à travers le piston ; le piston peut donc descendre jusqu'en bas. S'il s'arrête, s' s'abattra et fermera le passage. Lorsqu'il va remonter ensuite, il élèvera toute l'eau qui se trouve au-dessus de lui, et cette eau s'écoulera en m, et en même temps il en aspirera par le bas une nouvelle cylindrée.

On a donc, par le jeu de l'appareil, un écoulement intermittent ; tel est le principe d'établissement d'une pompe ordinaire.

La hauteur H, distance du niveau de l'eau à la position la plus haute que puisse occuper le piston, se nomme la *hauteur d'aspiration*.

Théoriquement, la hauteur d'aspiration n'est limitée que par la pression atmosphérique qui équivaut à celle d'une colonne d'eau de $10^m,33$; on pourrait donc aspirer à environ 10 mètres. Mais il faut tenir compte de ce que le piston ne peut être facilement mobile qu'à la condition de ne pas former avec le corps de pompe un joint complet, et que, même avec le meilleur entretien, ce joint mobile, ainsi que les joints fixes des tuyaux d'aspiration, donnent lieu à des rentrées d'air ; de plus, il faut vaincre le poids et l'adhérence des soupapes à soulever ; enfin, il faut compter avec les difficultés d'amorçage. Toutes ces causes réduisent la hauteur pratique d'aspiration maximum à 7 mètres ou $7^m,50$. De telle sorte que la pompe figurée ci-dessus ne pourra être utilisée que pour une profondeur d'eau au-dessous du sol ayant au plus 6 à 7 mètres.

L'*amorçage* de la pompe consiste dans sa mise en train. Après un certain temps d'arrêt, par les pertes d'eau qui se font par les soupapes et le joint du piston, la pompe se vide et l'eau y est remplacée par de l'air. Lorsqu'on la remettra en marche, on commencera par extraire de l'air si la pompe fait suffisamment le vide, et, en raison de l'expansion des gaz, on met d'autant plus de temps à chasser l'air que la hauteur d'aspiration est plus grande.

On facilite l'amorçage en versant de l'eau au-dessus du piston dans le haut du corps de pompe. On empêche ainsi les rentrées d'air dans le joint mobile et on rend également, en les mouillant, les joints des soupapes plus étanches.

Les corps étrangers qui peuvent être amenés par l'eau peuvent s'engager dans les passages des soupapes, et, en maintenant soulevées ces dernières, empêcher leur fonctionnement normal. On évite cette introduction nuisible en terminant le tuyau d'aspiration par un vase métallique fermé, percé de trous fins *c*, à travers lesquels l'eau se filtre grossièrement. Ce vase se nomme la *crépine*. Les crépines doivent être nettoyées de temps en temps afin de dégager les trous obstrués. Il faut que la paroi de la crépine soit suffisamment développée et que la somme des sections des trous répartis sur sa surface soit équivalente à trois ou quatre fois la section du tuyau d'aspiration.

57. Aspiration à grande profondeur. — Lorsque l'eau est à une profondeur plus grande que la hauteur maximum d'aspiration, qui est, ainsi qu'on l'a vu, de 7 mètres à 7^m,50 (mesurée du niveau le plus bas de l'eau inférieure jusqu'à la position la plus haute occupée par le piston), il faut baisser le corps de pompe pour diminuer l'aspiration. On met alors la pompe dans le puits ou la citerne, ou dans le sous-sol d'un bâtiment, suivant les circonstances, tout en laissant au besoin la manœuvre se faire de l'extérieur. La pompe se modifie légèrement, afin de se prêter à cette nouvelle position. Le corps de pompe est fermé à sa partie haute (*fig*.90), et le couvercle, complètement hermétique, est muni d'un orifice avec joint spécial pour le passage de la tige verticale du piston. Ce joint est fait par un *presse-étoupes*, petite boîte garnie d'étoupes pressées, ou de rondelles métalliques, ou d'un cuir embouti faisant joint ; l'eau élevée par le piston s'échappe par une tubulure latérale dans un tuyau élévatoire aboutissant hors du sol à l'ajutage d'évacuation.

La distance entre le niveau le plus bas de l'eau inférieure et le haut de la pompe peut être encore de 7 mètres à 7^m,50. Cependant on a avantage à descendre la pompe le plus bas possible et à la réduire à 1, 2 ou 3 mètres, afin de faciliter l'amorçage. Le tuyau élévatoire en est plus long d'autant, ce qui n'a pas d'inconvénient.

La tige de manœuvre s'en trouve également allongée ; mais il faut remarquer que l'effort auquel elle est soumise lorsqu'elle descend est très faible ; il ne lui faut que la compression nécessaire pour vaincre le

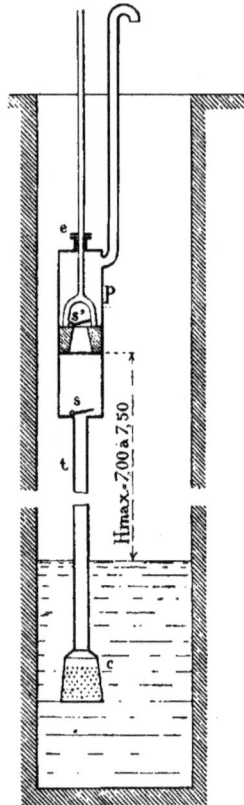

Fig. 90.

frottement du presse-étoupes et passer à travers le liquide en soulevant la soupape *s'*. L'effort le plus important est une tension, qui s'exerce à la remonte, pour soulever le poids d'eau de toute la hauteur de l'élévation à obtenir ; mais alors, la longueur de tige est indifférente au point de vue de la résistance ; celle-ci ne dépend que de la section du fer, par conséquent, du nombre de millimètres carrés qu'elle

comporte, dont chacun peut supporter pratiquement un effort
de 3 kilogrammes.

On donne encore une autre forme à ces sortes de pompes
destinées à des profondeurs exigeant
que le corps cylindrique soit placé
en contre-bas du sol. On supprime le
presse-étoupes, le couvercle et la
tubulure latérale, et on prolonge
jusqu'au sol le tube en cuivre qui sert
de corps de pompe et que l'on nomme
souvent le *fourreau*; aussi cette disposition de l'appareil prend-elle le
nom de *pompe à fourreau*. Le croquis
de la figure 91 représente cette disposition d'une façon schématique.

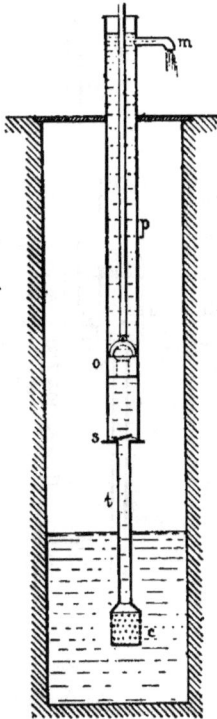

La pompe est alors complètement
ouverte par le haut. On a supprimé le
frottement dans le presse-étoupes, ce
qui rend la manœuvre plus commode ;
l'amorçage est plus facile, puisqu'on
peut y verser de l'eau au moment de
la mise en marche ; enfin, les réparations sont plus simples, puisqu'il
est facile de démonter le piston sans
descendre dans le puits. La première
installation est seule d'un prix un

Fig. 91.

peu plus élevé, en raison de la plus grande longueur du corps
de pompe.

**58. Groupement des pompes : pompe aspirante
et élévatoire; pompe aspirante et foulante.** — Les
pompes dont il a été question jusqu'ici, et dans lesquelles
l'eau passe à travers le piston, sont appelées *aspirantes et
élévatoires;* elles ne travaillent que lors de la montée, lorsque
l'eau est soulevée. C'est donc au moment de cette montée
qu'a lieu l'effort le plus énergique à produire.

Lorsque l'eau est envoyée soit à un niveau élevé, soit en un point situé à une distance horizontale plus ou moins grande de la pompe, on peut avoir avantage à employer la disposition suivante (*fig.* 92). Le piston est plein, l'eau s'échappe du corps de pompe à la partie inférieure par le tuyau *d*, et une soupape *s'*, s'ouvrant dans le sens du mouvement de l'eau, empêche tout retour du fluide en arrière.

La marche de la pompe est celle-ci : le piston, en s'élevant, aspire l'eau qui soulève la soupape *s* et emplit le corps de pompe. Lorsque le piston, arrivé en haut de sa course, va commencer à s'abaisser, la soupape *s* va retomber, et l'eau sera emprisonnée.

Lorsque le piston descendra, il appuiera sur cette eau et la forcera à s'échapper par le tuyau *d* en soulevant *s*.

La différence, au point de vue mécanique, est qu'il y a effort dans tout mouvement du piston, soit qu'il s'élève, soit qu'il s'abaisse. S'il s'élève, c'est que sa tige tendue le tire vers le haut. S'il s'abaisse, c'est que sa tige comprimée le presse vers le bas.

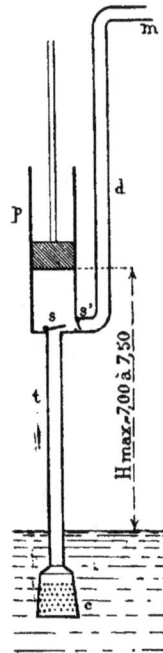

Fig. 92.

On fera donc, tout le temps, un effort important; dans bien des cas, on peut disposer la pompe à une hauteur telle que l'effort à exercer en montant soit le même que l'effort nécessaire à la descente.

Ces sortes de pompes se nomment *pompes aspirantes et foulantes*.

Dans ces deux grandes catégories d'appareils, l'aspiration peut correspondre à une hauteur nulle. C'est le cas où la pompe serait immergée dans le liquide à élever. On évite ce cas, sauf pour certaines pompes à huile, pour permettre de surveiller et d'entretenir les appareils; mais on réduit souvent au minimum la hauteur d'aspiration, afin de rendre l'amorçage très facile.

59. Régularisation du débit au moyen des réservoirs d'air. — Que la pompe soit aspirante et élévatoire, qu'elle soit aspirante et foulante, la marche de l'appareil est telle que l'eau qu'elle émet arrive par flots alternatifs, séparés par des arrêts pendant la moitié du temps. Il en résulte dans les conduites des soubresauts et des chocs qui sont sensibles même dans les pompes les plus solidement fixées. Ces chocs se transmettent avec bruit dans les canalisations qui suivent la pompe et qu'elles ébranlent. Il y a donc lieu de régulariser cette émission alternative et de la transformer, immédiatement après la pompe, en un débit aussi continu que possible.

On y arrive par l'emploi des réservoirs d'air. On a vu, au n° 13, comment on établit ces réservoirs sur une conduite, et, dans les figures 21 et 22, les formes qu'on leur donne, suivant qu'on doive les poser sur un tuyau horizontal ou sur un tuyau vertical. A chaque afflux de l'eau, l'excès se loge dans le réservoir et la compression de l'air le renvoie dans la canalisation, en utilisant pour cela les moments d'arrêt de l'émission de la pompe. On fait ces réservoirs d'air en cuivre dans les petites pompes, en fonte dans les gros appareils.

L'air emmagasiné dans les réservoirs d'air se dissout peu à peu dans l'eau comprimée, et il finirait par disparaître si on ne le renouvelait pas. L'introduction constante d'une petite quantité d'air est particulièrement facile dans les pompes. On n'a qu'à percer sur l'aspiration, en contre-bas de la soupape et en contre-haut du niveau de l'eau, un trou d'un très petit diamètre, appelé *reniflard*, ainsi qu'on l'a déjà dit. A chaque aspiration de l'appareil, en raison de la dépression dans le tuyau, il s'introduit une petite quantité d'air que l'on peut régler de manière qu'elle suffise pour l'entretien de l'air du réservoir.

Le réglage se fait d'une façon particulièrement commode

si l'on remplace le trou du reniflard par un robinet de petit diamètre, que l'on peut manœuvrer à son gré par une clef à carré ou un tournevis. Au bout de quelques essais, l'ouverture est convenable et l'on n'a plus à s'en préoccuper.

Il est utile que le reniflard ne soit pas trop ouvert, il diminuerait dans une notable proportion le rendement de la pompe.

60. Préservation des pompes de la gelée. — Il faut toujours installer les pompes importantes dans des locaux spéciaux que l'on puisse fermer et qui soient à l'abri de la gelée, afin que, pendant les arrêts, il ne puisse leur arriver, de ce fait, aucun accident qui les mette hors de service.

Les pompes qui fonctionnent d'une façon *absolument* continue, le jour et la nuit, sont moins susceptibles, en raison de la circulation de l'eau qui s'y renouvelle, surtout si cette eau vient d'un puits, parce que dans cette circonstance elle est toujours à une température supérieure à 0°.

Il est cependant des pompes à main que l'on est obligé, en raison de leur service même, de maintenir à l'air dans les cours de nos habitations et dont le service, tout intermittent, doit se faire l'hiver comme l'été. On ne peut les garantir du froid que par l'application immédiate sur toute leur surface d'enveloppes isolantes, mais dont l'effet est toujours insuffisant; il faut donc, en outre, les couvrir de caisses garantissant de la pluie et remplies sur une grande épaisseur de copeaux ou de liège en poudre.

Un procédé efficace, applicable aux pompes dont l'aspiration est de faible hauteur (jusqu'à environ 5 mètres), consiste à établir les soupapes de l'appareil de telle sorte qu'elles ne soient pas absolument hermétiques et que, à tout arrêt de la pompe, celle-ci se désamorce pour ainsi dire immédiatement. L'eau n'y restant pas, elles ne peuvent se briser par la gelée ; l'aspiration étant modérée, elles s'amorcent facilement chaque fois qu'on les met en fonctionnement.

61. Construction des pompes : corps de pompes, pistons, soupapes, commandes à la main. — La construction des pompes est assez variable suivant les constructeurs. Le corps de pompe est souvent en fonte, métal que conseille l'économie ; pour les appareils importants, c'est un cylindre bien alésé, au moins dans la partie qui reçoit le piston, et qui est munie à chaque extrémité de brides pour recevoir les couvercles et pièces accessoires. — On fait aussi les corps de pompe en bronze pour les petits appareils. Ce métal évite l'oxydation que subit la fonte pendant les arrêts, et convient particulièrement aux pompes qui sont soumises à un service intermittent. — Enfin, on obtient des corps de pompe très convenables et en même temps très légers pour les petits diamètres jusqu'à $0^m,10$, par exemple, en se servant de tubes de cuivre que l'on trouve bien calibrés et étirés dans le commerce. On y brase des brides et on y ajoute les fonds, ainsi que les appareils accessoires nécessaires.

Les corps de pompes de petites dimensions sont d'ordinaire fixés à un plateau en bois dur (chêne), qui lui-même, au moyen de ferrements convenables, trouve de solides scellements dans la maçonnerie d'un mur ou d'un puits. La pompe est retenue par des colliers et des boulons. La figure 93 [1] représente un corps de

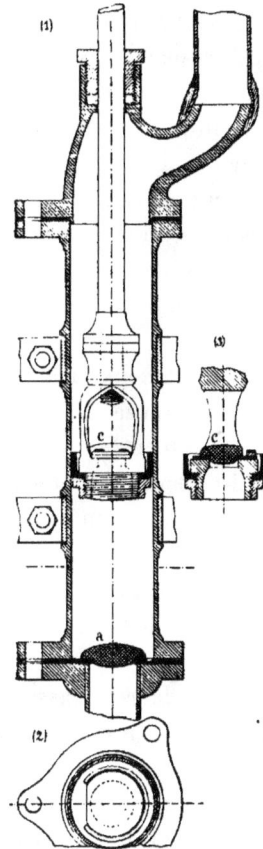

Fig. 93.

---

[1] La pompe représentée par le croquis 93 est construite par la maison Barbas, Tassart et Balas.

pompe fondu en bronze, retenu ainsi par deux colliers passant dans des portées ménagées sur la paroi extérieure du cylindre. C'est un mode de fixation très solide et très convenable.

Si la pompe devient plus forte, on la porte sur un bâti en fonte prenant appui sur le sol ou dans un mur, ou sur des poutres traversant le puits et scellées par leurs abouts dans les murs circulaires qui forment ses parois. Dans ce dernier cas, on s'arrange pour que la pompe soit sur le côté, de manière à ne pas obstruer toute la section et à permettre les réparations de l'appareil, ainsi que le curage du puits.

Les pistons étaient autrefois garnis à leur pourtour d'une tresse de chanvre faisant plusieurs tours et que l'on graissait convenablement. Aujourd'hui presque tous les pistons de pompes sont établis avec des cuirs emboutis ou des caoutchoucs de même forme.

La figure 93 représente la coupe, dans deux sens perpendiculaires, d'un piston en cuivre fondu, composé de deux pièces vissées venant serrer l'une des rives du cuir.

Le reste se relève le long des parois du corps de pompe et s'y trouve pressé par la pression atmosphérique, ou par la pression de l'eau suivant la manière dont travaille le piston. Le joint devient d'autant plus étanche que la pression est plus forte, et les frottements sont réduits dans les parties de la course où la pression diminue.

Dans la figure 93 le piston est creux pour laisser passage à l'eau, et est muni d'une soupape. Celle-ci est formée d'un disque en cuir ou en caoutchouc, pressé entre le piston et une plate-bande en métal serrée par des boulons sur une de ses rives; le reste est mobile et s'ouvre en se pliant le long de la plate-bande. La partie mobile est serrée entre deux disques de métal qui s'assemblent à vis et qui donnent de la solidité à cet opercule. Pour les petits diamètres de clapets c'est généralement un culot de plomb qui raidit le cuir et sert de lest.

— Dans le même croquis, on voit la soupape qui termine la partie haute du tuyau d'aspiration; elle est établie de la même manière.

D'autres fois, la soupape du tuyau d'aspiration se trouve à la partie inférieure, immergée dans l'eau, et montée directement sur la crépine. C'est le cas représenté par la figure 94, montrant un *clapet-crépine* de la maison Letestu. Le principe

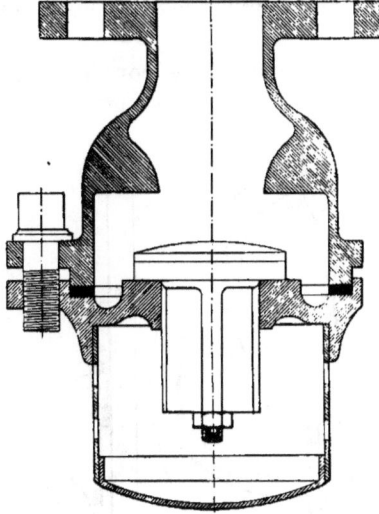

Fig. 94.

de la construction de cette soupape est toujours le même, sauf le guidage qui se fait dans le siège par le moyen de quatre ailettes en croix. La course de la soupape est limitée, à la partie supérieure, par des nervures de butée que l'on voit en coupe, afin qu'elle ne puisse sortir de son siège.

Le haut du cylindre de la pompe de la figure 93 est terminé par un couvercle en dôme, muni d'un presse-étoupes pour le passage de la tige du piston, et d'une tubulure latérale sur laquelle on assemble, ici par soudure, dans d'autres exemples par brides, le tuyau élévatoire de l'eau.

Les petites pompes se commandent à la main, soit par le mouvement alternatif d'un balancier, soit par le mouvement rotatif d'une manivelle. Le balancier convient particulièrement pour les pompes élévatoires, parce que l'effort de levée est faible lorsque le piston descend, et qu'il devient fort lorsqu'on l'abaisse, c'est-à-dire dans le mouvement où l'on peut développer l'effort le plus considérable. Presque toujours, le balancier est fixé à un plateau en bois dur, solidement attaché par des scellements en fer convenables à un mur ou à une pile à rez-de-chaussée, ainsi qu'on le voit dans la figure 97.

La commande par manivelle convient mieux pour les

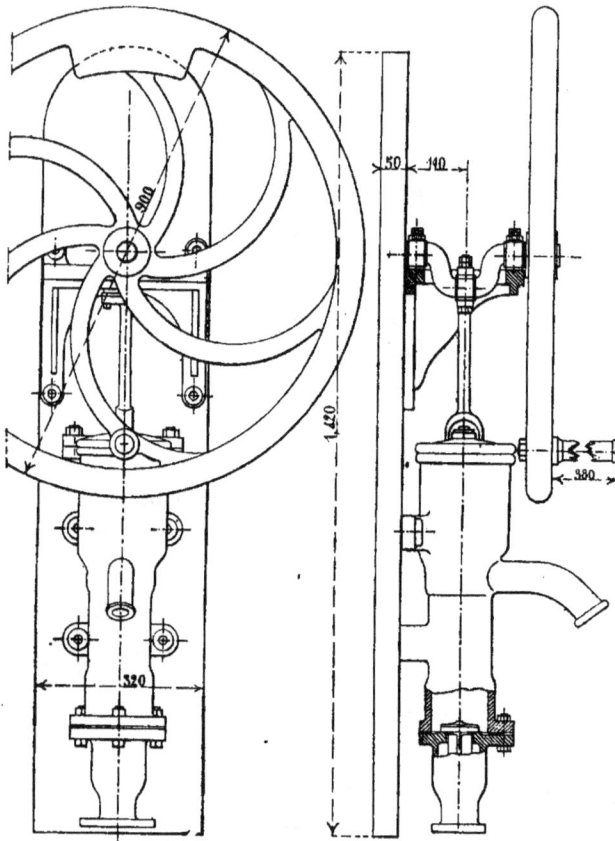

Fig. 95.

pompes aspirantes et foulantes dans lesquelles l'effort à exercer a lieu plus régulièrement pendant tout le temps du fonctionnement, à la montée comme à la descente du piston ; on règle le calage de la manivelle en vue de la meilleure utilisation du travail de l'homme.

Cependant, on peut également appliquer la manivelle aux pompes élévatoires en leur adjoignant un volant qui régularise l'effort moteur.

On voit, dans le croquis de la figure 95, l'élévation de face et la vue de côté d'une pompe élévatoire mue par une manivelle, avec adjonction d'un volant, pour rendre la commande plus facile à manœuvrer. Cette pompe a un piston de $0^m,10$ de diamètre ; c'est un modèle de la maison Letestu.

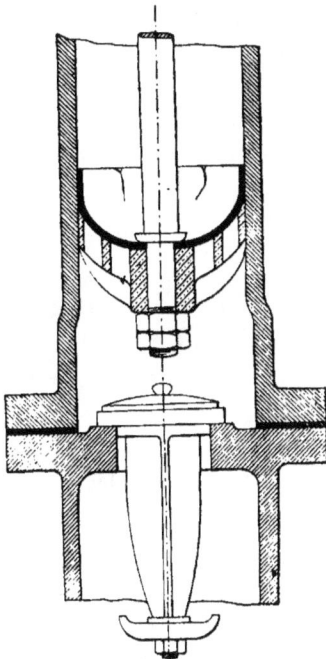

62. Piston Letestu. — Une disposition spéciale de piston avec cuir embouti a été inventée par M. Letestu, et l'emploi s'en est généralisé dans un grand nombre d'applications, en raison des grands avantages qu'il présente. La figure 96

Fig. 96.

représente un de ces pistons. Le but que voulait atteindre le constructeur était d'avoir un piston qui pût pomper de l'eau chargée d'impuretés, voire même de sable, sans s'engorger ; pour y arriver, M. Letestu a construit son piston en fonte avec une surface supérieure concave. Au lieu d'être plein avec un seul passage au milieu, il l'a troué de nombreux vides et, par dessus, il a fixé un cuir embouti ; ce dernier est serré et fendu de telle sorte que, lorsque le piston monte, il s'applique exactement sur le dessus de la surface de fonte et forme une soupape étanche, tandis qu'en descendant il quitte cette surface, se replie sur lui-même et laisse alors de libres et larges passages à l'eau. On conçoit que de gros corps étrangers puissent ainsi traverser les orifices sans les obstruer.

Les pistons Letestu conviennent aux pompes aspirantes et élévatoires. On en a fait de très nombreuses applications aux épuisements, ainsi qu'aux pompes à incendie; mais il convient également aux pompes ordinaires d'élévation d'eau et dans cet usage il donne un service régulier, au moins aussi sûr que les autres pistons. Avec des eaux pures ou lorsqu'il est protégé par des crépines à trous fins, il peut faire un vide suffisant pour permettre l'aspiration à 7 mètres ou 7^m,50.

Le remplacement d'un cuir se fait avec la plus grande facilité ; il suffit de mettre le piston à jour et de démonter la tige, puis, après avoir mis le nouveau cuir, de serrer un écrou et un contre-écrou.

63. Pompes à piston plongeur. — Dans les pompes aspirantes et foulantes, le piston peut être disposé pour recevoir deux garnitures en cuir en sens contraire : l'un des cuirs fait joint pendant l'aspiration, c'est-à-dire pendant la montée du piston; l'autre, embouti vers le bas, sert à faire joint lorsqu'il exerce sur l'eau l'effort de compression qui doit la refouler à destination.

On se sert également pour ces sortes de pompes de pistons dits *plongeurs* qui entrent dans le cylindre et en sortent plus ou moins, sans en toucher les parois autrement qu'au passage à travers le presse-étoupes qui seul fait joint. La quantité dont le piston pénètre dans le corps de pompe pendant la descente constitue le volume de l'eau chassée par le piston. Ces pistons sont cylindriques et longs; ils doivent être guidés dans leur course, et pour cela sont continués à leur partie haute par une tige rigide passant dans un collier fixe; une articulation au pied de la tige sert à l'attache de la double bielle de manœuvre.

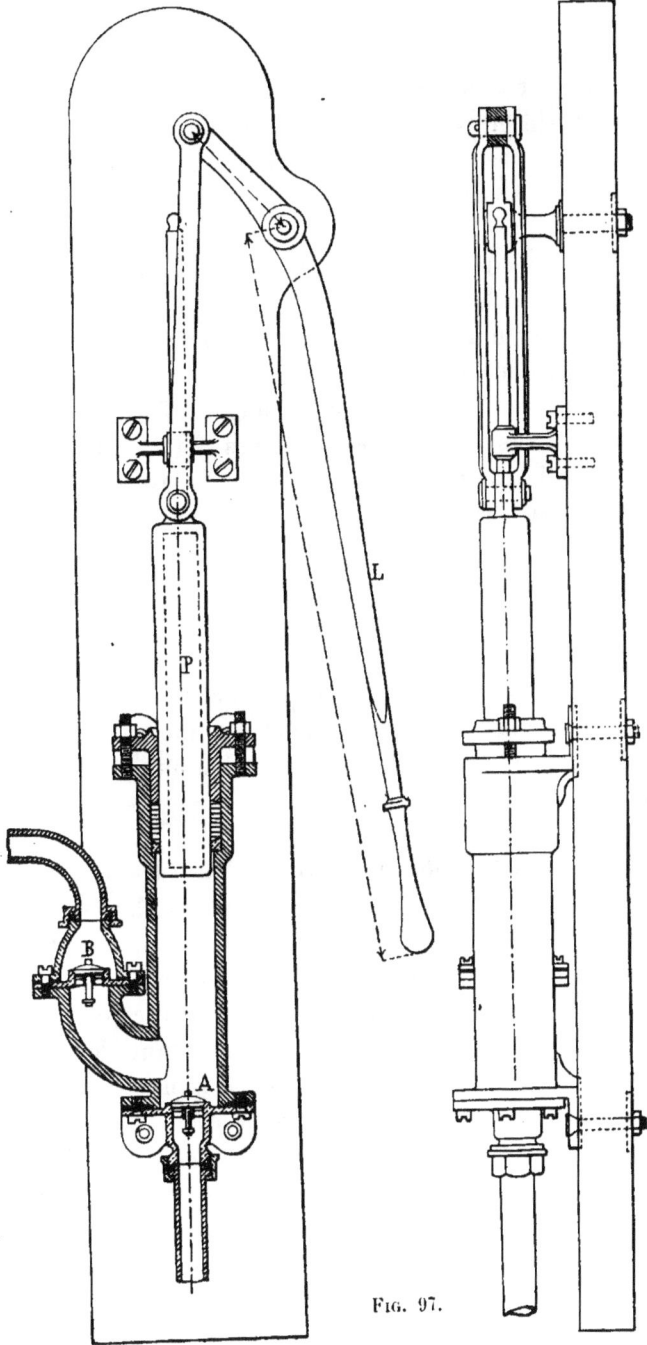

L

P

B

A

Fig. 97.

La figure 97 représente une de ces *pompes à piston plongeur*. Le piston P est creux, ordinairement construit en bronze ; il passe dans un presse-étoupes de diamètre approprié et est mû à la main au moyen d'un balancier L. Il est à observer ici que l'eau est supposée devoir être déversée à faible hauteur, de telle sorte que le plus grand effort ait lieu en abaissant le balancier : dans l'exemple choisi, c'est l'aspiration qui exige ce plus grand effort.

Si, dans une application, c'était, au contraire, le refoulement qui demandât le plus de travail, on changerait la position du point d'articulation du levier, afin que cet effort fût obtenu dans le mouvement d'abaissement du balancier.

Dans le cas de la figure 97, le diamètre du piston est de 55 millimètres avec une course de 210 millimètres.

Le seul inconvénient que présentent ces sortes de pompes consiste dans le frottement du presse-étoupes ; il peut devenir très considérable, si l'on ne règle pas la pression de son couvercle au strict minimum. Toute la pompe figurée au croquis est montée, ainsi que sa commande, sur un large plateau en bois, qui de son côté, comme les précédents, est maintenu au mur d'une construction au moyen d'attaches en fer fortement scellées.

64. Commande des pompes par transmission. — Lorsque la pompe est importante et que l'on dispose d'un moteur dans une propriété, il est tout indiqué de profiter de ce moteur pour la commande de la pompe.

Au moyen d'un contre-arbre, de poulies et d'un arbre coudé, on organise une liaison permettant l'emploi de la force dont on dispose. La figure 98 représente une pompe ainsi commandée (pompe aspirante et élévatoire de la maison Letestu). Les vues de face et de côté rendent compte de la disposition : sur un plateau vertical solidement maintenu est fixé le corps de pompe, au moyen d'oreilles boulonnées.

L'aspiration et l'élévation sont disposées comme on l'a vu

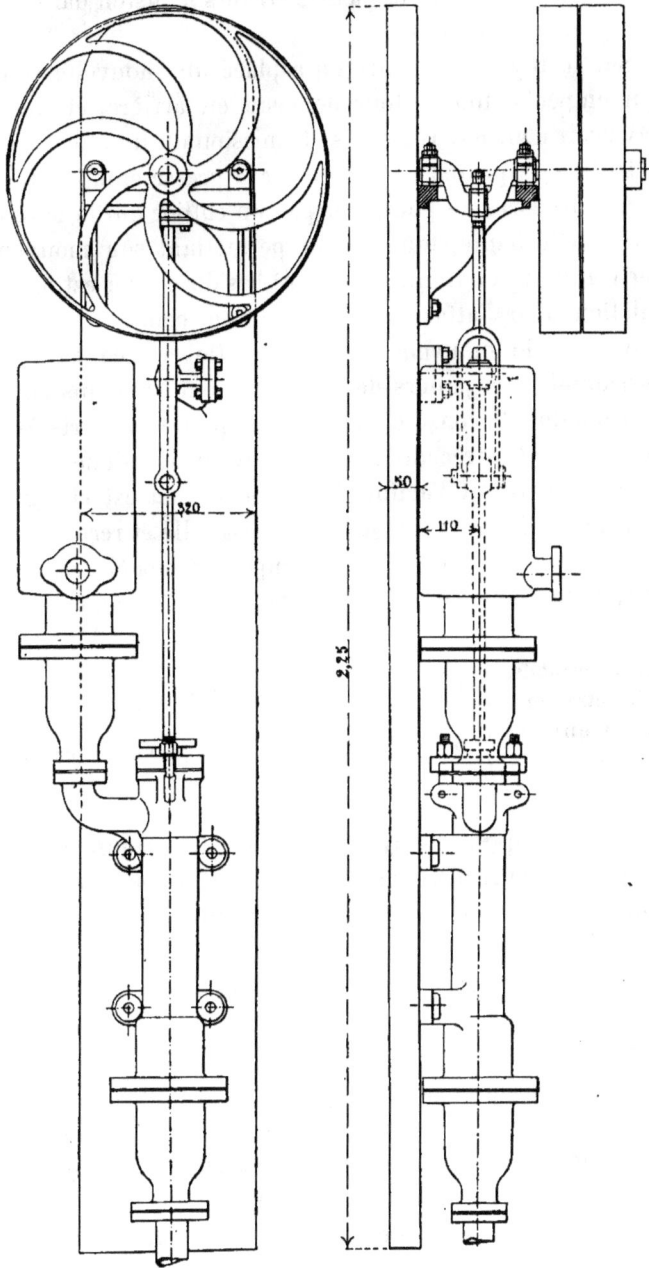

Fig. 98.

précédemment, et l'eau passe à travers le piston dans un orifice garni d'une soupape.

Sur le tuyau élévatoire on a placé une nouvelle soupape qui empêche tout retour de l'eau en arrière, et aussi un réservoir d'air qui régularise l'émission du liquide.

La tige du piston est guidée par le presse-étoupes du couvercle du corps de pompe et par un collier qui la maintient à la partie haute, tout en lui permettant son mouvement vertical de va-et-vient. En contre-bas du collier est une articulation pour l'attache de la bielle de commande, dont la tête reçoit le mouvement de la partie coudée d'un arbre horizontal ; les paliers de cet arbre sont soutenus par une chaise à double console au-delà de laquelle, en porte-à-faux, sont les poulies réceptrices du mouvement : l'une est calée sur l'arbre, reçoit l'action de la courroie et est chargée de transmettre le mouvement; l'autre est folle et reçoit la courroie pendant les arrêts de la pompe. Le modèle représenté a $0^m,08$ de diamètre. On en fait de plusieurs diamètres :

En employant des diamètres de :	$0^m,06$	$0^m,08$	$0^m,10$	$0^m,12$	$0^m,14$	
On obtient des débits de :	20	40	60	90	120	litres par minute.

65. Pompes conjuguées. — La commande des pompes par courroies fonctionne d'autant mieux que l'effort à exercer tend à être plus régulier. D'autre part, il en est de même de la circulation de l'eau dans les tuyaux. Elle se fait avec d'autant moins de soubresauts et de chocs que l'eau arrive plus régulièrement.

On satisfait à ces deux conditions de deux façons différentes : 1° en employant des pompes aspirantes et foulantes à double effet ; 2° en conjuguant deux ou plusieurs pompes.

Les pompes à double effet ne sont guère employées que dans les élévations d'eau d'une importance telle que leur description dépasse le cadre de cet ouvrage. Mais on conjugue

fréquemment deux ou trois pompes, même pour les diamètres restreints, afin que la commande par courroie ait une
plus grande régularité de fonctionnement, et que l'émission
de l'eau soit plus uniforme et plus douce, résultat qu'on
améliore encore par l'emploi d'un réservoir d'air.

La figure 99 représente la conjugaison de deux pompes
foulantes montées ainsi en dehors d'un double bâti en A, qui

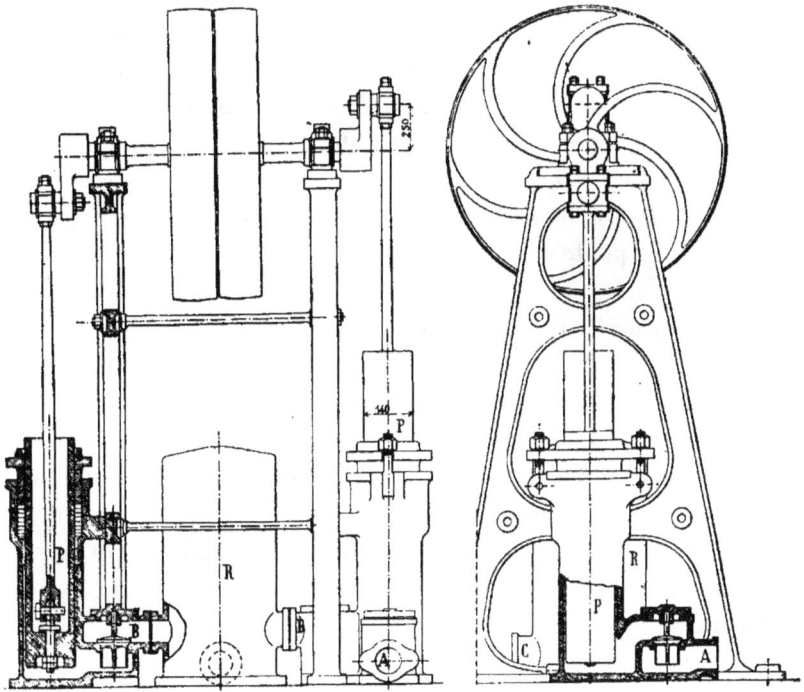

Fig. 99.

soutient les paliers de la transmission. Un arbre de couche
repose sur ces paliers et supporte en porte-à-faux, au dehors
des points d'appui, deux manivelles chargées d'actionner les
pistons, chacune par l'intermédiaire d'une bielle articulée. Au
milieu de l'arbre sont les poulies, l'une calée solidement,
l'autre folle, qui reçoivent la courroie de commande. Les deux

manivelles sont calées sur l'arbre à 180°, de telle sorte que, pendant que l'une appuie sur son piston pour refouler l'eau, l'autre élève le sien et fait aspiration. La marche inverse aura lieu ensuite, et, en définitive, le mouvement alternatif des pompes se transforme en une émission d'eau continue, irrégulière il est vrai, mais qui se régularise au passage dans le réservoir d'air R commun aux deux corps de pompes.

Dans cette installation, les pistons plongeurs sont creux et les articulations des pieds de bielles se font au fond même de la cavité. Cette disposition fait gagner de la hauteur et dispense de la construction plus compliquée de bielles à fourches. Ce genre de pompes convient dans les usines pour des eaux acides, des mélasses, etc. On a avantage à l'employer également pour l'eau ordinaire, lorsque le refoulement se fait à une hauteur considérable et que la pression dans le corps de pompe peut atteindre 12 kilogrammes par centimètre carré.

La figure 100 représente une autre installation de pompes conjuguées établies par la maison Letestu. Il s'agit de pompes montées dans un puits profond, avec transmission près du sol.

Les pompes sont aspirantes et élévatoires. Les tringles qui les commandent et qui tirent verticalement les pistons de bas en haut sont guidées, de distance en distance, par des colliers garnis de bagues en bronze. Les corps de pompe sont parallèles, fixés à même niveau et sont réunis par leurs tubulures d'aspiration et de refoulement, qui se réduisent chacune à un seul tuyau.

La figure montre comment les pompes, les tuyaux qui les joignent et les colliers des tiges de piston sont soutenus par des poutres transversales en bois, scellées à hauteur convenable dans la maçonnerie du puits.

Le tuyau d'émission de l'eau porte, au sortir des pompes, une soupape qui fait office de clapet de retenue, empêche tout mouvement inverse de l'eau et prévient le désamorçage, dans le cas où les autres soupapes de l'aspiration viendraient à ne plus être étanches.

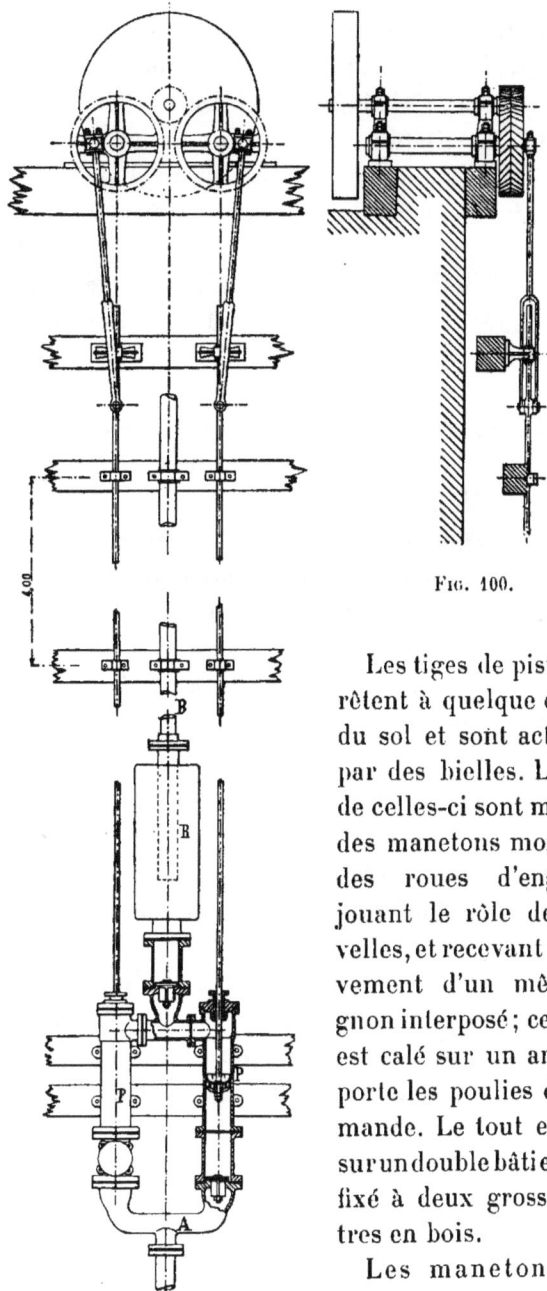

Les tiges de piston s'arrêtent à quelque distance du sol et sont actionnées par des bielles. Les têtes de celles-ci sont mues par des manetons montés sur des roues d'engrenage jouant le rôle de manivelles, et recevant le mouvement d'un même pignon interposé ; ce pignon est calé sur un arbre qui porte les poulies de commande. Le tout est porté sur un double bâti en fonte, fixé à deux grosses poutres en bois.

Les manetons sont

établis de telle manière qu'ils actionnent les pompes l'une après l'autre, en sorte que, dans leur mouvement alternatif, l'un des pistons s'abaisse tout le temps que l'autre s'élève.

Dans les installations où l'on conjugue trois pompes, on augmente le pignon de commande au diamètre des deux roues voisines et on le munit, comme ces roues, d'un maneton. On prend soin dans le calage de tiercer le mouvement, afin que le fonctionnement des pompes donne un débit aussi continu et régulier que possible, et on conserve toujours le réservoir d'air.

66. Vitesse de marche des pompes. — Les pompes doivent avoir une marche assez lente pour que l'eau à chaque coup de piston puisse varier sa vitesse sans à-coups trop forts, et que les soupapes aient le temps de se lever et de retomber sans des chocs trop brusques. A cet effet, il est bon de limiter le nombre des coups de piston (montée et descente) à 20 ou 25 par minute.

Avec cette allure, une pompe présente un fonctionnement régulier qui donne toute satisfaction.

67. Divers modes de concessions d'eau. — Dans les villes, les besoins de la civilisation ont fait établir, presque partout, des élévations d'eaux de source ou de rivière qui alimentent toutes les voies publiques. Les Compagnies concessionnaires de ces élévations d'eau la distribuent dans tous les quartiers, avec une pression de 10, 15 ou 20 mètres, par suite à une hauteur qui correspond d'ordinaire à tous les besoins de la pratique. Chaque riverain peut prendre une concession d'eau par le moyen d'un branchement sur la conduite de la ville.

Les modes de livraison de cette eau sont variables avec les pays et les Compagnies ; ils sont régis par des contrats d'abonnement qui en règlent les conditions.

Quelquefois la livraison est *intermittente*. Les propriétés desservies par un abonnement ne reçoivent l'eau qu'à cer-

taines heures du jour ou même à certains jours de la
semaine. Il y a lieu pour les abonnés d'établir de vastes
réservoirs, permettant d'avoir une accumulation suffisante
d'eau pour satisfaire à tous les besoins et compenser les irrégularités de l'arrivée.

Ce système a été pendant longtemps très en vogue en
Angleterre; mais il présente de grands inconvénients et tend
à disparaître partout pour faire place à la livraison *continue*.

La livraison de l'eau d'une façon constante peut se faire
au moyen des *robinets libres*, débitant, chaque fois qu'on les
ouvre, la quantité d'eau dont on a besoin pour les services
domestiques.

Ce mode de livraison présente l'inconvénient d'une consommation d'eau exagérée, et il ne peut s'appliquer qu'à des
maisons à loyer sur des terrains importants en dépendant.
Les quantités fournies se mesurent par estimation et sans
jaugeage.

La livraison *continue* en *quantité limitée* est beaucoup
plus avantageux pour les Compagnies qui peuvent, au moyen
d'une canalisation réduite, desservir d'une manière tout à fait
assurée tous les abonnés d'une ville. Avec ce mode de concession, l'abonné reçoit l'eau par une *jauge* qui règle le débit
de telle sorte que l'écoulement, à peu près uniforme pendant
les vingt-quatre heures, corresponde au volume de l'abonnement. Ce volume doit être emmagasiné dans un réservoir,
à cause des irrégularités dans la consommation, suivant les
heures de la journée.

La livraison *continue* et en *quantité illimitée, mais mesurée*, a lieu au moyen des compteurs. Ce mode de livraison
présente l'inconvénient, pour la Compagnie, d'exiger un
approvisionnement d'eau bien plus considérable et aussi
des canalisations bien plus fortes pour la distribution d'un
volume déterminé; mais l'abonné n'a plus besoin de réservoir et reçoit au moment voulu la quantité d'eau dont il a
besoin. Il paye suivant la quantité reçue, réellement enregistrée par le compteur.

C'est ce dernier système de livraison qui satisfait le mieux les populations des villes, maintenant que l'on construit des compteurs pratiques, donnant avec une exactitude suffisante le débit de l'eau livrée.

68. Prise d'eau sur la voie publique. — Les branchements de prise d'eau sur la voie publique sont à exécuter, au fur et à mesure des abonnements, vis-à-vis des diverses propriétés riveraines à desservir. On ne peut prévoir d'avance les points où les prises auront lieu ; par suite, il est impossible de préparer, lors du premier établissement, les tubulures nécessaires. Il faut donc pouvoir établir, en un point quelconque d'une conduite en fonte, un branchement capable d'alimenter la propriété à desservir. On fait ce branchement en perçant la paroi du tuyau en fonte, et joignant le tuyau de prise sur le trou percé, au moyen d'un collier en deux pièces, appelé collier à lunettes, représenté en coupe et en élévation par les deux croquis de la figure 101.

D'ordinaire, le collier vient presser sur la fonte un collet

(1)   (2)

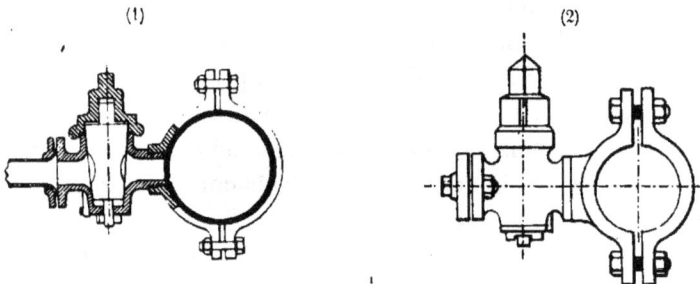

Fig. 101.

en plomb battu à l'extrémité du tuyau de prise, par l'intermédiaire d'un cuir gras, et la pression s'obtient par le serrage des boulons qui réunissent les brides des deux pièces. D'autres fois, le branchement commence par un robinet d'arrêt, vissé sur l'une des branches du collier, et le joint ainsi que son serrage se font de la même manière.

Il n'y a aucune difficulté à établir le branchement si on peut s'isoler de la canalisation par des robinets disposés convenablement pour arrêter l'eau pendant le travail. Mais, pour éviter toutes les interruptions de service, on dispose le travail de manière à pouvoir l'exécuter avec l'eau en charge, aussi facilement que si le service était interrompu.

La figure 102 représente l'appareil que l'on emploie maintenant dans ce cas d'une manière courante. Après le collier à lunettes est fixé le robinet d'arrêt; on met ce dernier en

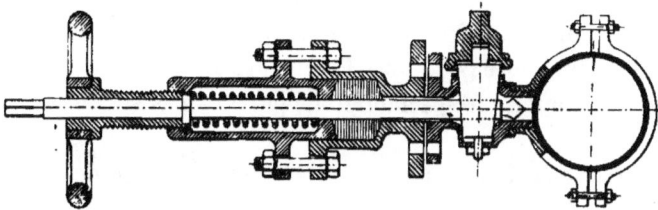

Fig. 102.

place sur le tuyau en fonte, avant de percer le joint bien exactement.

Cela fait, on ajuste sur la bride du robinet, dont la clé est maintenue ouverte, une sorte de machine à percer dont la coupe longitudinale est dessinée dans la figure. Le foret est monté sur une tige passant à travers un presse-étoupes, de telle sorte qu'en le tournant avec un cliquet ou une manivelle, et en le maintenant serré contre la fonte, on arrive à percer le métal sans qu'il puisse s'écouler une seule goutte d'eau. Une fois le trou percé, on rappelle le foret, on ferme la clé du robinet, on enlève la perceuse, et il ne reste plus qu'à la remplacer par le complément du tuyau de branchement. On voit que, par ce procédé, il est aussi commode de faire un branchement sur une conduite en charge que sur une conduite vide ordinaire.

69. Bouches à clé. — Robinets d'arrêt et de jauge. — Lorsque la conduite principale est en galerie, on

peut commander le robinet par une clé ordinaire à carré ;
mais, pour les abonnements, il faut pouvoir manœuvrer les
prises de la voie publique sans avoir à pénétrer dans les
égouts ou dans la propriété. On y arrive par le moyen des
bouches à clé. Sur la clé du robinet on met un chapeau
en fonte qui la coiffe, sans s'appuyer dessus, mais porte
sur le bord du boisseau. Ce chapeau se termine par un carré.
Au-dessus, on perce la voûte de la galerie et on y fait passer un tube vertical aboutissant à $0^m,30$ du sol, et au-dessus,
encore, on y met un tube en fonte à brides en bas et à bourrelet supérieur, portant une rondelle de fermeture attachée
par une chaînette (*fig.* 106). Les brides de cette pièce reposent
sur une fondation spéciale et ne portent pas sur le haut du
tube.

Lorsque le fontainier veut manœuvrer le robinet d'arrêt,

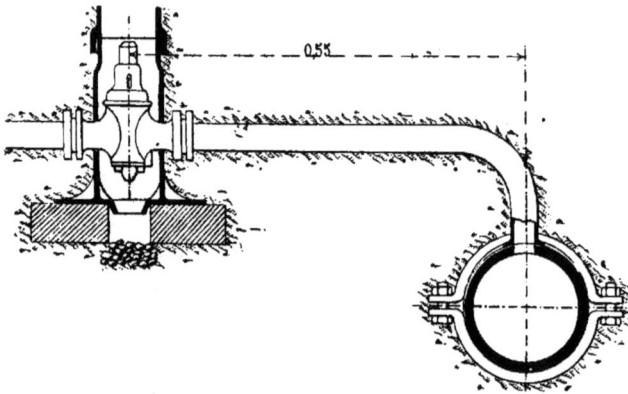

Fig. 103.

il ouvre la rondelle et passe dans le tube une clé à carré
longuement emmanchée et terminée en béquille ; le carré
vient porter sur le chapeau du robinet qu'il commande et,
en tournant la béquille, il tourne la clé. C'est ce que l'on
nomme une *bouche à clé.*

Lorsque la prise est faite dans le sol au moyen d'une tranchée, la disposition est légèrement différente. Le robinet

est posé sur une fondation et contenu dans une boîte en fonte que l'on nomme le *tabernacle*. Ce tabernacle se prolonge par le tube en fonte vertical dont il a été parlé. La figure 103 montre ainsi un robinet d'arrêt placé sous bouche à clé, avec la coupe verticale du tabernacle, dans le cas où l'on a jugé convenable de l'écarter du tuyau de la voie publique et d'interposer une certaine longueur de plomb. Cette circonstance se présente si l'on veut, quelle que soit la position de la conduite maîtresse, établir la bouche à clé au droit d'un trottoir ou d'un accotement. La figure 104 représente le cas où le robinet d'arrêt est branché directement sur le tuyau de la ville et est assemblé sans intermédiaire avec le collier à lunette.

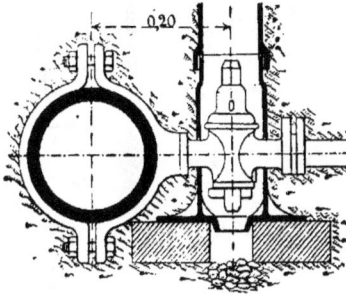

Fig. 104.

Pour que le robinet puisse être pris dans le tabernacle, il faut que celui-ci soit établi en deux pièces : l'une, inférieure,

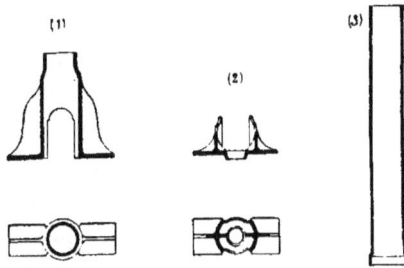

Fig. 105.

sert de sellette au robinet et a pour cela une forme convenable ; la seconde vient coiffer la première en s'y adaptant. La figure 105 représente, dans ses croquis (1) et (2), une variante de la disposition d'un tabernacle différant peu du

précédent. Le croquis (3) est le tuyau vertical qui surmonte ledit tabernacle.

Le haut du tube ver-
tical s'engage librement
dans le *chapeau* [(1) et (2)
de la figure 106], dernière
pièce de la bouche à clé,
qui se pose au niveau
du pavage ou du trottoir.
C'est un tube légèrement
conique terminé en bas

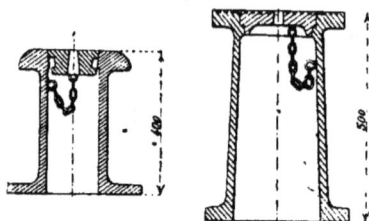

Fig. 106.

par une bride qui forme une fondation en s'appuyant sur le
terrain, et en haut par un bourrelet
à feuillure avec couvercle retenu
par une chaînette. La hauteur du
chapeau varie de 0^m,40 à 0^m,50 suivant les constructeurs.

L'ensemble d'un robinet d'arrêt
et de la bouche à clé de manœuvre,
ainsi que la manière dont le tout
est disposé dans une voie pavée,
est indiqué dans le croquis de la
figure 107.

La clé de manœuvre mobile pour
le service d'une bouche à clé est
nécessairement formée d'une longue
tige en fer, de la dimension nécessaire pour atteindre la tête du ro-

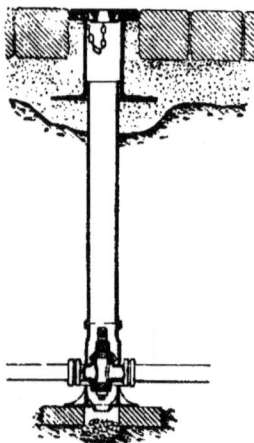

Fig. 107.

binet coiffée de son chapeau en fonte. Elle est terminée par
une douille présentant en creux le carré de la tête. En haut
elle porte un anneau, que l'on actionne soit à la main, soit
par l'intermédiaire d'une barre formant levier.

La figure 108 représente une de ces clés.

Lorsque la concession a lieu à la jauge, le robinet d'arrêt
doit se doubler d'un robinet de jauge. C'est un robinet dont
la clé, facilement amovible, est traversée diamétralement

PLOMBERIE.   11

par un passage rectangulaire, fermé, d'un bout, par une cloison trouée, ou garni de toile métallique, afin de
retenir les grossières ordures entraînées par
l'eau. Il est muni, de l'autre bout, d'un disque
mobile, ou lentille, percé d'un trou, calibré de
telle sorte qu'il laisse passer en vingt-quatre
heures d'écoulement continu le volume quo-
tidien de la concession. Cette lentille est ce
que l'on nomme *la jauge*.

Les deux robinets d'arrêt et de jauge sont souvent fondus ensemble, de telle sorte que leurs
deux boisseaux ne constituent qu'une seule et
même pièce, ainsi que le montre la figure 109.
La flèche indique le sens de l'écoulement. A est
le robinet d'arrêt, J le robinet de jauge. La clé du robinet
portant la jauge n'est nullement retenue inférieurement ;
elle peut s'enlever par un effort vertical de bas en haut ; la

Fig. 108.

tête porte une saillie carrée
qui s'engage dans une mortaise
de même forme, pratiquée
dans la douille de la clé de
manœuvre, et l'emmanche-
ment se fait à bayonnette. De
telle sorte que, si l'on veut
nettoyer la jauge ou changer
la lentille, rien n'est plus facile ;

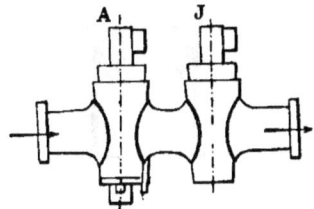

Fig. 109.

on opère depuis le sol de la voie publique.

On se sert à cet effet d'une bouche à clé ; seulement,
celle-ci a une section ovale dans toutes ses parties, afin de
correspondre aux deux robinets. La figure 110 représente la
coupe verticale de la bouche à clef, avec les trois parties
constitutives : 1° le tabernacle, ovale en plan, fait de deux
pièces superposées, qui contient et supporte les robinets sur
une fondation appropriée ; le fond présente un trou d'écoulement, pour le passage de l'eau qui peut suinter de l'appareil ; 2° au-dessus, le tube ovale qui traverse le terrain et

ménage l'accès pour la manœuvre; 3° enfin, le chapeau
muni de sa bride de repos et de sa fermeture horizontale supérieure, dans
laquelle sont percés deux orifices de
manœuvre, munis chacun d'un couvercle
mobile retenu par une chaînette.

Le chapeau est représenté à part en
coupe et en plan par les deux croquis de
la figure 111. Dans le plan on voit les
deux couvercles, avec l'orifice rectangulaire allongé qui sert à les saisir pour
en faire l'ouverture.

Enfin, l'ensemble d'une bouche à clé
avec ses parties constitutives, la coupe
des robinets, l'installation sous un trottoir
et la fondation inférieure sont représentés dans la figure 112.

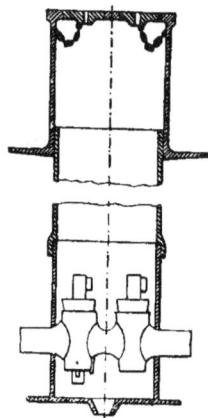

Fig. 110.

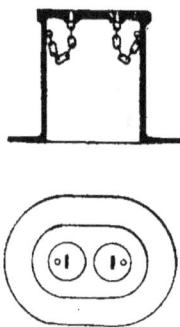

Fig. 111.

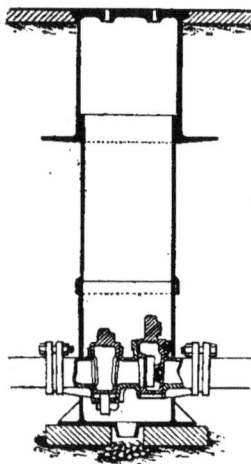

Fig. 112.

Lorsque le robinet de jauge est accessible par une galerie, on s'arrange de manière qu'en aucun cas il ne puisse être
manœuvré par l'abonné et que la Compagnie concessionnaire puisse seule le commander. On l'entrave au moyen

d'un moraillon arrêté par un piton, dans l'œil duquel on met un cadenas dont les agents de la Compagnie ont seuls la clef.

La figure 113 montre ce moyen de fermeture. L'eau se

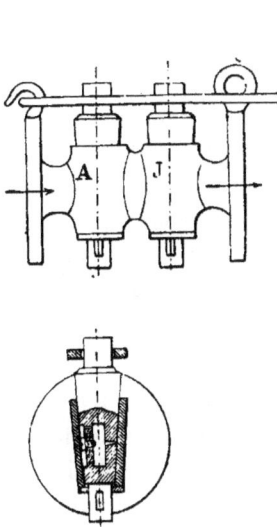

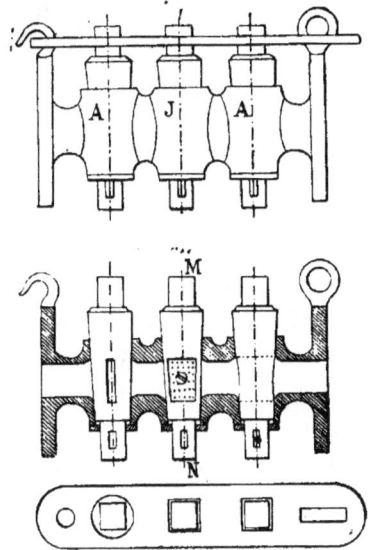

Fig. 113.   Fig. 114.

meut dans le sens des flèches ; le robinet d'arrêt se présente le premier. Le robinet de jauge le suit. Le croquis de la même figure dessiné en dessous donne la coupe verticale du robinet de jauge, montrant le tamis filtrant et le trou de la jauge. On voit également la coupe du moraillon qui entoure la clef carrée par un trou de même forme et ne permet la manœuvre que lorsqu'il est enlevé.

Dans bien des cas, on améliore encore le service en remplaçant l'appareil précédent par le robinet triple indiqué dans la figure 114. Dans cet appareil le robinet de jauge est placé entre deux robinets d'arrêt, dont l'un, le premier du côté de la conduite principale, est à la discrétion de la seule Compagnie, tandis que le second peut être manœuvré par l'abonné.

Le moraillon, par des trous carrés percés juste, entrave le robinet de la Compagnie et celui de jauge, tandis qu'un trou rond, correspondant au robinet de l'abonné, n'empêche nullement la manœuvre de ce troisième robinet.

La figure (1) montre l'ensemble de ce robinet triple, la figure (2) en donne la coupe longitudinale et, en dessous, on voit le plan du moraillon de commande.

70. Concessions au compteur. — Lorsque la concession est faite avec abonnement au compteur, le branchement de prise se poursuit après le robinet d'arrêt sous bouche à clé de la voie publique et entre dans la propriété à desservir, ordinairement par le sous-sol ; le branchement gagne un endroit convenable pour l'établissement du compteur ; un robinet d'arrêt, appartenant à l'abonné et placé près de l'entrée de la propriété, permet de barrer l'eau ; quand il est ouvert, celle-ci se rend à l'appareil compteur chargé d'en enregistrer le volume. Après le compteur, la conduite devient une véritable conduite de distribution ; elle se ramifie dans tous les locaux à alimenter, suivant les besoins et le gré de l'abonné.

Les compteurs d'eau peuvent être divisés en deux catégories distinctes, d'après le principe qui préside à leur construction :

Les compteurs de vitesse ;

Les compteurs de volume.

Le principe des compteurs de vitesse consiste à admettre l'eau dans une boîte par un orifice de forme déterminée, et à apprécier le débit d'après l'effet de la pression du liquide sur les ailettes d'une roue qui se met à tourner dès qu'il y a passage et transmet son mouvement à un compteur.

Le principe des compteurs de volume consiste à faire passer l'eau par un ou plusieurs cylindres et à compter les cylindrées qui se sont remplies. Ce dernier groupe est le plus exact et le plus employé.

Nous donnons plus loin des exemples de ces deux genres de compteurs.

71. Conditions d'emploi des compteurs à Paris. Poinçonnage. — A Paris, les compteurs sont à la charge des abonnés, qui ont la faculté de les acheter parmi les systèmes approuvés par la Préfecture, la Compagnie entendue [1].

Aucun compteur à eau, neuf ou réparé, ne peut être mis en service à Paris sans avoir été, au point de vue de son exactitude et de sa bonne confection, vérifié par les agents de l'Administration et revêtu par eux du poinçonnage municipal [2].

Ne sont admis au poinçonnage que les compteurs d'un système autorisé à titre définitif ou provisoire.

Les appareils pour être poinçonnés doivent résister et se maintenir étanches sous une pression intérieure de 15 atmosphères et fonctionner régulièrement d'une manière continue sous toute pression comprise entre 1 mètre et 7 atmosphères.

Les compteurs des différents débits doivent pouvoir fonctionner régulièrement avec les écoulements suivants :

Ceux d'un débit n'excédant pas :

3.000 litres d'eau avec 2 litres à l'heure			
5.000	—	3	—
10.000	—	4	—
20.000	—	6	—
30.000	—-	8	—
60.000	—	12	—
120.000	—	15	--

Par *débit d'un compteur*, il faut entendre la plus grande quantité d'eau que le compteur puisse fournir à l'heure, d'une manière régulière et permanente, sous une pression de 3 atmosphères.

---

[1] Arrêté préfectoral du 13 août 1880.
[2] Cet article et les suivants sont extraits de l'arrêté préfectoral du 15 octobre 1880.

Néanmoins, pour ces petits débits, et en général pour ceux inférieurs à 1 litre par minute, débits d'épreuve qui ne correspondent à aucun puisage usuel, il est accordé une tolérance en plus ou en moins de 20 0/0 jusqu'à un débit d'un demi-litre par minute, de 10 0/0 au dessus.

Tout puisage atteignant 1 litre par minute doit être enregistré à 8 0/0 près par les compteurs dont le débit ne dépasse pas 3.000 litres à l'heure, et cette différence ne peut être qu'en faveur de l'abonné, c'est-à-dire que le débit enregistré ne peut être inférieur que de 0,08 au débit réel, et ne doit en aucun cas lui être supérieur.

Les compteurs capables de débiter plus de 3.000 litres à l'heure ne sont tenus au même degré d'exactitude que pour les écoulements atteignant 2 0/0 de leur débit.

Lorsqu'il est constaté, soit que la tolérance est dépassée au détriment de la Ville, soit, au contraire, qu'il y a un écart au détriment de l'abonné, le compteur doit être immédiatement changé; mais, ni dans un cas ni dans l'autre, il n'y a lieu à répétition d'une des parties vis-à-vis de l'autre, chacune d'elles ayant à tout moment le droit de provoquer la vérification du compteur, et, par conséquent, ne pouvant s'en prendre qu'à sa négligence si elle a laissé se prolonger une erreur à son détriment.

Tout compteur enlevé pour réparation ne doit être remis en service qu'après avoir été ramené au zéro et soumis de nouveau à la vérification et au poinçonnage.

Les fabricants sont tenus de ne placer qu'à Paris les appareils soumis au poinçonnage de la Ville.

72. Compteurs à hélice ou à turbine, dits compteurs de vitesse. — Comme exemple des compteurs de vitesse, nous donnons ici la description de l'un d'eux, celui de M. Debiol représenté par la figure 115. L'appareil se compose d'une boîte en fonte parcourue par l'eau dans le sens, des flèches. L'eau, épurée par un panier-filtre qui retient les impuretés les plus grossières, arrive au-dessus d'une cloison

horizontale circulaire, percée en son pourtour d'une série
circulaire d'orifices inclinés, donnant à l'eau une direction
constante par rapport au plan diamétral passant par l'orifice.

L'eau ainsi dirigée vient frapper les ailettes inclinées en

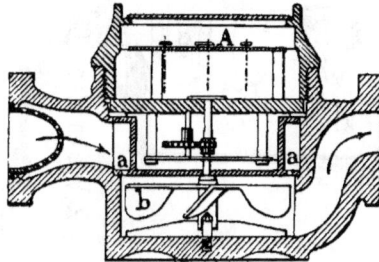

FIG. 115.

sens contraire d'une roue à palettes à axe vertical et lui
imprime un mouvement de rotation, en rapport avec le débit
de l'appareil.

Le mouvement de l'axe se transmet à un appareil d'horlogerie disposé en forme de compteur, indiquant sur une série
de cadrans les volumes d'eau débités.

Dans le fond de l'appareil se trouvent deux barrettes servant au réglage ; sur le côté de la boîte est branché un purgeur permettant de vider l'appareil en cas de gelée.

Ces compteurs de vitesse ont un fonctionnement plus
simple et sont de construction plus économique que les
compteurs de volume. Ceux-ci sont, par contre, plus exacts,
et l'indication qu'ils donnent comme mesurage ne peut donner lieu à aucun désaccord.

73. Compteurs de volume. Système Kennedy.
— Les compteurs de volume enregistrent le nombre des
cylindrées, d'une capacité absolument déterminée, qui ont
passé par l'appareil. Ils se composent tous, comme disposition générale, d'un ou plusieurs corps de pompe dans les-

3. Vue de face du mécanisme.
Coupe suivant g.h.

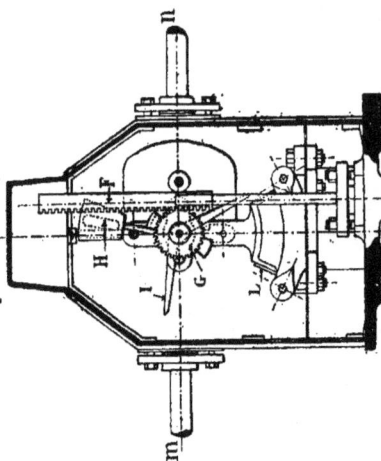

4. Vue en plan — Coupe s.^t m n

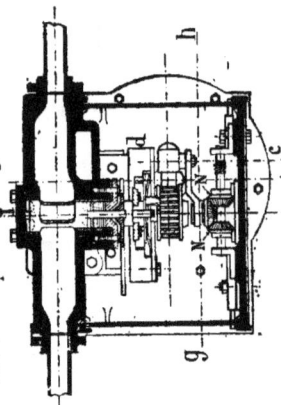

2. Coupe par l'axe de la clef
suivant c.d.e.f.

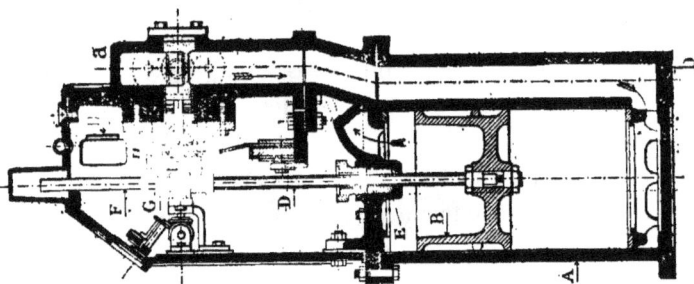

1. Coupe en travers la clef
suivant a.b.

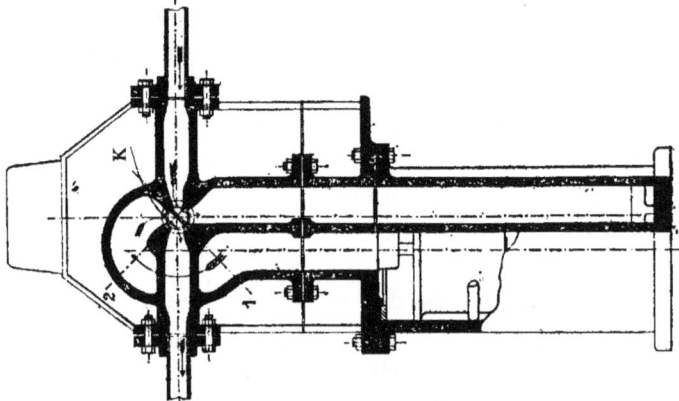

Fig. 116.

quels se meut un piston. L'eau arrivant emplit la capacité
cylindrique et pousse le piston ; quand ce dernier est arrivé
au bout de sa course, il revient sur lui-même et chasse l'eau
précédente dans la canalisation, pendant qu'une nouvelle
quantité arrivant sur l'autre face remplit la capacité du corps
de pompe pour s'écouler à son tour. C'est donc un véritable
mesurage du volume d'eau qui passe par l'appareil.

Les compteurs de volume peuvent se ranger en trois catégories :

1° La première comprend ceux qui n'ont qu'un seul corps
de pompe, et dont les types sont les compteurs Kennedy,
Frost-Tavenet, etc. ;

2° La seconde, ceux qui ont deux corps de pompe; les
compteurs Frager, Schreiber, Saurain, etc., sont basés sur
ce principe ;

3° Enfin, ceux qui possèdent plusieurs cylindres forment
la troisième catégorie et le type est le compteur Badois.

Nous allons successivement décrire les trois types Kennedy, Frager et Badois, dans l'ordre suivant lequel nous
venons de les énumérer.

Le premier est le compteur Kennedy, construit par la
Glenfield Company (limited) dans ses usines de Kilmarnock
(Écosse). On le nomme aussi compteur Kern, lorsqu'il comporte une légère modification de la forme extérieure. Il est
également construit à Paris par la *Compagnie pour la fabrication des compteurs et matériel d'usines à gaz.*

Le compteur Kennedy ou Kern est représenté dans les
quatre croquis de la figure 116. Il se compose de deux parties bien distinctes :

1° Le cylindre et son piston ;

2° Le mécanisme de distribution et d'enregistrement.

Le cylindre A forme la base de l'appareil : il est en fonte,
et garni intérieurement d'une chemise en cuivre et pourvu
d'un piston B en vulcanite, sur lequel est une bague en caoutchouc formant garniture. Au lieu du frottement de glissement des pistons ordinaires, on obtient ainsi un frottement

de roulement beaucoup plus doux, atténuant la perte de charge.

La tige D du piston, recouverte d'un fourreau en cuivre rouge, traverse la boîte à étoupes E du couvercle du cylindre et se termine par une crémaillère F actionnant un pignon G. Ce pignon est muni de deux cames qui, par suite de la marche ascendante et descendante du piston, soulèvent un contrepoids H.

Le contrepoids, ou marteau, après avoir dépassé la verticale, tombe successivement sur chacun des deux bras du levier I calé sur la clef du robinet à quatre eaux K, organe principal de la distribution, amenant ainsi alternativement l'eau en dessus ou en dessous du piston. Un butoir en caoutchouc amortit le choc du marteau.

Le croquis (1) de la figure donne la coupe en travers suivant *ab* de la clef ou robinet de distribution, véritable tiroir rotatif mettant les cylindres en communication alternativement avec l'arrivée d'eau et avec le départ ;

Le croquis (2) donne la coupe verticale par l'axe de la clé, suivant *cdef* ;

Le croquis (3) représente la vue de face du mécanisme suivant *gh* ;

Enfin, le croquis (4) donne comme plan une coupe horizontale suivant *mn*.

Tous ces croquis donnent une idée exacte du mécanisme ; ils montrent que, du côté opposé à la clé de distribution, l'arbre du pignon porte une petite roue d'angle engrenant à droite et à gauche avec deux roues à rochets N, qui commandent le mouvement d'horlogerie du compteur chargé d'enregistrer la consommation.

Dans la position du mécanisme indiqué par les croquis, l'eau arrive dans le sens des flèches, rencontre la clef qui lui ouvre un conduit allant au bas du corps de pompe, emplit celui-ci, et le piston monte.

Pendant ce temps, l'eau renfermée à la partie supérieure du cylindre s'échappe par un orifice percé dans le couvercle, va à la clé et trouve ouvert le chemin de l'échappement.

Le piston continuant à se mouvoir, il arrive un moment où le marteau dépasse la verticale. Son poids l'entraînant, il tombe, emmenant avec lui le levier correspondant de la clé du robinet et se trouve arrêté dans sa chute par le butoir; la clé ayant décrit un quart de tour, l'eau qui arrivait sous le piston et qui avait empli la cylindrée se trouve communiquer avec le départ, tandis que l'eau d'arrivée, en communication avec le corps de pompe au-dessus du piston, l'emplit de nouveau. — A chaque montée ou descente du piston, le robinet accomplit brusquement ainsi un quart de tour, et la cylindrée remplie se trouve chassée vers la distribution.

La charge perdue à faire marcher le compteur est au plus de 1 mètre d'eau.

Voici les dimensions et débits de ces compteurs; au moyen de cette table on peut trouver le débit pour une hauteur quelconque par une simple proportion, les volumes étant proportionnels aux racines carrées des hauteurs.

DIMENSIONS des COMPTEURS	DÉBITS EN LITRES PAR MINUTE SOUS UNE CHARGE DE :		DIMENSIONS des COMPTEURS	DÉBITS EN LITRES PAR SECONDE SOUS UNE CHARGE DE :	
	4 mètres	1 mètre		4 mètres	1 mètre
millimètres 7	litres 1.410	litres 555	millimètres 60	litres 29.400	litres 14.600
10	2.240	750	80	60.500	30.500
15	3.000	1.100	100	98.400	47.500
20	4.660	1.970	130	194.400	79.000
30	9.100	3.950	150	332.600	130.000
40	18.900	8.650	200	414.000	»

74. Compteur Frager. — Le compteur Frager, type des appareils à deux cylindres, est un des plus répandus

des compteurs à eau ; il est construit par MM. Michel et Cie
(Compagnie pour la fabrication des compteurs et matériels
d'usines à gaz). On l'a représenté en coupe verticale sur la
figure 117 (modèle de 1883).

Il comporte deux cylindres verticaux, placés côte à côte,
parcourus par des pistons P et P'. Au-dessus est une pièce D
présentant deux faces verticales dans lesquelles s'ouvrent

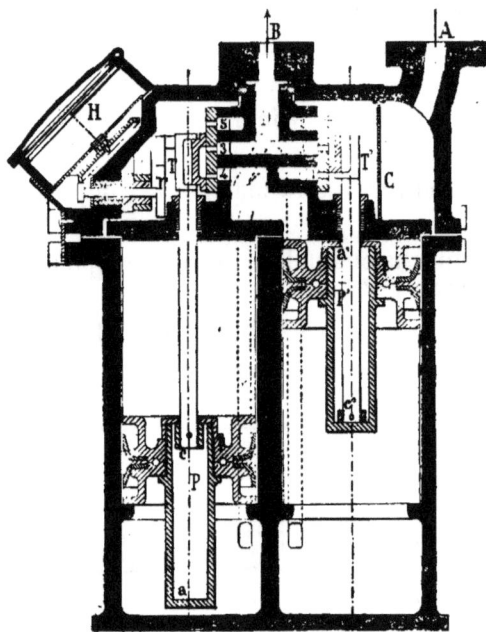

Fig. 117.

les orifices de distribution. Les tiroirs T et T' glissent sur
ces faces, sur lesquelles ils s'appliquent. Un couvercle
recouvre le tout ; il porte le compteur H et les orifices d'entrée A et de sortie B.

Voici comment fonctionne l'appareil : l'eau arrive par la
tubulure A, traverse une grille C, se répand dans la pièce
de distribution, passe dans les cylindres et s'échappe par la
sortie B. Examinons maintenant le jeu plus en détail :

chaque glace de tiroir, celle de droite par exemple, présente toujours un de ses orifices découverts, en ce moment l'orifice 1 ; l'eau y pénètre et trouve un chemin qui la mène sous le piston P, tandis que par l'orifice 2 le dessus est mis en relation avec la sortie par la coquille du tiroir. Le piston P va donc monter et laisser échapper la cylindrée d'eau qui le recouvrait ; mais, avant d'arriver en haut de sa course, le fond de son manchon rencontre l'extrémité de la tige du tiroir T, lui fait découvrir l'orifice 4 et couvrir 5. L'orifice 4 communiquant avec le dessus de P', tandis que 5 offre le dessous à la décharge, le piston P' va descendre entraînant, avant de s'arrêter à fond de course, le tiroir T qui découvre 2 en couvrant l'orifice 1.

La pression qui maintenait P en haut de sa course étant renversée, le piston P descend, renversant de même à la fin de son mouvement la pression qui retenait l'autre piston ; celui-ci monte à son tour, remplaçant P dans sa position initiale.

Les deux pistons montent donc et descendent alternativement et successivement, envoyant les unes après les autres dans la distribution les cylindrées d'eau qu'ils ont engendrées. Le mouvement se continue ainsi indéfiniment, en repassant par les phases qui viennent d'être énumérées.

L'enregistrement du volume débité se fait au moyen d'un cliquet monté sur le tiroir T ; chaque fois que celui-ci descend, ce cliquet actionne une dent du rochet r. Le mouvement de rotation est transmis au compteur H, qui accuse sur ses cadrans le débit correspondant au volume de quatre cylindrées.

Dans ce compteur, les pistons se composent chacun d'un manchon sur lequel se vissent deux disques qui serrent, sur une bague intermédiaire, deux rondelles en caoutchouc formant les garnitures.

Ce compteur, une fois installé, n'exige aucun graissage ; il n'absorbe pour fonctionner, lorsqu'il est en bon état, que la pression correspondant à 1 mètre de hauteur d'eau. Il permet donc l'arrosage à la lance et tous les usages de l'eau sans provoquer de gêne.

Ce compteur doit être installé sur le branchement de l'abonné, en un point à l'abri de la gelée. En dehors des bâtiments, on l'établit dans un regard; mais on préfère l'intérieur des constructions, où il est mieux abrité (dans les sous-sols par exemple). On l'y pose sur une planchette horizontale, montée sur des consoles scellées au mur.

Il suffit généralement de prendre le diamètre de la tubulure du compteur égal à celui de la canalisation sur laquelle on le pose. Néanmoins, sans s'occuper de cette canalisation, on peut dire que, pour la consommation ménagère, *le compteur de* 10 *millimètres* convient aux appartements; *le compteur de* 15 *millimètres*, aux petits hôtels particuliers, maisons de campagne avec petits jardins; *le compteur de* 20 *millimètres*, aux maisons à plusieurs étages; *le compteur de* 30 *millimètres*, aux maisons plus importantes.

Les calibres plus élevés sont généralement employés à des usages industriels, ascenseurs, monte-charges, alimentation mesurée des générateurs à vapeur, etc.

75. Compteur Badois. — Le compteur Badois a été étudié d'après les principes d'un compteur rotatif à deux cylindres horizontaux, dit compteur Samain, du nom de son inventeur. Les cylindres ici sont au nombre de quatre, disposés deux à deux suivant deux axes horizontaux se coupant à angle droit.

La figure 118 représente ce compteur en élévation et en plan.

L'eau arrive par la partie supérieure, dans une capacité fermée en bas par une glace de tiroir, percée de quatre orifices disposés en cercle, correspondant aux fonds des quatre cylindres, tandis qu'au centre une cinquième lumière correspond à la sortie de l'eau.

Un tiroir rotatif, tournant autour d'un axe vertical, découvre successivement les orifices par lesquels doit entrer l'eau, tandis qu'il met les autres, qui doivent évacuer le liquide, en rapport avec la sortie.

Les cylindres que l'on voit dans la coupe horizontale sont à simple effet. Les pistons sont munis d'une tige oscillante articulée sur le maneton excentré et coudé, faisant partie de

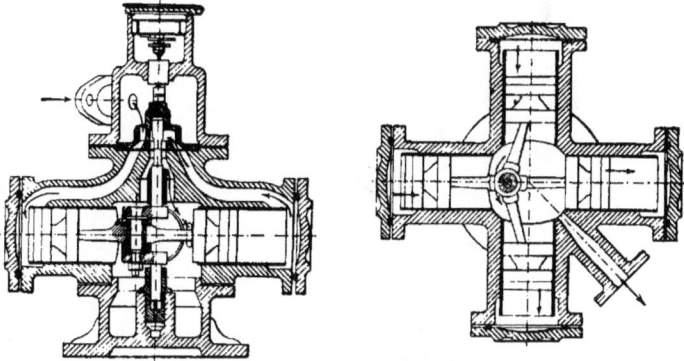

Fig. 118.

l'arbre vertical. De son côté, cet arbre est lié au tiroir rotatif, de telle sorte que les cylindres se trouvent actionnés successivement, s'emplissent et se vident d'une façon régulière. A chaque tour de l'arbre on a par conséquent débité quatre cylindrées.

L'arbre se prolonge au-delà du tiroir à la partie haute, et ce prolongement commande le mouvement d'horlogerie chargé de compter le débit et de l'accuser sur les cadrans.

L'action combinée des quatre cylindres rend le mouvement moins saccadé et plus silencieux ; la rotation de l'arbre coudé assure le complet remplissage des cylindrées, en même temps qu'elle adoucit les arrêts aux points morts. Ce compteur est particulièrement avantageux pour les fortes pressions d'eau.

76. Règlements, polices des concessions d'eau à Paris. — La concession de l'eau dans les villes se fait suivant des règlements locaux, au moyen de traités ou polices passés entre les Compagnies et l'abonné.

Comme exemple de ces règlements et polices, nous donnons les pièces relatives aux concessions parisiennes d'eau de source.

TITRE PREMIER

RÈGLEMENT CONCERNANT LA CONCESSION DES EAUX DE SOURCE DE LA VILLE DE PARIS

Objet du règlement

ARTICLE PREMIER. — Les concessions des eaux de source appartenant à la Ville de Paris sont assujetties aux engagements et conditions insérés dans le présent règlement.

§ 1er. — *Forme des engagements*

ART. 2. — *Engagements annuels*. — Les eaux sont concédées en vertu d'engagements spéciaux, toutes les fois que leur prise doit durer au moins une année.

Ces engagements partent des 1er janvier, 1er avril, 1er juillet, 1er octobre. Ils ne sont contractés que pour un an, mais ils continuent, comme les baux, par tacite reconduction.

ART. 3. — *Engagements temporaires*. — Les concessions d'eau temporaires sont faites à la demande des intéressés, moyennant déclaration de la durée probable et du montant approximatif de la concession.

§ 2. — *Emploi des eaux de source*

ART. 4. — *Destination*. — Les eaux de source doivent être exclusivement consacrées aux besoins du ménage.

Il est interdit de les affecter aux usages industriels, à l'arrosage des jardins, au lavage des cours, des écuries et remises.

Il n'est fait d'exception que pour les industries touchant à l'alimentation, telles que cafés, débits de vins, brasseries, restaurants, établissements de consommation, fabriques et commerces de produits alimentaires, d'eaux minérales, etc., dans lesquelles les eaux de source devront être employées, pour les usages exigeant ou une permanence ou une importance de pression qui ne pourrait être assurée par les conduites d'eau de rivière.

Les constructeurs futurs devront, à première réquisition par l'Administration, procéder à l'installation d'une conduite d'amenée destinée à l'alimentation en eau de rivière.

Art. 5. — *Substitution des eaux de rivière aux eaux de source.* — Les eaux de source peuvent être remplacées par les eaux de Seine et de Marne quand leur approvisionnement est devenu insuffisant ou que leur distribution est rendue impossible par suite d'un accident imprévu ou d'un empêchement majeur.

§ 3. — *Mode de livraison de l'eau*

Art. 6. — *Compteurs.* — L'eau sera prise, aussi bien pour les concessions temporaires que pour les concessions permanentes, par l'intermédiaire des compteurs.

Art. 7. — *Prise sur la canalisation publique.* — Chaque propriété particulière devra avoir un branchement avec prise particulière sur la conduite de la voie publique. Le concessionnaire ne pourra conduire tout ou partie de l'eau à laquelle il a droit dans une propriété lui appartenant, que dans le cas où celle-ci serait adjacente à la première et aurait avec elle une cour commune.

Tout orifice pratiqué sur une conduite publique pour desservir une concession d'eau de source donnera lieu à une redevance annuelle de 6 francs à payer par le titulaire de la concession.

En seront exemptés les immeubles jouissant de la réduction de tarif stipulée à l'article 15 ci-après.

Art. 8. — *Robinets d'arrêt.* — Le diamètre de chaque branchement à établir sur la conduite publique sera déterminé par l'Administration suivant l'importance présumée de la consommation.

A l'origine de chaque branchement, sera placé, sous la voie publique, un robinet d'arrêt en égout ou sous bouche à clé, suivant le cas. Tout ancien branchement qui n'en serait pas pourvu devra l'être aux frais du concessionnaire dès que l'absence de cet appareil aura été constatée.

Un second robinet devra être placé dans l'intérieur et à moins d'un mètre en amont du compteur. En outre, sur le tuyau de sor-

tie du compteur, on devra établir une douille à raccord du type
admis par l'Administration et un autre robinet d'arrêt, afin de permettre l'isolement de l'appareil et la vérification de son fonctionnement.

Les robinets d'arrêt intérieurs ne pourront être manœuvrés qu'au
moyen d'une clé d'un modèle différent de celui en usage au Service
municipal.

Art. 9. — *Travaux de premier établissement et d'entretien des
branchements.* — Tous les travaux d'embranchement sur la conduite publique seront exécutés et réparés aux frais du concessionnaire par les soins de la Compagnie générale des eaux, jusqu'au
compteur exclusivement.

Le concessionnaire est propriétaire de ces ouvrages dont la con-
servation et la responsabilité restent à sa charge.

Les réfections de pavage et de trottoirs seront exécutées par les
entrepreneurs de la voie publique, aux conditions de leur marché,
et les autres travaux seront l'objet d'adjudications restreintes en
plusieurs lots d'une durée de cinq ans au plus.

Les concessionnaires ne pourront s'opposer aux travaux d'entretien et de réparation des tuyaux et robinets établis pour le service de leurs engagements, lorsque l'Administration les aura re-
connus nécessaires.

Au-delà du compteur, les concessionnaires pourront faire exécuter les travaux de distribution intérieure par les ouvriers de leur
choix.

Art. 10. — *Établissement du branchement.* — Dans tous les
cas où la prise d'eau sera pratiquée sur une conduite posée sous
galerie, le tuyau alimentaire devra être placé dans le branchement d'égout desservant l'immeuble, ou y être reporté dès que
cet ouvrage aura été construit, et ce, aux frais du concessionnaire.

Ce tuyau devra, pour s'introduire dans la propriété, pénétrer
dans le mur pignon de l'égout particulier, ou, s'il y a impossibilité, être dévié latéralement sous le trottoir le long de la façade
de la propriété.

Dans ce cas, il sera contenu dans un fourreau étanche, en fonte
épaisse, incliné vers l'égout particulier, dans lequel il devra
déboucher librement. L'extrémité du fourreau, côté des maisons,
sera lutée au mur de face.

Dans les circonstances où le propriétaire est dispensé de faire
le branchement d'égout, la conduite d'amenée destinée à l'alimentation d'eau pourra être établie en tranchée; mais alors elle devra

être mise en fourreau dans les conditions ci-dessus indiquées.

Lorsque la prise d'eau devra se faire sur une conduite posée en terre, les propriétaires auront à désigner sur place le point de pénétration du branchement dans l'immeuble.

Le branchement une fois exécuté, les concessionnaires ne seront plus recevables à réclamer au sujet du point de pénétration.

Lorsqu'une conduite publique, primitivement établie en terre, sera mise en égout, la prise du concessionnaire devra être reportée sur la nouvelle conduite, à ses frais et d'office, s'il y a lieu, dans un délai de quinze jours, après l'avis donné par l'Administration.

Art. 11. — *Fourniture et pose de compteurs.* — Les compteurs sont à la charge des concessionnaires, qui ont la faculté de les choisir parmi les systèmes approuvés par l'Administration. Les compteurs ainsi choisis ne pourront être mis en service qu'après avoir été vérifiés et poinçonnés par l'Administration.

Ils devront toujours être maintenus en état de bon fonctionnement et seront soumis, quant à l'exactitude et à la régularité de leur marche, à toutes les vérifications que l'Administration jugera devoir prescrire.

Les compteurs appartenant aux concessionnaires pourront être posés par leur entrepreneur particulier. Le joint du branchement d'arrivée sera plombé par les soins de l'Administration. Le compteur devra être placé à l'origine de la canalisation intérieure de l'immeuble en un endroit non exposé à la gelée, ou dans l'égout particulier s'il est muré au droit de l'égout public. Il devra toujours être rendu accessible sans difficulté aux agents de l'Administration par l'intérieur de la propriété.

Il est formellement interdit au concessionnaire de faire aucune réparation aux compteurs et d'en changer la position en dehors de la présence d'un agent de la Compagnie ou de l'Administration.

Le diamètre des compteurs devra être en rapport avec l'importance de la consommation.

Art. 12. — *Compteurs en location.* — La Compagnie des eaux devra, sur la demande de tout titulaire d'une concession, soit lui fournir en location et entretenir les compteurs destinés à déterminer sa consommation d'eau, soit entretenir ceux de ces compteurs qui appartiendront au concessionnaire.

Mais, dans ce dernier cas, elle aura droit d'exiger que préalablement le compteur soit remis à neuf aux frais du concessionnaire et qu'il soit vérifié et repoinçonné par l'Administration.

Les prix annuels de location et d'entretien des compteurs seront fixés conformément au tarif ci-après :

DIAMÈTRE DES ORIFICES des COMPTEURS	PRIX DE LOCATION	PRIX D'ENTRETIEN	PRIX DE LOCATION et D'ENTRETIEN
millimètres	francs	francs	francs
10	7	7	14
15	9	9	18
20	12	10	22
30	15	15	30
40	22	20	42
60	35	30	65
80	40	35	80

Les prix ci-dessus seront réduits de moitié pour les compteurs de 10 ou 15 millimètres placés dans les maisons indiquées à l'article 15 ci-après.

Les compteurs pris en location pour des concessions temporaires donneront lieu, pour cette location et pour l'entretien, à une perception de 0 fr. 005 par jour et par millimètre de diamètre.

L'entretien ne comprend pas les frais de réparation motivés par la gelée ou par toute autre cause qui ne serait pas la conséquence de son usage. Ces frais sont à la charge du concessionnaire auquel incombe le soin de prendre les précautions nécessaires pour éviter les accidents dont il s'agit.

§ 4. — *Prix de l'eau*

ART. 13. — *Base du tarif des eaux de source.* — La quantité d'eau de source consommée sera payée à raison de trente-cinq centimes (0 fr. 35) par mètre cube d'après les indications du compteur.

Par exception, l'eau de source employée à faire mouvoir des engins mécaniques, au moyen de la pression qu'elle possède dans la canalisation publique, sera payée à part et à raison de soixante centimes (0 fr. 60) par mètre cube d'eau consommée, conformément aux indications d'un compteur par lequel elle devra passer isolément.

ART. 14. — Dans tout immeuble où les loyers matriciels des locaux habitables ne dépasseront pas 800 francs, le propriétaire pourra contracter pour la totalité desdits locaux un engagement d'eau de source dont le prix sera réglé à forfait ainsi qu'il suit :

6 francs pour les logements au-dessous de 300 francs ;
. 9   —   de 300 francs à 400 francs exclusivement ;
14   —   de 400 francs à 640 francs exclusivement ;
20   —   de 640 francs à 800 francs exclusivement.

Les locaux de commerce et ceux d'habitation ayant avec eux une communication intérieure ne seront pas compris dans l'évaluation des loyers et ne pourront jouir des engagements forfaitaires. Leur alimentation en eaux de source devra être entièrement distincte de celle des autres locaux, et leur consommation mesurée à part au moyen de compteurs, le tout conformément aux dispositions qui seront prescrites par l'Administration.

ART. 15. — Il sera accordé une réduction de prix de moitié sur le tarif énoncé à l'article 13, dans toutes les maisons dont la valeur matricielle ne dépassera pas 400 francs.

La même faveur sera étendue aux maisons d'un revenu supérieur à 400 francs et inférieur à 800 francs, mais à condition qu'elles aient plusieurs logements distincts dont un au moins en location.

ART. 16. — Les dispositions des deux articles précédents ne seront applicables qu'aux consommations ne dépassant pas 20 mètres cubes par an et par chaque personne habitant les immeubles y désignés. Les excédents seront payés à raison de 0 fr. 33 le mètre cube.

Le nombre d'habitants qui servira à calculer la partie de la consommation bénéficiant desdits articles sera fixé avant la signature de la police par l'Administration municipale, la Compagnie et les intéressés entendus.

Le nombre d'habitants ainsi arrêté ne pourra être changé ultérieurement que sur la demande de l'une des parties et par suite de modifications survenues dans les constructions de l'immeuble ou dans l'emploi des locaux qu'il renferme. Ce changement n'aura pas d'effet pendant l'année de l'engagement en cours, mais seulement à partir de son renouvellement.

§ 5. — *Époque des paiements*

Art. 17. — *Eau et droit de prise.* — La consommation sera relevée sur les compteurs quatre fois par an, à des intervalles aussi réguliers que possible, et son paiement sera exigible dans un délai de quinze jours après chacune des constatations.

Au cas où il y aurait impossibilité de reconnaître la quantité d'eau consommée par suite de non-enregistrement du compteur ou de toute autre cause, la consommation sera calculée sur la moyenne de la dépense journalière pendant la période correspondante de l'année précédente et, à son défaut, sur la moyenne de la dépense journalière pendant l'année en cours.

Les engagements forfaitaires contractés en vertu de l'article 14 seront payés, d'avance et par moitié, au commencement de chaque semestre.

Le montant des fournitures d'eau temporaires est exigible d'avance, eu égard à la durée de la fourniture et à la quantité demandées.

En cas d'excédent de consommation, le paiement en sera effectué immédiatement; il en sera de même en cas de prolongation à la durée de la fourniture.

Le montant du droit de prise sur la canalisation sera payé au commencement de chaque année.

Art. 18. — *Travaux et location de compteurs.* — Dès que les travaux d'embranchement ou d'entretien auront été terminés, le décompte en sera dressé; puis, après acceptation des entrepreneurs, il sera notifié aux intéressés, qui devront en effectuer le paiement dans le mois qui suivra.

Les prix de location et d'entretien des compteurs se paieront, d'avance et par moitié, au commencement de chaque semestre.

Pour les concessions temporaires, ces prix seront payés en même temps que l'eau concédée.

Art. 19. — *Sanction.* — Pour les engagements nouveaux, l'eau ne sera livrée que quand le montant des travaux de premier établissement, à la charge de l'intéressé, aura été soldé.

A défaut de paiement régulier et dans les délais indiqués, soit pour les travaux d'entretien, soit pour les fournitures d'eau, le service des eaux pourra être suspendu, sans préjudice des poursuites qui pourront être exercées contre les débiteurs retardataires.

§ 6. — *Résiliations et mutations*

Art. 20. — *Cas de résiliation.* — Après l'expiration de la première année, chacune des parties peut renoncer à la continuation de l'engagement à la fin d'un trimestre, en avertissant l'autre à la fin du trimestre précédent. Si le concessionnaire renonce au service de l'eau avant l'expiration de l'engagement, le prix de l'engagement n'en est pas moins exigible jusqu'au terme où il expire. En cas d'arrêt du service d'eau, par suite du défaut de paiement, l'engagement est résilié à dater de la fermeture du branchement.

Art. 21. — *Mutation de propriété.* — L'engagement n'est pas résilié par le décès du concessionnaire ; il se poursuit avec les héritiers.

En cas de vente de l'immeuble desservi, l'engagement est résilié, mais le concessionnaire reste garant du prix de l'eau fournie après la mutation, pendant un délai de six mois après cette mutation, s'il n'a pas prévenu au préalable la Compagnie, sauf son recours contre son successeur qui aura joui des eaux.

Art. 22. — *Conséquences de la résiliation.* — En cas de mutation, les ouvrages de prise d'eau sont transférés au successeur, par le simple effet de la substitution de l'engagement.

Lorsqu'il y a congé ou résiliation emportant cessation du service de l'eau, le branchement est immédiatement détaché de la conduite publique, et l'orifice de prise d'eau est fermé avec une plaque pleine.

Cette opération est faite aux frais du concessionnaire qui peut, d'ailleurs, demander l'enlèvement du tuyau de branchement et autres agrès posés sous la voie publique dans le cas où il en aurait la propriété.

Les matériaux provenant de la dépose lui seront remis, à la charge par lui de payer les frais de ce travail, ainsi que ceux des fouilles et raccordements.

Dans le cas où la résiliation aurait pour cause le défaut de paiement des sommes dues par le concessionnaire, celui-ci sera tenu, jusqu'à ce qu'il soit complètement libéré, de laisser le branchement à sa place. La Ville aura le droit de s'en servir pour mettre l'eau à la disposition d'un nouveau concessionnaire et d'exiger de celui-ci, en échange, les sommes dues par l'ancien concessionnaire, jusqu'à concurrence de la valeur totale dudit branchement.

§ 7. — *Conditions générales*

Art. 23. — *Irresponsabilité de la Ville.* — Les variations de pression, la présence d'air dans les conduites publiques, les arrêts d'eau momentanés, prévus ou imprévus, ne pourront ouvrir en faveur des concessionnaires aucun droit à indemnité ni à aucun recours contre la Ville de Paris, notamment en ce qui concerne l'usage de l'eau pour la marche des engins mécaniques. Il est formellement stipulé que les concessionnaires devront prendre à leurs risques et périls toutes dispositions nécessaires pour éviter les accidents qui résulteraient des faits indiqués ci-dessus, et supporteront sans réclamations les inconvénients qui en seraient la conséquence.

Il en sera de même pour les interruptions de service résultant soit des gelées, des sécheresses et des réparations de conduites, aqueducs et réservoirs, soit du chômage des machines ou de toute autre cause analogue, ainsi que de la substitution temporaire des eaux de Marne et de Seine à l'eau de source.

Toutefois les concessionnaires auront le droit de signaler ces faits au Bureau des eaux de leur arrondissement dont la situation sera indiquée dans la police, et d'y inscrire leur réclamation sur un registre déposé à cet effet.

Art. 24. — *Responsabilité des concessionnaires.* — Les propriétaires étant libres de disposer leur canalisation intérieure et les appareils desservis par l'eau de la Ville dans les conditions et avec les matériaux qu'ils jugeront convenables sont exclusivement responsables envers les tiers de tous les dommages auxquels l'établissement, l'existence et le fonctionnement de leurs conduites ou appareils pourront donner lieu.

Ils auront également à leur charge les consommations qui proviendraient des fuites, visibles ou non, ayant pris naissance sur la canalisation intérieure.

Art. 25. — *Frais de timbre et d'enregistrement.* — Les frais de timbre et d'enregistrement des polices sont supportés par le concessionnaire.

§ 8. — *Mesures d'ordre et de police*

Art. 26. — *Clés.* — Il est interdit aux concessionnaires de faire usage des clés de robinets du modèle de celles de l'Administration ou même de les conserver en dépôt.

Art. 27. — *Surveillance et inspection.* — Le concessionnaire ne pourra rien changer aux dispositions primitivement arrêtées au moment de sa mise en jouissance, à moins d'en avoir préalablement obtenu l'autorisation.

Il ne pourra non plus s'opposer à la visite, au relevé et à la vérification des compteurs.

La distribution d'eau dans l'intérieur des propriétés particulières et dans les appartements sera constamment soumise à l'inspection des agents de la Compagnie et de l'Administration.

Art. 28. — *Interdiction de mise en communication de deux natures d'eau.* — Toute communication entre les canalisations intérieures d'eaux de nature différente est formellement interdite. Si les agents de l'Administration constatent qu'il en a été établi, par infraction à cette clause, le service d'eau de rivière sera suspendu d'office jusqu'à ce que la communication ait été supprimée par les soins du concessionnaire, sans préjudice des poursuites auxquelles l'infraction pourra donner lieu.

Art. 29. — *Interdiction de céder les eaux.* — Il est formellement interdit aux concessionnaires de laisser embrancher sur leurs conduites aucune prise d'eau au profit d'un tiers.

Les eaux de la ville de Paris étant des eaux publiques, inaliénables et imprescriptibles, ne pouvant faire l'objet d'aucun commerce, ne sont concédées aux propriétaires qu'à la condition d'en user seulement pour leur usage personnel et celui de leurs locataires : il leur est donc bien interdit d'en disposer ni gratuitement ni à prix d'argent, en faveur de tout autre particulier ou intermédiaire. Il leur est également interdit d'imposer, sous aucun prétexte, à leurs locataires, pour la fourniture de l'eau, une redevance supérieure à celle qu'ils ont eux-mêmes à payer.

Art. 30. — *Interdiction de rémunérer les agents.* — Il est défendu de rémunérer ou de gratifier, sous quelque prétexte et sous quelque dénomination que ce puisse être, aucun agent attaché à la distribution.

Art. 31. — *Sanction.* — Toute infraction aux mesures d'ordre et de police qui précèdent sera constatée par des agents assermentés qui en dresseront procès-verbal. Elle fera ensuite l'objet de poursuites devant les tribunaux compétents. Indépendamment de l'amende encourue, pour contravention aux règlements, les concessionnaires pourront être condamnés à payer à la Ville, à titre de dommages-intérêts, une somme qui est fixée par avance à 300 francs.

§ 9. — *Mesures transitoires et diverses*

ART. 32. — *Délai d'application du présent règlement.* — Les dispositions du présent règlement sont appliquées:

1° A tous les engagements nouveaux d'eau de source qui seront contractés après la date de sa publication;

2° Et successivement à tous les engagements existants, qui devront être renouvelés après congé donné dans les délais permis et fixé par les polices.

ART. 33. — *Établissements publics.* — Le présent règlement est applicable dans toutes ses parties aux établissements publics dépendant des administrations du département de la Seine et de la Ville de Paris et à ceux de l'État, en tant qu'il n'y aura pas été formellement dérogé par des conventions spéciales passées à cet effet.

ART. 34. — *Abrogation des règlements.* — Les règlements antérieurs sur la délivrance des eaux sont abrogés, par la mise en exécution du présent règlement, dans toutes les dispositions qui lui sont contraires.

TABLEAU INDIQUANT LA CONSOMMATION MOYENNE JOURNALIÈRE QU'IL EST PRUDENT DE NE PAS EXCÉDER POUR ASSURER A UN COMPTEUR EN GÉNÉRAL UNE LONGUE DURÉE DE BON FONCTIONNEMENT SANS RÉPARATION.

CALIBRES	POUR CONSOMMATION JOURNALIÈRE			CALIBRES	POUR CONSOMMATION JOURNALIÈRE		
		litres	litres			litres	litres
0m,010	de	500	à 800	0m,040	de	12.000	à 30.000
0 015	de	800	à 1.500	0 060	de	30.000	à 80.000
0 020	de	1.500	à 4.000	0 80	de	80.000	à 200.000
0 030	de	4.000	à 12.000	0 100	de	200.000	à 500.000

TITRE II

POLICE DE CONCESSION D'EAU DE SOURCE
POUR LES USAGES DOMESTIQUES OU ASSIMILÉS

VILLE DE PARIS

DISTRIBUTION DES EAUX

Service des Concessions
d'eau de source pour les
usages domestiques.

ARRONDISSEMENT

rue   , n°

quartier _____

M.

PRIX DU MÈTRE CUBE D'EAU CONSOMMÉE
0 fr. 35

_____

NOMBRE DE PRISES
SUR LA CONDUITE PUBLIQUE
REDEVANCE ANNUELLE

~~~~~~~~~~~~

POLICE
{ N°.....
{ Date ....
{ Entrée en jouissance :...

PRÉDÉCESSEUR
{ N°.....
{ M.....

COMPTEUR
{ N°.....
{ Diamètre.....
{ Système.....
{ En.....
{ A l'entretien d.....

M.   demeurant à
lequel élit domicile dans les lieux à desservir,
demande à la *Compagnie générale des Eaux*,
agissant au nom et comme *Régisseur de la Ville
de Paris*, dans l'immeuble dont il est
                        , rue   , n°   ,
une concession d'eau de source qu'il déclare de-
voir être exclusivement employée aux usages
domestiques ou autres définis à l'article 4 du
règlement, et à l'exception de tout emploi comme
moteur.

Les quantités d'eau consommée seront enre-
gistrées par un compteur et seront payées à raison de 0 fr. 35 le mètre cube.

La consommation faite entre la date de la mise
en service et celle de l'entrée en jouissance sera
comprise dans la première quittance trimestrielle
à établir.

La consommation sera relevée au compteur
quatre fois par an à des intervalles aussi réguliers que possible, et le paiement en sera exigible dans un délai de quinze jours après chacune des constatations.

M.   paiera chaque année et d'avance
une redevance de   francs pour
prise pratiquée sur la conduite publique et desservant la présente concession.

Le compteur sera du diamètre de
Il sera la propriété de

Le concessionnaire paiera pour   de cet
appareil la somme annuelle de   d'avance
et par moitié au commencement de chaque semestre.

BUREAU DE RÉCLAMATIONS

. . . .

Art. 25 du règlement. — Les frais de timbre et d'enregistrement sont supportés par le Concessionnaire.

M.   adhère au règlement sur les concessions d'eau de source en date du 8 août 1894, dont il déclare avoir pris connaissance et posséder un exemplaire.

Fait double à Paris le...

Le Concessionnaire,   *Le Directeur de la Compagnie,*

CANALISATION. — RÉSERVOIRS D'EAU

SOMMAIRE :

CHAPITRE IV

CANALISATION. — RÉSERVOIRS D'EAU

---

77. Des canalisations en général. — De la prise d'eau, obtenue par l'un des moyens précédemment indiqués, il y a lieu de mener l'eau, soit aux bâtiments qu'elle doit alimenter, soit à des réservoirs placés à portée de ces bâtiments. Il y a donc une première canalisation à établir sous les voies de la propriété, ou sous des galeries reliant les différents corps de construction.

Dans l'un et l'autre cas, il y a à se rendre compte des distances à parcourir, des chemins les plus favorables et du débit maximum dont on peut avoir besoin; ce sont les éléments du programme à établir. Pour les débits qui ne demandent qu'un très faible diamètre, $0^m,015$ à $0^m,030$, on pourra employer le plomb, qui n'a que l'inconvénient de coûter cher. On l'emploiera également, même pour des diamètres plus gros, lorsque le sol est peu stable et susceptible de mouvements. Mais, hors ces cas, si l'on considère qu'un tuyau de $0^m,020$ en plomb de 6 millimètres d'épaisseur revient sensiblement au même prix qu'un tuyau de $0^m,050$ en fonte, c'est ce dernier métal que l'on préférera. Si le sol est stable, on emploie les tuyaux à emboîtement, qui présentent l'avantage d'un matage ultérieur pour étancher une fuite, et donnent lieu à de rares réparations. Si les alignements sont sinueux, on adoptera le joint Doré. Si le sol est sujet à variations, on prendra les tuyaux à rondelles en caoutchouc (Petit, Lavril ou Gibault).

Les tuyaux en fonte sont surtout avantageux lorsque les canalisations se composent de grands alignements droits. Si le tracé est très irrégulier et comporte beaucoup de raccords et de pièces spéciales, le prix augmente au mètre de longueur et l'avantage diminue.

Dans l'étude d'une canalisation, il faut toujours se réserver la possibilité de vider *complètement* les conduites, soit pour prévoir une réparation, soit comme précaution contre la gelée pendant les arrêts prolongés. On met pour cela des regards maçonnés aux points bas pour y manœuvrer des robinets de purge et on se ménage, aux points hauts, la possibilité d'ouvrir des rentrées d'air, afin que le vidage puisse avoir lieu. On étudie les pentes de manière à laisser le moins possible de sommets et de points bas et, par suite, à réduire le nombre des regards.

La canalisation dans le sol doit être établie à profondeur suffisante pour éviter les gelées : sous le climat de Paris, il faut que cette profondeur soit de 1 mètre environ.

En tête d'une canalisation, il faut toujours mettre un robinet d'arrêt d'une manœuvre commode, et lorsque la longueur des tuyaux est importante, il est bon, au point de vue des réparations, de la sectionner par d'autres robinets permettant d'obturer partiellement la conduite. De cette manière on facilite les recherches de fuites et les réparations.

La canalisation principale s'établira en prenant comme principe, soit de parcourir par le chemin le plus court les distances entre la prise et les bâtiments à desservir, soit de suivre un trajet où plus tard on puisse avoir besoin de faire des prises. Dans tous les cas, on ne quitte pas les voies sur lesquelles les réparations seront toujours plus commodes.

Les branchements que l'on devra faire pour alimenter chaque bâtiment peuvent être construits en fonte jusqu'auprès du mur de la façade par laquelle on arrive. On fait un per-

cement pour y pénétrer par le sous-sol, à l'abri des atteintes
de la gelée et on y fait passer une conduite en plomb qui
continue le branchement et se prête mieux aux coudes et aux
parcours tortueux. Dès qu'on le peut, on établit un robinet
d'arrêt qui permet d'isoler ce branchement de la canalisation générale, en cas de réparations à faire sur celle-ci.

La conduite va d'ordinaire au réservoir placé à la partie
haute de la construction. Il est convenable de faire dans
le sous-sol tous les trajets nécessaires pour amener l'eau
verticalement au-dessous du réservoir, et de desservir celui-ci
par une colonne montante verticale. On évite ainsi tout
parcours horizontal dans les étages, ce qui est un principe
absolu dans les travaux de plomberie.

Comme pour les parcours extérieurs, la canalisation des
caves doit avoir ses pentes bien réglées, et porter les robinets de purge nécessaires pour pouvoir être vidée. Les
tuyaux ne doivent jamais être scellés dans les murs, et les
traversées des maçonneries doivent se faire au moyen de
fourreaux de diamètres suffisants pour qu'ils puissent passer
librement. Ces fourreaux se font soit en poterie, soit en métal ;
presque toujours on prend la fonte ou le fer. Il en est de
même pour les planchers traversés par les colonnes montantes. Ici le fourreau est en fer ; sa hauteur est égale à
l'épaisseur du plancher augmentée de $0^m,70$ à $0^m,80$. Il monte
en effet à $0^m,70$ ou $0^m,80$ au-dessus du sol de ce plancher,
afin de protéger les tuyaux de plomb des chocs extérieurs.

Lorsque les colonnes montantes passent dans des espaces
susceptibles de geler l'hiver, il faut les munir à la partie
basse, dans le sous-sol, d'un robinet d'arrêt et d'un purgeur, afin de pouvoir les vider le soir, dès que leur service
est terminé.

Quand les réservoirs sont inutiles et que les conduites
ont à se ramifier pour desservir directement les locaux et les
appareils de consommation d'eau, les mêmes principes sont
à suivre : c'est-à-dire que tous les parcours horizontaux
doivent se faire dans les caves, afin de n'avoir dans les

étages que des colonnes montantes, que l'on traite comme
il vient d'être dit, en réservant pour chacune d'elles la possibilité d'être isolée et purgée.

Dans le choix des parcours en sous-sol il faut éviter autant
que possible les divisions des locaux qui devront plus tard
être fermés à clé et ne passer que dans les couloirs et portions de locaux qui seront maintenus constamment accessibles. Dans tous les cas, c'est dans ces dernières parties des
caves que devront être placés les robinets.

On trouve même avantage, dans nombre de cas, pour
simplifier le service des robinets en même temps que pour
les soustraire à des manœuvres étrangères inopportunes, de
réunir dans une même chambre du sous-sol ou des caves
tous les départs des branchements, au moyen d'une nourrice
analogue à celles qui ont été figurées au n° 22. Chacun des
branchements comporte alors un robinet d'arrêt et un purgeur, ainsi qu'une étiquette indiquant le service auquel il
correspond. Il y a dépense plus grande de tuyauterie de
plomb, puisque chaque branchement comporte, outre la
colonne montante, un parcours horizontal, et que les mêmes
parcours horizontaux sont souvent suivis par plusieurs branchements à la fois; mais il y a en compensation une grande
commodité dans le service, une grande facilité de réparation
et souvent économie d'entretien.

78. Rôles des réservoirs. — Les sources d'eau qui
ont été énumérées plus haut sont plus ou moins régulières.
Lorsque le débit est assuré en tous temps et en abondance
suffisante pour suffire aux moments de dépense maximum,
on peut envoyer l'eau dans les canalisations directement,
sans avoir à constituer une réserve. C'est le cas de certains
puits artésiens fournissant de l'eau à pression suffisante.
C'est aussi le cas de la fourniture de l'eau au compteur,
dans les villes dont la distribution est suffisamment bien
établie pour que l'on n'ait pas à redouter des interruptions
un peu longues de service.

Les propriétés desservies n'ont alors nul besoin de réservoir pour l'usage courant. Malgré cela, dans de nombreux immeubles, il est prudent de constituer une réserve d'eau disponible pour le cas d'incendie, assez élevée pour donner une chasse convenable.

Lorsque l'eau vient d'une concession à la jauge, elle n'arrive dans la propriété que d'une façon insuffisante pour la plus grande dépense, et il est nécessaire de la recueillir dans un réservoir qui servira d'accumulateur et permettra de fortes dépenses à certains moments.

Si l'on ne doit desservir que des habitations, la capacité du réservoir doit être telle qu'il contienne la fourniture de quelques jours seulement. Si l'on doit utiliser l'eau pour des arrosages dans une propriété étendue, il faut prévoir des périodes de pluie de vingt à vingt-cinq jours, et pouvoir emmagasiner dans les réservoirs la fourniture correspondant à ce laps de temps et qui sans cela serait perdue.

Dans chaque cas particulier, il faut se rendre compte des irrégularités possibles soit de la fourniture, soit de la dépense, et en déduire les meilleures conditions d'établissement et de fonctionnement des réservoirs.

79. Choix de l'emplacement des réservoirs. — Les réservoirs peuvent être disposés dans les bâtiments ou à l'extérieur. Dans les deux cas la question principale est celle de l'altitude ; il faut les placer assez haut au-dessus du point le plus élevé à desservir pour obtenir la charge nécessaire à l'écoulement, afin qu'il n'y ait pas d'interruption dans le service. On cherche à leur donner une grande section horizontale et une faible hauteur, afin que le service soit peu influencé par les variations de niveau. Si l'on n'a pas de bâtiment à sa disposition, on élève le réservoir sur une tour en maçonnerie ou sur un beffroi en charpente de hauteur convenable. Si l'on peut disposer d'une portion de bâtiment, on évite une grande partie de la dépense. On se sert alors de deux murs rapprochés, parallèles ou adjacents,

pour leur faire porter un plancher sur lequel on installe le
réservoir.

Les murs de cages d'escalier conviennent très bien dans
la plupart des cas pour cet usage; on les prolonge jusque
dans le comble à la hauteur nécessaire.

Quand on peut choisir entre plusieurs emplacements également convenables par eux-mêmes, on adopte celui qui
permet de réduire la canalisation de distribution à de simples
colonnes verticales, en supprimant les conduites horizontales dans les étages du bâtiment.

Quelquefois on trouve avantageux de surélever exprès un
étage ou une portion d'étage d'un édifice, pour se procurer
un emplacement convenable pour un réservoir. On a même
installé des réservoirs au-dessus de certaines usines, ces
réservoirs tenant lieu de couverture pour ces constructions.

La question de cube vient en second lieu ; elle dépend de
la dépense journalière, de l'irrégularité de cette dépense aux
différentes heures de la journée et de la quantité d'eau que
peut débiter le tuyau d'amenée. En combinant ces trois éléments, on peut se rendre compte des diverses circonstances
de la dépense et obtenir la plus grande régularité possible
dans la distribution.

**80. Principes de la distribution de l'eau dans une
propriété.** — Lorsque l'on veut distribuer de l'eau dans
une propriété, il faut d'abord dresser un programme bien
précis de toutes les circonstances spéciales et de tous les
besoins à desservir ; en se rendant compte des moyens dont
on dispose, de la qualité et de la quantité d'eau, de sa pression, etc., on arrive à combiner une organisation permettant
de tirer de ce dont on dispose tout le parti possible. On va
pouvoir s'en rendre compte par un exemple.

Soit à desservir une propriété représentée par la figure 119:
l'immeuble se compose d'une maison près de la voie publique
et d'un grand jardin allant toujours en s'élevant de niveau,
sur la droite, jusqu'à monter d'environ 25 mètres ; l'eau doit

servir tant pour les besoins de la maison que pour l'arro- .
sage et on peut obtenir sur la conduite de la ville une concession jaugée. Comment organisera-t-on la distribution ?

Il faut se rendre compte de la consommation journalière
moyenne. Au moyen d'une estimation facile à faire, on
trouve que la dépense sera d'environ 2.000 litres par jour.
Comme la jauge ne donne pas assez d'eau par seconde, il
faut un réservoir. Et, si l'on se rend compte qu'il peut y
avoir des périodes de pluie de vingt à vingt-cinq jours, si
l'on ne veut pas perdre l'eau à laquelle on a droit, on trouve
qu'il faut établir un réservoir de 50 mètres cubes.

On s'assure du niveau auquel l'eau peut monter dans la

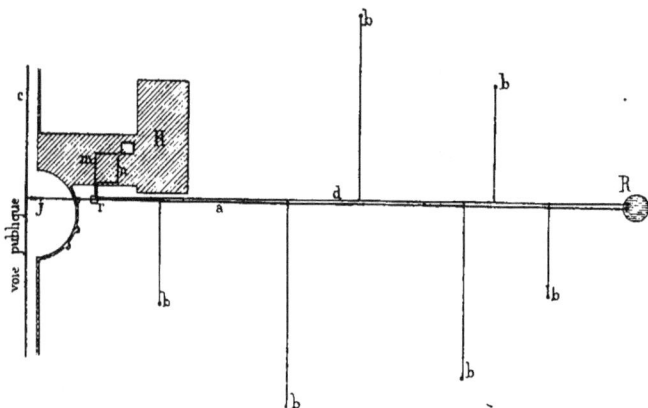

Fig. 119.

conduite de la ville et on cherche un emplacement convenable pour le réservoir dans un des points les plus élevés R
du terrain.

Le réservoir étant construit suivant les indications qui
seront données plus loin, il s'agit de l'alimenter. On le fait
au moyen d'une prise sur la canalisation de la voie publique
et d'une conduite aussi directe que possible aboutissant au
réservoir.

Si la conduite est de faible longueur et présente des
sinuosités accentuées et de nombreux coudes, on la fait en

plomb. Si la conduite est longue avec des alignements droits
importants, on a plus d'avantage à l'exécuter en fonte. Pour
le même prix, au lieu du diamètre de 0^m,027, on aura un
diamètre de 0^m,050 à 0^m,060.

La prise sur la rue aura ses robinets et sa jauge sous
bouche à clé. L'entrée de la conduite *a* dans la propriété
(*fig.* 119 et 120) doit être munie d'un robinet d'arrêt *f*. Ce
robinet sera placé dans un regard maçonné *r* assez profond
pour être à l'abri de la gelée, et surmonté d'un tampon assez
grand pour qu'on puisse y descendre.

On s'arrangera pour que la conduite aille toujours en
montant jusqu'au réser-
voir, et on l'établira au
moins à 1 mètre du sol
dans une tranchée dont le
fond aura une pente continue. Pour pouvoir vider
complètement la conduite,
l'hiver, on établira dans
le regard *r*, immédiate-
ment après le robinet
d'arrêt, un purgeur *p*

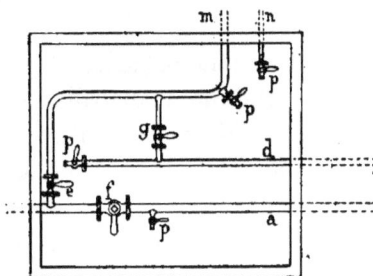

Fig. 120.

(*fig.* 120). Le fond du regard *r* doit être disposé pour donner
écoulement à toutes les eaux de purge.

Du réservoir R doit partir une conduite de distribution *d*,
chargée de répartir l'eau dans toute la propriété et aussi de
l'amener au réservoir de la maison. On peut avantageusement
se servir de tout ou partie de la même tranchée pour les deux
conduites d'arrivée et de distribution. La conduite principale
de distribution suivra donc un chemin analogue à celui de la
conduite d'amenée. La pente sera établie toujours dans le
même sens et en descendant; on aura soin de la faire
aboutir au regard *r*, où elle sera terminée par un purgeur.

Quant aux branchements qui alimenteront les bouches
d'arrosage et les robinets de prise, on les fera aboutir à leur
destination, en leur donnant une pente unique ascendante.

De la sorte, elles se purgeront dans la conduite maîtresse.

Le branchement qui doit alimenter le réservoir de la maison doit être *piqué* sur la conduite *d* et muni d'un robinet d'arrêt facilement accessible. On se sert encore pour cela du même regard *r* et on y fait aboutir la conduite *m* de la maison; le robinet d'arrêt se met en *g*, puis on place un purgeur *p* permettant de vider la conduite si, l'hiver, la maison est inoccupée.

La conduite *m* doit également être branchée sur la conduite d'arrivée *a*, en avant du robinet *f*, de telle sorte que, si la maison est habitée l'hiver, on puisse alimenter directement son réservoir d'étage sans avoir à mettre de l'eau dans les conduites ou dans le réservoir du jardin. Le robinet d'arrêt *e* commande ce branchement.

Du réservoir de la maison, établi comme on le verra pour les réservoirs intérieurs, part une conduite de distribution *n* pouvant desservir toutes les prises où l'on a besoin d'eau. On a soin que cette conduite aille toujours en descendant, sans aucune sinuosité verticale, et vienne aboutir dans le regard *r*, où elle se termine en son point le plus bas par un robinet purgeur *p*.

On voit que, par cette disposition des conduites, on prévoit tous les cas possibles. On peut vider toutes les conduites simultanément ou isolément; on peut comme service d'hiver ne conserver que la maison, ou l'isoler si elle est inhabitée, et cela sans avoir à y entrer, rien que par la manœuvre intelligemment faite de tous les robinets réunis dans le regard *r*.

Il est bon, pour la facilité des manœuvres, de munir chaque tuyau et chaque robinet d'une étiquette inaltérable, permettant de se rendre compte de la destination de la conduite et de l'opportunité de telle ou telle manœuvre.

81. Cuvettes de distribution. — Lorsqu'un grand établissement est alimenté au moyen de pompes mues par des moteurs mécaniques, on régularise la pression dans les conduites amenant l'eau aux divers bâtiments en la recueillant d'abord dans une cuvette de distribution, de capacité res-

treinte, élevée à hauteur convenable sur un beffroi en charpente ou en maçonnerie.

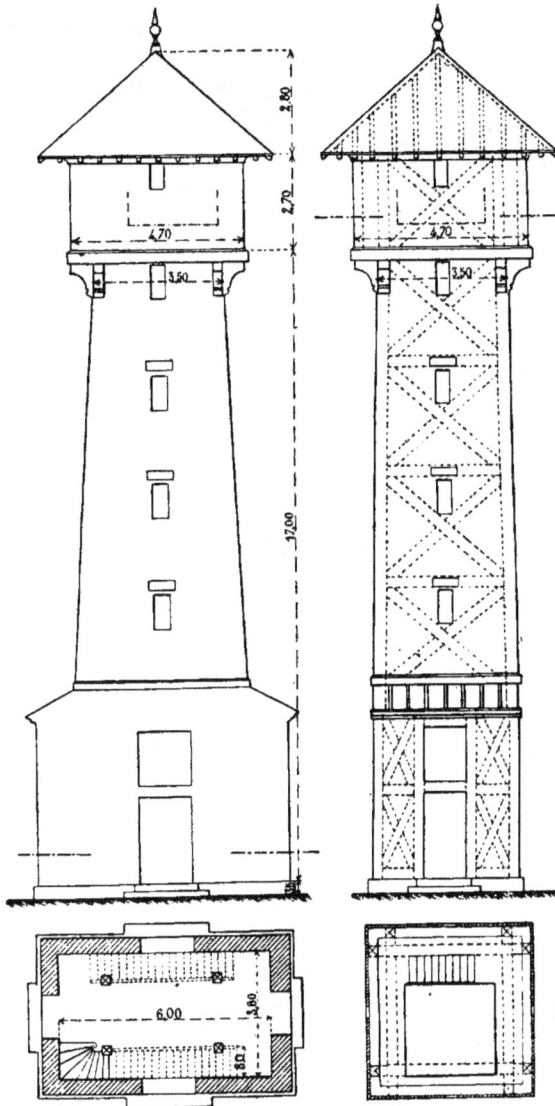

Fig. 121.

La figure 121 représente un de ces beffrois contenant un

réservoir ou cuvette de distribution, ainsi monté au sommet
d'un pylone en charpente.

De la cuvette part un tuyau de distribution qui mène l'eau
aux divers corps de bâtiments. Il faut que la hauteur soit
telle que la charge détermine l'écoulement jusqu'au réservoir
le plus éloigné.

De la cuvette part également un tuyau de trop-plein venant
se déverser à côté de la salle des machines d'une façon bien
visible, de telle sorte que le plein de la cuvette soit nette-
ment accusé, ainsi que l'arrêt de toute distribution d'eau
dans l'établissement.

82. Réservoirs en zinc. — Lorsque la propriété est
de petite importance et qu'un
simple robinet à rez-de-chaussée suffit au service, on peut
économiquement employer un
réservoir en zinc, placé soit
dans une cour, soit, mieux,
dans un local moins exposé au
froid, si le service doit fonctionner toute l'année.

Les réservoirs en zinc sont
installés comme le montre la
figure 122. Ils sont cylindriques,
verticaux, et ont leur fond plat.
On les monte sur un mur circulaire en briques, qui les élève
convenablement, et ils reposent
sur un panneau en bois barré
par dessous qui constitue pour
leur fond un soutien solide.

Le numéro du zinc employé
dépend du diamètre et de la hauteur du réservoir. Il est
toujours avantageux de forcer cette épaisseur et d'employer
les nᵒˢ 14 ou 16.

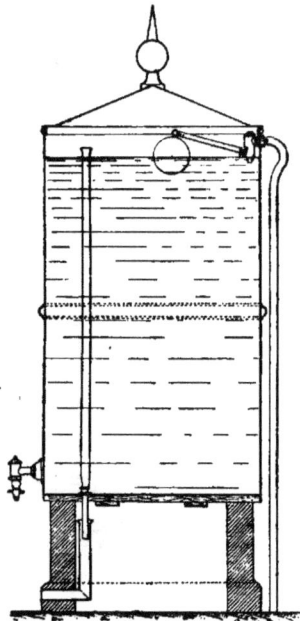

FIG. 122.

Les feuilles sont enroulées pour former des viroles horizontales et on soigne les soudures verticales.

Les différentes viroles se soudent par un léger emboîtement, et on consolide la soudure de jonction par des couvre-
joints moulurés qui font l'office de cercles ; le haut et le bas
sont souvent armés de cercles en fer galvanisé, qui raidissent
l'ouvrage et augmentent la résistance. Pour les diamètres
un peu plus grands on multiplie ces cercles et on les répartit
convenablement dans la hauteur du réservoir. Le fond présente une pince relevée et soudée sur la virole du bas.

Il est bon de fermer ces réservoirs à la partie haute par
un couvercle, qui empêche les poussières de polluer l'eau,
et en même temps préserve cette dernière des végétations
dues à la lumière. Pour plus de solidité, on fait ce couvercle de forme conique et on le rend mobile, afin de permettre la surveillance et les nettoyages.

L'eau arrive par un tuyau extérieur et se déverse par l'intermédiaire d'un robinet flotteur réglé de manière que
le niveau se maintienne à $0^m,10$ en contre-bas du bord
supérieur.

Pour les cas où le flotteur fonctionnerait mal, on établit un
trop-plein d'un diamètre suffisant pour écouler tout le débit
de l'arrivée ; le trop-plein traverse le fond et s'engage librement dans un tuyau coudé faisant partie du soubassement et
débouchant au dehors. Le robinet de puisage est soudé à $0^m,10$
au-dessus du fond, de manière que l'écoulement se fasse sans
remuer les dépôts qui peuvent s'accumuler à la partie basse.
Enfin, pour le nettoyage, on munit le fond d'une bonde. On
a avantage à souder le tube de trop-plein sur une bonde
creuse, de telle sorte que l'on n'ait qu'à soulever ce trop-
plein pour ouvrir la bonde et vider l'appareil. On fait ainsi
des réservoirs en zinc de 2 mètres de hauteur, et jusqu'à
$1^m,50$ et même 2 mètres de diamètre.

**83. Réservoirs rectangulaires ou ronds, à fond
plat, en tôle.** — On remplace avantageusement, au point

de vue de la durée, les réservoirs en zinc par des réservoirs
en tôle de fer, soit tôle noire, soit tôle galvanisée.

On les fait ronds ou rectangulaires : ronds, ils résistent
mieux à la pression de l'eau ; rectangulaires, ils utilisent
mieux la place.

Les croquis (1) et (2) de la figure 123 représentent deux
réservoirs en tôle de petites dimensions (1 mètre à 1ᵐ,50 de
côté ou de diamètre, sur 2 mètres de hauteur).

Les tôles employées ont environ 3 millimètres d'épaisseur,
elles forment deux viroles ou étages superposés. Le fond est
assemblé aux parois verticales au moyen d'une cornière et
de rivets ; les joints verticaux sont obtenus en superposant

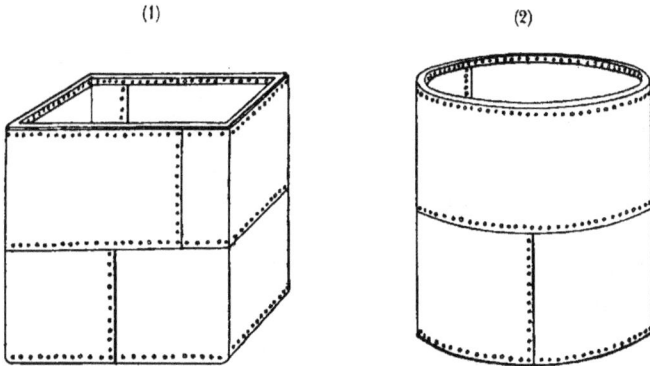

Fɪɢ. 123.

les tôles et les rivant. Il en est de même des joints horizontaux de deux viroles, il y a un emboîtement de 0ᵐ,05 à 0ᵐ,06
et une rivure continue. Enfin, le bord supérieur est renforcé
par une cornière, dont la branche horizontale est libre, et la
branche verticale rivée aux parois du réservoir. Toutes les
tôles sont chanfreinées et matées ; la rivure se fait à chaud
et les rivets sont suffisamment serrés pour ne pas laisser
passer l'eau ; on interpose souvent du papier gras ou acide
entre les tôles pour augmenter encore l'étanchéité.

Lorsque les réservoirs sont établis en tôle noire, on les préserve de la rouille par la peinture. On peut employer la

peinture à l'huile, deux couches de minium et une ou deux
couches de teinte. Il est plus économique d'employer le goudron. On l'étend avec un peu de pétrole et on l'emploie à
chaud ; on le rend siccatif par l'addition d'un dixième de
son poids de chaux vive ou de ciment en poudre. Une seule
couche suffit la plupart du temps; seulement on ne fait cette
peinture qu'une fois le réservoir établi dans son emplacement
définitif.

Les réservoirs en tôle galvanisée sont plus longs à s'oxyder
que les réservoirs en tôle
noire ; mais, lorsque la
rouille se forme, elle se produit en plus grande abon-
dance, et, si l'on n'avise, le
réservoir est plus rapidement hors de service ; le re-
mède est alors la peinture.
Certaines eaux oxydent plus
rapidement les tôles galva-
nisées que d'autres; aussi la
tôle noire est-elle presque
toujours plus avantageuse.

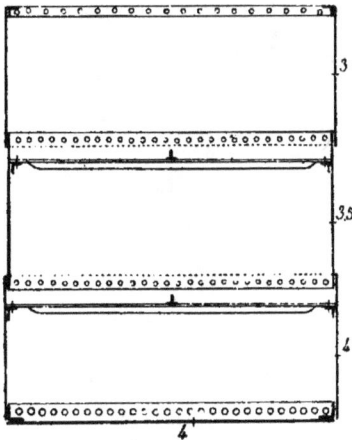

Fig. 124.

Lorsque les dimensions
augmentent, les réservoirs
rectangulaires en plan ne sont possibles que si on empêche
les parois de se bomber sous la pression de l'eau, au moyen
d'armatures. Ce sont des tirants intérieurs qui retiennent
une paroi en la rattachant à la paroi parallèle opposée.

La figure 124 montre un réservoir rectangulaire ainsi armé :
le long des parois en tôle on établit par rivure des cornières
horizontales, de plus en plus rapprochées à mesure que l'on
s'approche du fond et que la pression de l'eau devient plus
forte ; on met des cornières identiques sur la paroi opposée,
on les fixe aux mêmes hauteurs et on les réunit de distance
en distance, tous les mètres, par exemple, au moyen de
barres de fer formant entretoises.

On fait de même pour les deux parois perpendiculaires.

La figure 125 donne trois modes d'entretoises différents : en (1), l'entretoise est un fer à double **T** ; et l'assemblage en bout se fait par cornières rivées ; on emploie des fers de 0^m,08 ou 0^m,10 de hauteur, à ailes ordinaires ou larges. L'entretoise est rigide et peut porter une charge.

En (2), l'entretoise est un fer à simple **T** ; la branche verticale qui donne du raide est supprimée aux extrémités et la branche horizontale se rive à la cornière, soit directement, soit par l'intermédiaire d'un gousset en tôle.

En (3), l'entretoise est un fer rond, coudé aux extrémités, et entrant dans des trous ménagés dans la cornière du réservoir. Ce dernier mode convient pour les réservoirs des plus faibles dimensions.

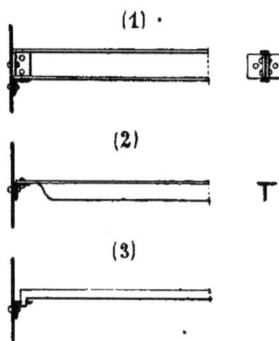

Fig. 125.

Les angles verticaux sont faits par des arrondis en tôle dans les petits réservoirs ; dans les plus grands, on les construit en rivant les parois verticales sur des cornières d'angle, qui donnent un assemblage très solide, en même temps qu'elles raidissent les parois verticales.

Lorsque l'emplacement le permet, on remplace avantageusement ces réservoirs rectangulaires par des réservoirs cylindriques à section circulaire et à fond plat. Le réservoir ne tend plus à se déformer et il devient inutile de le traverser par les entretoises dont il vient d'être question.

D'après M. Carpentier, voici un tableau des dimensions courantes et poids approximatifs de réservoirs, soit cylindriques, soit rectangulaires, pour des capacités variant de 100 à 100.000 litres.

POIDS APPROXIMATIFS DES RÉSERVOIRS EN TÔLE

RÉSERVOIRS CYLINDRIQUES						RÉSERVOIRS RECTANGULAIRES						
CONTENANCE en litres	DIMENSIONS		ÉPAISSEURS des tôles		POIDS APPROXIMATIF	CONTENANCE en litres	DIMENSIONS			ÉPAISSEURS moyennes des tôles		POIDS APPROXIMATIF avec armatures intérieures
	Diamètres	Hauteurs	Côtés	Fonds			Longueurs	Largeurs	Hauteurs	Côtés	Fonds	
litres	m.	m.	mm.	mm.	kilog.	litres	m.	m.	m.	mm.	mm.	kilog.
100	0,40	0,80	3	3	45	80	0,40	0,40	0,50	3	3	40
150	0,50	0,80	3	3	50	100	0,60	0,35	0,50	3	3	50
200	0,50	1 »	3	3	60	150	0,75	0,40	0,50	3	3	65
250	0,57	1 »	3	3	70	200	0,80	0,50	0,50	3	3	75
300	0,62	1 »	3	3	80	250	0,80	0,50	0,65	3	3	85
500	0,80	1 »	3	3	105	500	1 »	0,50	1 »	3	3	135
700	0,94	1 »	3	3	125	750	1,50	0,50	1 »	3	3	160
1.000	1,03	1,20	3	3	165	1.000	1 »	1 »	1 »	3	3	200
1.500	1,22	1,30	3	4	220	1.500	1,50	1 »	1 »	3	4	250
2.000	1,43	2 »	3	4	320	2.000	2 »	1 »	1 »	3	4	370
3.000	1,39	2 »	3	4	380	3.000	2 »	1,50	1 »	3	4	455
4.000	1,56	2.10	4	4	510	4.000	2 »	2 »	1 »	4	4	635
5.000	1,75	2,10	4	5	600	5.000	2,50	2 »	1 »	4	4	700
6.000	1,87	2,10	4	5	650	6.000	2,50	2 »	1,20	4	5	820
7.000	2,02	2,20	4	5	740	7.000	3 »	1,95	1,20	4	5	975
8.000	2,12	2,30	4	5	800	8.000	3,10	2 »	1,30	5	5	1.200
9.000	2,24	2,30	5	5	960	9.000	3,50	2 »	1,30	5	5	1.285
10.000	2,36	2,30	5	5	1.060	10.000	3,85	2 »	1,30	5	5	1.390
12.000	2,30	2,95	5	5	1.290	12.000	3,30	2,90	1,30	5	5	1.440
15.000	2,55	2,95	5	5	1.450	15.000	4,10	2,90	1,30	5	5	1.680
20.000	2,53	3,90	5	5	1.770	20.000	4,60	2,90	1,50	5	5	2.700

POIDS APPROXIMATIFS DES RÉSERVOIRS EN TÔLE (*suite*)

RÉSERVOIRS CYLINDRIQUES					RÉSERVOIRS RECTANGULAIRES						
CONTENANCE en litres	DIMENSIONS		ÉPAISSEURS des tôles		POIDS APPROXIMATIF	CONTENANCE en litres	DIMENSIONS			ÉPAISSEURS moyennes des tôles		POIDS APPROXIMATIF avec armatures intérieures
	Diamètres	Hauteurs	Côtés	Fonds			Longueurs	Largeurs	Hauteurs	Côtés	Fonds	
litres	m.	m.	mm.	mm.	kilog.	litres	m.	m.	m.	mm.	mm.	kilog.
25.000	2,86	3,90	5	5	2.050	25.000	4,30	2,90	2 »	5	5	2.900
30.000	2,90	4,55	5	5	2.380	30.000	5,50	2,90	2 »	5	6	3.400
35.000	2,90	5,30	5	6	2.700	35.000	6 »	2,90	2 »	5	6	3.850
40.000	3,60	4 »	5	6	2.800	40.000	4 »	2,50	4 »	5	6	4.250
45.000	3,60	4,45	5	6	3.030	45.000	4,60	2,50	4 »	5	6	4.550
50.000	4 »	4 »	5	6	3.200	50.000	4,60	2,80	4 »	6	6	5.100
60.000	4,40	4 »	6	6	3.900	60.000	4,35	2,80	5 »	6	7	6.000
75.000	4,40	5 »	6	6	4.400	75.000	5 »	3 »	5 »	6	7	7.240
80.000	4,50	5 »	6	6	4.900	80.000	5,30	3 »	5 »	6	7	7.700
100.000	5,10	5 »	6	7	6.000	100.000	5 »	5 »	4 »	7	8	9.000

Jusqu'à 35.000 litres, ces dimensions permettent l'envoi
des réservoirs tout montés par chemins de fer. Au-dessus de
cette contenance, les tôles sont préparées d'avance et doivent
être rivées sur place.

Le tableau ci-dessus permet de faire pour une installation
projetée une première évaluation, quitte, après l'étude du
dessin du réservoir spécial qui répond au programme, à faire
une étude précise, un métré exact et à en déduire le poids
définitif.

Quant au prix des 100 kilogrammes, il varie de 75 franc s
pour les petits réservoirs à 50 francs pour les grands. La
galvanisation augmente le prix des 100 kilogrammes de 16 à
17 francs.

Les réservoirs à fond plat demandent à être portés sur une plate-forme horizontale continue ou, tout au moins, sur des fers de niveau, espacés de 0^m,35 à 0^m,50 d'axe en axe; avec cet écartement, les tôles de fond peuvent porter des hauteurs d'eau de 3 à 4 mètres, sans fléchir entre les points de support, pour peu que l'épaisseur de la tôle soit de 5 à 7 millimètres.

Les fers qui supportent les réservoirs sont des fers à planchers, à double **T**, ordinairement placés sur deux murs parallèles; on rapproche les murs de telle sorte que les extrémités des fers soient en porte-à-faux, et que ce porte-à-faux soit environ le quart de l'intervalle des parements intérieurs des murs. De cette façon, le fer est aussi faible que possible, et sa fatigue est la même au dedans et au dehors.

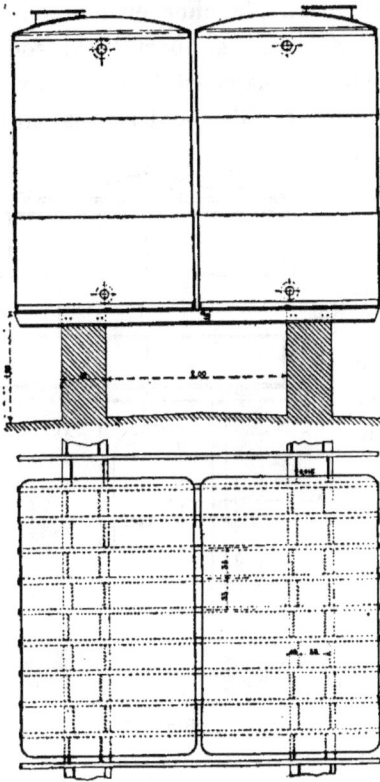

Fig. 126.

La figure 126 représente un plancher de ce genre portant deux réservoirs rectangulaires, placés côte à côte et élevés de 1^m,20 au-dessus du sol, au moyen de deux murs parallèles.

La même disposition peut s'appliquer à un réservoir cylindrique vertical à fond plat, que l'on veut élever d'une quantité plus ou moins grande au-dessus du sol.

La figure 127 représente l'installation, à 4^m,30 au-dessus du sol, d'un réservoir cylindrique de 5 mètres de diamètre. Deux murs de 0^m,45 d'épaisseur, parallèles, espacés de 2^m,96 entre parements, soutiennent un plancher en fer dont les plus longues solives ont 5^m,20. Ainsi supportées, les solives sont réduites de section ; le porte-à-faux est de 0^m,72, environ le quart de la largeur intérieure. Elles sont reliées par des boulons à quatre écrous, qui maintiennent leur écartement ; leur scellement dans la maçonnerie haute des murs s'oppose au déversement.

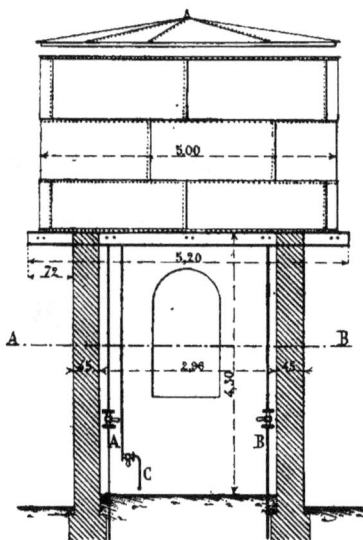

Fig. 127.

Les deux murs de soutien sont reliés ici par deux murs transversaux, dans l'un desquels est percée une fenêtre, et dans l'autre une porte. Il en résulte une chambre fermée qui s'oppose au refroidissement en hiver du fond du réservoir, et qui peut même recevoir un appareil de chauffage. Dans cette chambre on fait passer toute la tuyauterie, c'est-à-dire le tuyau d'alimentation A et le tuyau de distribution B. Ces deux tuyaux s'enfoncent dans le sol de la chambre même, pour ne sortir du bâtiment qu'à une profondeur assez grande pour ne pas geler, soit 1 mètre dans notre climat de Paris.

La chambre contient encore le tuyau C de trop-plein et de vidange réunis, qui a son écoulement à l'extérieur au niveau du sol, ce qui permet de se rendre compte d'un débord résultant du complet emplissage. De cette façon, aucun de ces tuyaux ne risque de geler.

La figure 128 montre une coupe horizontale de cette

chambre suivant le plan AB ; on y voit la place du bâtiment avec ses baies. Par dessus est figurée la disposition du solivage ; enfin, le réservoir y est indiqué par un cercle ponctué qui limite la projection en plan de ses parois verticales.

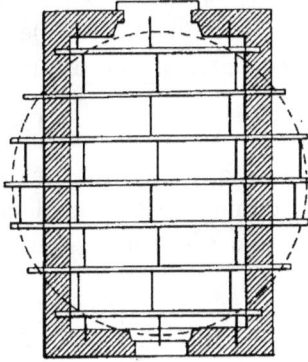

Toutes les fois qu'on le peut, on laisse libre les intervalles des solives de soutien. Cela permet de surveiller facilement les tôles, de préciser le point exact d'une fuite, et en même temps de faire commodément une réparation immédiate.

FIG. 128.

Lorsqu'on doit hourder le plancher, ou poser le réservoir sur le sol à rez-de-chaussée, on trouve avantageux de l'établir sur de la chaux grasse éteinte délayée en pâte épaisse. Le réservoir se moule sur le mortier qui préserve le métal du contact de l'air et dont l'alcalinité conserve longtemps la tôle.

84. Appareils accessoires d'un réservoir. — Un réservoir doit toujours être muni d'un certain nombre d'appareils qui assurent la continuité de son fonctionnement, sans qu'on ait à exercer autre chose qu'une surveillance générale.

Il doit s'emplir automatiquement ; à cet effet la colonne montante d'alimentation se termine par un *robinet flotteur* se fermant dès que le niveau arrive en haut, et s'ouvrant de lui-même si le niveau s'abaisse.

Si le robinet flotteur ne se fermait pas, ce qui peut arriver lorsque la boule prend accidentellement une mauvaise position sans pouvoir se relever, ou si, par suite d'usure, elle s'emplit d'eau et cesse son rôle de flotteur, le réservoir déjà plein continuerait à recevoir l'eau et ne tarderait pas à déborder. On s'oppose à ce débord au moyen d'un *trop-plein*. C'est un tube vertical à large section, capable d'écouler sans pression toute l'eau que débite, avec la pression d'arrivée, le robinet d'alimentation. Ce tuyau s'évase et s'ouvre à la partie supérieure au niveau maximum de l'eau et fait office de déversoir; il conduit l'eau, soit dans un chéneau de la toiture, soit à la partie basse du bâtiment, soit dans un tuyau de décharge déjà existant.

Il faut pouvoir débarrasser le réservoir des dépôts qui s'y forment constamment, malgré toutes les précautions; à cet effet, on le munit pour la vidange d'une bonde de fond qui s'ouvre sur un terrasson, quand il y en a un en dessous, et dans le cas contraire débouche dans un branchement de la conduite de trop-plein.

On a soin que cette dernière puisse être vidée et nettoyée facilement sans dépose en cas d'obstruction.

On combine avantageusement dans la plupart des cas le *trop-plein* et la *vidange*, de la façon indiquée par la figure 129. Le fond du réservoir porte à sa partie la plus basse un siège tronconique d'une certaine hauteur *a* ; dans ce siège vient se poser une bonde *b* creuse, surmontée du tube de trop-

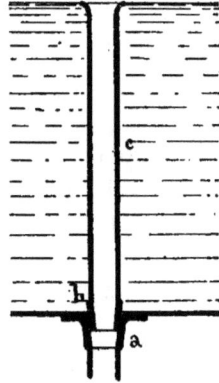

Fig. 129.

plein *c* évasé à sa partie supérieure. Dans la marche normale le tube *c* est en place et fonctionne comme trop-plein.

Si l'on veut vider le réservoir, on soulève le tube *c* ; il entraîne la bonde et ouvre l'orifice *a*. Pour les petits réservoirs de $1^m,50$ à 2 mètres de hauteur d'eau, le tube est libre et suffisamment maintenu par la bonde; pour les grands, on le soutient près du haut par un collier dans lequel il glisse, et où il prend un point d'appui par un emmanchement à baïonnette, lorsqu'on veut le maintenir soulevé pour faire la vidange.

La figure 130 représente en (1) et (2) les bondes en cuivre

du commerce, applicables aux petits réservoirs, avec leur siège conique. Le croquis (1) montre une bonde qui se soude à la partie inférieure des réservoirs en zinc. Le croquis (2) donne le tracé d'une bonde munie d'un raccord à vis, destinée à faire joint sur les deux faces du fond d'un réservoir en tôle, percé

(1)   (2)

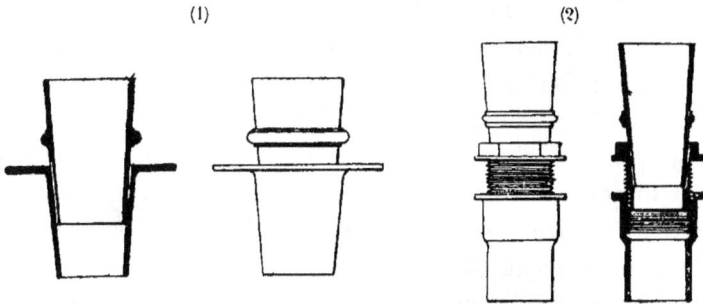

Fig. 130.

à cet effet d'un trou de diamètre convenable. Le joint se fait au moyen de deux rondelles en cuir, en caoutchouc ou en toute autre matière appropriée.

Il faut au réservoir un *indicateur de niveau*, afin qu'on se rende compte de la quantité d'eau qu'il contient à un moment quelconque. Il consiste, toutes les fois que le réservoir est *en vue*, en un flotteur relié, au moyen d'une chaîne et d'une double poulie, à un contrepoids formant *voyant*, suspendu à l'extérieur, le long de la paroi verticale, en face d'une échelle graduée. La position du voyant indique sur l'échelle le nombre de mètres cubes que contient le réservoir.

Pour les réservoirs renfermés à l'intérieur, on se sert d'un tube de verre extérieur communiquant par le bas avec le réservoir, et placé verticalement au point où il se trouve le plus visible. Il faut se déplacer pour aller voir le niveau de l'eau et en déduire le cube restant.

On a imaginé un appareil qui donne immédiatement ce renseignement à distance, dans une pièce placée à un niveau quelconque. Il consiste en une cloche renversée pleine d'air,

maintenue au fond du réservoir. Suivant que la hauteur de
l'eau est plus ou moins élevée au-dessus de la cloche, l'air
qui s'y trouve est plus ou moins comprimé, et l'on peut
transmettre la pression à distance au moyen d'un tube en
métal ou en caoutchouc, de très petit diamètre, terminé
dans le bureau en question par un cadran manométrique.

Enfin, le réservoir doit être muni d'un tuyau de distribution. La prise se fait ordinairement sur le côté, à environ
$0^m,10$ ou $0^m,15$ au-dessus du fond, afin de ne pas remuer la
vase qui a pu s'y déposer. Le départ de la conduite de prise
doit toujours être muni d'un *robinet d'arrêt*, afin de permettre de faire une réparation sur la conduite, sans être
obligé de vider le réservoir.

Les réservoirs sont avantageusement munis de *couvercles*,
afin d'empêcher l'eau d'être polluée par les poussières et les
végétations. Pour les petits réservoirs, les couvercles sont
mobiles, de manière à permettre les nettoyages. Pour les
autres, les couvercles sont fixes, et il faut y ménager un trou
d'homme pour la visite.

On pénètre dans les petits réservoirs au moyen d'échelles
mobiles. Dans les grands on établit pour la visite des
échelles fixes en fer, intérieures et extérieures. On ne fixe
jamais les échelons rivés à la paroi même, ce qui pourrait
donner des fuites; on les assemble sur limons assemblés
seulement en haut et en bas.

85. Réservoirs d'étages. — Lorsqu'un réservoir doit
être placé à la partie supérieure d'une maison habitée, il y a
lieu de prendre des précautions plus minutieuses que dans
une usine pour protéger l'édifice contre les débords ou les
fuites du réservoir. Voici comment on fait l'installation :

Sur le plancher hourdé que l'on a construit pour porter le
réservoir (*fig.* 131), on établit un cadre en bois, rectangulaire en plan, fait par des bastaings en sapin de $0^m,16 \times 0^m,07$
posés de champ, et on s'arrange de manière que le cadre
soit plus grand d'environ $0^m,20$ que le tour en plan du

réservoir. On fixe le cadre par des pattes scellées, et dans son enceinte on fait une pente en plâtre avec un point bas dans un angle, celui qui permet de se débarrasser des eaux le plus facilement. Une pente bien dressée de $0^m,01$ à $0^m,015$ par mètre suffit.

Sur le cadre, et sur toute la superficie qu'il comprend, on

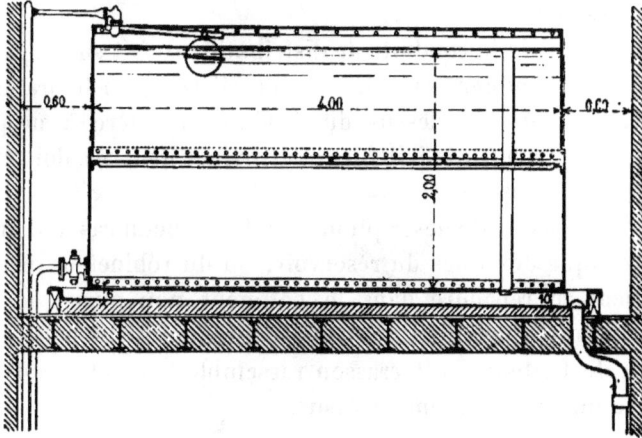

FIG. 131.

étend un terrasson en plomb bien étanche de $0^m,002$ d'épaisseur, bien battu et bien soutenu en tous ses points. On raccorde ce terrasson au point bas avec l'origine d'un tuyau de descente par l'intermédiaire d'un siphon ou d'une bonde siphoïde à forte garde d'eau ; ce départ doit avoir un très fort diamètre.

Sur l'emplacement que doit prendre le réservoir au milieu du terrasson, on pose un certain nombre de lambourdes parallèles, en chêne, de $0^m,06 \times 0^m,08$ au gros bout, délardées en dessous pour compenser la pente et présentant leur face supérieure bien horizontale ; leur écartement est d'environ $0^m,40$ d'axe en axe. Ce sont ces lambourdes qui doivent recevoir directement le fond du réservoir.

Celui-ci est alimenté par un tuyau vertical amenant l'eau au moyen d'un branchement terminé par un robinet flotteur.

Les diamètres du flotteur et de la tubulure de départ du terrasson sont combinés de telle sorte que cette dernière puisse
débiter largement la quantité d'eau fournie. Une bonde, surmontée d'un tuyau de trop-plein, est fixée au fond du réservoir et débouche sur le terrasson. Le débit du départ du
terrasson doit aussi excéder celui de la bonde, de même que
celui du trop-plein doit excéder le volume d'eau arrivant
sous pression.

Le départ de la conduite de distribution se fait sur la paroi
latérale et commence par un robinet d'arrêt ; on le branche
à 0^m,10 environ au-dessus du fond, de manière à ne pas
remuer les dépôts inévitables. Ce robinet de prise doit être
placé au-dessus du terrasson.

On voit par cette description que dans aucun cas une fuite
quelconque des tôles du réservoir, ou du robinet de prise,
ne peut se répandre dans le bâtiment, non plus que les
débords qui pourraient provenir d'un mauvais fonctionnement du flotteur. Le terrasson rassemble toutes les eaux et
leur donne un écoulement assuré.

86. Réservoirs d'eau chaude. — Les réservoirs
d'eau chaude sont de petites dimensions dans la plupart des
cas ; aussi se dispense-t-on souvent d'établir un terrasson,
car les fuites sont peu à craindre. Cependant, il est toujours
sage de prendre cette précaution. Lorsqu'on ne met pas de
terrasson, on supporte le réservoir sur un plancher en fer
soutenant le fond, et non hourdé. Le réservoir est muni
d'un couvercle que l'on ferme plus ou moins hermétiquement. Si le joint est étanche, il faut ajouter à la partie
haute un tube de dégagement débouchant à l'air libre,
donnant issue à la vapeur qui peut se produire.

Le flotteur n'est pas installé dans l'eau chaude, son
fonctionnement ne serait pas assuré. On l'établit dans un
petit réservoir latéral relié avec celui d'eau chaude
comme les deux vases communiquants des cours de physique.

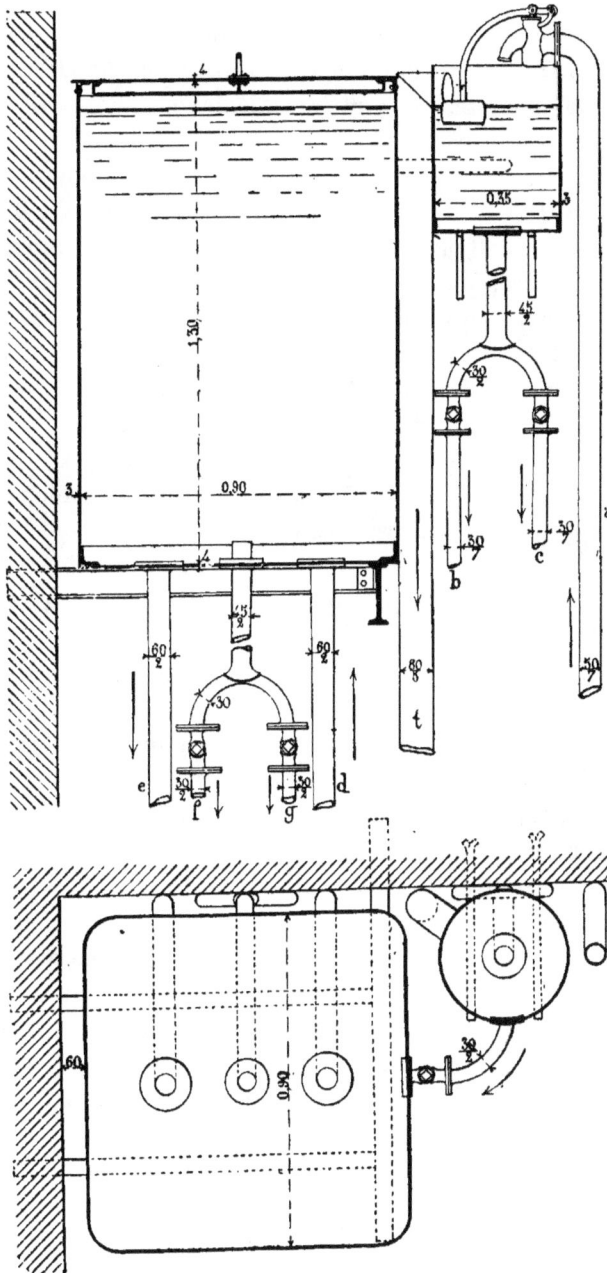

FIG. 132.

Le réservoir latéral porte le nom de *caisse à flotteur*. La figure 132 montre ainsi un réservoir d'eau chaude avec sa caisse à flotteur, le tout représenté en élévation et en plan.

L'eau arrive dans la caisse par le tuyau en plomb *a* de 50 millimètres, en $0^m,007$ d'épaisseur ; elle est commandée par le flotteur terminal agissant sur un robinet. Un tuyau de trop-plein *t*, de $0^m,080 \times 0,005$, prévoit le cas d'un mauvais fonctionnement du flotteur et empêche tout débord. Un tuyau latéral de $0^m,030 \times 0^m,002$, en cuivre, muni d'un robinet d'arrêt, met la caisse en communication avec le réservoir ; ce tuyau est dessiné dans le plan et est seulement indiqué en ponctué sur l'élévation.

Enfin on peut prendre sur la caisse de l'eau froide, si son alimentation est assurée ; cette eau froide, dans l'exemple figuré, part du fond au moyen d'un tuyau de $0^m,045 \times 0^m,002$ en cuivre qui se bifurque en deux branchements *b* et *c* munis de robinets d'arrêt.

Le réservoir d'eau chaude est entretenu à température élevée au moyen d'une circulation, dite *va-et-vient*, communiquant à un bouilleur entourant le foyer d'un fourneau de cuisine ; les tuyaux *e* et *d* en cuivre, de $0^m,060 \times 0^m,002$, sont les extrémités de ce va-et-vient. Quant à la distribution, elle se fait au moyen d'un tuyau de $0^m,045 \times 0^m,002$ en cuivre, qui se bifurque aussitôt en deux conduites *f* et *g* munies chacune d'un robinet d'arrêt.

Un tel réservoir doit être préservé du refroidissement. Le meilleur moyen de le garantir consiste à l'entourer d'une caisse en bois laissant au pourtour un intervalle de $0^m,10$ à $0^m,15$ que l'on remplit de liège en poudre. On recouvre également le couvercle d'une couche d'environ $0^m,20$ de cette même poudre.

Dans tous les cas analogues, on fera toujours en cuivre les tuyaux de circulation d'eau chaude, surtout si elle peut être accompagnée de vapeur, et on réservera le plomb pour les circulations d'eau tiède ou d'eau froide.

87. Réservoirs ronds conjugués. — Lorsqu'on dispose pour l'emplacement d'un réservoir d'un espace rectangulaire, on peut encore utiliser assez bien l'emplacement,
tout en employant deux réservoirs cylindriques conjugués,
réunis ensemble suivant une corde commune et ne formant
qu'une seule et même cuve.

On détermine le tracé des tôles de telle sorte qu'au point
de jonction elles se coupent à angle droit, ce qui permet
l'emploi d'une cornière ordinaire à 90°.

Si l'on se rend compte de la manière dont travaillent les

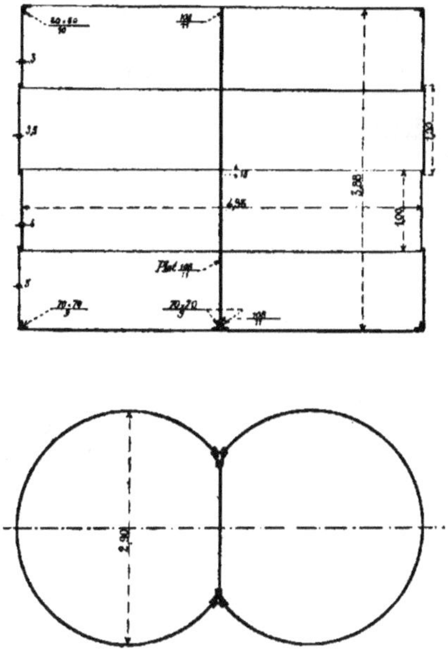

Fig. 133.

tôles d'un pareil réservoir, on trouve qu'il suffit, pour éviter
toute déformation, de relier les deux cornières de jonction
par quelques tirants horizontaux convenablement placés.

La figure 133 représente, en plan et en coupe, deux réservoirs conjugués ainsi disposés, ne formant qu'un seul et
même récipient ; on y trouve les avantages de construction

d'un réservoir cylindrique réunis à celui d'une utilisation bien meilleure de la place.

Quant à la manière dont les entretoises s'assemblent avec les cornières qu'elles doivent relier, elle est indiquée en vue latérale et en plan par les deux croquis de la figure 134.

Les branches de la cornière à 90° s'assemblent avec des

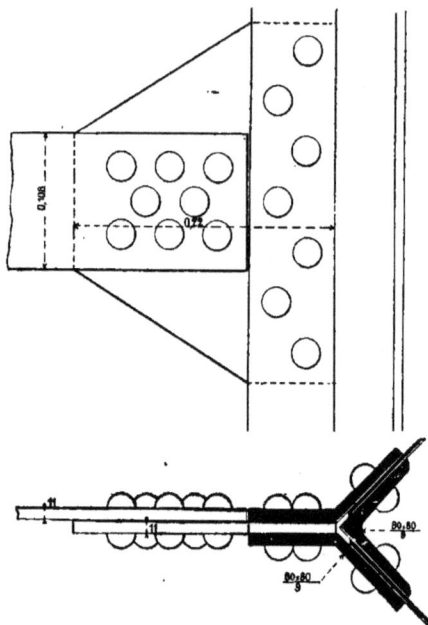

Fig. 134.

équerres ouvertes comprenant un gousset, qui reçoit un fer plat de champ. C'est ce fer plat qui forme entretoise et s'oppose à la variation de distance des deux cornières verticales. On met ainsi plusieurs de ces fers dans la hauteur, en les rapprochant davantage à mesure que l'on s'approche du fond.

La figure 135 représente un réservoir important de cette forme, logé dans une pièce rectangulaire de 6^m,80 $\times$ 4^m,50. Le plan indique les dimensions de la cuve ; en laissant au

minimum 0^m,50 à 0^m,55 de passage, afin de pouvoir circuler
autour et de permettre les réparations, on a pu arriver à un
diamètre de 3^m,40. L'écartement des deux centres est tel

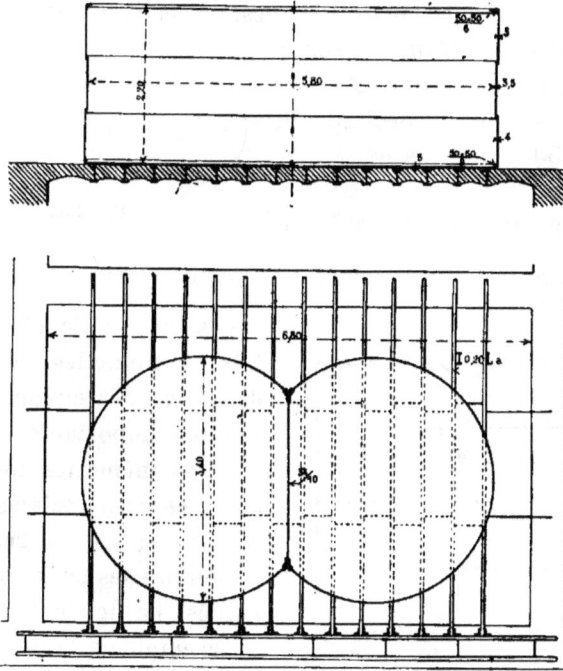

Fig. 135.

que les cercles se coupent à angle droit, et la longueur totale
est de 5^m,80.

La hauteur correspondant au cube imposé par le programme est de 2^m,20.

On a établi le plancher en fer capable de porter la charge
et on l'a formé de solives à **I** de 0^m,20 à larges ailes, espacées
d'environ 0^m,45 d'axe en axe, et on les a hourdées en plein en
meulière de mortier de ciment. Au-dessus du hourdis on a
fait un dallage en ciment à prise lente, que l'on a relevé le
long des murs sur une hauteur de 0^m,50 en arrondissant les
angles. C'est sur ce dallage que l'on a construit le réservoir.

Le fond de celui-ci est fait en feuilles de tôle de $0^m,005$ d'épaisseur ; il est relié aux parois verticales par une cornière cintrée de $\dfrac{50 \times 50}{9}$.

Les parois sont en trois viroles, respectivement de $0^m,004$, $0^m,0035$ et $0^m,003$ d'épaisseur ; le bord supérieur est renforcé par une cornière de $\dfrac{50 \times 50}{6}$.

FIG. 136.

Enfin, trois tirants en fer de $0^m,032 \times 0^m,010$ relient les cornières verticales de $\dfrac{50.50}{9}$.

Ces formes de réservoirs, très rationnelles, peuvent, dans bien des circonstances, rendre d'importants services ; on peut même les appliquer à des espaces rectangulaires très allongés, en augmentant le nombre des cylindres conjugués. La figure 136 donne un exemple de la disposition adoptée dans ce cas.

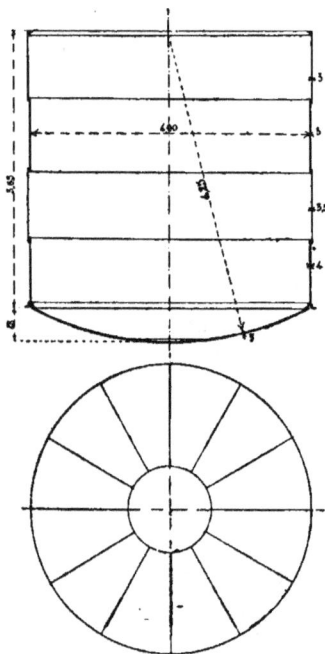

FIG. 137.

88. Grands réservoirs circulaires à fonds sphériques. — Lorsque les réservoirs en tôle atteignent de fortes dimensions, 4 et 5 mètres de diamètre, par exemple, avec une hauteur de 3 mètres et plus, les planchers en fer qui doivent soutenir le fond et la masse d'eau emmagasinée deviennent importants et coûteux. Il est alors avantageux de remplacer le

fond plat par un fond bombé suivant une calotte sphérique.
Ce fond sphérique se tient tout seul, par la tension même
de la tôle, pourvu qu'il soit soutenu et fixé en son pourtour,
et cela sans excéder des épaisseurs restreintes de 0ᵐ,004 à
0ᵐ,007 de métal.

La figure 137 montre ainsi, en coupe verticale et en plan,
la forme de ces réservoirs et l'appareil que l'on adopte pour
l'assemblage des tôles du fond.

Le réservoir représenté contient 50 mètres cubes ; il a
4 mètres de diamètre et 3ᵐ,85 de hauteur de virole. Le
fond a une flèche de 0ᵐ,43 ; les tôles ont 0ᵐ,005 au fond, et

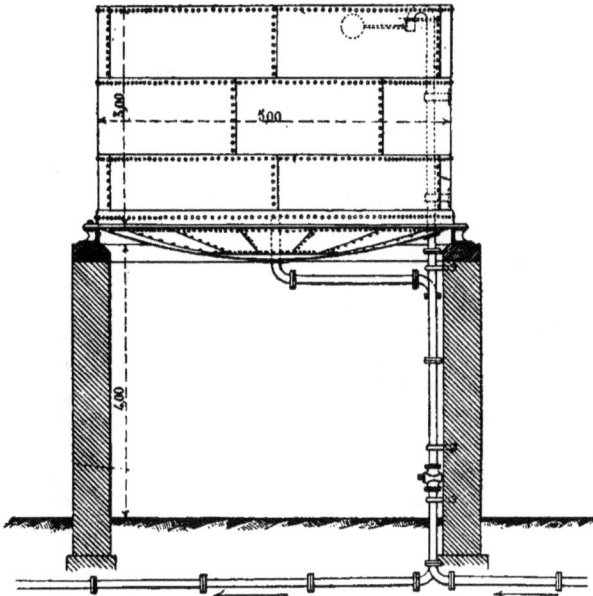

Fig. 138.

les viroles s'exécutent avec des épaisseurs respectives
de 0ᵐ,004, 0ᵐ,0035, 0ᵐ,003 et 0ᵐ,002.

Ces sortes de réservoirs se montent sur des tours en
maçonnerie, chaînées quelquefois par une assise en pierre
de taille, sur laquelle on pose une couronne en fonte, ainsi
qu'on le voit dans le dessin d'ensemble de la figure 138.

Sur cette couronne continue on pose et on assemble par boulons une cornière extérieure rivée au réservoir à la partie inférieure de la virole.

Sous la traction du fond bombé, les cornières d'assemblage, et, à défaut d'une résistance suffisante, la couronne tendent à être comprimées et résistent à la façon d'une voûte. La mécanique apprend facilement à déterminer la grandeur des efforts et à en déduire les sections dont on a besoin pour assurer la sécurité de l'ouvrage.

Les réservoirs ainsi établis peuvent résister à la gelée, soit quand leur cube est grand, soit quand le local au-dessous est entretenu chauffé, sans qu'il soit indispensable de les

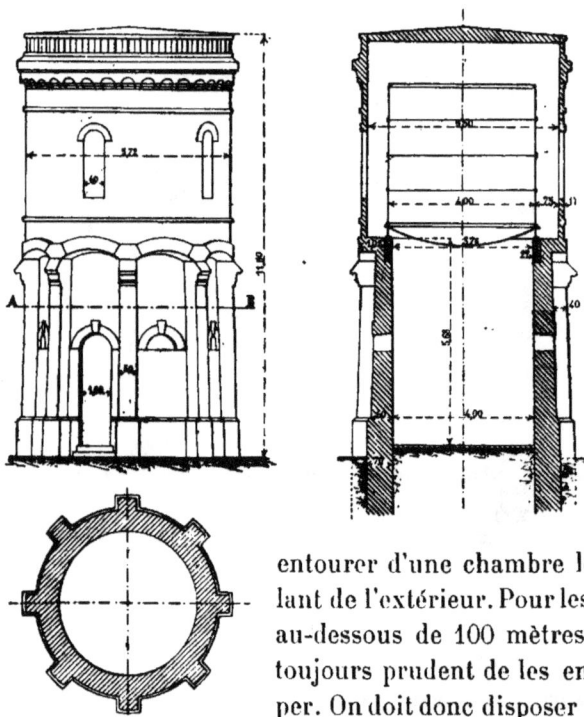

Fig. 139.

entourer d'une chambre les isolant de l'extérieur. Pour les cubes au-dessous de 100 mètres, il est toujours prudent de les envelopper. On doit donc disposer la tour de soutien en vue de l'établissement d'une chambre supérieure.

La figure 139 représente un réservoir ainsi entouré. La

tour est du diamètre convenable pour porter la couronne et
le réservoir. Des contreforts sont répartis autour de l'édifice; leur saillie est calculée pour porter, au moyen de voûtes
jetées dans les intervalles, les parois de la chambre; celles-
ci laissent une circulation libre de 0^m,50 à 0^m,75 pour la
surveillance du réservoir et la facilité des réparations. Dans
cet exemple, les murs de la chambre sont aussi légers que
possible; ils sont construits en briques de 0^m,11 d'épaisseur,
avec enduit intérieur et join-
toyage extérieur. Un plancher
en fer, hourdé en ciment et surmonté d'un dallage en Portland,
couvre l'ouvrage et forme le
plafond de la chambre.

La couronne en fonte est divisée en un certain nombre de
voussoirs assemblés au moyen de
brides. La coupe transversale de
ces voussoirs est représentée dans
le détail du croquis 140. Chaque
voussoir est formé d'une âme
de 0^m,26 de hauteur, fondue avec
un patin horizontal de 0^m,20 de
largeur et une table supérieure
de 0^m,10. Des boulons à scellement relient le patin à la maçonnerie.

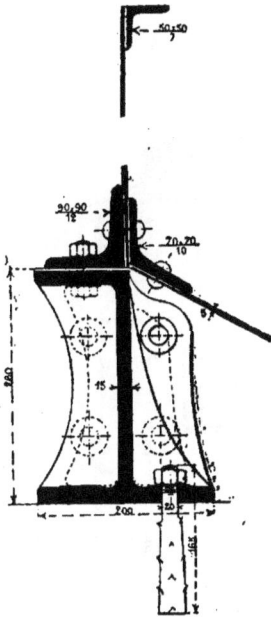

Fig. 140.

Le fond sphérique du réservoir
figuré a 0^m,005 d'épaisseur; il est assemblé avec la première
virole du bas par une cornière circulaire de $\dfrac{70 \times 70}{10}$, tandis
qu'au dehors une grosse cornière de $\dfrac{90 \times 90}{12}$ est boulonnée
par sa branche horizontale avec la table de la couronne.

Parmi les accessoires dont sont munis les réservoirs en
tôle, figurent une échelle extérieure et intérieure et un flot

teur attaché au bout d'une chaîne et renvoyant, au moyen de deux poulies à gorges, ses indications à un contrepoids extérieur glissant d'une façon voyante le long d'une échelle verticale divisée, ainsi que le montre la figure 141.

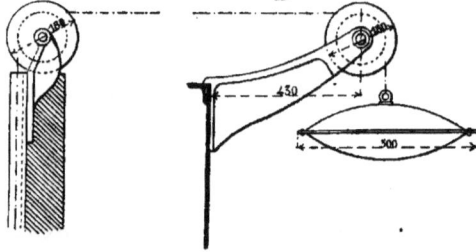

Fig. 141.

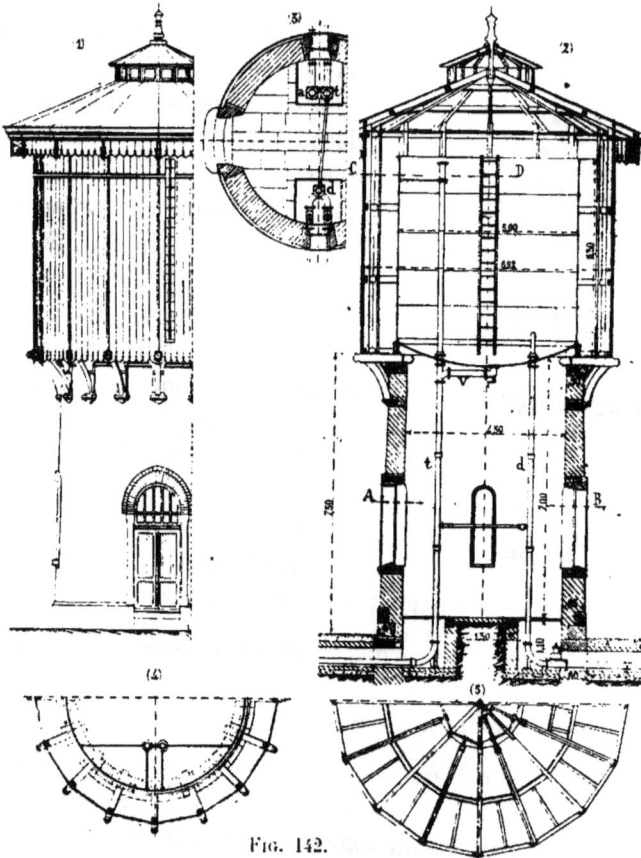

Fig. 142.

La figure 142 donne une variante de la disposition précé-

dente de la chambre appliquée à un réservoir d'une capacité
de 100 mètres cubes.

La tour seule est en maçonnerie, jusqu'à la couronne qui
soutient le réservoir ; à partir de là, la construction est en
charpente et portée par des consoles en bois fixées au haut
de la maçonnerie. Les parois verticales sont formées par un
pan de bois polygonal recouvert d'un revêtement en planches
et surmonté d'une pyramide, dont les onglets correspondent
aux côtés du polygone. Le toit dépasse le parement vertical
et le protège de sa saillie ornée de bois découpé.

L'élévation, la coupe verticale et les trois coupes horizontales donnent toutes les indications complémentaires de
cette construction.

Quand on doit loger un cube d'eau plus important, 200 à
300 mètres cubes par exemple, on a avantage à diviser cette
capacité en deux réservoirs conjugués ; on les fait porter par

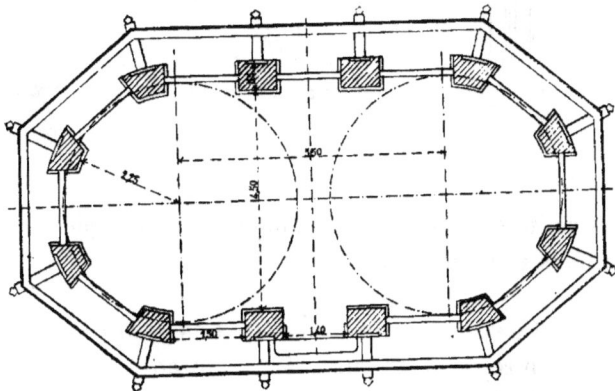

Fig. 143.

une même tour en maçonnerie, ainsi qu'il est indiqué au
croquis 143. On soutient les portions de réservoir qui
tombent en dedans de la maçonnerie par une poutre en fer et
des goussets à 45°.

Le reste de l'édifice s'exécute comme une tour destinée

à un seul réservoir. Le croquis (144) complète la représentation de l'ouvrage ; c'est une coupe verticale de la construction suivant un axe longitudinal, avec l'indication de la

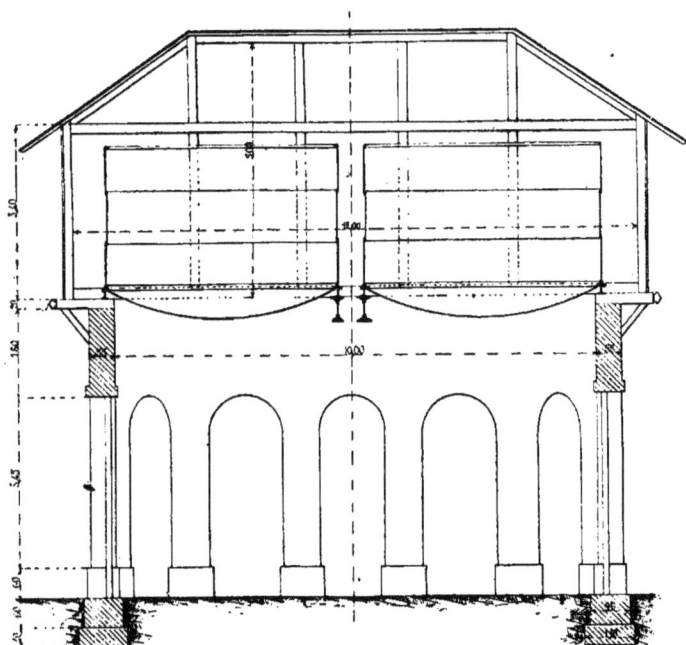

Fig. 144.

poutre en fer du milieu, ici composée de deux pièces jumelées
en tôles et cornières.

89. Tuyauterie en fonte de ces grands réservoirs.
— Si l'on reprend la figure 142, montrant la disposition d'ensemble d'un réservoir de 100 mètres cubes, on y voit figurer
la tuyauterie qui le dessert. Cette tuyauterie se compose :
1° d'un tuyau d'arrivée *a*, amené par une tranchée dans le sol
ou par une galerie. Ce tuyau monte par l'intérieur de la
tour, traverse la tôle du fond et s'élève librement dans le
réservoir jusqu'au-dessus du niveau d'eau ; là il s'évase en
déversoir ;

2° D'un tuyau de distribution *d*, partant d'une petite distance au-dessus du fond, traversant la tôle inférieure et descendant verticalement dans l'intérieur de la tour. Dans l'exemple figuré, il se bifurque en deux conduites secondaires ayant chacune son parcours et sa destination;

3° D'un tuyau de trop-plein *t*, débouchant dans un égout, ou mieux sur le sol, afin de laisser voir que le réservoir est plein et qu'il se perd de l'eau;

4° D'un tuyau de vidange V, partant d'une valve au point le plus bas du réservoir, manœuvrable par dessous et allant se brancher sur le tuyau de trop-plein.

On établit quelquefois une communication secondaire munie d'un robinet d'arrêt entre le tuyau A et le tuyau D pour faire encore une distribution partielle en isolant le réservoir en cas de réparations.

Tous ces tuyaux, ainsi que les valves et vannes qui les commandent, sont logés dans la tour, où il est facile de monter un foyer l'hiver, afin d'empêcher les effets de la gelée.

La figure 145 donne à plus grande échelle les détails des pièces de l'installation : le croquis (1) indique la coupe de la couronne, analogue à celle qui a déjà été vue ; le croquis (2) montre un voussoir de cette couronne en plan représenté partie en élévation et partie en coupe horizontale ; le croquis (3) est le dessin de détail du tuyau d'arrivée et du tuyau de trop-plein, qui sont identiques. On voit de quelle manière les joints sont faits au passage de la tôle ; on peut remarquer aussi l'attache des triangles qui maintiennent fixé le haut de ces tuyaux en les reliant avec les parois du réservoir en plusieurs points, ainsi qu'on le voit d'ensemble dans le croquis 4 de la figure 142, et en détail dans les croquis (4), (5), (6) et (7) de la figure 145.

Le croquis (8) montre le tuyau de départ de la conduite de distribution à son origine; la manière de traverser le fond au moyen d'un joint étanche est la même que ci-dessus. Le tuyau est terminé par une crépine percée de trous, qui

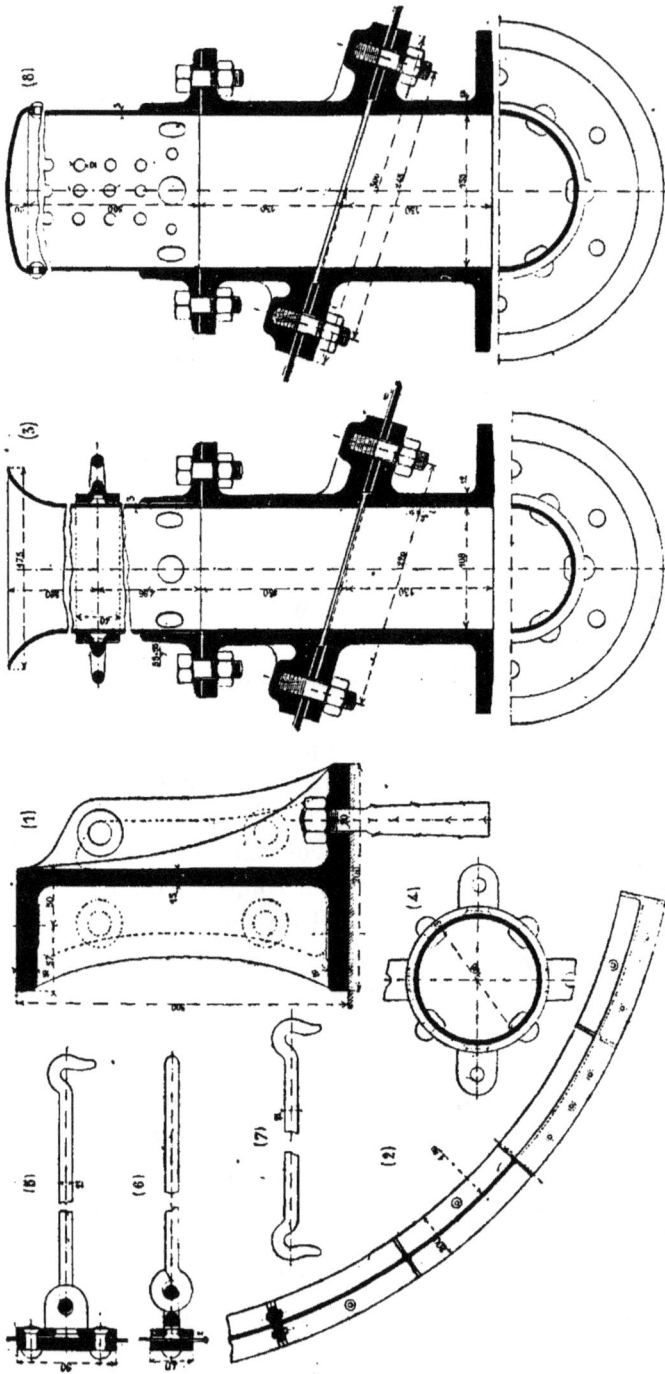

Fig. 145.

tamise l'eau et s'oppose à ce que de gros corps flottants ne viennent engorger les conduites subséquentes.

La figure 146, dans ses sept croquis, complète les détails de construction et montre les ensembles des conduites dans la hauteur de la tour :

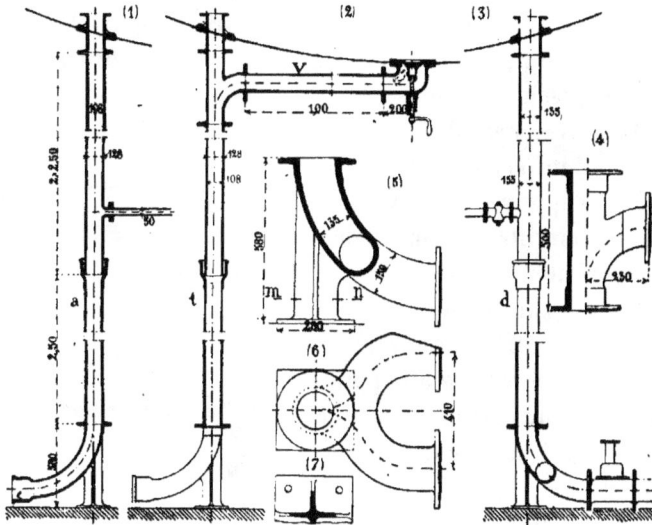

Fig. 146.

En (1), le tuyau d'arrivée à emboîtement et cordon avec la jonction de 0m,050 avec le départ ;

En (2), les conduites de vidange V et de trop-plein t réunies ;

En (3), le tuyau de distribution avec sa culotte de branchement inférieur et les robinets-vannes de commande ;

En (4), est la pièce spéciale de la conduite de trop-plein qui reçoit le tuyau de vidange;

En (5), est le pied de la conduite de distribution formant culotte pour les deux branchements. Le croquis (6) est le plan de cette même pièce, et le croquis (7) montre la coupe suivant mn du support en croix qui soutient le coude.

Il est à noter que, pour laisser les tuyaux apparents jusqu'à leur sortie de la tour, le sol de cette dernière peut être baissé de 1ᵐ,40 en contre-bas du sol extérieur. D'autres fois, les deux sols coïncident ; mais on construit autour des tuyaux des caniveaux accessibles, comme dans la figure 142.

90. Réservoirs Intze. — Nous donnerons seulement ici l'indication de la forme que, d'après M. Intze, on donne avantageusement aux grands réservoirs ; la figure 147 en dessine le profil, entièrement différent de celui des réservoirs sphériques ordinaires.

La cuve, cylindrique dans le haut, se rétrécit en cône à partir d'un certain point pour venir s'appuyer sur une couronne circulaire convenablement soutenue, puis le fond est remplacé par un cône renversé.

Dans les très grands réservoirs, on substitue à la pointe du cône une portion sphérique présentant sa convexité vers le bas.

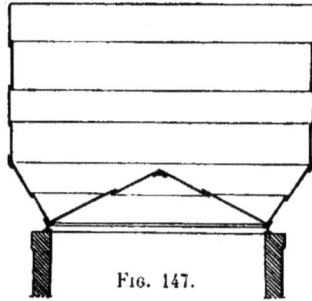

Fig. 147.

On est amené par le calcul à trouver, avec ce profil, une notable économie de tôle sur le réservoir ordinaire à fond sphérique de même capacité. La pression sur la couronne peut être rendue absolument verticale. Enfin, la maçonnerie de support a de moindres dimensions, et on peut faire encore de ce côté une réduction sur la dépense. Ces trois avantages sont très importants.

Mais cette forme s'applique surtout à des cubes considérables, 500 à 600 mètres cubes, et sort par conséquent des limites imposées à cet ouvrage. Pour les cubes moindres, la complication de construction vient compenser les avantages.

91. Réservoirs à air comprimé. — MM. J. Carré et fils ont installé, dans nombre d'établissements, des réservoirs fermés et étanches, contenant à la fois de l'eau et de l'air comprimé, ce dernier pressant sur la surface

liquide de telle façon que l'eau puisse se répartir dans tous
les étages du bâtiment à desservir. — Il faut construire les
réservoirs assez solidement pour rester à la pression ; leur
prix est plus élevé que celui des réservoirs ordinaires, mais
on y trouve les compensations suivantes :

1° On évite de mettre les réservoirs dans les étages ou sous
les combles, et on supprime les terrassons, ainsi que les
chances de fuites ou d'inondation ;

2° On les place dans les sous-sols, à l'abri de la gelée en
hiver et de la chaleur en été. L'eau y est fraîche, à une température pour ainsi dire constante en toute saison ;

3° Les réservoirs étant clos hermétiquement, on supprime
la pollution due aux poussières et microbes.

La figure 148 représente une installation de réservoirs du
système Carré dans le sous-sol d'une habitation. La conduite

Fig. 148.

de la ville arrive en A ; l'eau passe d'abord par un robinet d'arrêt, puis par deux clapets de retenue B qui l'empêchent de
revenir en arrière, puis entre en C dans l'un des réservoirs,
de là en D dans l'autre.

La pression de la ville refoule l'air qui se cantonne à la
partie haute, et l'eau s'emmagasine dans une bonne partie
du réservoir.

Si on prend de l'eau sur les robinets de puisage de la
maison, elle est de suite remplacée par de l'eau de la ville.

Si la pression de la ville faiblit, l'eau en réserve, pressée par l'air, fournit à la consommation et est remplacée dès que la pression de la ville redevient normale.

Si on veut nettoyer les réservoirs, on ouvre le robinet H et on ferme les autres ; les réservoirs sont alors isolés, et, en ouvrant des trous d'homme préparés à cet effet, on procède au nettoyage. Pendant l'arrêt du service du réservoir, le service est fait directement par l'eau de la ville.

Sans être avantageux dans toutes les circonstances, il est des cas où cette solution répond très bien aux conditions spéciales de quelques programmes.

L'eau peut ne pas monter dans les étages de la maison par sa pression naturelle ; on peut alors la comprimer au moyen d'une pompe mue à bras, à manège ou par moteur, en ayant soin de laisser au-dessus la quantité d'air nécessaire pour la maintenir en pression.

On peut de même avec la pompe aspirer dans un puits ou dans une citerne et refouler dans les réservoirs dont il vient d'être question.

L'eau de ces réservoirs en contact avec de l'air comprimé en dissout une quantité notable. Cette aération est plutôt une qualité. D'autre part, l'air emprisonné diminue de volume, et il faut avoir soin de s'assurer de temps en temps, en y introduisant une certaine quantité additionnelle, qu'il s'en trouve toujours suffisamment à la partie haute des réservoirs pour le fonctionnement normal.

Enfin, dans quelques cas, l'eau ne montant pas dans les étages, on peut remplir directement les réservoirs à un niveau convenable en laissant échapper l'air par le haut ; puis, fermant l'ouverture de sortie d'air, on comprime avec une pompe de l'air au-dessus du niveau de l'eau pour permettre à celle-ci d'être prête à monter aux étages dès qu'un robinet s'ouvrira.

92. Réservoirs maçonnés en déblai. — Dans nombre de cas, de grands établissements ou des usines éta-

blis en vallée peuvent utiliser, pour leur alimentation
d'eau, des drainages établis dans le plateau supérieur. Ces
drainages donnent beaucoup d'eau dans la période plu-
vieuse, mais leur débit diminue avec l'avancement de la
saison. C'est une ressource qu'il peut être bon d'utiliser, et
on le fait en établissant à flanc de coteau, dans un terrain
convenable, un réservoir économique de grande capacité. On
cherche à mi-côte un terrain aussi solide que l'on peut,
exempt d'argiles coulantes, et on y creuse un bassin B en
déblai (*fig.* 149); on donne un fruit considérable aux parois,
de telle sorte qu'elles se maintiennent d'elles-mêmes, et on
les consolide par un revêtement en maçonnerie de pierrailles

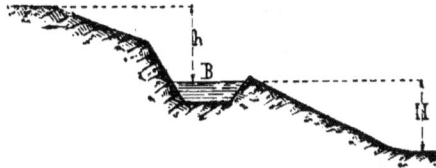

Fig. 149.

et ciment de 0^m,15 à 0^m,20 d'épaisseur. On détermine la
hauteur h et celle H, pour que la pression soit encore suffisante dans l'établissement.

La capacité de ce réservoir varie suivant le régime irrégulier du débit du drainage; les dépenses admissibles dans
chaque cas particulier sont en rapport avec l'utilité qu'il
peut y avoir à ne pas perdre d'eau.

La figure 150 donne le plan et la coupe d'un réservoir en
déblai établi dans ces circonstances. La forme la plus courante est celle d'un tronc de pyramide à base rectangulaire,
pouvant avoir par exemple une hauteur de 4 à 6 mètres.
Le revêtement est en pierres non gélives et mortier de
ciment de Portland; l'épaisseur à donner dépend de la con-
sistance du sol ; si les matériaux sont de bonne qualité et
non gélifs, on se contente d'un simple jointoyage des interstices. En plusieurs points on laisse saillir des pierres horizon-

talement pour former escaliers, en vue des nettoyages,
réparations ou sauvetages en cas d'accidents. Une banquette
tout autour permet l'accès des berges, et une clôture extérieure, à quelque distance, protège de toute éventualité.

Ce bassin, comme tous les réservoirs, est muni d'une conduite d'alimentation, d'un trop-plein et d'une ou plusieurs
conduites de départ. Il y a lieu de se rendre compte de

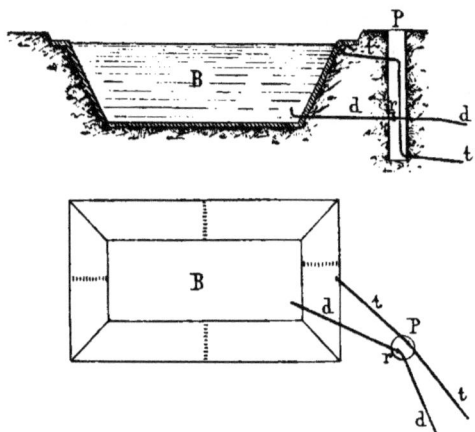

Fig. 150.

l'organisation de chaque conduite. Les drains d'alimentation
sont placés à une certaine profondeur sous le sol, 0^m,80 à
1 mètre, et comme, dans la saison d'hiver, ils donnent passage d'une façon continue à une grande quantité d'eau, il
n'y a pas lieu de craindre pour eux l'effet de la gelée, même
à leur débouché dans le bassin B.

La conduite t de trop-plein doit avoir son orifice à fleur
d'eau, protégé par un grillage contre les obstructions par les
corps flottants, feuilles ou branches ; elle court en terre sur
une certaine longueur et vient ensuite affleurer le sol pour
former une rigole à ciel ouvert.

Le tuyau de départ doit se terminer par une crépine,
élevée de 0^m,15 à 0^m,20 au-dessus du fond, afin de ne pas
remuer la vase formée par les dépôts. Ce tuyau doit être

fermé par une vanne placée hors des atteintes de la gelée et permettant de conserver la réserve d'eau intacte en cas de réparations. Pour la loger, on exécute dans le terrain, à petite distance du bassin, et du côté de l'aval, un puits P descendant plus bas que le fond du bassin. On creuse horizontalement une communication entre ce puits et le bassin et on y fait passer l'origine de la conduite de départ; on bouche au mieux la communication ou on la maçonne en forme de galerie. C'est dans le puits que l'on place le robinet-vanne r. A partir du puits, on prolonge la conduite en tranchée, en l'approchant du sol jusqu'à 1 mètre ou $1^m,20$, sans cesser de lui donner une pente descendante jusqu'à l'usine. On a ainsi tous les accessoires du bassin complètement à l'abri de la gelée; pour la manœuvre, on n'a qu'à ouvrir le puits au moyen du tampon en fonte qui le ferme.

Les réservoirs ainsi établis en déblais peuvent être couverts par un hangar fermé et plafonné en dedans; on évite ainsi, autant que possible, la chute des poussières et l'action organisante de la lumière et de la chaleur.

D'autres fois on les couvre par des voûtes économiques ou des planchers en fer hourdés, enduits, et on maintient ces couvertures fraîches au moyen d'une couche de terre végétale gazonnée, que l'on entretient humide.

Si le terrain est très compact, inattaquable à l'air sec ou humide, on redresse les pentes des talus.

Si le terrain est limité, on fait les parois presque droites et on s'oppose à la désagrégation des berges par une augmentation d'épaisseur des murs latéraux.

Enfin, si l'existence des eaux dans un terrain gras peut détremper les argiles dans lesquelles on a dû fouiller le réservoir, on assèche celles-ci par des drainages dans toute la surface prise par le réservoir et jusqu'à une certaine distance au pourtour.

Quand on n'est pas pressé pour l'exécution des travaux, et que le terrain est de bonne qualité, on peut économiser sur la fouille et faire le réservoir mi-partie en déblai, mi-partie en remblai. On dispose les terres excavées autour de la fouille;

on les pilonne en les arrosant, et on continue le talus en dehors dans le cavalier compact ainsi formé. Si le travail s'exécute lentement et avec régularité, au bout de quelques mois on fait exécuter les revêtements de maçonnerie sans craindre de disjonction ni de fuite, tous les tassements ayant eu le temps de s'opérer.

93. Réservoirs en fer et ciment. — On a d'abord fait en fer et ciment des réservoirs de petites dimensions, 1ᵐ,50 environ de diamètre et 1ᵐ,50 à 2 mètres de hauteur. Au moyen d'un certain nombre de montants a, a, en fer carré, plat ou à **T**, on soutient trois, quatre ou cinq cercles en fer plat que l'on maintient aux points de croisement par des ligatures en fil de fer.

Une fois cette ossature bien assujettie et maintenue bien verticale au-dessus d'une fondation convenablement préparée, on dresse à l'intérieur une portion de panneau cintré suivant le rayon; on y adosse une maçonnerie de 0ᵐ,05 environ d'épaisseur englobant tous

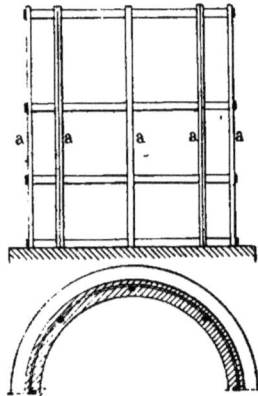

Fig. 151.

les fers, et l'on poursuit ainsi jusqu'à obtenir le développement complet de la surface. On dresse l'enduit intérieur en mortier de ciment, puis l'enduit extérieur, et le réservoir est terminé.

On emplit d'eau ces réservoirs aussitôt que possible, et la maçonnerie sèche, malgré le contact du liquide. On obtient ainsi des réservoirs économiques et pour lesquels l'entretien est nul. Ils n'ont que l'inconvénient de n'être pas transportables.

On peut exécuter également des réservoirs plus grands, en fer et ciment, en conservant la forme circulaire avec des épaisseurs de murs restreintes, mais en consolidant ces

murs par une série de cercles en fer, répartis convenablement
afin de retenir la maçonnerie. Les cercles sont d'autant moins
espacés qu'on s'approche plus du fond. Ils doivent être
noyés dans la maçonnerie, mais près du parement extérieur ;
on peut les maintenir d'avance par des montants comme
dans la construction précédente, ou bien les poser à mesure
que l'on monte l'ouvrage.

Si la forme en plan est rectangulaire, on peut faire le fond
aussi bien que les côtés au moyen de sortes de pans de fer
maintenus par des assemblages convenables. Chaque pan est
formé d'un certain nombre de solives parallèles, en fer à

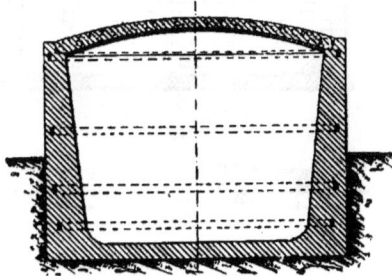

Fig. 152.

double **T** et à larges ailes, espacées de $0^m,75$ à 1 mètre, et
entretoisées comme des planchers, au moyen de boulons à
quatre écrous.

Dans deux pans opposés les solives se font vis-à-vis et
sont réunies par paires au moyen des traverses du fond et du
plancher supérieur. Dans le bas, des goussets assurent l'in-
variabilité des angles.

Le croquis (1) de la figure 153 donne une coupe verticale
d'un tel réservoir, et le croquis (2), une portion de la paroi
maçonnée vue en plan, a étant l'enduit du côté de l'intérieur.

Les deux fonds parallèles comportent également des fers
opposés ; mais ceux-ci sont réunis deux à deux, haut et bas,
par des chaînages en fers plats, noyés dans la maçonnerie.

On voit qu'au moyen de ces tirants chaque face est maintenue par la pression sur la face opposée et qu'il n'y a pas
de déformation possible.

Les hourdis sont faits en maçonnerie soignée, soit avec
des voûtes en briques, soit avec de la meulière ; les entre-
vous sont cintrés ou droits, et recouverts à l'intérieur d'un

(1)

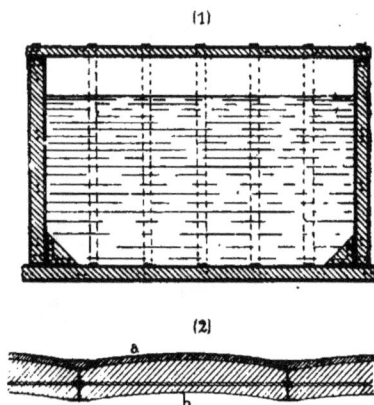

(2)

Fig. 153.

enduit d'au moins 0^m,04 d'épaisseur en mortier de ciment
à prise lente, afin de protéger les fers.

Il ne faut pas oublier les trappes de passage, les échelles,
les niveaux et la tuyauterie d'arrivée, de trop-plein et de
vidange.

On peut avoir intérêt, dans quelques cas, à loger ces
réservoirs à la partie haute des bâtiments et à les faire
servir à la couverture de ceux-ci.

94. Réservoirs maçonnés en élévation. — Les
réservoirs maçonnés en élévation demandent des constructions importantes, de prix élevé, qui ne sont acceptables que
pour les grandes distributions d'eau des villes. Cependant,
comme il peut arriver tel cas où il soit avantageux de les
appliquer à un grand établissement, nous allons dire quelques
mots de leurs formes générales.

Ce sont presque toujours des réservoirs rectangulaires;
cette forme est prise en vue de mieux utiliser les lots de
terrain dont on dispose. Cependant, il ne faut pas perdre de
vue que le cercle est la figure de
géométrie qui contient la plus
grande surface pour un péri-
mètre donné, et que la construction cylindrique est des plus faciles à chaîner et à consolider.

Quant au profil que l'on
adopte pour les murs, il est

Fig. 154.

représenté par le croquis de la figure 154. Le parement intérieur est pour ainsi dire vertical,
et il se raccorde par un fort
congé avec la surface du radier.
Le parement extérieur est établi
suivant une courbe qui s'accentue
avec la hauteur. La Mécanique
permet de déterminer, en chaque
point, l'épaisseur d'un tel mur.

Lorsque l'on a de bons remblais disponibles, il est avantageux de les disposer à l'extérieur
du réservoir en les accotant
avec soin et dressant en talus
leur parement extérieur. On obtient ainsi une pression en sens
opposé à celle de l'eau, favorable
à la stabilité du mur.

Lorsque le réservoir doit être
établi à une certaine hauteur au-
dessus du sol, le prix augmente
considérablement. On est, en effet,
obligé de construire des voûtes

Fig. 155.

montées sur de bonnes fondations et capables de porter le
réservoir et la maçonnerie des parois.

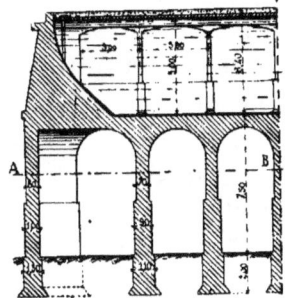

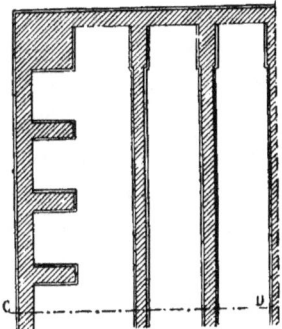

Nous donnons en profil transversal la disposition adoptée
à Orléans par M. Mary, pour la distribution d'eau de la ville.
Dans cet exemple, la surface du radier se trouve élevée
à 7^m,50 au-dessus du sol extérieur, le réservoir est rectangulaire, et le croquis (155) en représente le quart.

Le même croquis donne la disposition des voûtes légères
chargées de recouvrir le réservoir pour garantir ses eaux de
la chaleur et de la lumière du dehors.

Ces voûtes sont tantôt des berceaux juxtaposés, préférablement des voûtes d'arêtes venant reposer sur des piliers
d'une très grande légèreté. Les entraxes des piliers de sou-
tènement des couvertures varient de 3 à 4 mètres dans les
deux sens [1].

95. Conduite de distribution. — La conduite de
distribution, qui part du réservoir pour aller desservir les
appareils consommateurs d'eau, doit s'établir suivant les
principes qui ont été développés au sujet de la conduite
d'alimentation : autrement dit, on doit éviter toute conduite
horizontale dans les étages. Il en résulte que la conduite de
distribution doit d'abord être une conduite verticale descendant directement au sous-sol, et qui peut dans ce parcours
distribuer de l'eau aux appareils qu'elle rencontrera. Tous
les parcours horizontaux doivent se faire ensuite dans le
sous-sol pour remonter verticalement partout où le besoin
s'en manifeste. L'eau une fois dans le sous-sol se distribue
donc au moyen d'une série de colonnes montantes, alimentées par des robinets sur la conduite générale.

Dans nombre de cas, on centralise tous les départs de branchements dans une pièce unique du sous-sol, où la conduite
principale se divise au moyen d'une *nourrice*. Des étiquettes
facilitent les manœuvres, en évitant les erreurs par l'indication de chaque destination.

---

[1] Pour l'étude plus complète de ces réservoirs, consulter le savant ouvrage
de M. Bechmann, déjà cité.

Les précautions à prendre avec ces conduites sont les mêmes qu'avec celles d'arrivée de l'eau ; elles ne doivent être scellées dans aucune traversée de murs ou de planchers, et des fourreaux doivent garnir les passages et protéger le bas des tuyaux partout où le besoin s'en impose.

En appliquant ces principes, et s'inspirant de toutes les conditions du programme, il est facile de déterminer au mieux toutes les circonstances spéciales d'une canalisation.

DEUXIÈME PARTIE

ASSAINISSEMENT

CHAPITRE V

APPAREILS UTILISATEURS D'EAU

ET LEURS DÉCHARGES

SOMMAIRE :

CHAPITRE V

APPAREILS UTILISATEURS D'EAU

ET LEURS DÉCHARGES

---

96. But de l'assainissement. — On comprend, sous
le nom d'assainissement, l'étude des meilleurs procédés d'installation des appareils utilisateurs de l'eau et de la décharge
d'eaux résiduaires que chacun d'eux émet nécessairement, et
qu'il s'agit d'expulser de la manière la moins nocive.

L'importance de l'assainissement sera mise en évidence, si
l'on songe que la grande majorité des maladies vient d'une
mauvaise évacuation des résidus de la vie, résidus qui se
résolvent principalement en liquides fermentescibles, et
en miasmes gazeux plus ou moins odorants qui les accompagnent.

Le principe de l'assainissement consiste à donner une issue
immédiate à ces résidus, en les entraînant dans une masse
d'eau de lavage suffisante et à s'isoler complètement des
conduits d'évacuation et des odeurs qu'ils peuvent émettre.

L'assainissement sera divisé ici en deux chapitres :

Dans le premier, on étudiera les dispositions les meilleures
à donner aux principaux appareils, éviers, vidoirs, postes
d'eau, bains et cabinets d'aisances, et à leur décharge immédiate ; on y joindra l'écoulement des eaux superficielles des
toitures, cours, etc.

Dans le second, il sera traité des canalisations générales des eaux résiduaires dans une propriété privée, soit au moyen de tuyauteries, soit par la création de véritables égouts.

97. Emploi des siphons. — Les tuyaux évacuateurs des résidus liquides ou dilués dégagent nécessairement des odeurs, soit venant des égouts récepteurs avec lesquels ils communiquent, soit se produisant par la fermentation des matières qui mouillent leurs parois. Il n'y a que deux manières efficaces de s'en débarrasser :

La première consiste à y déterminer un courant d'air entrant dans les tuyaux d'une façon absolument continue, jour et nuit, sans qu'il puisse y avoir interruption momentanée, si courte soit-elle. On conçoit la difficulté d'un tel problème, qui ne peut se résoudre que dans de grands établissements, où l'on produit une ventilation efficace de tous les instants. On a adopté cette solution dans les prisons, où les appareils d'aisances complètement ouverts servent d'issue à la ventilation des cellules sans aucune odeur possible. On cherche quelquefois à l'obtenir d'une façon isolée au moyen d'un tirage artificiel obtenu par plusieurs becs de gaz allumés dans un tuyau, mais il est impossible de l'appliquer en grand à tous les appareils d'évacuation résiduaires d'une maison.

La seconde manière consiste à boucher le tuyau au moyen d'une masse d'eau disposée de telle façon qu'elle laisse passer les déchets, tout en interceptant d'une façon absolue le passage des gaz et des odeurs, ainsi que des miasmes qui les accompagnent. Le moyen d'obtenir cette fermeture hydraulique consiste dans l'emploi des *siphons*.

Quant aux bouchons mobiles qui ferment les tuyaux, on peut les employer concurremment avec les siphons ; mais, seuls, ils ne résolvent pas le problème, puisque, dès qu'on les ouvre, ne fût-ce qu'un instant, ils laissent passer les émanations.

Pour qu'un siphon soit efficace, il faut nécessairement que l'eau s'y renouvelle, de façon à s'y maintenir propre, et que la *garde d'eau*, ou la *plongée*, soit assez forte pour être toujours supérieure aux différences de pression qui peuvent s'exercer des deux côtés sur les surfaces liquides.

Tout appareil d'évacuation sera donc muni dès son ouverture d'un siphon qui interceptera la communication avec le tuyau de décharge, et celui-ci sera, dans la plupart des cas, séparé de la canalisation par un nouveau siphon, et, enfin, le tuyau général de canalisation se déversera dans l'égout en s'isolant lui-même par une nouvelle fermeture hydraulique.

Si l'on ajoute à l'effet des siphons l'emploi très efficace de chasses d'eau propre, en aussi grande quantité que peut le permettre une économie bien entendue, on entretiendra dans un état de netteté absolue les appareils et les canalisations et on diluera les matières organiques d'une façon propice à une expulsion lointaine.

98. Différentes formes de siphons, siphons en S et autres. — Les siphons peuvent affecter plusieurs formes générales, applicables selon les circonstances, la direction et la position des conduites.

La forme la plus convenable pour les conduites verticales est celle en S. La figure 156 représente dans ses croquis (1) et (2) les siphons en S du commerce qui leur sont applicables.

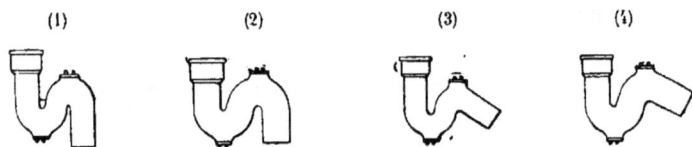

FIG. 156.

C'est une inflexion de la conduite, assez accentuée pour contenir constamment de l'eau ; le double coude qui la compose est tracé de telle sorte qu'il puisse y avoir une dénivellation d'une quantité h sans que la fermeture hydraulique cesse d'avoir lieu. Cette limite se nomme la *plongée*, et, pour qu'un siphon soit efficace, il faut que cette plongée soit au moins de

0ᵐ,06 à 0ᵐ,07. Des bouchons démontables, ménagés dans les
deux coudes, permettent le dégagement des dépôts solides,
lorsque ces coudes sont obstrués.

Les siphons des croquis (3) et (4) s'emploient lorsque la
seconde branche de la conduite doit, au sortir du siphon,
prendre une direction inclinée sur la verticale, au lieu de
poursuivre le premier alignement. Les joints de tous ces
siphons sont faits pour se relier à emboîtement avec les conduits de décharge.

Les siphons en S se trouvent également dans le commerce
exécutés en plomb.

Les joints ne sont plus à exécuter à emboîtement et cor-

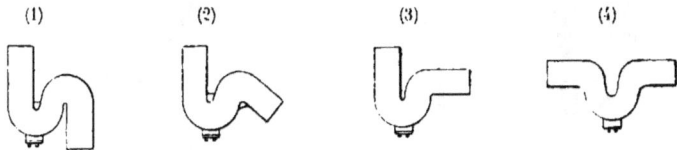

Fig. 157.

don ; les extrémités sont unies et sont destinées à être sou-
dées aux tuyaux en plomb. Le croquis (1) s'applique aux conduites verticales ; le croquis (2), à celles dont la branche inférieure doit prendre une position inclinée.

Ces siphons se modifient encore comme le montre le
croquis (3), lorsque la seconde branche se relève au point de
devenir presque horizontale. Enfin, le croquis (4) montre un
siphon qui n'est plus en S, mais en U ; il est destiné à être
placé sur une conduite horizontale.

Le nettoyage des coudes des siphons est une opération importante ; aussi s'est-on attaché à le rendre aussi commode
que possible. La maison Vuillot construit des siphons à fond
amovible en vue des dégorgements. Le joint est fait au moyen
d'une sorte d'emboîtement dans lequel se loge une bague en
caoutchouc ; un collier articulé, fixé sur la partie haute, se
rabat sous le coude amovible et le maintient en place au
moyen de la pression d'une vis. Cette pression, non seulement

serre les deux pièces l'une contre l'autre, mais encore comprime la bague de caoutchouc de manière à donner un joint étanche.

Les deux croquis de la figure 158 représentent des exemples des siphons à fond amovible en S et en U dont il vient d'être parlé.

Un autre mode de nettoyage se fait par le dessus, lorsque le dessous n'est pas accessible ; on le prévoit en ménageant

(1)   (2)

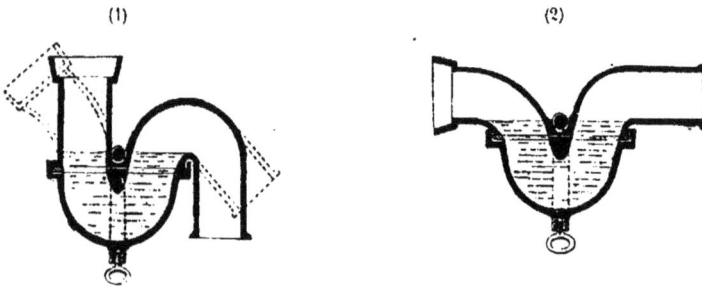

Fig. 158.

une tubulure supérieure avec tampon mobile de visite. Les deux croquis de la figure 159 en donnent des exemples. Le croquis (1) est applicable à une conduite horizontale, et la tubulure de visite placée entre les deux branches s'ouvre

(1)   (2)

Fig. 159.

par le haut au moyen d'un tampon mobile. Le second croquis est applicable à une conduite verticale, se déviant de la longueur de l'appareil pour se continuer, soit par un prolongement vertical, soit par une seconde branche inclinée.

En principe, les siphons ne doivent être qu'une inflexion de la conduite. Il faut qu'ils puissent se maintenir propres et pour cela qu'ils présentent intérieurement aux liquides

souillés la plus petite surface de contact possible. On doit
éviter dans leur construction les parois inutiles, les angles
rentrants ou saillants, les changements de section, qui sont
autant de causes de dépôts fermentescibles, d'infection et
d'engorgements. Dans de tels siphons, les chasses d'eau que
l'on peut faire pour les nettoyer n'ont qu'un effet médiocre.
Un siphon de ce genre, condamné depuis longtemps à cause
des inconvénients que nous venons de signaler, est le siphon

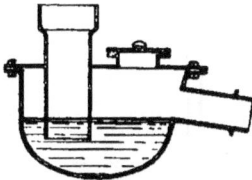

FIG. 160.

dit en D, dont la coupe verticale est
figurée au croquis 160). Il a été pendant bien des années employé d'une
manière générale. La boîte qui le
forme a en effet la forme d'un D,
recouvert par un couvercle plan,
avec lequel est fondue la tubulure
qui termine le tuyau vertical d'arri-
vée de l'eau. Souvent aussi, la bonde de dégorgement se
plaçait sur le couvercle. Quant au départ de l'eau, il était
latéral et à un niveau tel, qu'il existait une garde d'eau formant fermeture hydraulique insuffisante, de quelques centimètres seulement de plongée. Un tel siphon, à cause des
inconvénients signalés, est plus nuisible qu'utile.

Lorsqu'au contraire le siphon se présente avec une section
partout la même, sans saillies et sans surfaces nuisibles, les
chasses d'eau sont tout à fait efficaces ; elles balayent les
dépôts et souillures et rendent la conduite parfaitement
nette.

99. Ventilation des siphons. — Les croquis (1) et (2)
de la figure 161 représentent deux des cas les plus ordinaires
d'installation des siphons. En (1), un appareil A doit recevoir des eaux résiduaires qui s'échappent par un tuyau vertical spécial ne desservant aucun autre appareil. On interpose un siphon B avec garde d'eau suffisante entre A et C ;
on se croit à l'abri des odeurs venant de la conduite, mais
l'installation en donne souvent. Voici ce qui se passe.

On verse une masse d'eaux résiduaires en A. Elles passent (*fig.* 161) vivement, s'écoulent par le siphon, puis par le tuyau vertical qui lui fait suite, emplissent la section et forment comme un bouchon, ou un piston, qui se meut avec rapidité en faisant une succion derrière lui ; le vide de cette succion aspire la garde d'eau. Il en résulte qu'après cette chasse il n'y a plus de fermeture hydraulique et que les odeurs apparaissent. Verse-t-on un verre d'eau en A, la fermeture se reforme et les miasmes cessent.

En (2) est un cas aussi fréquent : le tuyau D de l'appareil A aboutit après le siphon B

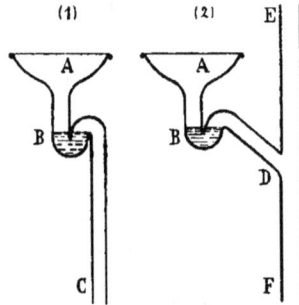

Fig. 161.

à une conduite verticale desservant d'autres appareils. En temps ordinaire il y a fermeture hydraulique. Vient une masse d'eaux résiduaires tombant des étages supérieurs dans la conduite principale ; l'air méphitique de cette conduite se comprime sous la poussée du liquide supérieur et sort en bouillonnant à travers le siphon B en dégageant des odeurs ; puis, cette même masse d'eau continue son trajet et, lorsqu'elle a dépassé le branchement D, elle aspire par succion, comme dans l'exemple précédent, la garde d'eau et vide le siphon B qui dégage alors sans obstacles les odeurs de la conduite.

On évite ces inconvénients en mettant le sommet du siphon en communication avec l'atmosphère par un tuyau de ventilation ; il a pour but de maintenir dans la deuxième branche, sans variation, la pression atmosphérique, en faisant sortir ou rentrer de l'air suivant que les écoulements en masse tendront à comprimer l'air ou à produire de l'aspiration. La figure 162 montre la disposition qu'il faut prendre dans les deux cas de la figure 161. En (1), on soude un tuyau de ventilation au coude supérieur du siphon et ce tuyau s'ouvre à l'extérieur de l'habitation en traver-

sant le mur de face ; de la sorte, aucune succion ne peut se
produire.

En (2), on établit dans toute la hauteur de la conduite EF,
et parallèlement à sa direction, un tuyau V qui débouche sur
le toit de l'édifice par une ouverture complètement libre ; on
branche à chaque appareil
un tuyau r qui part du sommet du siphon pour aller le
rejoindre ; de la sorte tous
les appareils sont reliés à la
conduite de ventilation, *tous
les siphons sont ventilés*, et il
ne peut se produire ni bouil-
lonnement ni succion.

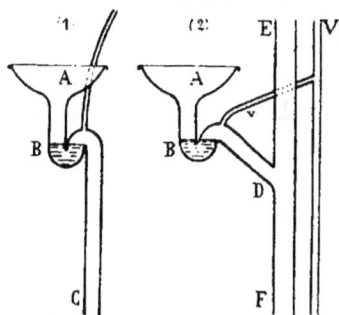

C'est à cette condition absolue d'une ventilation complètement efficace que les siphons peuvent intercepter les odeurs.

FIG. 162.

Il faut aussi que l'eau qui les remplit soit assez fréquemment renouvelée pour ne pouvoir se corrompre.

Il faut enfin qu'on entretienne son niveau. Dans les locaux
non habités, l'eau des gardes hydrauliques s'évapore et bientôt
la fermeture n'existe plus.

Lorsqu'on craint que l'évacuation de la ventilation sur la
façade ne donne des odeurs dans le voisinage, par suite de

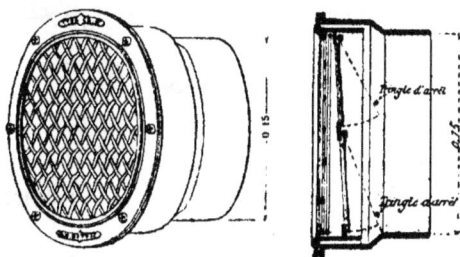

FIG. 163.

l'établissement d'un courant d'air constant dans l'intérieur,
on peut adapter à l'orifice d'évacuation une boîte d'aérage

comme celle qui est représentée dans la figure 163 et qui est construite par MM. Geneste et Herscher. Ces boîtes sont grillagées au dehors, et pourvues à l'intérieur de valves en mica, s'ouvrant seulement au moment des écoulements pour remplacer l'air entraîné, assurer le maintien de l'équilibre atmosphérique et empêcher le désamorçage des siphons par succion. Elles s'opposent aussi aux bouillonnements, en donnant issue au dehors à l'air confiné et évitant qu'il ne puisse atteindre une compression nuisible. Ces constructeurs font aussi des boîtes de forme carrée ou rectangulaire.

100. Vidange des éviers. Bondes ordinaires

— Les pierres d'évier reçoivent des eaux de lavage de toutes sortes, tantôt froides, tantôt chaudes, accompagnées de graisses fondues, de résidus solides minéraux, comme le grès en poudre, ou organiques, provenant des aliments ou de l'épluchage des légumes. De là, certaines difficultés à vaincre dans la vidange des eaux résiduaires.

Autrefois, on assemblait l'extrémité du branchement de vidange, munie d'une bonde soudée, dans un trou convenable percé dans la pierre, et on faisait le joint entre le métal et la pierre avec du mastic à base de résine, dit *de fontainier*.

La bonde était composée d'un siège légèrement conique avec bride extérieure un peu saillante, et elle recevait un bouchon de même forme muni d'un anneau ; les surfaces en contact étaient tournées et rodées, afin de former un joint étanche. Quelquefois, en dessous, se trouvait un croisillon destiné à arrêter les gros ré-

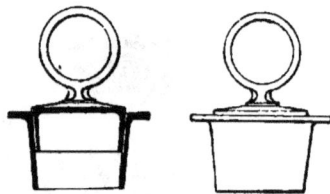

Fig. 164.

sidus qui eussent pu engorger les conduites. La bonde (*fig.* 164) est construite en laiton ; elle se trouve dans le commerce sous différents diamètres ; les plus convenables pour l'application aux pierres d'évier sont celles de $0^m,040$ et de $0^m,050$.

L'installation générale d'une de ces bondes est représentée
dans la figure 165. Le fond du bassin a une pente réglée
vers le point choisi pour la vidange, et la bonde est légèrement en contre-bas, afin de faciliter l'écoulement du liquide
jusqu'à la dernière goutte.

Cette disposition présente un inconvénient grave : celui de
nécessiter l'ouverture de l'orifice
pendant des laps de temps plus
ou moins longs. Durant ces intervalles, les odeurs (venant des
matières organiques en fermentation dans les canalisations
subséquentes) se répandent dans
la pièce, cuisine ou laverie. Un
second inconvénient se présente :
c'est, le bouchon étant fermé,
de barrer toute issue à l'eau

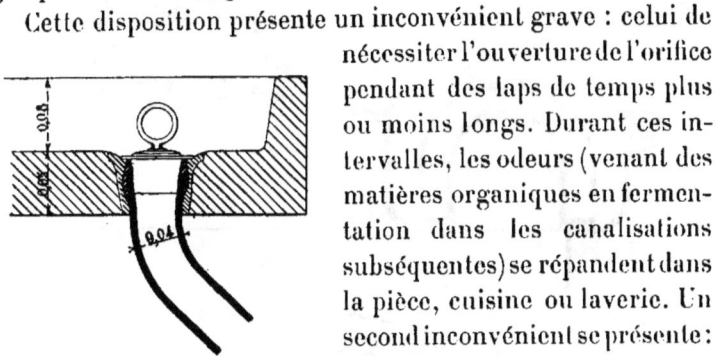

Fig. 165.

pouvant goutter des robinets, ou qui peut affluer, si ceux-ci
sont restés ouverts par mégarde après un arrêt de l'eau. Il
peut en résulter, dans ce dernier cas, des inondations graves.

101. Éviers avec bondes siphoïdes. — On a cherché
à éviter ces deux inconvénients par une disposition particulière des bondes, disposition qui leur a fait donner le nom
de bondes siphoïdes. Un des meilleurs types de ces bondes
est représenté dans les trois croquis de la figure 166. Il
est exécuté en laiton. La tubulure qui recevra le tuyau
est surmontée d'une lanterne en saillie, percée d'un certain
nombre d'orifices ; en dehors, elle a la forme d'une cuvette
assez large, et sur le contour intérieur se trouve un bassin
annulaire d'une profondeur de 0^m,03 à 0^m,04. Une grille articulée recouvre le tout et porte une cloche dont les bords
trempent dans le bassin.

La première grille extérieure arrête les plus grosses ordures,
l'eau à écouler passe autour de la cloche et se rend dans le
tuyau d'évacuation en passant par la lanterne, sans qu'il soit

pour cela nécessaire d'ouvrir le couvercle ; les passages sont
permanents et il y a une faible garde d'eau qui garantit
jusqu'à un certain point des odeurs. Lorsque cette bonde est
entretenue soigneusement en constant état de propreté, elle
fonctionne assez bien et procure une réelle amélioration,
comparativement à la bonde précédente. Mais, lorsque les

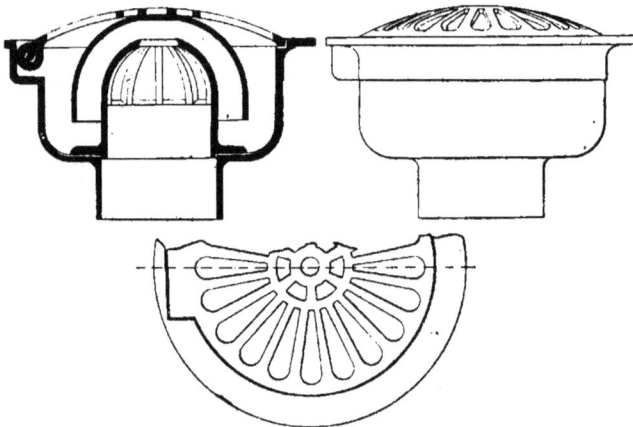

Fig. 166.

soins manquent, le bassin est bientôt obstrué de corps
solides plus ou moins, organiques qui obturent le passage,
d'une part, et de l'autre, fermentent et donnent lieu à des
odeurs désagréables. De plus, la garde d'eau du siphon formée par la cuvette et la cloche est beaucoup trop faible pour
garantir absolument contre la sortie des gaz de la canalisation, sous l'influence des pressions variables, surtout
lorsque plusieurs éviers superposés se trouvent branchés
sur une même conduite verticale, comme cela arrive dans
les maisons à loyer formées de séries d'appartements étagés.

Les bondes siphoïdes se soudent comme les précédentes
à l'extrémité des branchements, et on les scelle dans des
trous percés au fond de la pierre et auxquels on donne la
forme voulue pour permettre la jonction, soit au mastic de
fontainier, soit au ciment de Portland.

102. Éviers avec siphons. — La meilleure manière
d'organiser la vidange d'un évier consiste à faire suivre la
bonde ordinaire d'un siphon en forme d'S exécuté en plomb
fondu ou en cuivre et présentant une garde d'eau de $0^m,06$ à
$0^m,07$ de hauteur. Une grille, suivant immédiatement la bonde,
arrête les plus grosses ordures. Le siphon, de $0^m,040$ à $0^m,050$

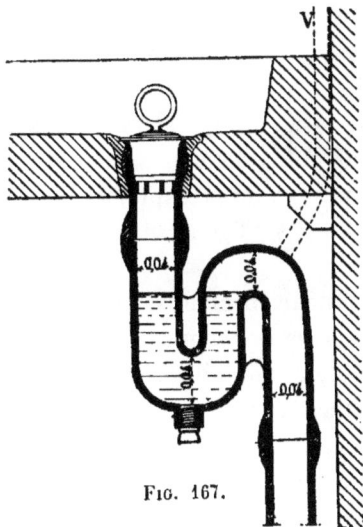

Fig. 167.

de diamètre comme la bonde
et aussi comme le branchement qui lui fait suite, est
jonctionné au moyen de
soudures. Un bouchon de
dégorgement, placé à la base
du premier coude, permet le
nettoyage en cas d'obstructions; il est en laiton et vissé
sur une douille de même
métal soudée avec le siphon.
Enfin, on branche sur le
sommet du siphon un tuyau
de ventilation V, marqué en
ponctué sur la figure 167,
et aboutissant au dehors.

Avec cet appareil, on a une interception absolue entre les
gaz et odeurs du branchement et l'orifice de la bonde.

Dans le cas où l'évier se trouverait branché sur une
colonne verticale de vidange recevant de nombreux éviers
ou vidoirs, ou des appareils de bains, on brancherait tous
les tuyaux de ventilation des appareils superposés sur une
colonne verticale allant déboucher sur le toit et les faisant
communiquer à l'extérieur. Par ce tuyau l'air peut rentrer et
empêcher la suppression de la garde d'eau ou le bouillonne-
ment du gaz au travers.

On pourrait se passer de la bonde et la remplacer par une
simple grille, au point le plus bas de l'évier; mais on aurait,
dans certains cas, l'odeur provenant des eaux résiduaires en
fermentation dans le siphon, lorsqu'elles ne sont pas renou-

velées assez souvent. Le bouchon de la bonde arrête toute odeur pendant les laps de temps où l'évier peut ne pas servir.

On a fait des siphons pour pierres d'évier, en cuivre et en fonte ; mais ces métaux sont inférieurs au plomb pour cet usage. Le plomb s'oxyde moins sous l'influence des liquides souvent acides à évacuer, et ses parois restant plus lisses ne retiennent pas autant les résidus solides, et se maintiennent beaucoup plus propres.

103. Boîtes à graisses. — Il arrive parfois, dans les maisons ou hôtels où l'on fait une abondante cuisine, que les branchements de vidange se trouvent promptement engorgés par les dépôts de graisses qui s'y figent, et interceptent en peu de temps toute la section.

On peut parer à cet inconvénient en établissant les branchements bien en ligne droite avec bouchons de visite et de dégorgement aux coudes; on ramonne l'intérieur des conduites avec des raclettes emmanchées au bout de tringles en fer.

On a fait aussi, soit dans la cuisine, soit au dehors, des regards d'interception en maçonnerie, dans lesquels la graisse se dépose et d'où on peut l'extraire facilement. Ces réservoirs sont de mauvais appareils, en raison de la porosité de la matière qui s'imbibe de matières organiques bientôt en putréfaction et dégage des odeurs fétides.

En Angleterre, M. Hellyer [1] a proposé et employé une boîte à graisse bien étudiée, en grès vernissé imperméable. Elle se compose (*fig.* 168) d'une caisse A rectangulaire présentant deux tubulures allongées : l'une B reçoit le branchement de vidange de l'évier, l'autre C donne issue aux eaux. Ces trois capacités sont séparées par des cloisons plongeantes qui isolent le récipient A et forment garde hydraulique. La capacité A est fermée par un couvercle amovible ayant toute

---

[1] *La Plomberie*, par S. HELLYER, traduction Poupard aîné.

sa surface horizontale ; lorsqu'il est ouvert, on peut extraire
une grille munie de deux poignées, et enlever ainsi d'un
seul coup les corps lourds qui se sont déposés au fond, ainsi
que les graisses qui, au contact de la masse d'eau froide, se
sont figées dans l'espace compris entre les deux cloisons
verticales.

L'auteur anglais a complété sa décharge d'évier par une
ventilation partant de B, parcourant le syphon et traversant
de nouveau le mur pour communiquer au dehors en V.

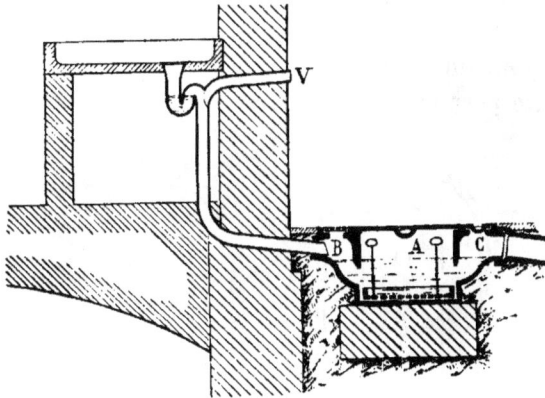

Fig. 168.

Dans la circonstance présente d'un évier isolé, la ventilation
est plutôt nuisible et doit être supprimée.

Ces sortes de réservoirs étant susceptibles de dégager.
quand on les ouvre pour le nettoyage, des odeurs excessivement fétides, ne doivent pas s'établir dans l'intérieur des
habitations, ni à plus forte raison dans les épaisseurs des
planchers. Il faut, en principe absolu, les maintenir en dehors
et les soumettre à des nettoyages fréquents et réguliers.

Le même auteur anglais préconise des boîtes à graisses
mobiles placées sous les éviers, et que tous les jours on doit
vider et nettoyer, admettant que la récolte des corps gras,
faite quotidiennement, peut compenser par sa valeur les

soins assidus que demandent ces appareils. Cette disposition peut rendre service dans quelques cas restreints, où l'on
peut être sûr de la régularité du nettoyage.

104. Postes d'eau. — Les prises d'eau dans les maisons d'habitation ne peuvent être établies par un simple
robinet, sans que ce dernier soit accompagné d'une cuvette
terminée par une vidange, pour enlever les eaux qui peuvent
être renversées pendant la prise ou s'égoutter du robinet.

Une disposition très convenable consiste dans la fabrication, d'une seule pièce en fonte émaillée, d'une niche recevant le robinet et d'une cuvette d'écoulement. C'est ce que
l'on nomme un *poste d'eau*. Une grille à la partie haute de
la cuvette permet de poser horizontalement les vases à em-

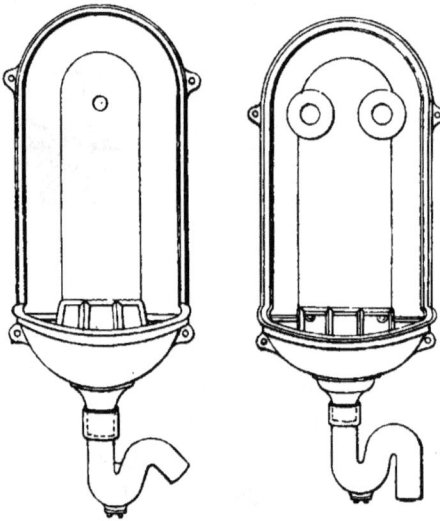

Fig. 169.

plir; elle est disposée pour que le débord, s'il a lieu, retombe
dans la cuvette.

Cet appareil est très commode, très facile à entretenir
propre; les éclaboussures jaillissant sur la paroi émaillée
de la niche, un simple lavage peut rendre celle-ci nette. En

second lieu, la cuvette peut servir de vidoir lorsque l'on n'a que de faibles quantités d'eau à évacuer.

Quoique les postes d'eau du commerce soient munis de bondes siphoïdes précédant la buse d'écoulement des eaux résiduaires, il est indispensable, vu l'inefficacité de ces bondes, de les faire suivre de siphons en plomb ou en fonte, selon la nature de la canalisation avec laquelle on les raccorde. Avec ces siphons, s'ils sont bien établis, on a une plongée suffisante pour bien isoler les odeurs des canalisations.

Les postes d'eau sont établis pour un seul robinet ou pour deux, suivant qu'on doit les alimenter d'eau ordinaire ou d'eau froide et d'eau chaude.

La figure 169 représente les modèles de postes d'eau à un ou deux robinets, construits par la maison Scellier.

On fixe ces postes d'eau à un mur au moyen de boulons de scellement venant serrer des oreilles fixées au pourtour de la niche, et on remplit l'intervalle en arrière avec un renformis en maçonnerie de plâtre, dans lequel passe le tuyau d'alimentation. Ce tuyau se termine par un raccord traversant le trou ménagé dans la niche. On visse ultérieurement le robinet sur ce raccord, en lui faisant serrer une rosace moulurée qui cache le joint.

Comme pour les appareils précédents, il est indispensable que les siphons soient ventilés.

105. Des baignoires. — Les baignoires pour immersion complète se font le plus ordinairement en métal, cuivre, zinc ou fonte.

Les baignoires en cuivre ont été longtemps les plus employées, et les formes les plus usitées sont représentées dans quatre croquis de la figure 170. Les nᵒˢ (1) et (2) sont des modèles économiques; une des extrémités est large pour loger la tête et les épaules, l'autre bout est rétréci, afin de diminuer le cube d'eau, qui peut être réduit à 150 ou 175 litres. Le modèle nᵒ (3) est de même largeur, aux deux bouts et peut servir indifféremment dans un sens ou dans l'autre ; les bords sont terminés par une moulure ou *gorge* plus ou moins développée. Le cube va de 200 à 300 litres, suivant les dimensions.

La partie supérieure de la gorge est plate et peut recevoir un couvercle en bois garni de moleskine.

La forme n° (4) est également symétrique, de même largeur aux deux bouts ; le cube est le même, la gorge est seulement relevée en *bateau* aux deux extrémités.

Les baignoires en cuivre demandent à être étamées, nickelées ou même argentées à l'intérieur, pour permettre un entretien plus facile.

L'étamage a l'inconvénient de noircir sous l'influence des émanations sulfureuses ; il en est de même de l'argenture. Aussi l'étain et l'argent ne conviennent-ils pas pour les bains sulfureux, dit de *Barèges*, ni pour certains bains médicinaux.

Les baignoires en zinc sont plus économiques que celles en cuivre étamé, et elles s'entretiennent moins brillantes ; cependant, lorsqu'on les essuie à chaque service, sans jamais laisser l'eau sécher d'elle-même sur le métal, elles prennent une patine qui conserve une certaine netteté et une apparence convenable de propreté. On fait maintenant des baignoires de luxe en zinc, dont les prix sont les mêmes que ceux des baignoires en cuivre.

Les quatre formes de la figure 170 sont applicables aux baignoires en zinc.

La fonte ne convient pas seule pour faire le parement des baignoires ; mais on obtient des cuves convenables en émaillant l'intérieur. L'émail blanc est le plus usité. Quand il est de bonne qualité, qu'il ne s'éclate pas par différence de dilatation, les baignoires en fonte émaillée présentent le double avantage d'être très propres et très faciles à entretenir, d'une part, et, de l'autre, d'être inattaquables aux agents chimiques. Elles conviennent, par suite, pour les bains de Barèges et autres mélanges médicinaux, aussi bien que pour l'eau ordinaire.

On a fait quelquefois des baignoires en pierre ou en marbre ; elles conviennent surtout pour les pays chauds, à cause de leur échauffement difficile. On en fait aussi en grès émaillé blanc qui, plus minces, peuvent convenir à nos cli-

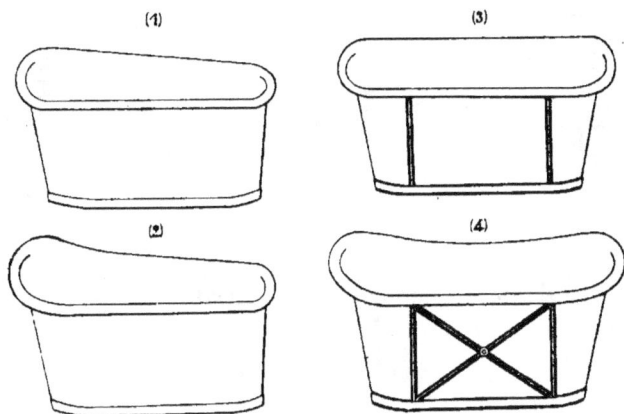

Fig. 170.

mats, et qui n'ont d'autre inconvénient que leur fragilité.

La plupart de ces baignoires ne présentent, dans leur construction, d'autre orifice que celui de la vidange ; il reçoit la bonde et se trouve au point le plus bas du fond. Cette bonde est munie d'une ficelle ou d'une chaînette terminée par un petit flotteur et un anneau. Ce dernier s'accroche à un gond pour rendre la vidange continue. La figure 171 donne en (1) et en (2) la forme des bondes le plus généralement employées. Le croquis (1) représente une bonde dont le siège doit être soudé au fond d'une baignoire en métal ; la forme (2) est plus usitée : elle s'applique aussi bien à un fond en métal qu'à un fond en autre matière, en fonte émaillée par exemple ; l'orifice de passage est percé ou ménagé à un diamètre précis, et la paroi est serrée par l'intermédiaire de deux rondelles, entre les saillies de deux pièces à raccord à vis, une troisième pièce vissée venant y ajouter par-dessous le tuyau de vidange. Le siège est tron-

conique pour recevoir la soupape, et présente en contre-bas
un guide, porté sur croisillons, qui maintient la tige de cette

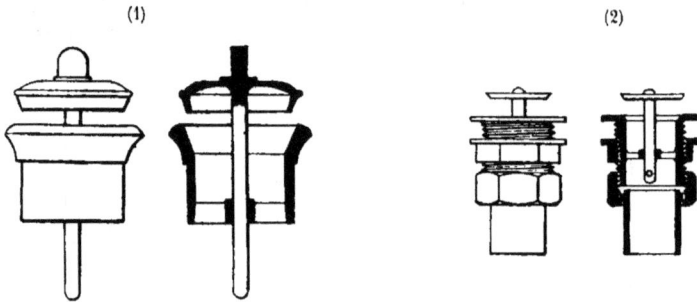

Fig. 171.

dernière dans son mouvement vertical. Une goupille légèrement saillante limite la course.

106. Robinets de baignoires. — Les baignoires dont
il vient d'être parlé doivent être alimentées d'eau chaude et
d'eau froide ; on les place le long d'un mur ou d'une cloison qui porte les tuyaux d'eau, et ceux-ci sont terminés par
des robinets.

Longtemps on a donné à ces robinets la forme spéciale
d'un col de cygne ; malgré
cette forme, ils sont établis sur le principe des robinets à boisseau. Leur
construction avait pour
but d'éloigner le jet du
mur et de franchir plus
facilement l'intervalle
entre la baignoire et le
parement de la maçon-
nerie.

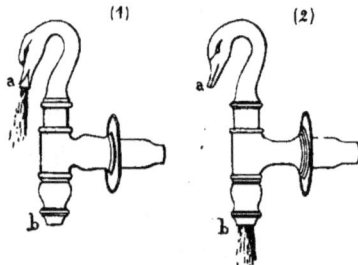

Fig. 172.

Le croquis (1) de la figure 172 montre l'ancienne disposition, dans laquelle, le bas *b* étant bouché, l'eau s'échappait
par l'extrémité *a* du col de cygne.

Plus tard, on a rapproché la baignoire du mur, on a allongé les tiges formant la saillie, et on a fermé le col de cygne en *a*, croquis (2) ; toute l'eau passait par la douille *b* et donnait bien moins d'éclaboussures.

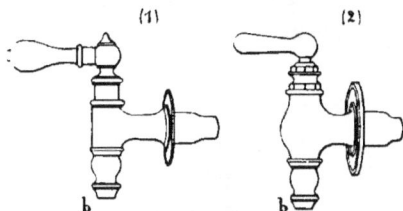

FIG. 173.

L'incommodité de la poignée a fait ensuite abandonner la forme précédente, et on a adopté la disposition plus rationnelle à manette. On a donc eu les robinets indiqués par le croquis (1) de la figure 173, versant l'eau par la douille *b*. Enfin, on a perfectionné ces robinets en les transformant en robinets à vis ou à clapet, au lieu des boisseaux qui laissaient constamment perdre l'eau. On a eu une fermeture plus hermétique et on a pu mieux entretenir les baignoires, celles-ci étaient maintenues plus sèches. Tous ces robinets sont en deux pièces : une douille qui se soude sur le branchement de plomberie et porte un raccord taraudé ; le reste du robinet, qui se visse après coup sur la douille et dont une rosace moulurée cache le joint.

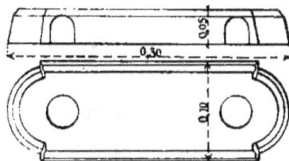

FIG. 174.

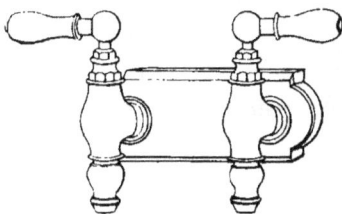

FIG. 175.

Les deux robinets d'une baignoire se présentent parallèlement et doivent être disposés suivant une certaine symétrie, en même temps qu'il y a avantage à cacher les nœuds de soudure d'attache. On y arrive au moyen de patères en bois ou en fonte, présentant en creux les passages des tuyaux

et l'emplacement des douilles et de leurs nœuds de soudure, et sur lesquels les rosaces des robinets viennent
s'appliquer. La figure 175 représente les vues d'une patère
en fonte, modèle de la maison Vuillot, qui remplit complètement le but. Quant aux tuyaux, on les fait passer dans
une gaine pratiquée dans le parement du mur, afin de les
dissimuler aussi complètement que possible.

Dans les établissements de bains, on adosse les baignoires
deux à deux à une même cloison de séparation qui contient
les branchements d'alimentation; de la sorte, ceux-ci servent
à la fois à l'alimentation de deux baignoires, et il en résulte
une notable économie dans les canalisations.

**107. Baignoires portant leurs robinets et acces-
soires.** — Le grand inconvénient des baignoires qui
viennent d'être décrites réside dans la difficulté de les tenir
sèches et propres. En effet, les robinets à boisseau qui les
desservent ne tardent pas à laisser passer l'eau, qui s'égoutte
continuellement dans la baignoire; le même inconvénient
existe, quoique atténué, avec les robinets à vis.

M. Chevalier [1] a construit des baignoires qu'il a appelées
« Pompadour », et qui ne présentent pas ces inconvénients.
Elles sont en zinc, munies à l'arrière d'un réservoir adossé
à la paroi verticale et contenant à la fois : 1° les robinets
d'alimentation d'eau froide et d'eau chaude, que l'on commande par les manettes a et b (*fig.* 176); 2° une soupape de
vidange, manœuvrée en soulevant la poignée c, et qui communique par dessous avec la grille D de la baignoire; 3° un
entonnoir de trop-plein communiquant par le tuyau E avec
la vidange V; 4° un tampon t de visite et de dégorgement.

Lorsque, la soupape étant fermée, on ouvre les robinets A
et B, l'eau coule dans le réservoir annexe, puis arrive par
le fond de la baignoire pour emplir cette dernière.

Si, les robinets étant laissés ouverts, l'eau arrive au niveau

---

[1] Grodet, successeur.

déterminé par la ligne horizontale ponctuée du dessin, le
trop-plein fonctionne et lui donne écoulement, sans qu'il y
ait de débord possible.

Lorsqu'on veut vider la baignoire, on lève la poignée C
et, au moyen d'une saillie formant taquet, on la maintient
soulevée. L'eau prend le chemin inverse en passant par la

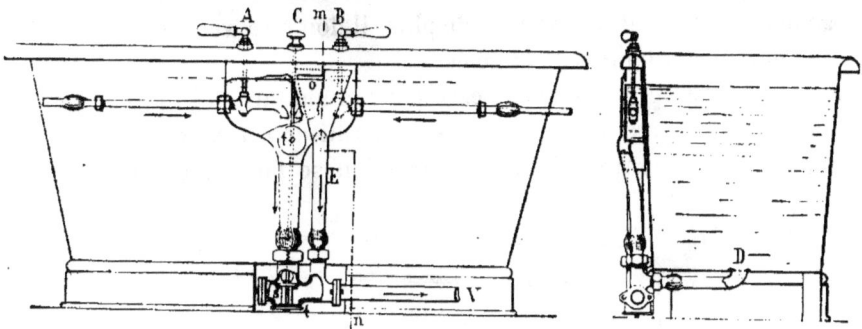

Fig. 176.

grille de fond pour aller retrouver la vidange, et les pentes
sont ménagées pour que la sortie ait lieu jusqu'à la dernière goutte.

La baignoire qui porte ainsi tous ses robinets et appareils
accessoires, est facile à entretenir très propre; dans le cas où
les robinets viendraient à goutter, les gouttes se réuniraient
sur la soupape et dans le tuyau D. Du reste, une bonne précaution consiste à maintenir la bonde soulevée lorsque la
baignoire ne fonctionne pas. On évite ainsi, quelle que soit
l'importance des fuites, que l'eau ne puisse pénétrer dans le
fond de la baignoire et faire des taches d'oxydation à la surface du métal.

Cette baignoire est accompagnée de bouts de tuyaux assez
longs pour les alimentations d'eau froide, d'eau chaude et
pour la vidange, de telle sorte que l'on peut la placer sur
le plancher même de la salle de bains, sans terrasson d'aucune
sorte; des raccords au bout des tuyaux d'attente permettent

de se relier aux canalisations de l'immeuble. Avec cette disposition, les jonctions, une fois la baignoire en place, sont faciles à faire sur le côté.

Rappelons que le tuyau de vidange doit être siphonné, afin de supprimer toute chance d'odeurs par l'irruption des gaz venant du tuyau de descente avec lequel on le raccorde. Le siphon doit être placé sous le sol du cabinet de bains, mais le plus près possible de la baignoire, avec tampon de dégorgement facilement accessible ; de plus, il doit être ventilé et mis hors des atteintes de la gelée.

Une forme de baignoire assez répandue aujourd'hui, surtout en Angleterre, et qui tend à se généraliser, est celle que représente la figure 177. La construction se fait en métal

Fig. 177.

(cuivre, zinc ou fonte émaillée). Le croquis est celui d'une baignoire en grès, émaillée entièrement, construite par la maison Geneste et Herscher.

L'une des extrémités est terminée par une face verticale ; l'autre est en bateau et sert de dossier. Les appareils de manœuvre (robinets d'alimentation, vidange, trop-plein) sont établis à l'extrémité, le long de la face plane. Le principe est le même que dans la baignoire Chevalier, mais les poignées des robinets sont moins à portée de la main.

108. Chauffage domestique des bains. Thermosiphon. — Un des procédés les plus économiques d'ins-

tallation, mais non des plus commodes, pour chauffer l'eau
d'un bain, lorsqu'il n'y a pas d'eau chaude disponible à
proximité, consiste dans l'emploi d'un *thermosiphon*.

C'est un appareil que l'on installe près de la baignoire et
qui consiste, comme le montre la figure 178, en un récipient
cylindrique vertical, en tôle ou en cuivre, posé sur le sol ;
il communique avec la baignoire par deux tubulures S et T,

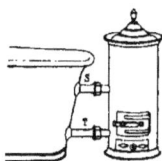

FIG. 178.

que l'on jonctionne avec des raccords. La
baignoire est alimentée d'eau froide par un
robinet extérieur; l'eau se nivelle dans le
récipient, et l'on arrête l'écoulement dès
que le volume d'eau est suffisant. C'est cette
eau que le thermosiphon est chargé de
chauffer ; à cet effet, il contient un foyer
avec départ de fumée, permettant, suivant
sa forme, d'utiliser la combustion du coke, du charbon de
bois ou du gaz.

La figure 179 représente un thermosiphon établi pour l'emploi du
coke ou du charbon de bois et construit par la maison Barbas, Tassart
et Balas ; une grille C, placée au-dessus d'un cendrier réduit, reçoit le
combustible et permet l'accès de
l'air. La partie haute du foyer est
traversée par deux bouilleurs D en
croix, ayant pour but de multiplier
les surfaces de chauffe; les produits
de la combustion s'échappent en E.

Le diamètre de ces appareils est
de $0^m,35$, et leur hauteur est de
$0^m,70$.

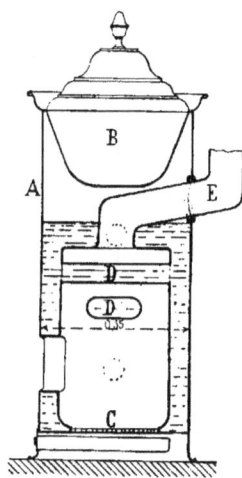

FIG. 179.

En B, est une cuvette recouverte
d'un couvercle mobile, servant de chauffe-linge.

Il faut qu'il y ait dans la baignoire une quantité d'eau
suffisante pour dépasser le niveau de la tubulure S; sans

quoi, non seulement la circulation ne se ferait pas, mais encore le ciel du foyer de la chaudière ne serait pas recouvert d'eau et pourrait être brûlé par l'intensité du feu.

On modère le chauffage dès que, par la circulation, l'eau de la baignoire a atteint la température désirée ; si la température tend à s'élever, on la maintient au chiffre voulu par des additions d'eau froide.

Les dimensions relativement restreintes de ces appareils ne permettent pas d'y développer une surface suffisante pour chauffer rapidement. Il faut compter une heure au moins pour le chauffage d'un bain, quelquefois une heure et demie, quand la baignoire est un peu grande, et surtout quand elle est en fonte émaillée.

109. Chauffe-bain à colonne. — Un moyen plus pratique de chauffer l'eau d'un bain consiste à surélever convenablement au-dessus du sol un véritable réservoir d'eau chaude. Ce réservoir peut être formé d'un cylindre vertical en tôle ou en cuivre de $0^m,40$ à $0^m,50$ de diamètre et de $1^m,60$ à $1^m,80$ de hauteur. Sa capacité est de 110 à 150 et même 200 litres. Le fond est à $0^m,70$ environ du plancher. On le remplit d'eau par un tuyau muni d'un robinet d'arrêt, et souvent d'un robinet-flotteur. Un tuyau de trop-plein de fort diamètre empêche les débords.

Le chauffage de l'eau se fait par un foyer intérieur, établi en vue du combustible dont on dispose (bois, charbon ou gaz). Les produits de la combustion, après avoir côtoyé les parois aussi développées que possible du foyer, montent à travers le liquide dans un tuyau étanche, droit ou contourné, qui les conduit à la cheminée.

La figure 180 représente un appareil de ce genre construit par MM. Barbas, Tassart et Balas. Il est établi pour brûler du gaz d'éclairage. Le support inférieur H, qui sert de socle à l'appareil, prend la forme d'une cheminée à gaz et peut être utilisé pour chauffer la salle de bains. Cette disposition est appliquée par nombre de constructeurs.

Le foyer comprend une grille à gaz à cinq rampes, brûlant en bleu.

La flamme se développe dans un large espace traversé

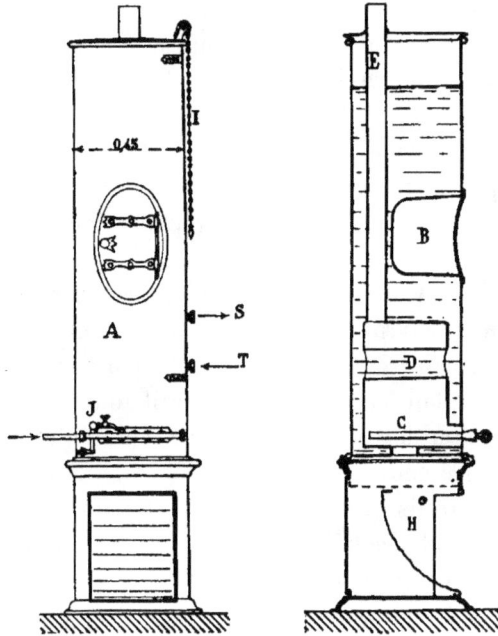

Fig. 180.

par un bouilleur D, et les produits de la combustion, refroidis au contact des parois, s'échappent en E par un tuyau qui va rejoindre l'une des conduites de fumée du bâtiment. Il est bon de mettre sur le tuyau E, au sortir de l'appareil, un registre modérateur du tirage, mais avec la précaution de réserver toujours ouverte une partie de la section, au moyen d'une échancrure convenable à la valve.

Dans la partie moyenne, on ménage une cavité B, munie d'une porte pour servir de chauffe-linge.

Lorsque le réservoir est plein et que l'eau est chaude, on la conduit à la baignoire par un tuyau dont on voit l'amorce

en S ; toute l'eau qui se trouve en dessous du niveau de S
ne peut être vidée ; elle forme une réserve couvrant le foyer
et l'empêchant d'être brûlé par la haute température dégagée
par le combustible, sans utilisation immédiate. Il est bon,
lorsque les appareils sont établis dans des locaux susceptibles de geler, d'adjoindre à l'appareil aussi près du fond
que possible, un robinet de petit diamètre servant de purgeur et permettant de vider entièrement l'appareil pendant
les périodes froides.

Les appareils à colonne sont ordinairement munis d'un
flotteur I, avec chaînette et contrepoids, indiquant le niveau
de l'eau.

L'emploi d'un flotteur ne dispense pas d'un robinet
d'arrêt manœuvrable à la main, et qui doit empêcher toute
addition d'eau froide pendant que l'on prend un bain. L'alimentation, dans ce cas, supprimerait toute la réserve d'eau
chaude qu'on doit se ménager pour maintenir la baignoire à
température convenable.

Ces appareils sont économiques lorsqu'on y emploie du
coke ou du charbon de bois. Avec le gaz, vu son prix élevé,
la dépense est plus forte ; il en faut environ 1 mètre cube
et demi à 2 mètres cubes par bain, et le temps de chauffage
varie d'une demi-heure à une heure, suivant l'intensité du
foyer et la pression de la canalisation.

Avec le gaz, il faut, pour éviter tout danger d'explosion,
munir le foyer d'un bec allumeur que l'on manœuvre en premier lieu, et qui à son tour met le feu aux rampes, à mesure
qu'on ouvre leurs divers robinets.

L'eau arrive froide dans l'appareil en T, au-dessous du
niveau de S, afin de tomber au fond par son poids et de se
mélanger le moins possible avec l'eau chaude, dans le cas où,
prenant un bain, on aurait omis de fermer entièrement le
robinet d'arrêt.

Le haut de la cheminée à gaz communique avec le foyer
du chauffe-bain, pour permettre l'évacuation des produits de
la combustion de la rampe.

110. Appareil de chauffage dit instantané. — On emploie assez communément maintenant un appareil de chauffage de l'eau au moyen du gaz. Cet appareil, branché sur le tuyau d'eau d'un réservoir, ou sur une canalisation venant directement de la Ville, reçoit cette eau dans un serpentin placé au-dessus d'un foyer à gaz intense, la chauffe et la débite en courant continu.

Cet appareil est dit de *chauffage instantané ;* il est représenté comme ensemble dans la figure 181. On l'applique au chauffage des baignoires et des lavabos, ainsi qu'à tous autres services analogues où l'on a besoin d'eau seulement tiède. Il convient particulièrement à l'alimentation des douches à température mitigée, en raison de la grande facilité de réglage que l'on possède par la manœuvre, soit du robinet d'eau, soit du robinet de gaz.

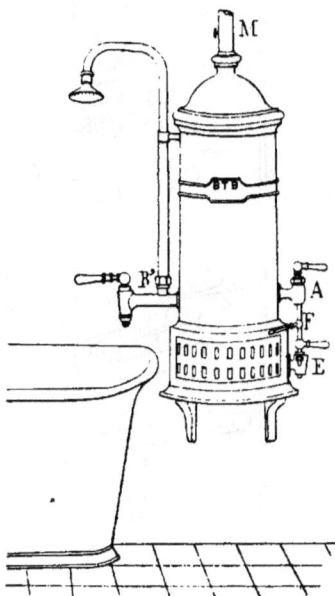

Fig. 181.

L'appareil de la figure 181, construit par MM. Barbas, Tassart et Balas, est appliqué au chauffage d'une baignoire et à l'alimentation d'une douche placée immédiatement au-dessus.

Indépendamment des robinets d'arrêt dont il est parlé plus haut et qui font partie de la canalisation, l'appareil comporte deux robinets spéciaux superposés, l'un A admet l'eau, l'autre E ouvre le gaz. En F est un allumeur à alimentation indépendante.

Pour que l'on ne puisse chauffer l'appareil sans eau, ce qui le brûlerait et le détruirait rapidement, les deux robinets

A et E sont solidaires, par le moyen d'une tige verticale qui les relie; on les ouvre et on les ferme simultanément par le même mouvement de l'une des manettes.

Quant à la sortie, elle est toujours libre en B', et l'eau s'écoule soit par le robinet d'alimentation de la baignoire, soit, s'il est fermé, par la pomme de la douche.

M est le tuyau de dégagement des produits de la combustion du gaz, regagnant le tuyau de fumée d'un mur voisin.

Ceci posé, voici la manœuvre pour se servir de l'appareil et obtenir de l'eau chaude : on commence par ouvrir les robinets d'arrêt des canalisations d'eau et de gaz. Il n'y a aucun débit, les robinets spéciaux de l'appareil étant fermés. On ouvre le robinet de l'allumeur et on le met en feu; le dard allongé traverse le foyer immédiatement au-dessus des brûleurs à gaz. Enfin, on ouvre simultanément les robinets A et E : l'eau s'écoule et le gaz s'allume et la chauffe.

On règle les débits par les robinets d'arrêt qu'il faut mettre à la portée de la main.

Pour cesser le service, on ferme d'abord les robinets de l'appareil, puis les robinets d'arrêt de la canalisation.

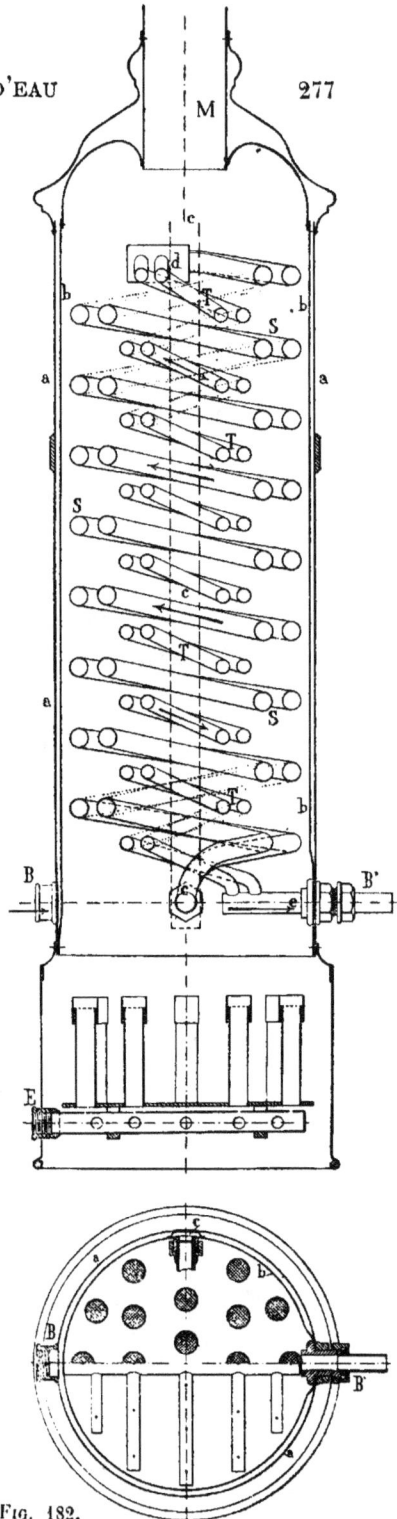

Fig. 182.

La manière dont l'appareil de MM. Barbas, Tassart et Balas est construit intérieurement est représentée, en coupe verticale et horizontale, dans les deux croquis de la figure 182.

Il se compose de deux cylindres concentriques très rapprochés *a* et *b*, formant un coffre annulaire dans lequel on admet l'eau.

Celle-ci commence à s'échauffer aux dépens de la chaleur des parois du foyer formé par la capacité du petit cylindre ; on évite ainsi d'avoir une surface extérieure trop chaude.

Arrivée à la partie supérieure de l'appareil, l'eau passe dans un tube central *c*, descend en bas du foyer, passe dans un double serpentin qui la remonte dans une boîte *d* de laquelle part un autre double serpentin qui la fait redescendre dans une tubulure *e* d'évacuation ; elle sort en B'.

L'appareil peut être monté sur des consoles ou sur un cylindre en tôle noire, qu'on peut utiliser à volonté pour y installer soit une cheminée à gaz, soit un chauffe-linge.

L'appareil se fait en tôle galvanisée, ou en cuivre, et ce dernier peut être simplement martelé ou bien poli, bronzé ou nickelé.

Lorsque l'appareil est branché sur une canalisation alimentée par un grand réservoir, il ne risque pas d'être privé d'eau ; il n'y a qu'à l'employer tel qu'on vient de le décrire.

Lorsqu'il est placé directement dans une maison à loyers sur la canalisation générale venant de la Ville, il peut arriver que celle-ci se trouve par moments insuffisante, soit par manque de pression de la canalisation de la rue, soit par débit excessif momentané chez un des consommateurs du rez-de-chaussée ; dans ce cas, l'eau ne monte plus à l'appareil pendant une période de temps plus ou moins longue, et cet appareil, mal surveillé, risquerait d'être brûlé.

Les divers constructeurs ont adopté des dispositions souvent très ingénieuses pour parer à cet inconvénient lorsqu'ils craignent des interruptions du débit de l'eau. La figure 183 représente celle de MM. Barbas, Tassart et Balas. Le robinet du haut est celui d'alimentation d'eau, celui du bas est celui du gaz. Au lieu d'être reliés comme il a été dit, ils se trouvent vissés sur une pièce en cuivre représentée en coupe verticale. L'eau arrive en A ; tant qu'elle s'écoule par B pour entrer dans l'appareil, elle exerce une pression sur le diaphragme C, et cette pression est transmise

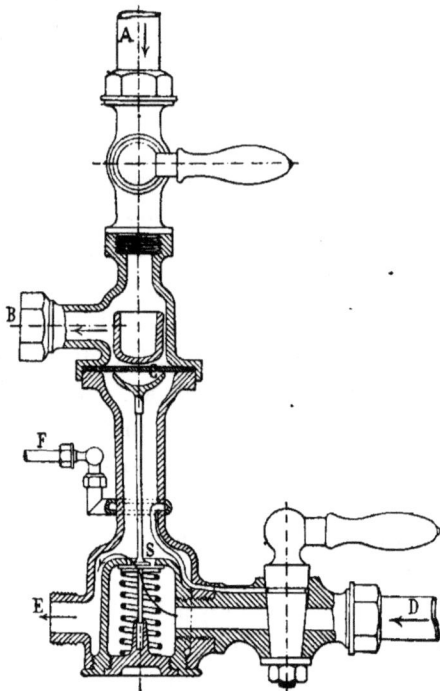

Fig. 183.

par une tringle verticale à une soupape S placée sur l'arrivée du gaz ; le passage y est maintenu ouvert, malgré la compression du ressort inférieur. Si l'écoulement d'eau éprouve un arrêt, la pression diminue, le ressort se relève et la soupape se ferme ; le gaz s'éteint. Le robinet à gaz est disposé pour laisser passer, par un chemin très étroit que l'on peut suivre dans la figure, le gaz nécessaire à l'alimentation de l'allumeur qui reste en ignition ; de la sorte, le foyer se rallume de lui-même dès que l'eau recommence à couler.

111. Réservoirs d'eau froide et chaude pour alimenter une baignoire. — La meilleure manière de se procurer de l'eau chaude, dans une maison où l'on fait une cuisine continue et assez importante, consiste à utiliser les chaleurs perdues du fourneau. On installe un bouilleur autour du foyer de la cuisine, un réservoir dans les combles, et on les met en communication l'un avec l'autre au moyen d'un double tuyau appelé *va-et-vient*, dans lequel s'établit une circulation continue. Au bout d'un certain temps de cette circulation, on a dans le comble une quantité convenable

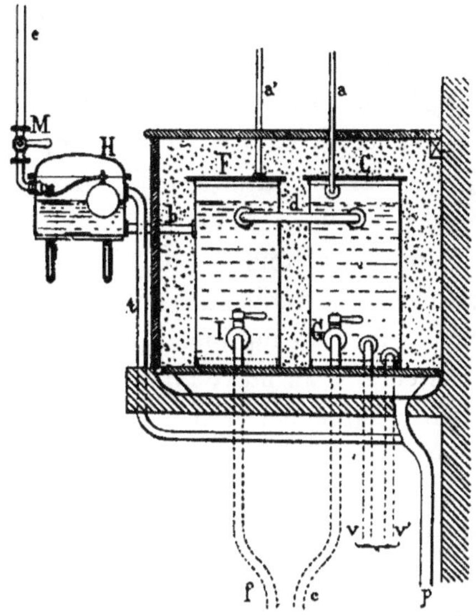

Fig. 184.

d'eau chaude que l'on peut distribuer dans la maison, et qui peut servir notamment à l'alimentation d'une baignoire.

On a vu, dans notre ouvrage sur *la Fumisterie*, la manière de construire et de disposer le bouilleur, ainsi que les tuyaux du *va-et-vient*. Nous allons voir comment on organise les réservoirs.

Il est toujours bon d'avoir deux réservoirs, l'un d'eau

chaude, l'autre d'eau froide, afin que ni l'une ni l'autre de ces eaux ne puisse manquer à un moment donné, pendant que l'on prend un bain ou une douche.

Le réservoir d'eau froide doit avoir au moins 250 à 300 litres, et celui d'eau chaude 500 litres. On les fait en tôle, rectangulaires en plan, et on les munit de couvercles boulonnés, avec joints étanches obtenus par des bandes de caoutchouc. On place les deux réservoirs au même niveau, à une hauteur telle que la distribution puisse se faire commodément. La figure 184 montre la disposition qu'il est bon d'adopter.

Les deux réservoirs d'eau froide F et d'eau chaude C sont placés au-dessus d'un même terrasson, qui devra recueillir les suintements des tôles et des robinets.

Le réservoir C doit être muni d'un tube a, se rendant à l'extérieur en un point où il ne puisse geler ; ce tube est chargé de dégager l'air et aussi les vapeurs, si le chauffage est assez intense pour amener l'eau à l'ébullition. Il est bon de mettre également un tube de dégagement d'air a' au réservoir d'eau froide, afin que l'air ne puisse se comprimer au-dessus de la surface du liquide.

L'alimentation se fait au moyen d'une caisse à flotteur H, placée à hauteur convenable, et précédée d'un robinet modérateur M fixé sur le tuyau e. L'eau de la caisse commence à se rendre dans le réservoir d'eau froide, en passant par le tuyau b et tend à se mettre de niveau. Un peu au-dessous du niveau maximum, un tuyau d établit une communication avec le réservoir d'eau chaude C; celui-ci s'emplit à son tour. La caisse à flotteur cesse de débiter et se ferme dès que l'eau a pris son niveau dans les trois récipients.

Le réservoir C est en communication avec le bouilleur du fourneau par les tuyaux v et v' du *va-et-vient*. Ceux-ci sont en cuivre, parcourent la maison en ayant leur pente toujours dans le même sens ; ils ne doivent porter aucun robinet qui puisse les obstruer. Leurs niveaux d'arrivée et de départ sont légèrement différents et la variation est dans le même sens.

A ces conditions, dès qu'on chauffe, il s'établit une circulation souvent active, malgré des parcours considérables, et l'eau du réservoir C s'échauffe.

Cette eau se distribue dans la maison par le tuyau *c*, muni du robinet d'arrêt G, tandis que l'eau froide part du réservoir F par le tuyau *f* muni du robinet d'arrêt I. Ce sont ces tuyaux qui vont alimenter notamment les robinets de la baignoire dont nous nous occupons.

Si on prend un bain, les deux réservoirs se vident d'une manière inégale, et il importe que le réservoir d'eau chaude soit un certain temps avant de recevoir de l'eau froide, ce qui abaisserait la température de la réserve. A cet effet on tient le robinet M presque fermé; il n'y passe qu'un mince filet d'eau qui commence par emplir le réservoir F et n'alimente que longtemps après le réservoir d'eau chaude.

La caisse à flotteur est munie d'un tuyau de trop-plein *t* qui va se brancher sur la vidange *p* du terrasson; ces vidanges sont exécutées en plomb mince de fort diamètre.

Les deux réservoirs sont placés dans une même caisse en bois, formée de panneaux mobiles et d'un couvercle également amovible; les espaces libres autour des tôles varient de 0^m,10 à 0^m,20 et sont complètement remplis de liège en poudre grossière : on évite ainsi tout refroidissement, et l'eau se maintient à haute température à toute heure du jour et de la nuit.

112. Installation d'une salle de bains. — Ainsi qu'on l'a vu, la plupart des baignoires sont pourvues d'une bonde de fond sans que le départ soit muni d'un tuyau lui faisant suite. Lors de l'installation de ces baignoires, on est obligé de créer dans le plancher, au-dessous de la baignoire, un terrasson étanche terminé par un tuyau de vidange; la baignoire se vide sur le terrasson, qui à son tour donne issue à l'eau.

Le cas le plus ordinaire est celui où le terrasson peut être logé dans l'épaisseur du plancher. Pour le construire, on fait une cerce en fer galvanisé, de 0^m,021 $\times$ 0^m,007 à 0^m,009, et on lui donne la forme du socle même de la baignoire, avec un excédent de plusieurs centimètres tout autour. Cette cerce est destinée à retenir le carrelage ou le sol quel qu'il soit. Dans l'intérieur, le sol est baissé en forme de cuvette de 0m,07 à 0m,10 de profondeur maximum au milieu, réduite à 0m,02 près de la cerce. Cette cuvette est garnie de plomb battu sur forme régulière en plâtre ; on soude au pourtour le plomb et la cerce.

Au point bas est le tuyau de vidange muni d'une bonde siphoïde, ou mieux d'un véritable siphon bien ventilé. Il est bon de garnir d'une grille l'orifice d'évacuation.

Cette disposition est représentée dans la figure 185.

Lorsqu'on ne peut pas trouver dans le plancher la profon-

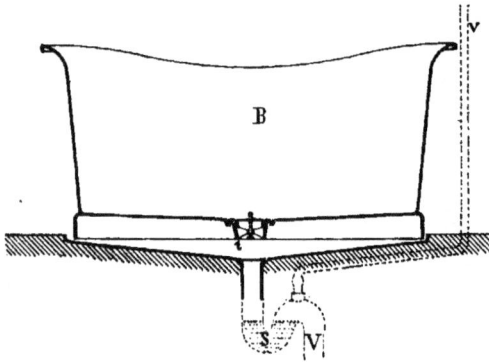

Fig. 185.

deur nécessaire pour établir le terrasson comme il vient d'être dit, on élève la baignoire au-dessus du sol de 0m,12 à 0m,14 sur un coffre en bois, dans l'intérieur duquel on établit le terrasson comme il a été dit. Au-devant, afin de faciliter l'accès de la baignoire, on dispose une marche assez large pour rendre le service commode. Dans les deux cas, on peut profiter de la présence du terrasson pour manœuvrer de l'extérieur la bonde de vidange, et éviter l'emploi toujours défectueux des ficelles pour la maintenir soulevée.

Lorsque la baignoire est susceptible de servir à des douches et peut donner lieu à des éclaboussures, on aug-

mente l'étendue du terrasson en donnant à la marche toute
la surface possible et en l'utilisant pour un terrasson très
étendu recouvert d'un grillage en bois.

La figure 186 donne la représentation d'une baignoire en
fonte émaillée, installée par la *Société d'entreprise générale
de distribution et de concession d'eau et de gaz, et de tra-*

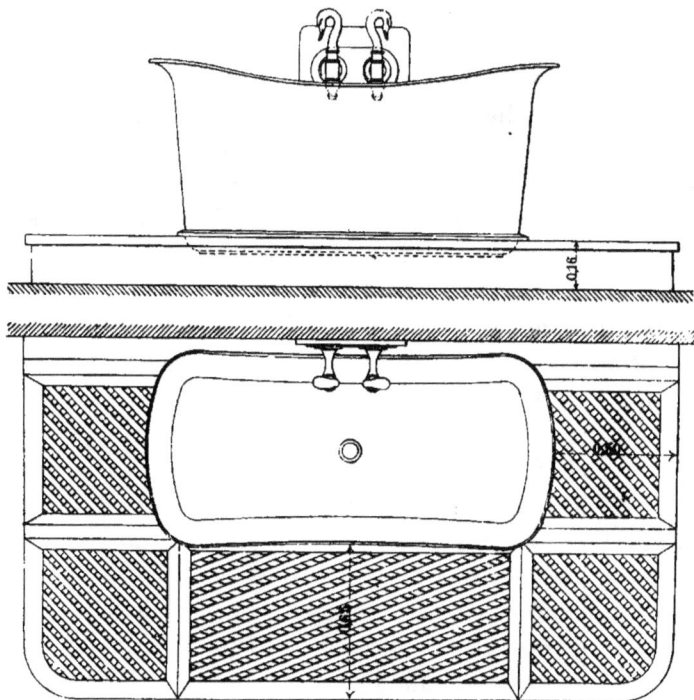

Fig. 186.

raux publics. La marche est montée à 0ᵐ,16 de hauteur ; elle
déborde en avant de 0ᵐ,65 et en bout de 0ᵐ,50.

La claie quadrillée en bois, à laquelle on donne souvent le
nom de *caillebotis*, doit être posée sur cales et assez distante
du terrasson pour que le lavage à grande eau soit possible ;
de plus, elle est divisée en panneaux mobiles que l'on peut
enlever pour des nettoyages plus complets.

L'inconvénient de ces terrassons est, en effet, d'accumuler les poussières et détritus qui s'y trouvent mouillés et fermentent facilement; de plus, lorsqu'il y a abondance d'eaux, les surfaces mouillées se recouvrent d'algues et dégagent une odeur de vase, d'où l'obligation de les entretenir absolument propres. D'autre part, c'est dans certains cas le seul moyen de protéger l'ensemble du sol de la salle de bains et de le maintenir rigoureusement sec, ce qui permet d'y employer des surfaces parquetées.

Lorsque les salles de bains sont installées dans des appartements parfaitement tenus, l'on admet qu'il n'y aura jamais d'eau répandue en dehors de la baignoire; on peut alors, avec grand avantage, supprimer le terrasson. Il suffit pour cela de faire suivre l'orifice de la bonde d'un tuyau terminé par un raccord permettant de se relier à une canalisation de vidange. Il n'y a plus alors besoin ni de cerce ni de terrasson. La seule précaution à prendre consiste à mettre le raccord à portée de l'ouvrier pour rendre le joint facile à faire ou à démonter.

La disposition sans terrasson convient particulièrement bien aux baignoires dites Pompadour, comme celles de la maison Chevalier; la figure 187 représente une salle de bains établie avec une baignoire B de ce genre. Cette baignoire est alimentée par un tuyau c d'eau chaude venant d'un réservoir supérieur, placé dans le comble de l'habitation, entretenu par une circulation venant du foyer du fourneau de cuisine. Le tuyau d'eau froide f vient d'un autre réservoir à même niveau que le précédent et placé à côté de lui. La vidange, commandée par la manette R de la baignoire, se termine par un tuyau raccordé par un joint à la canalisation r du bâtiment. Sur celle-ci il faut toujours établir un siphon S ventilé par le tuyau m débouchant dehors.

Les murs de la salle de bains peuvent être recouverts dans leur partie basse d'un lambris l en sapin verni ou en pitchpin, sauf au droit de la baignoire, où on le remplace avec avantage par une plaque de marbre d convenablement encadrée. La partie haute des murs peut être faite en stuc, ou revêtue de carreaux de faïence, ou encore être simplement tendue en moleskine.

Le sol, dans l'hypothèse où nous nous sommes placés, peut être fait avantageusement en parquet de chêne.

On établit souvent un appareil de douches au-dessus des baignoires. On s'arrange de manière qu'il soit alimenté par deux branchements c' et f' des tuyaux d'eaux chaude et

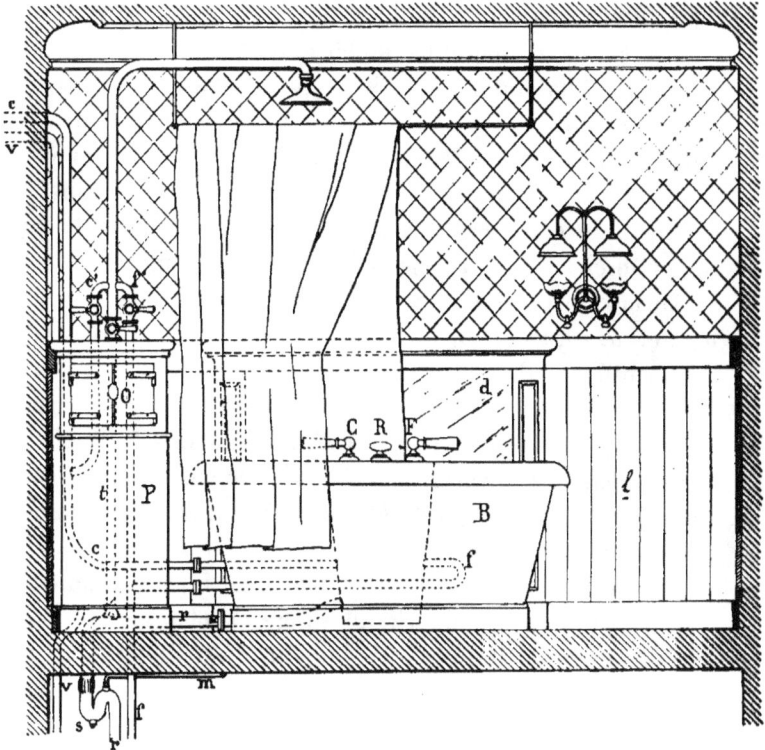

FIG. 187.

froide, avec robinets de manœuvre. Il faut alors que le tuyau ascendant de la douche puisse se vider par le moyen d'un robinet inférieur et d'un tuyau t allant rejoindre la vidange. La pomme d'arrosoir doit être percée de telle sorte que les filets sortent séparés, mais parallèles, en gerbe serrée. De plus, pour qu'aucune éclaboussure ne puisse jaillir au dehors, on suspend au plafond, autour de la baignoire, à 0ᵐ,10 en dehors, par le moyen d'une tringle convenablement cintrée, un rideau en étoffe imperméable lesté par des plombs à la partie basse. Quand on se sert de la douche on rentre le bas des rideaux dans la baignoire, afin d'y ramener toute l'eau de la douche. De cette façon on n'a à redouter aucun débord d'eau dans la pièce.

Les salles de bains doivent toujours être maintenues, même en été, à une température supérieure à celle du reste des pièces de l'habitation ; on y arrive de bien des façons. En premier lieu, on peut y installer un poêle à gaz que l'on allume et que l'on modère à volonté. En second lieu, on peut y faire passer le tuyau de circulation de l'eau venant du fourneau de cuisine et développer la surface en établissant sur cette circulation un poêle à ailettes de 1 mètre à 1ᵐ,50 de surface. On obtient ainsi un poêle, marchant de lui-même, dès que le fourneau de cuisine est allumé. On a représenté en P, dans la figure 187, l'enveloppe en tôle d'un pareil poêle. Celle-ci est ouverte par le bas et fermée en haut par un couvercle muni d'une bouche à coulisse. Si cette bouche est ouverte, l'air de la pièce passe par le poêle d'une façon continue et s'y échauffe. Si on la ferme, la circulation d'air n'a plus lieu, et le poêle n'élève pas la température de la pièce d'une manière sensible. On peut ajouter à l'enveloppe du poêle un chauffe-linge O, chauffé par l'eau du va-et-vient ou simplement, par l'air chaud du poêle.

113. Baignoire avec commandes extérieures. — Dans certains établissements de bains, ceux que l'on dispose pour les hôpitaux par exemple, il peut être utile d'organiser les baignoires de telle sorte que les robinets d'eaux chaude et froide, ainsi que la vidange, ne soient pas à la disposition des administrés. On établit alors toute la canalisation en caniveau ; on fait dans le caniveau les branche-

ments d'eau chaude et d'eau froide de chaque baignoire ;
on les réunit au moyen d'une culotte ou d'un tuyau unique
qui alimente la baignoire en bout à 0^m,10 ou 0^m,15 au-dessus
du fond.

Les robinets que portent les branchements sont assez éloi-
gnés de la baignoire et on les commande du dehors au

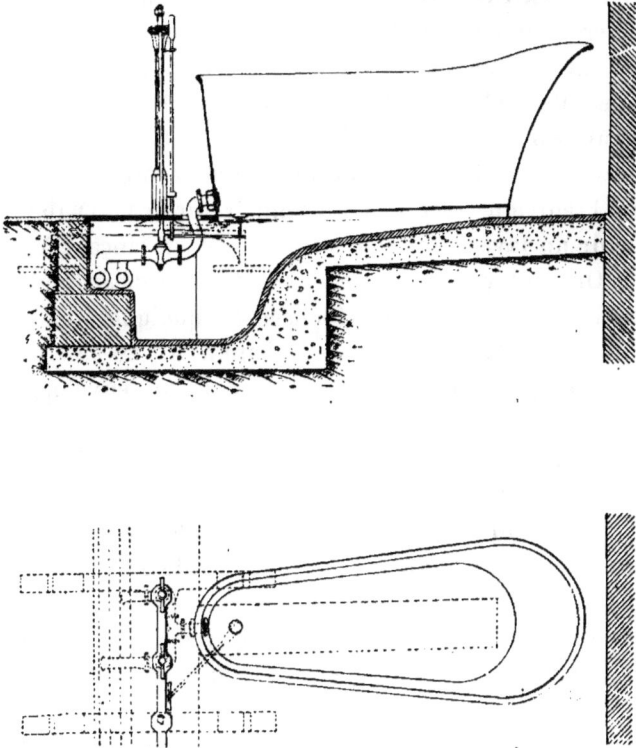

FIG. 188.

moyen de tringles verticales terminées à hauteur convenable par des manettes. La bonde de vidange se manœuvre
de même à distance au moyen d'une combinaison de leviers.

Les tuyaux de la canalisation générale, venant des réservoirs
d'eaux chaude et froide, courent sur une banquette du caniveau au-dessous du sol ; la partie la plus profonde du caniveau sert à écouler les eaux de vidange, et ces eaux y

aboutissent par un terrasson cimenté placé sous toute la surface de la baignoire et recevant même les éclaboussures.

La figure 188 rend compte de cette disposition ; elle représente l'installation d'une baignoire de l'hôpital Saint-Louis, à Paris.

114. Bains par aspersion, douches. — On peut arriver au moyen de l'aspersion à obtenir le même résultat que par l'immersion, avec une dépense bien moindre de temps, d'eau et de combustible, en même temps qu'avec une organisation moins encombrante.

Il s'agit en effet, au point de vue de la propreté, de fournir à l'individu assez d'eau, à température convenable, pour obtenir un lavage complet au savon et un rinçage à grande eau. On peut y arriver avec 10 à 20 litres d'eau seulement, chauffée à 28 ou 30° et dépensée en quelques minutes ; il suffit pour cela d'un cabinet de bain de 0m,80 sur 0m,80 en plan avec parois étanches, ou bien d'un *tub* enveloppé d'un rideau imperméable.

L'eau arrive par le haut, est versée verticalement ou, mieux, obliquement par une pomme d'arrosage, percée de façon à obtenir une gerbe assez serrée à filets presque parallèles. L'eau doit tomber d'une hauteur de 0m,70 environ au-dessus de la tête de l'individu.

Le *tub*, ou le plancher étanche qui reçoit l'eau, doit avoir une vidange siphonnée et souvent on le garnit d'une claie ou caillebotis en bois.

Le chauffage de l'eau peut se faire très facilement au moyen d'un appareil *instantané à gaz* que l'on a décrit précédemment. Ce combustible est tout indiqué ici par sa grande facilité de manœuvre, par le peu de calories à fournir et le peu de durée de la combustion.

C'est donc, en somme, une installation que l'on peut faire facilement dans toutes les habitations, et bien plus simplement et économiquement que celle d'une baignoire.

On peut encore combiner cette disposition avec celle

d'une baignoire faisant office de *tub* en temps ordinaire et
pouvant servir à des bains complets au besoin, ainsi qu'on
l'a vu au n° 112.

En résumé, les bains par aspersion ont tous les avantages
possibles sur les grands bains ordinaires, et ils résolvent en
même temps les meilleures conditions de l'hygiène ; on fait
succéder avantageusement pour la santé, une aspersion
froide à une aspersion tiède, et on arrive à supporter facilement l'eau à 18° en hiver et à la température naturelle en
été.

Le cabinet d'aspersion doit être traversé par un courant
d'air que l'on interrompt
lorsqu'on s'en sert ; cela permet de dégager les buées et
de l'assécher dans les intervalles du service. La température du cabinet doit être,
s'il est possible, comprise
entre 20° et 30°.

On peut remplacer, com-
plètement, pour ainsi dire,
le cabinet de toilette par la
petite installation que nous
venons de décrire. Si elle en
est séparée, elle ne le sera que
par une porte, ou par un rideau imperméable. Lorsqu'on
a l'eau chaude dans la maison, la tuyauterie peut être
installée d'après la disposition
de la figure 189. Le tuyau
d'eau froide *f* et le tuyau d'eau
chaude *c* arrivent à portée

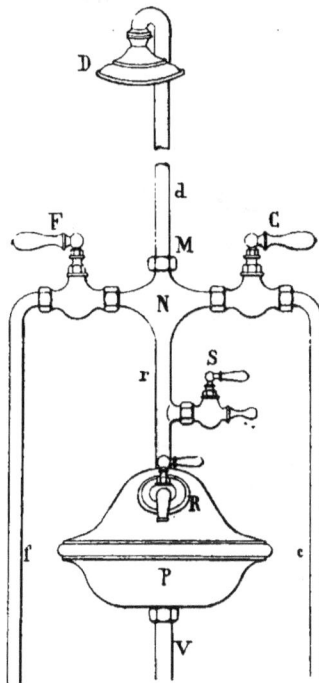

Fig. 189.

de la main à deux robinets de manœuvre F et C ; ils se
réunissent en une nourrice N, de laquelle part le tuyau
montant *d* qui va à la pomme en cuivre D de la douche.

De la nourrice part également un tuyau inférieur *r* aboutissant à un poste d'eau P. On obtient par cette disposition les résultats suivants :

1° Le robinet R sert de lavabo ou de prise d'eau à température voulue ; il suffit d'ouvrir modérément les robinets F et C, afin que la dépense se fasse par R et que l'eau ne puisse monter à la pomme ;

2° Quand on fait le mélange, on peut au robinet R évaluer par contact la température de l'eau que va débiter la douche ;

3° Enfin, on peut faire des prises d'eau mitigée au robinet spécial S, au moyen d'un caoutchouc. Le tuyau de vidange V se déverse sur le terrasson inférieur, ou mieux va retrouver un tuyau d'évacuation.

Cette disposition est on ne peut plus commode et le mélange des deux eaux est régulier.

On rend encore plus commode la manœuvre de l'alimentation d'une douche par la disposition, représentée en élévation et en plan dans la figure 190, établie par la maison Guesnier. Elle consiste dans un troisième robinet R, interposé entre les robinets d'eaux chaude C et froide F, et suivi du tuyau de la douche en D. Une manette permet de manœuvrer ce robinet mélangeur, et on se rend compte de son fonctionnement au moyen d'un index parcourant un cadran gradué. Les

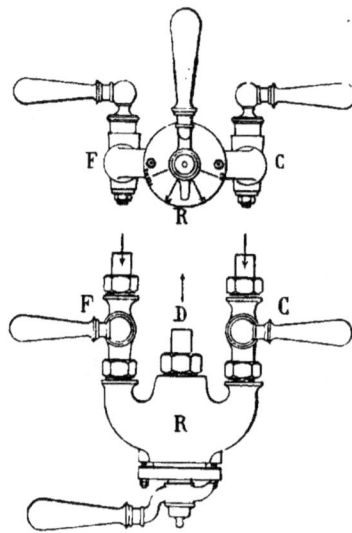

Fig. 190.

deux robinets F et C étant d'abord ouverts, on ouvre ensuite le robinet R et on règle sa position jusqu'à établir un écoulement à température convenable. Pour que ces systèmes marchent bien, il est nécessaire que les réservoirs d'alimentation d'eaux chaude et froide soient établis dans le haut de la maison exactement au même niveau.

La maison Piet construit un mélangeur très intéressant, représenté par la figure 191. C'est toujours un robinet spécial interposé entre l'eau froide et l'eau chaude. L'eau froide arrive en F, l'eau chaude en C; elles doivent être exactement à la même pression. Les orifices du boisseau sont au nombre de trois : l'un d'eux écoule à la partie inférieure M le mélange d'eau chaude et d'eau froide. Les deux autres, amenant l'un l'eau froide, l'autre l'eau chaude, ont une section telle que, quelle que soit la position de la manette, la somme des orifices d'écoulement soit constante. Dans ces conditions, le débit est rigoureusement constant et la température varie graduellement.

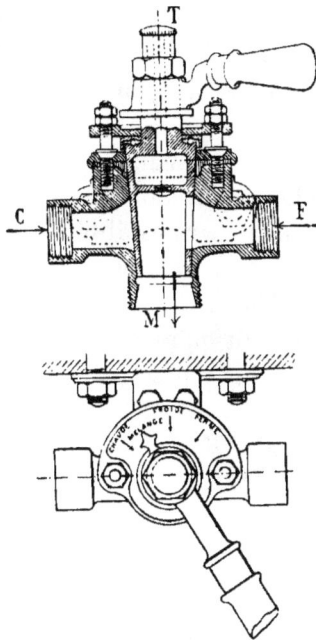

Fig. 191.

En T est un bouchon que l'on peut remplacer par un thermomètre indiquant à chaque instant la température.

D'après les indications du cadran, on voit que, dès qu'on ouvre le robinet, c'est l'eau froide qui coule la première, et qu'il est impossible de se brûler, du moment qu'on opère graduellement.

115. Cabinets communs dits « à la turque ». — Les premiers cabinets que l'on ait installés pour le service des communs étaient composés simplement d'un orifice à fleur du sol, continué par un tuyau se rendant dans une fosse fixe ou mobile. L'odeur de la fosse se développait largement à rez-de-chaussée par les orifices béants, et il venait s'y joindre les produits gazeux, ammoniacaux et fétides, dûs à la décomposition des urines et matières solides imprégnant les dalles et le bas des murs et cloisons, exécutés en matériaux plus ou moins perméables.

Une première amélioration a consisté à faire la dépense de matériaux complètement lisses, polis et imperméables d'une façon absolue, pour le sol et les abords, ainsi que pour le tuyau d'émission.

La fonte ne convient que si elle est émaillée, et encore l'émail résiste-t-il peu à l'humidité constante des cabinets communs. Le ciment n'est pas d'une imperméabilité absolue, malgré tous les soins donnés à l'emploi; le grès vernissé et l'ardoise conviennent beaucoup mieux.

La forme doit être telle qu'il n'y ait qu'une position possible pour occuper le siège, et qu'il ne puisse y avoir accumulation de matières sur la surface. A cet effet, le siège est soulevé légèrement au-dessus du sol du cabinet; sa dimension est aussi réduite que possible par le moyen d'une trémie formée de trois dalles posées à joint vif et inclinées de manière à rétrécir l'espace disponible à la partie basse.

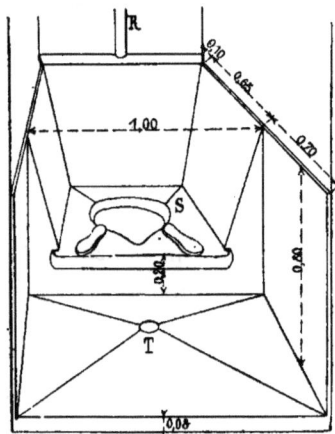

FIG. 192.

La position des pieds est ménagée en saillie, bien horizontale, et la surface sur ces points est rustiquée pour n'être pas glissante.

Le sol en avant est susceptible de recevoir les urines; il doit leur donner écoulement et pouvoir, comme le siège, être lavé à grande eau. A cet effet, il est disposé en trémie très plate, taillée à même la dalle, et

les pentes sont dirigées vers un trou d'écoulement aboutissant
à un tuyau rejoignant la fosse ; le trou est percé soit sur la
surface horizontale, soit au bas de la contremarche verticale
du siège.

La figure 192 représente un siège ainsi disposé, construit
en ardoises sur un type établi par M. Fouinat, représentant
de la Commission des Ardoisières d'Angers. Le montage des
différentes dalles composant ce cabinet se font au ciment, à
joint vif, pour les dalles en contact, ce qui assure une étanchéité absolue.

La trémie de trois dalles est avantageusement remplacée
par une trémie de cinq dalles, évitant les angles trièdres vifs.

La figure 193 représente la partie basse d'un siège établi
en grès émaillé. Le tout est d'une seule pièce avec un bord

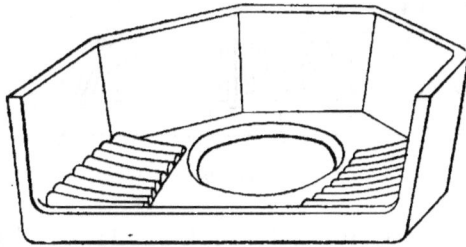

Fig. 193.

relevé d'environ 0ᵐ,25 de hauteur. L'emplacement des
pieds est strié pour éviter le glissement lorsque la surface
est mouillée par les lavages. Au-dessus du rebord on complète la trémie au moyen d'un enduit en ciment bien dressé,
se raccordant avec les enduits verticaux des murs et cloisons.
On a encore grand avantage à remplacer cet enduit par des
plaques de grès émaillé posées en ciment à joint vif,
qui donnent une paroi plus imperméable. La *Société de Boulogne-sur-Mer*, qui produit ce siège, prépare aussi des
plaques de dimensions fixes donnant des trémies très régulières, et le croquis n° 194 en donne la représentation. Indé-

pendamment du siège proprement dit, élevé d'une petite
marche au-dessus du sol du cabinet, on voit que la contremarche est formée de cinq dalles (1 à 5), que deux dalles
(6 et 7) forment soubassement en avant, et que la trémie

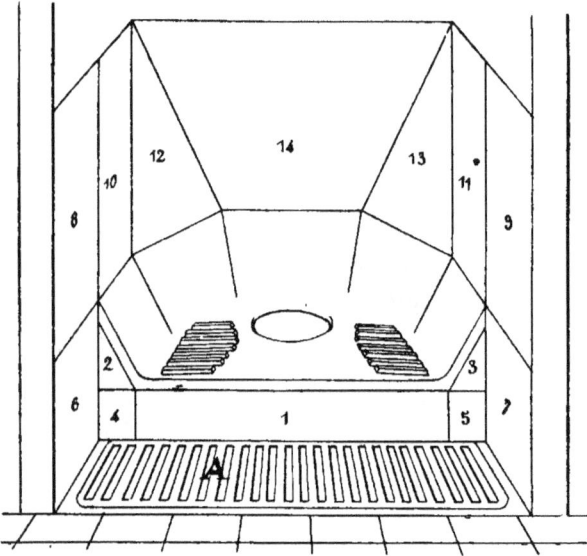

Fig. 194.

est complétée par les dalles 8, 9, 10, 11, 12, 13 et 14. De
plus, en avant du siège, au niveau du carrelage, est une
grille A élevée au-dessus d'une cuvette en grès émaillé qui
reçoit les urines et peut être lavée à grande eau d'une
façon intermittente, soit à la main, soit par une chasse d'eau.
La cuvette envoie ses liquides à la fosse par le moyen d'un
tuyau qu'il est bon de munir d'un siphon pour éviter toute
émanation d'odeur. Telle est la forme générale des cabinets
à la turque, que l'on a laissés pendant longtemps complètement ouverts malgré les émanations qu'ils donnaient. Aujourd'hui les progrès de l'hygiène ont fait reconnaître partout
que la communication avec la fosse par la lunette du siège
doit absolument être close d'une façon constante ; et on a
créé un certain nombre d'appareils dans ce but.

On y est arrivé au moyen d'opercules mobiles de formes
et d'agencements variés, s'ouvrant pour le passage des
matières et se refermant immédiatement après. La disposition la plus simple est celle de MM. Rogier et Mothes.

**116. Cabinets à la turque, système Rogier et
Mothes.** — MM. Rogier et Mothes ont cherché à obtenir
l'occlusion de la lunette des cabinets à la turque avec un
mécanisme aussi réduit que possible, permettant le passage
des matières solides et se refermant de lui-même. A cet effet,
ils ont enchâssé, dans la maçonnerie A qui forme le siège
(*fig.* 135), un pot B en fonte, s'emboîtant sur un récipient C de
même métal, aboutissant en D par une ouverture dans la
fosse.

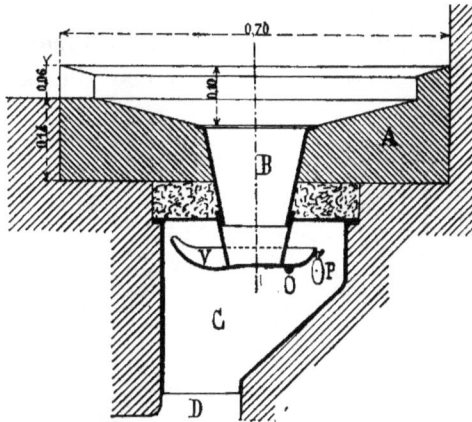

Fig. 195.

La tubulure conique qui prolonge le pot B se trouve obtu-
rée par une valve mobile V tournant autour d'un axe fixe O
et lestée par un contrepoids P, de telle sorte que sa position
d'équilibre soit horizontale.

Lorsque les matières tombent sur la valve, celle-ci s'ouvre
par leur poids et revient dans sa position normale dès qu'elles
ont passé.

La plupart du temps, la valve ferme donc le passage des gaz et des odeurs, et cet appareil a été une amélioration importante sur les sièges à la turque ouverts; mais on conçoit que la fermeture n'est hermétique que si la soupape est entretenue propre par le jet fréquent de masses d'eau de lavage.

Cet appareil produit également un bruit assez fort lorsque la soupape, après s'être levée, vient remonter sur son siège; il ne peut être employé que dans des cabinets isolés à l'extérieur, ou dans des bâtiments d'usines dans lesquels le bruit ne saurait gêner.

117. Appareils à bascule Havard. — On a fait pendant longtemps un grand usage d'appareils à valves dans lesquels la manœuvre des valves était faite par un mouvement de bascule produit par le poids même de l'individu. Un des appareils de ce genre les plus répandus est celui de la maison Havard frères; il est représenté dans le dessin en perspective de la figure 196. Sur le cadre rectangulaire de la

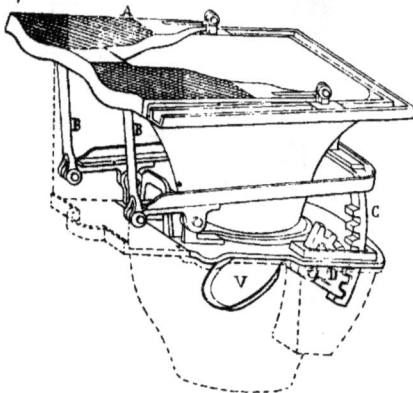

Fig. 196.

cuvette est articulé un abattant A, pouvant osciller autour d'un axe horizontal suivant une course très limitée; ce mouvement est transmis par l'intermédiaire de deux bielles B.

Les bielles actionnent un cadre oscillant relié à un arc de
crémaillère C, commandant un secteur denté fixé à la valve V.
Celle-ci est logée dans une caisse en fonte qui s'emboîte sur
le tuyau de chute.

Pendant tout le temps que l'appareil est au repos, la valve
est fermée et obture plus ou moins complètement la communication avec la fosse. Si on vient à monter sur le siège, le
poids de la personne ouvre la valve. On conçoit facilement
tout ce que cet appareil a de défectueux, aucun joint hydraulique n'interceptant le dégagement des odeurs de la fosse et
ces odeurs devenant plus intolérables dès que le cabinet est
occupé.

118. Appareil Havard à effet d'eau. — Pour remédier à ces inconvénients et obtenir une fermeture plus her-

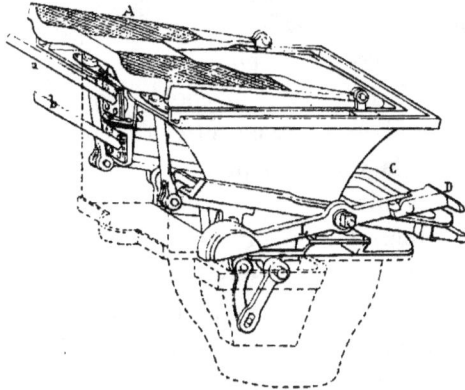

Fig. 197.

métique, MM. Havard ont créé un appareil à effet d'eau ;
la figure 197 en donne les détails. Le principe de la disposition est différent et beaucoup mieux compris que celui de
l'appareil décrit à l'article 117. Lorsque l'on occupe le siège,
on agit sur un mécanisme qui soulève un contrepoids ;
lorsqu'on le quitte, le contrepoids revient à sa position
première en ouvrant la valve et le robinet de lavage.

L'accessoire de cet appareil est un réservoir métallique fermé, placé à la partie supérieure du cabinet d'aisances. Il est réuni à l'appareil au moyen d'un tuyau de $0^m,030$ de diamètre intérieur qui vient se brancher en a sur la soupape S, le tuyau b étant celui de l'arrivée directe d'eau venant de la canalisation générale.

Lorsqu'on monte sur l'abattant A, celui-ci appuie sur la tige de la soupape s; l'eau peut alors passer de b en a et aller remplir le réservoir de chasse. En même temps le cadre c oscille autour de son axe et vient se placer au dessus de l'extrémité mobile D du levier L. Lorsqu'on quitte l'appareil, la soupape s, sollicitée par un ressort, remonte. D'une part, la communication entre a et b est supprimée, et, d'autre part, a communiquant avec la tubulure d'accès à la cuvette, toute l'eau du réservoir est chassée dans l'appareil pour y opérer un lavage énergique. En même temps le cadre c appuie sur la partie D du levier L et donne à celui-ci l'impulsion nécessaire pour ouvrir la valve. Puis, le levier L, rappelé par son contrepoids, revient à sa position primitive; la valve se ferme, et l'eau, continuant encore à couler, remplit la valve à laquelle on donne une forme assez creuse pour obtenir, lorsqu'elle est pleine d'eau, une fermeture hydraulique interceptant les odeurs de la chute.

La figure 198 donne la disposition de la soupape S. Celle-ci se compose d'un cylindre vertical portant, outre les deux tubulures a et b, une troisième tubulure c qui va desservir l'appareil. C'est dans ce cylindre que se meut une double soupape fixée à la tige de commande verticale. Dans la partie inférieure, fermée, se trouve un ressort qui rappelle en haut les deux soupapes dès qu'une pression supérieure ne

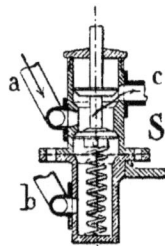

FIG. 198

les abaisse pas. Dans la position du dessin, les soupapes sont en haut de leur course, et la communication est établie entre a et c; l'eau du réservoir alimente le siège. Lorsque,

sous la pression de l'abattant les soupapes s'abaissent, *c* se
ferme, *a* et *b* sont en communication, et le réservoir se
remplit. Dès que l'abattant se relève, la soupape se relève
aussi et le lavage recommence. Cet appareil a été, au point
de vue de l'hygiène, une grande amélioration sur le précédent. Malheureusement son mécanisme est compliqué, et il
est un peu bruyant dans sa marche.

119. Appareil à tirage avec siège. — Depuis longtemps, on emploie dans les appartements des appareils
recouverts d'un siège en bois permettant la défécation assise.

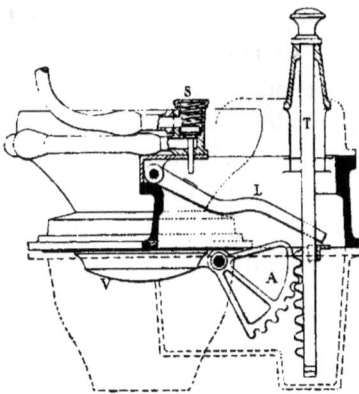

FIG. 199.

Le siège, percé à la de-
mande, recouvre une cu-
vette, munie d'une valve
qui la ferme à la partie
inférieure; cette valve se
meut à volonté, à la main,
au moyen d'un bouton de
tirage. Le lavage se fait à
la main au moyen de vases
mobiles remplis d'eau, que
l'on verse directement dans
la cuvette; mais on a amé-
lioré l'appareil en le mettant à effet d'eau. On l'ali-
mente au moyen d'un réservoir placé à 2 mètres de
hauteur, et qui communique avec un robinet fixé sous le
siège ; ce robinet est manœuvré par le tirage même qui
ouvre la valve.

La cuvette, ainsi que le mécanisme de commande de la
valve et l'alimentation d'eau, sont représentés dans la
figure 199 ; on y voit la cuvette, généralement en faïence,
le pot en fonte sur lequel elle est montée (celui-ci en ponctué), la valve et l'axe autour duquel elle tourne. L'axe de la
valve traverse la paroi du pot pour passer dans une boîte latérale en fonte contenant le mécanisme. Sur l'axe en question

est calé un secteur denté, avec lequel engrène une crémaillère verticale terminée par une tige T passant dans une
douille de guidage et terminée en dehors par un bouton de
tirage pour la manœuvre de la valve à la main.

L'alimentation hydraulique annexée à l'appareil s'opère de
la manière suivante : le tuyau d'arrivée d'eau aboutit à une
soupape S qui le met en communication, lorsqu'elle est
ouverte, avec le tuyau d'alimentation de la cuvette. Lorsqu'on soulève la tige de tirage T, on actionne par le même
mouvement le levier L qui se soulève et vient buter contre
la tige de la soupape et l'ouvre. Tout le temps que la tige est
soulevée, la valve est ouverte et l'écoulement d'eau se fait.
L'eau arrive tangentiellement à la partie haute de la cuvette,
et tourne tout autour des parois de manière à les mouiller
entièrement, et à produire partout un lavage énergique.
Lorsque la valve se baisse, l'eau doit couler un instant encore, afin de remplir cette valve dont les bords sont suffisamment relevés pour produire une fermeture hydraulique.
Avec une valve bien faite, une alimentation bien comprise
et un entretien convenable, on obtient avec ces appareils des
cabinets qui n'ont aucune odeur, l'écoulement de l'eau
empêchant les gaz de sortir de la chute pendant le temps de
l'ouverture de la valve.

L'appareil représenté est celui de la maison Havard frères,
un des plus répandus en raison de sa fabrication soignée.

Le siège qui recouvre l'appareil se fait en menuiserie ; le
bois employé le plus ordinairement est le chêne. Dans les
installations de luxe, on adopte parfois le noyer et l'acajou.

Le siège présente sa surface supérieure bien horizontale.
Il est percé des trous nécessaires pour la cuvette et la commande du mécanisme ; le trou correspondant à la cuvette
doit déborder intérieurement de $0^m,02$ au moins. En avant,
il est bon qu'il fasse même une saillie de $0^m,04$; aussi, dans
les installations bien comprises, doit-on choisir les plus
grandes cuvettes. On en fait qui ont une forme ovale, plus
avantageuse que la forme circulaire.

Le siège ne doit pas porter sur la cuvette, mais se soutenir lui-même, il faut laisser 0^m,015 à 0^m,020 de vide entre le bois et la faïence ; il doit être posé à 0^m,42 ou 0^m,45 du sol. Il faut faire ces sièges amovibles, posant sur un bâti fixe solidement attaché à la maçonnerie et dans lequel il entre à feuillures avec quelques vis d'attache ; dans ces conditions, en cas de réparations, on l'enlève facilement, sans que cette dépose puisse amener de dégradations.

Il est rare que le branchement en fonte du tuyau de chute arrive à la hauteur exacte qui conviendrait à la cuvette. On est obligé de prolonger ce branchement au moyen d'une portion de tuyau exécutée à la demande, avec du plomb de 5 à 6 millimètres d'épaisseur, que l'on soude longitudinalement suivant une génératrice. Ce plomb s'emboîte dans le branchement et vient entourer le bas de l'appareil ; on l'appelle une *pipe*, et les deux joints de la pipe sont faits avec des empattements de ciment.

Cet assemblage est très primitif ; il vaudrait mieux que le branchement fût exécuté en vue de l'appareil à recevoir, vînt dans chaque cas au niveau convenable et fût raccordé à l'appareil avec un bon joint bien étanche.

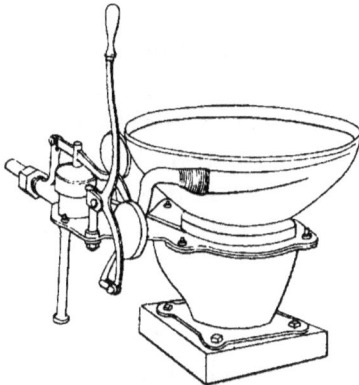

Fig. 200.

Parmi les très nombreux appareils qui ont été étudiés sur ce principe, on peut citer le système Fontaine, à levier, qui offre cela d'intéressant que le mécanisme est tout entier en dehors de l'appareil, par conséquent bien visible et hors de contact avec les émanations de la chute. Il est donc facile de le réparer et de l'entretenir. La vue de cet appareil est représentée dans la figure 200.

On voit dans le dessin que le mode de fixation est un peu différent et mieux étudié, tout en admettant encore l'emploi de la pipe en plomb pour le raccord avec le branchement de la chute.

On pose à fleur du sol, et bien de niveau, un plateau en bois qui est livré avec l'appareil ; on le garnit extérieurement de clous à bateau, et on le scelle avec grand soin. Le plateau est percé d'un trou du diamètre nécessaire pour la chute, avec feuillure à l'orifice supérieur. On y passe la pipe en plomb, en lui rabattant un collet de 0^m,03 qui se loge dans la feuillure, en affleurant le dessus du plateau. Cela fait, on met sur le bois, et dans toute la grandeur de la plaque de pose, un lit de mastic à l'huile d'environ 0^m,01 d'épaisseur ; puis, on place l'appareil de façon que sa tubulure s'emboîte dans la pipe et on serre avec soin les quatre tirefonds chargés de faire le joint.

Le tuyau qui relie l'appareil au réservoir est en plomb de 0^m,027 intérieur ; il se relie à la faïence au moyen d'un manchon en caoutchouc fortement ligaturé.

120. Considérations générales sur les appareils dits sanitaires. — L'hygiène des habitations a fait un grand pas le jour où l'on a admis des appareils consommant de grandes quantités d'eau pour l'évacuation et le lavage, et retenant une partie de cette eau pour former une garde hydraulique interceptant toute communication avec le tuyau de chute.

Le principe de ces appareils consiste dans l'emploi de chasses produites d'une manière quelconque, donnant un flot d'eau énergique diluant les matières en les entraînant, et rinçant l'appareil en le rendant absolument propre, et dans l'addition d'un siphon étanche qui reste plein d'eau et donne une garde de 0^m,07 à 0^m,08.

Ce sont les appareils dénommés d'une façon générale *appareils sanitaires*.

Pour que ces appareils puissent donner tous les avantages

de leur fonctionnement salubre, il faut qu'ils soient soumis
à un régime assez actif pour que l'eau qu'ils contiennent
soit changée plusieurs fois par jour, que cette eau ne puisse
arriver à manquer, même accidentellement, et qu'ils soient,
eux et leurs chutes, à l'abri de la gelée. Enfin, il faut qu'on
ait un écoulement assuré pour la vidange, la réception de
leurs produits devenant onéreuse, s'il faut la faire dans une
fosse fixe pour en opérer après coup l'extraction.

Pour assurer le parfait fonctionnement des appareils et la
continuité de leur alimentation, il est prudent de rendre celle-
ci indépendante de la conduite générale et de leur consacrer,
dans les combles de l'habitation, un réservoir qui leur soit
spécial et qui pare aux interruptions de service de la canalisation générale.

Ainsi qu'on l'a vu, on place les cabinets autant que possible par groupes verticaux, desservis, dans les différents
étages, au moyen d'un tuyau de chute de $0^m,08$ à $0^m,16$ de
diamètre, plus ordinairement de $0^m,10$ à $0^m,12$. Ce tuyau
s'établit de préférence à l'extérieur de l'habitation, dans les
pays où dans cette position ils ne sont pas susceptibles de
geler. Dans les autres cas, on les fait passer à l'intérieur.
Il est bon de ne pas les sceller dans la maçonnerie des
planchers et de les faire passer dans des fourreaux les
mettant à l'abri des effets de tassements du gros œuvre du
bâtiment. Les tuyaux de fonte dits *salubres* [1] conviennent
pour ces chutes.

Pour chaque appareil, on établit un branchement, qui
presque toujours est apparent à l'étage inférieur, et ce branchement peut être également en fonte.

Il est rare que le haut du branchement arrive bien exactement au niveau précis pour recevoir l'appareil. On fait
alors le raccord par l'intermédiaire d'un tuyau de plomb
nommé *pipe*, comme dans les appareils déjà vus. Et on
soigne les joints de telle sorte qu'on soit assuré de l'étan-

---

[1] Voir, au chapitre VI, les *Canalisations en fonte*.

chéité ; la pipe ne doit jamais, en aucun cas, réduire la section de passage et y former un étranglement.

Dans cette installation, il est bon de s'arranger de telle sorte qu'aucun joint ne soit caché dans l'intérieur de la maçonnerie. A plus forte raison, faut-il proscrire absolument l'emploi de canalisations et de descentes complètement prises dans l'épaisseur des murs. Quand leur aspect se trouve gênant, on les comprend dans des coffres en boiseries démontables.

La cuvette peut être alimentée d'eau soit par branchement direct sur la colonne de distribution venant du réservoir, soit par l'intermédiaire d'un réservoir de chasse qui, pour agir d'une manière efficace, doit être placé au minimum à 1^m,60 au-dessus de la cuvette. Il est préférable de porter cette distance à 1^m,80 ou 2 mètres.

Pour éviter que les siphons des cuvettes ne se désamorcent par *induction*, lorsqu'il se produit une chasse dans un appareil voisin, il faut absolument les ventiler, c'est-à-dire les mettre en communication avec un tuyau débouchant librement à l'extérieur et permettant l'aspiration de l'air à la moindre succion produite.

Les siphons portent à cet effet une tubulure spéciale à leur partie haute ; on y branche un tuyau de plomb mince qui va rejoindre l'extérieur, soit par un orifice en façade lorsque l'appareil est isolé, soit par l'intermédiaire d'un tuyau vertical débouchant sur le toit et sur lequel se branchent tous les appareils superposés.

Quand la ventilation débouche en façade, il faut que ce soit à au moins 1 mètre en contre-haut du siphon. On évite alors l'émission au dehors des mauvaises odeurs au moyen d'une valve en mica très légère, suspendue à charnière par le haut ; elle peut s'ouvrir au moindre effort de dehors en dedans, dès qu'une aspiration se produit, et, au contraire, ne permet pas le mouvement inverse.

La coupe verticale d'un bâtiment par les cabinets d'aisances, lorsque ceux-ci sont superposés, est dessinée dans le

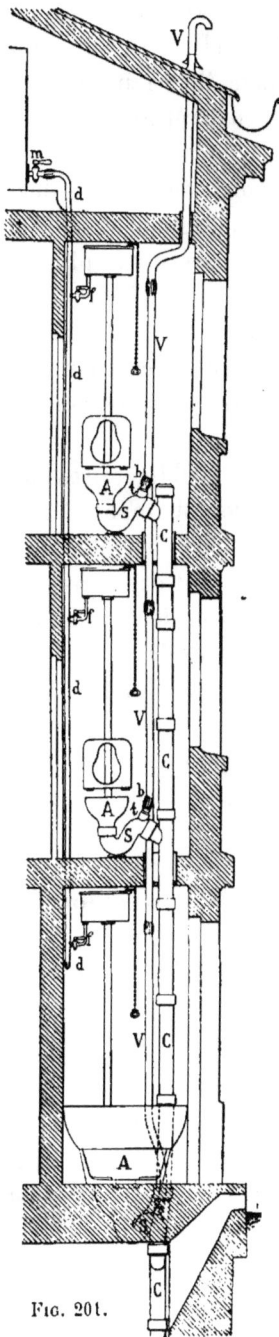

croquis de la figure 201. En C
est le tuyau de chute, qui, par sa
base, va se raccorder avec la canalisation du sous-sol ; il reçoit
en montant les branchements
des différents appareils des cabinets superposés. Au dernier cabinet, il peut se terminer par un
coude sans monter plus haut. Il
est mieux de remplacer le coude
par un embranchement dont on
tamponne l'orifice supérieur ; à
Paris, les règlements exigent qu'il
soit prolongé jusqu'au dehors du
toit et y débouche à l'air libre.

Dans les étages, ainsi qu'au
rez-de-chaussée, sont établis les
divers appareils A, appropriés à
leur destination ; ils se relient à
la chute par l'intermédiaire des
siphons S.

Chaque siphon porte une tubulure supérieure t, qui donne
naissance à un branchement
ventilateur b ; celui-ci aboutit à
une conduite générale montante
V débouchant à l'extérieur, sur
le toit par exemple, par un tuyau
recourbé.

Chaque appareil est desservi
par le réservoir de chasse qui
lui est propre et qui est placé
près du plafond. La manœuvre
des chasses se fait, dans chaque
local, au moyen d'une poignée
de tirage et d'une chaînette.

Fig. 201.

L'eau vient d'un réservoir placé dans les combles ; un robinet *m* fait la prise d'eau à $0^m,10$ du fond, et est suivi d'une colonne descendante *d*. A chaque étage il y a un branchement *f*, commandé par un robinet d'arrêt qui va alimenter le flotteur du réservoir.

On verra plus loin que ces réservoirs ne peuvent déborder et qu'il est inutile d'établir un trop-plein spécial.

La colonne descendante s'arrête au réservoir le plus bas ; on peut la tamponner comme le montre le dessin. Il vaut mieux la descendre jusqu'à rez de chaussée et la terminer par un robinet permettant de la vider complètement, soit en cas de gelée, soit afin de permettre plus facilement les réparations ultérieures.

Ces appareils sanitaires sont rendus obligatoires dans Paris, où le système dit du *tout à l'égout* est imposé à toutes les habitations, ainsi qu'on verra dans les documents administratifs qui suivent. Mais ils ne sont pas sans inconvénients. Indépendamment de la question de dépense d'eau qui n'est pas en rapport avec les ressources de la Ville, il y a à tenir compte des dégâts causés par la gelée dans les locaux inhabités où il n'est pas possible de les garantir. Les anciens appareils à tirage sont sous ce rapport moins susceptibles de se déranger et, lorsqu'ils sont bien entretenus, ils donnent un service très convenable et continu.

121. Règlements administratifs concernant les cabinets d'aisances et eaux résiduaires à Paris. — Voici le règlement édicté le 8 août 1894, concernant l'assainissement de Paris [1].

LE PRÉFET DE LA SEINE,

Vu la loi des 16-24 août 1790 ;

Vu les décrets des 26 mars 1852 et 10 octobre 1859 ;

---

[1] Cet arrêté a été annulé, en 1896, par le Conseil d'État, pendant l'impression du présent ouvrage. Nous le donnons néanmoins à titre de renseignement très intéressant sur les vues de l'Administration. On trouvera plus loin le nouveau règlement du 9 mai 1896.

Vu la délibération du Conseil municipal en date du 25 mars 1892, portant règlement relatif à l'assainissement de Paris ;

Vu la loi du 10 juillet 1894.

Arrête :

TITRE PREMIER

CABINETS D'AISANCES

ARTICLE PREMIER. — Dans toute maison à construire, il devra y avoir un cabinet d'aisances par appartement, par logement ou par série de trois chambres louées séparément. Ce cabinet devra toujours être placé soit dans l'appartement ou logement, soit à proximité du logement ou des chambres desservies, et, dans ce cas, fermé à clef.

Dans les magasins, hôtels, théâtres, usines, ateliers, bureaux, écoles et établissements analogues, le nombre des cabinets d'aisances sera déterminé par l'Administration, dans la permission de construire, en prenant pour base le nombre de personnes appelées à faire usage de ces cabinets.

Dans les immeubles indiqués au paragraphe précédent, le propriétaire ou le principal locataire sera responsable de l'entretien en bon état de propreté des cabinets à usage commun.

ART. 2. — Tout cabinet d'aisances devra être muni de réservoir ou d'appareil branché sur la canalisation, permettant de fournir dans ce cabinet une quantité d'eau suffisante pour assurer le lavage complet des appareils d'évacuation et entraîner rapidement les matières jusqu'à l'égout public.

ART. 3. — L'eau ainsi livrée dans les cabinets d'aisances devra arriver dans les cuvettes de manière à former une chasse vigoureuse. Les systèmes d'appareils et leurs dispositions générales seront soumis au Conseil municipal avant que leur emploi par les propriétaires soit autorisé. Ils seront examinés et reçus par le service de l'Assainissement de Paris avant la mise en service.

ART. 4. — Toute cuvette de cabinets d'aisances sera munie d'un appareil formant fermeture hydraulique et permanente.

Néanmoins, l'Administration pourra tolérer le maintien des installations, lorsque celles-ci le permettront, à la condition qu'il soit établi, à la base de chaque tuyau de chute, un réservoir de chasse automatique convenablement alimenté.

TITRE II

EAUX MÉNAGÈRES ET PLUVIALES

ART. 5. — Il sera placé une inflexion siphoïde formant fermeture hydraulique permanente à l'origine supérieure de chacun des tuyaux d'eau ménagère.

ART. 6. — Les tuyaux de descente des eaux pluviales seront munis également d'obturateurs à fermeture hydraulique permanente interceptant toute communication directe avec l'atmosphère de l'égout.

ART. 7. — Les tuyaux devront être aérés d'une manière continue.

TITRE III

TUYAUX DE CHUTE ET CONDUITES D'EAUX MÉNAGÈRES ET PLUVIALES

ART. 8. — Les descentes d'eaux pluviales et ménagères et les tuyaux de chute destinés aux matières de vidanges ne pourront avoir un diamètre inférieur à 8 centimètres ni supérieur à 16 centimètres.

ART. 9. — Les chutes des cabinets d'aisances avec leurs branchements ne pourront être placés sous un angle supérieur à 45° avec la verticale.

A l'origine supérieure de chacune de ces chutes, il devra toujours être placé une inflexion siphoïde formant fermeture hydraulique permanente, sous réserve de la tolérance prévue à l'article 4. Chaque tuyau de chute sera prolongé au-dessus du toit jusqu'au faîtage et librement ouvert à sa partie supérieure.

ART. 10. — La projection de corps solides, débris de cuisine, de vaisselle, etc., dans les conduites d'eaux ménagères et pluviales, ainsi que dans les cuvettes des cabinets d'aisances, est formellement interdite.

ART. 11. — Les descentes des eaux pluviales et ménagères et les tuyaux de chute seront prolongés jusqu'à la conduite générale d'évacuation, au moyen de canalisations secondaires dont le tracé devra être formé de parties rectilignes raccordées par les courbes.

A chaque changement de pente ou de direction, il sera ménagé

un regard de visite fermé par un autoclave étanche et facilement
accessible.

ÉVACUATION DES MATIÈRES DE VIDANGES, DES EAUX MÉNAGÈRES
ET DES EAUX PLUVIALES

ART. 12. — L'évacuation des matières de vidanges sera faite
directement à l'égout public avec les eaux pluviales et ménagères
dans les voies désignées par arrêtés préfectoraux, après avis conforme du Conseil municipal, au moyen de canalisations parfaitement étanches, ventilées et prolongées dans le branchement
particulier jusqu'à l'aplomb de l'égout public.

ART. 13. — Les canalisations auront une pente minima de
3 centimètres par mètre. Dans les cas exceptionnels où cette pente
serait impossible ou difficile à réaliser, l'Administration aura la
faculté d'autoriser des pentes plus faibles avec addition de réservoirs de chasse et autres moyens d'expulsion à établir aux frais et
pour le compte des propriétaires.

ART. 14. — Leur diamètre sera fixé, sur la proposition des inté .
ressés, en raison de la pente disponible et du cube à évacuer.

Il ne sera, en aucun cas, inférieur à 12 centimètres.

ART. 15. — Chaque tuyau d'évacuation sera muni, avant sa
sortie de la maison, d'un siphon dont la plongée ne pourra être
inférieure à 7 centimètres, afin d'assurer l'occlusion hermétique
et permanente entre la canalisation intérieure et l'égout public.

Chaque siphon sera muni d'une tubulure de visite avec fermeture étanche placée en amont de l'inflexion siphoïde.

Les modèles de ces siphons et appareils seront soumis à l'Administration et acceptés par elle.

ART. 16. — Les tuyaux d'évacuation et les siphons seront en
grès vernissé ou autres produits admis par l'Administration. Les
joints devront être étanches et exécutés avec le plus grand soin,
sans bavure ni saillie intérieure.

La partie inférieure de la canalisation devra résister à 1 kilogramme par centimètre carré.

ART. 17. — Dans toute maison à construire, le branchement
particulier d'égout devra être mis en communication avec l'intérieur de l'immeuble, et ce branchement devra être fermé par un
mur pignon au droit même de l'égout public.

En ce qui concerne les maisons existantes, les propriétaires pourront, sur leur demande, être autorisés à mettre leur branchement particulier en communication avec l'intérieur de leur immeuble, et à y installer le siphon hydraulique obturateur du conduit d'évacuation, ainsi que le compteur de leur distribution d'eau ou tout autre appareil destiné à l'évacuation, sous réserve de l'établissement, au droit même de l'égout, d'un mur pignon fermant ce branchement.

ÉVACUATION PAR CANALISATION SPÉCIALE

Art. 18. — Dans les voies publiques où, par suite de circonstances exceptionnelles, les matières de vidanges et les eaux ménagères ne seraient pas évacuées directement à l'égout public, des arrêtés spéciaux, pris après avis du Conseil municipal, prescriront les dispositions à adopter selon les exigences du système employé.

TITRE V

ÉPOQUE DE L'EXÉCUTION DES TRAVAUX

Art. 19. — Les dispositions du titre premier, relatives au nombre des cabinets d'aisances, seront immédiatement applicables en ce qui concerne les maisons à construire. Elles pourront devenir exigibles dans les maisons déjà construites, si la salubrité le réclame, en exécution des lois et règlements existants ou à intervenir sur les logements insalubres.

Les autres dispositions du titre premier ne seront appliquées que successivement, dans les voies indiquées par les arrêtés préfectoraux dont il est question aux articles 12 et 18.

Les propriétaires riverains de ces voies auront un délai maximum de trois ans, compté à partir de la publication desdits arrêtés, pour appliquer les dispositions des articles 2, 3 et 4 du titre Ier, installer des occlusions hydrauliques, adapter la canalisation existante à l'évacuation des vidanges dans les conditions indiquées au présent règlement et supprimer les fosses, tinettes et autres systèmes de vidange actuellement en usage.

Art. 20. — Les mêmes prescriptions et le même délai seront applicables aux voies privées qui aboutissent aux voies publiques susmentionnées dont les propriétaires devront pourvoir en temps utile aux moyens généraux d'évacuation à l'égout public.

Art. 21. — Les projets d'établissements de canalisations de maisons neuves ou de transformation de canalisations de maisons déjà construites seront soumis, avant exécution, au Service de l'Assainissement de Paris. Il en sera délivré un récépissé.

Ils comprendront l'indication détaillée, avec plans et coupes, de tous les travaux à exécuter, tant pour la distribution de l'eau alimentaire que pour l'établissement des cabinets d'aisances et l'évacuation des matières de vidanges, eaux ménagères et pluviales.

Vingt jours après le dépôt de ces projets constaté par le récépissé du Service de l'Assainissement, le propriétaire pourra commencer les travaux d'après son projet, s'il ne lui a été notifié aucune injonction.

L'entrepreneur restera d'ailleurs soumis à la déclaration préalable prescrite par l'ordonnance du 20 juillet 1838, article premier.

Après approbation de l'Administration et exécution, les ouvrages ne pourront être mis en service qu'après leur réception par les agents du Service de l'Assainissement de Paris, assistés de l'architecte voyer, lesquels vérifieront dans les dix jours de leur achèvement si ces ouvrages sont conformes aux projets approuvés et aux dispositions prescrites par le règlement.

Art. 22. — Les fosses, caveaux, etc., rendus inutiles par suite de l'application de l'écoulement direct à l'égout, seront vidangés, désinfectés et comblés.

TITRE VI

REDEVANCE

Art. 23. — Les propriétaires dont les immeubles seront desservis par l'écoulement direct paieront, pour le curage des égouts publics, la taxe fixée par l'article 3 de la loi du 10 juillet 1894.

Cette taxe sera exigible à partir du 1er janvier pour les immeubles qui se trouveront pratiquer à cette date l'évacuation directe des vidanges à l'égout. Elle le deviendra successivement pour ceux où ledit système d'évacuation directe sera ultérieurement établi à partir du 1er janvier de l'année qui suivra la mise en service des ouvrages et au plus tard la troisième année après la date des arrêtés préfectoraux mentionnés à l'article 12.

TITRE VII

DISPOSITIONS TRANSITOIRES

ART. 24. — Dans les rues actuellement pourvues d'égouts, mais où l'écoulement direct n'est pas encore appliqué, il pourra être accordé provisoirement des autorisations pour l'écoulement des eaux vannes à l'égout par l'intermédiaire des tinettes filtrantes, dans les conditions de l'arrêté du 27 novembre 1887.

ART. 25. — Des fosses fixes nouvelles ne pourront être établies, à titre provisoire, que dans les cas à déterminer par l'Administration et lorsque l'absence d'égout, les dispositions de l'égout public et de la canalisation d'eau, ou toute autre cause, ne permettront pas l'écoulement direct des matières de vidange à l'égout.

ART. 26. — L'installation et la disposition des fosses fixes et mobiles, des tinettes filtrantes existant actuellement, des tuyaux de chute et d'évent, etc., etc., restent soumises aux prescriptions des ordonnances, arrêtés et règlements en vigueur en tout ce à quoi il n'est pas dérogé par le présent règlement.

ART. 27. — Le présent règlement ne pourra être modifié qu'après avis du Conseil municipal.

TITRE VIII

DISPOSITIONS GÉNÉRALES

ART. 28. — Les contraventions au présent règlement seront constatées par procès-verbaux ou rapports et poursuivies par toutes les voies de droit, sans préjudice des mesures administratives auxquelles ces contraventions pourraient donner lieu.

ART. 29. — L'inspecteur général des Ponts et Chaussées, Directeur administratif des Travaux, et le Directeur des Affaires municipales sont chargés, chacun en ce qui le concerne, de l'exécution du présent arrêté, dont ampliation sera adressée :

1° Au directeur administratif des Travaux;

2° Au directeur des Affaires municipales ;

3° Au directeur des Finances;

4° A l'ingénieur en chef de l'Assainissement;

5° Au Secrétariat général, pour insertion au *Recueil des Actes administratifs*.

Fait à Paris, le 8 août 1894.

POUBELLE

Aux termes de l'article 2 de la loi du 10 juillet 1894, les propriétaires des maisons anciennes sont tenus d'écouler directement les matières solides et liquides à l'égout dans un délai de trois ans. Ce délai court de la date de l'arrêté préfectoral désignant leurs rues.

Voici l'arrêté désignant une première série de rues :

II

ARRÊTÉ DÉSIGNANT LES VOIES SOUMISES AU RÉGIME DE L'ÉCOULEMENT DIRECT

Le Préfet de la Seine,

Vu : 1° La loi des 16-24 août 1790 ; — 2° les décrets des 26 mars 1852 et 10 octobre 1859 ; — 3° l'arrêté réglementaire du 10 novembre 1886 ; — 4° l'arrêté réglementaire du 20 novembre 1887 ; 5° la délibération du conseil municipal en date du 25 mars 1892 ; — 6° la loi du 10 juillet 1894 ; — 7° l'arrêté réglementaire du 8 août 1894 ;

Vu la délibération du Conseil municipal de Paris, en date du 15 décembre 1894, approuvant la première liste des voies dans lesquelles l'écoulement direct à l'égout des matières de vidanges est obligatoire ;

Vu la loi du 18 juillet 1837, le décret sus-visé du 26 mars 1852 et la loi du 24 juillet 1867 ;

Sur la proposition du directeur administratif des Travaux ;

Arrête :

ARTICLE PREMIER. — La délibération du Conseil municipal, sus-visée en date du 15 décembre 1894, est approuvée.

En conséquence, l'écoulement direct à l'égout des matières de vidanges est obligatoire dans les rues ci-après désignées :

. . . .

ARRONDISSEMENT

. . . .

Les propriétaires des maisons en bordure de ces rues sont tenus d'y écouler souterrainement et directement les matières solides et liquides des cabinets d'aisances, dans un délai de trois ans à courir du jour de la publication du présent arrêté, en se conformant à toutes les clauses et conditions de l'arrêté réglementaire en date du 8 août 1894.

ART. 2. — La taxe fixée à l'article 3 de la loi du 10 juillet 1894 leur sera appliquée à partir du 1er janvier de l'année qui suivra la mise en service des ouvrages, et au plus tard, le 1er janvier 1898.

ART. 3. — Les abonnements consentis aux propriétaires d'immeubles pratiquant déjà l'écoulement direct, avec interposition d'appareils diviseurs, dans les rues indiquées ci-dessus, sont résiliés à partir du 1er janvier 1896. Les propriétaires de ces immeubles paieront, à partir de cette date, la taxe sus-visée.

ART. 4. — Les contraventions aux dispositions du présent arrêté seront constatées par des procès-verbaux ou rapports et poursuivies par toutes les voies de droit, sans préjudice des mesures administratives auxquelles ces contraventions pourraient donner lieu.

ART. 5. — L'Inspecteur général des Ponts et Chaussées, directeur administratif des Travaux de Paris, et le Directeur des Affaires municipales sont chargés, chacun en ce qui le concerne, de l'exécution du présent arrêté.

Fait à Paris, le 24 décembre 1894.

POUBELLE.

Une seconde liste a paru dans un arrêté du 30 décembre 1895.

Cette même loi de 1894, relative à l'assainissement de Paris et de la Seine, fixe en outre les taxes à payer pour l'emprunt de l'égout public. En voici le texte :

Le Sénat et la Chambre des députés ont adopté,
Le Président de la République promulgue la loi dont la teneur suit :

ARTICLE PREMIER . . . .

. . . .

ART. 2. — Les propriétaires des immeubles situés dans les rues pourvues d'un égout public seront tenus d'écouler souterrainement et directement à l'égout les matières solides et liquides des cabinets d'aisances de ces immeubles.

Il est accordé un délai de trois ans pour les transformations à effectuer à cet effet dans les maisons anciennes.

Art. 3. — La Ville de Paris est autorisée à percevoir des propriétaires de constructions riveraines des voies pourvues d'égout, pour l'évacuation directe des cabinets, une taxe annuelle de vidange qui sera assise sur le revenu net imposé des immeubles, conformément au tarif ci-après :

« 10 francs pour un immeuble d'un revenu imposé à la contribution foncière ou à celle des portes et fenêtres inférieur à 500 francs.

« 30 francs pour un immeuble d'un revenu imposé de 500 francs à 1.499 francs.

« 60 francs pour un immeuble d'un revenu imposé de 1.500 francs à 2.999 francs.

« 80 francs pour un immeuble d'un revenu imposé de 3.000 francs à 5.999 francs.

« 100 francs pour un immeuble d'un revenu imposé de 6.000 francs à 9.999 francs.

« 150 francs pour un immeuble d'un revenu imposé de 10.000 francs à 19.999 francs.

« 200 francs pour un immeuble d'un revenu imposé de 20.000 francs à 29.999 francs.

« 350 francs pour un immeuble d'un revenu imposé de 30.000 francs à 39.999 francs.

« 500 francs pour un immeuble d'un revenu imposé de 40.000 francs à 49.999 francs.

« 750 francs pour un immeuble d'un revenu imposé de 50.000 francs à 69.999 francs.

« 1.000 francs pour un immeuble d'un revenu imposé de 70.000 francs à 99.999 francs.

« 1.500 francs pour un immeuble d'un revenu imposé de 100.000 francs et au-dessus. »

En ce qui concerne les immeubles exonérés à un titre et pour une cause quelconque de la contribution foncière sur la propriété bâtie, la Ville pourra percevoir une taxe fixe de cinquante francs (50 francs) par chute.

. . . .

Art. 4. — Le taux desdites taxes pourra être revisé tous les cinq ans par décret, après délibération conforme du Conseil municipal, sans que ces taxes puissent être supérieures au tarif fixé à l'article 3.

ART. 5. — Le recouvrement de ces taxes aura lieu comme en matière de contributions directes.

ART. 6. — . . . .

La présente loi, délibérée et adoptée par le Sénat et par la Chambre des députés, sera exécutée comme loi de l'État.

Fait à Paris, le 10 juillet 1894.

CASIMIR-PÉRIER.

Par le Président de la République :

Le Président du Conseil,
Ministre de l'Intérieur et des Cultes,
CH. DUPUY.

A la suite de l'arrêt du Conseil d'État dont il a été parlé, le Préfet de la Seine, annulant son arrêté du 8 août 1894, lui a substitué le suivant en date du 9 mai 1896 :

ARRÊTÉ CONCERNANT L'ÉCOULEMENT DIRECT A L'ÉGOUT
APPLICATION DE LA LOI DU 10 JUILLET 1894

LE PRÉFET DE LA SEINE,

Vu l'article 193 de la Coutume de Paris ;
Vu la loi des 16-24 août 1790 ;
Vu le décret-loi du 26 mars 1852 ;
Vu le décret du 10 octobre 1859 ;
Vu la loi du 10 juillet 1894,

Arrête :

ARTICLE PREMIER. — L'évacuation des matières solides et liquides des cabinets d'aisances sera faite directement à l'égout public dans les voies désignées par arrêtés préfectoraux.

Le délai de trois ans, accordé par l'article 2 de la loi du 10 juillet 1894 pour les transformations à effectuer, à cet effet, dans les maisons existantes, court à partir de la date de ces arrêtés.

ART. 2. — Les cabinets d'aisances, établis en nombre suffisant dans chaque immeuble, devront être disposés de telle sorte que la cuvette reçoive, à chaque évacuation, la quantité d'eau nécessaire pour produire une chasse qui assure le lavage complet des appareils et l'entraînement rapide des matières jusqu'à l'égout public.

ART. 3. — Les tuyaux de chute desservant les cabinets d'aisances et les tuyaux de descente des eaux ménagères et pluviales aboutiront à un conduit commun qui se prolongera dans le branchement particulier jusqu'à l'aplomb de l'égout public.

ART. 4. — Ces canalisations seront disposées dans toutes leurs parties de manière à réaliser un écoulement rapide sans formation de dépôt et sans émanation d'aucune sorte.

Elles seront de force à résister à toutes les pressions intérieures et elles devront être aérées d'une manière continue.

ART. 5. — Des fermetures hermétiques permanentes intercepteront toute communication entre l'air des habitations et l'atmosphère de l'égout et des chutes, descentes et conduits d'évacuation à l'égout.

ART. 6. — Les dispositions qui précèdent sont intégralement applicables aux maisons à construire.

Dans les maisons existantes pourront être conservés :

1° Les tuyaux de chute et de descente même ne satisfaisant que partiellement aux prescriptions de l'article 4 ci-dessus ;

2° Les anciens appareils de cabinets d'aisances munis d'effets d'eau suffisants, mais à la condition qu'il soit établi une chasse d'eau à la base du tuyau de chute et une occlusion hermétique permanente avant le débouché dans l'égout.

Le tout sans préjudice de l'exécution des lois et règlements sur les logements insalubres.

ART. 7. — Conformément à l'article 4 du décret-loi du 26 mars 1852, tout projet d'établissement ou de transformation de canalisations devra, avant exécution, être soumis avec plans et coupes cotés à l'Administration ; et, vingt jours après le dépôt constaté par récépissé, les travaux pourront être commencés d'après le projet, s'il n'a été notifié aucune injonction.

L'entrepreneur restera d'ailleurs soumis à la déclaration préalable prescrite par l'ordonnance du 20 juillet 1838, article 1er, et les travaux seront vérifiés par les agents de l'Administration, qui s'assureront que les prescriptions faites dans l'intérêt de la salubrité ont été observées.

ART. 8. — Les fosses, caveaux, etc., rendus inutiles par suite de l'application de l'écoulement direct à l'égout, seront vidangés et désinfectés.

ART. 9. — La projection de corps étrangers, tels que débris de cuisine, de vaisselle, etc., dans les conduites d'eaux ménagères et pluviales ainsi que dans les cuvettes des cabinets d'aisances, est formellement interdite.

ART. 10. — Les contraventions aux prescriptions qui précèdent seront poursuivies par toutes voies de droit.

ART. 11. — Le présent arrêté est substitué à l'arrêté annulé du 8 août 1894.

ART. 12. — L'inspecteur général, directeur administratif des Travaux, et le directeur des Affaires municipales sont chargés, chacun en ce qui le concerne, de l'exécution du présent arrêté, dont ampliation sera adressée :

1° Au directeur administratif des Travaux ;

2° Au directeur des Affaires municipales ;

3° A l'ingénieur en chef de l'Assainissement ;

4° Au Secrétariat général pour insertion au *Recueil des actes administratifs*.

Fait à Paris, le 9 mai 1896.

POUBELLE.

122. Cuvettes à effet d'eau plongeant. — Les cuvettes à siphon des appareils sanitaires peuvent se ramener à deux types principaux :

1° *Les cuvettes à effet d'eau plongeant ;*

2° *Les cuvettes à double garde d'eau.*

La première catégorie de ces appareils, c'est-à-dire les cuvettes à effet d'eau plongeant, comprend un grand nombre de modèles très peu différents les uns des autres et se ramenant à deux types. Les cuvettes d'une seule pièce avec leur siphon et les appareils en deux pièces. Dans le premier cas, l'appareil est plus cher, mais on évite un joint qui, mal fait, peut donner lieu à des fuites et à des émanations fétides. Dans le second cas, plus économique, par suite d'une plus grande commodité de fabrication, on a encore l'avantage de pouvoir choisir la position du siphon qu'il est préférable d'adopter, ce dernier pouvant tourner autour du joint qu'il fait avec la cuvette ; on peut de même prendre à volonté un siphon à dégagement vertical, ou un siphon à dégagement incliné.

La figure 202 représente une cuvette d'une seule pièce
avec son siphon. Elle est de la fabrication de la *Société des
produits céramiques et réfractaires de Boulogne-sur-Mer*. Cet
appareil présente un pied pour pouvoir être posé directement sur le plancher. En haut du siphon est une tubulure
de visite avec joint en caoutchouc. A côté est la tubulure

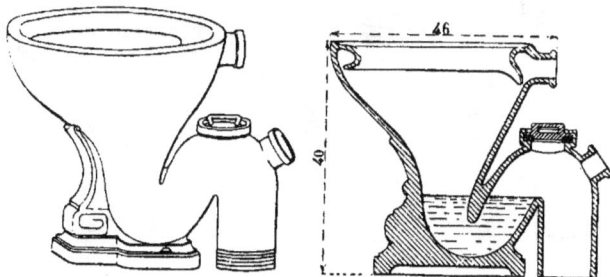

Fig. 202.

de ventilation. Enfin, en haut, est la tubulure d'arrivée d'eau.
L'eau d'alimentation se rend dans le rebord creux qui entoure
le haut de la cuvette et s'en échappe par une rainure continue inférieure. Le jet est violent, l'eau coule avec vitesse,
et le frottement nettoie les parois.

Les appareils à effet d'eau plongeant tiennent peu de
place. On les emploie lorsque l'emplacement est réduit. Ils
sont économiques de première installation et dépensent peu
d'eau. Avec 5 à 6 litres on produit une chasse suffisante; on
peut d'ailleurs produire cette chasse par la projection directe
dans la cuvette, à l'aide d'un vase quelconque, d'un volume
d'eau encore plus réduit. Aussi utilise-t-on fréquemment cet
appareil pour l'évacuation des eaux ménagères ou de toilette,
d'autant plus que la forme de la cuvette se prête bien à cet
emploi. La plupart des vidoirs sont construits sur ce modèle.

La garde d'eau dans ces appareils est variable. Lorsque la
ventilation est prévue et que la quantité d'eau employée
pour chaque chasse est limitée à 5 ou 6 litres, la garde d'eau

est de 0^m,03 à 0^m,04. Si la chasse était plus considérable et atteignait 10 à 15 litres, on pourrait sans inconvénient porter à 0^m,10 la garde d'eau du siphon. Dans ce cas, on peut parfois supprimer sans inconvénient la *ventilation en couronne* de l'appareil.

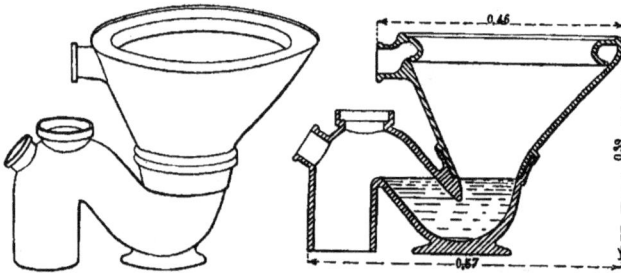

Fig. 203.

Les cuvettes sont presque toujours fixées au plancher des cabinets avec des vis.

Le diamètre intérieur des siphons est d'environ 0^m,10, celui du tuyau de ventilation 0^m,05.

La figure 203 montre le même appareil que la figure 202 (Société de Boulogne-sur-Mer), mais fabriqué en deux pièces. Le joint est à emboîtement. On peut le faire avec

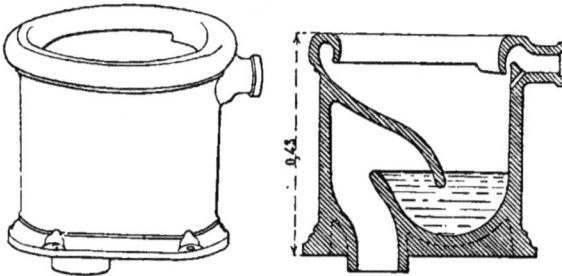

Fig. 204.

interposition d'étoupe imprégnée de mastic de céruse. Le siphon et les tubulures occupent les mêmes positions que dans l'appareil précédent.

PLOMBERIE. 21

Un autre modèle, dit modèle *Block*, également de la fabrication de Boulogne-sur-Mer, est représenté dans la figure 204. Le principe est le même, sauf que le siphon ne présente aucune tubulure pour l'aération. La forme exté-

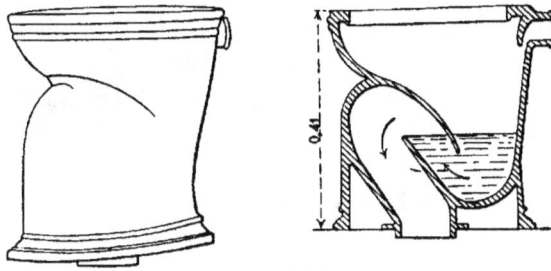

Fig. 205.

rieure se prête très bien à la suppression des parois verticales du siège ; il permet un nettoyage complet des abords et peut supporter une décoration plus ou moins importante.

Dans la figure 205 on a représenté une variante de cette forme, tirée de l'*Album de la maison Doulton*.

Un grand nombre d'autres constructeurs fabriquent également les appareils dont il vient d'être question. Ils se répandent de tous côté, en raison des progrès très réels des

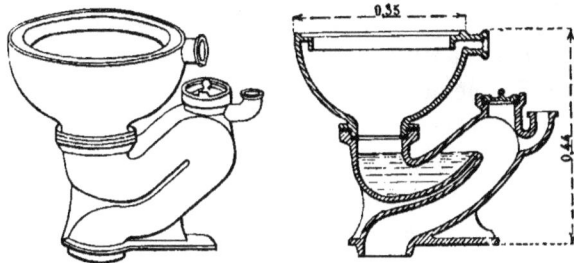

Fig. 206.

questions hygiéniques ; de même, les formes et les décorations sont variées à l'infini.

La figure 206 donne la représentation en élévation et en coupe d'un appareil créé par la maison Geneste et Herscher, et applicable à la substitution économique des appareils sanitaires aux appareils à tirage. Il ne diffère des appareils qui précèdent que par la forme du siphon. Ce dernier est contourné de telle sorte que son orifice inférieur, celui qui doit se raccorder avec la pipe, se trouve verticalement à l'aplomb de l'orifice d'évacuation de la cuvette. Dans la plupart des cas, la substitution de cet appareil à une cuvette à tirage ne nécessite aucun changement dans la pipe et dans le branchement.

123. Cuvettes à double garde d'eau. — Les appareils sanitaires à double garde d'eau peuvent avoir deux buts : ou bien la seconde garde d'eau forme simplement dans la cuvette une couche liquide de $0^m,03$ à $0^m,04$ de profondeur, qui empêche les matières de maculer les parois; ou bien elle vient former une double interception hydraulique, s'opposant au retour dans les cabinets des odeurs produites dans le tuyau de chute.

La figure 207 donne le dessin d'ensemble, en coupe verticale et en plan, d'un cabinet d'aisances dans lequel est installée une cuvette du premier genre, fabriquée par la maison Doulton.

Cette cuvette est large et profonde; elle possède une retenue d'eau de $0^m,04$ de profondeur qui dilue les matières, tout en évitant tout rejaillissement au moment de leur chute. En même temps, les parois mouillées ne se souillent pas. En plan cette cuvette est ovale, forme essentiellement convenable à tous égards.

L'eau arrive par une coquille arrière, de forme appropriée, qui la dirige de façon à chasser énergiquement le contenu de la cuvette, qui passe dans le siphon et doit en être délogé ensuite. L'eau, n'arrivant dans le siphon qu'avec une faible vitesse, n'agit plus que par son poids. Aussi le lavage de cet appareil exige-t-il, pour être complet, une quantité de liquide notablement supérieure à celle des appareils à effet plongeant.

Là encore, la ventilation en couronne du siphon est nécessaire, afin d'éviter que la cuvette ne se désamorce par induc-

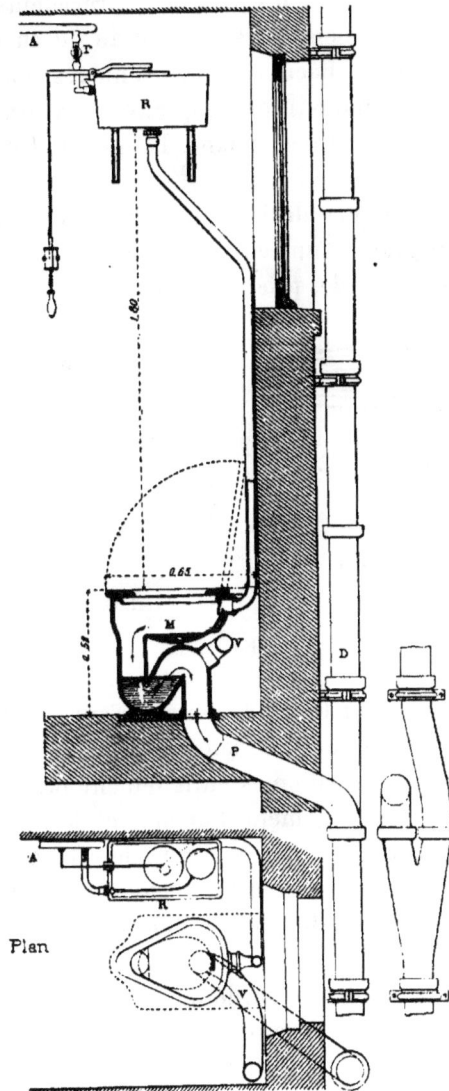

Plan

FIG. 207.

tion, surtout si la garde d'eau n'est que de 0^m,03 à 0^m,04

Le croquis 207 indique comment la pose peut se faire, en même temps qu'il donne l'installation du cabinet tout entier, avec sa tuyauterie et son réservoir de chasse.

De même que dans les appareils précédents, la cuvette peut être exécutée en un seul morceau ou en deux pièces, dispositions dont chacune a ses avantages. La cuvette d'un seul morceau, moins économique, est préférable au point de vue des émanations, quand la question des prix n'est pas de premier ordre.

Les deux croquis de la figure 208 représentent, à une échelle plus grande, une cuvette isolée du même type, fabriquée par la Société des produits céramiques de Boulogne-sur-

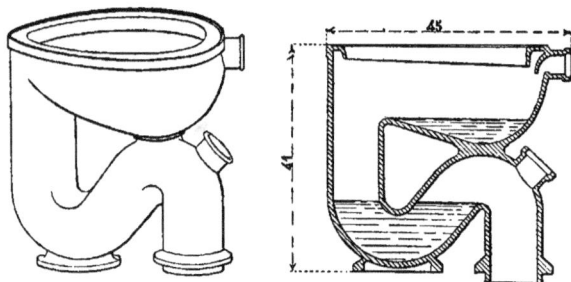

Fig. 208.

Mer. Cette cuvette a 0m,45 de longueur sur 0m,41 de hauteur.

Les cuvettes en question sont presque toujours de forme ovale en plan, disposition essentiellement pratique, qui leur permet de servir également d'urinoir et de dispenser de cet appareil. Dans ce cas, on prend soin de relever l'abattant du siège, afin de ne pas le maculer et on peut approcher suffisamment de la cuvette pour éviter toute chute de liquide sur le parquet.

Ces cuvettes à double garde d'eau sont des appareils plus confortables que les cuvettes à effet d'eau plongeant; elles conviennent pour les installations plus luxueuses et exigent des chasses d'au moins 10 litres pour fonctionner convenablement.

La maison Doulton construit un modèle spécial, en deux pièces, représenté par la figure 209, dans lequel le regard de visite du siphon est ramené en D, au-dessus du siège, ce qui facilite singulièrement, dans certains cas, les dégorgements.

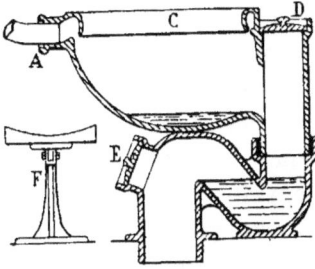

FIG. 209.

La construction en deux pièces est également commode dans un grand nombre de circonstances, la partie supérieure pouvant prendre toutes les orientations par rapport au siphon. Dans le cas où ce dernier ne peut plus servir de support, on le remplace par un pied spécial, dessiné en F, qui vient poser sur le sol, tout en épousant à la partie haute le cintre convexe de l'extérieur de la cuvette. L'ensemble de l'appareil est alors disgracieux, mais on en est quitte pour le loger dans un siège à coffrage vertical en menuiserie.

124. Appareil Jennings. — Le premier type des appareils où la double garde d'eau ait été effectivement établie pour obtenir un double isolement est l'appareil Jennings. Fort usité en Angleterre, il y a une quarantaine d'années, il a été le premier appareil

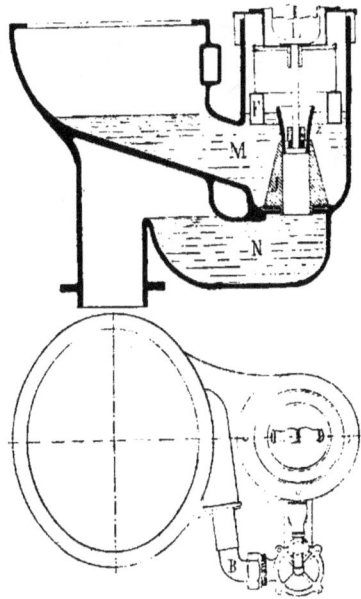

FIG. 210.

salubre employé en France. Cet appareil, très ingénieux, est représenté par une coupe verticale et une vue en plan dans la figure 210.

Il se compose d'une cuvette assez compliquée de forme, faisant corps avec un siphon. L'ouverture supérieure du siphon est rendue accessible par le moyen d'une tubulure verticale où on établit un tirage. La poignée L de ce tirage soulève une soupape lestée J, creuse, surmontée d'une hausse formant trop-plein ; la soupape, lorsqu'elle est baissée, ferme complètement l'orifice du haut du siphon. Un flotteur annulaire F commande le robinet d'amenée de l'eau. Lorsqu'il est baissé, l'eau arrive et remplit la cuvette M ; le flotteur se relève avec le niveau de l'eau et, lorsqu'il est à hauteur convenable, ferme le robinet. De la sorte, on a une double fermeture et par l'eau qui est en M et par celle qui est en N dans le siphon, et, de fait, les appareils ne laissent remonter du tuyau de chute aucune odeur. La dépense d'eau est de 9 à 10 litres par fonctionnement.

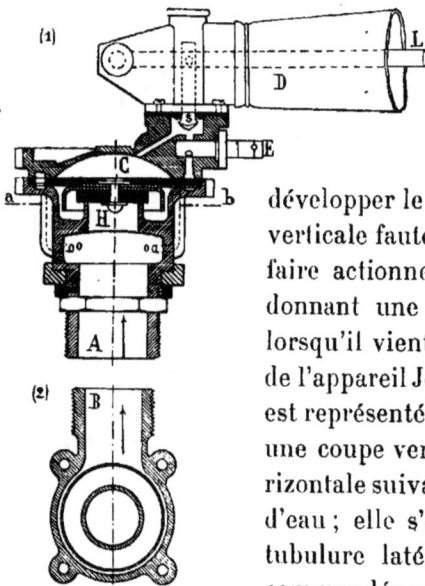

Fig. 211.

Comme on ne peut développer le flotteur dans la tubulure verticale faute de place, il a fallu lui faire actionner un robinet très doux donnant une véritable chasse d'eau lorsqu'il vient à s'ouvrir. Le robinet de l'appareil Jennings, très ingénieux, est représenté dans la figure 211, par une coupe verticale et une coupe horizontale suivant *ab*. En A est l'arrivée d'eau ; elle s'échappe en B par une tubulure latérale ; son passage est commandé par une soupape H, appuyée par une membrane en caoutchouc prise dans un joint. D'après la disposition indiquée au croquis, le levier L est actionné par le flotteur de la cuvette,

auquel il se relie par une articulation. Ce flotteur fait ainsi
mouvoir une soupape minuscule S, mobile dans une petite
capacité dont elle ferme soit l'orifice inférieur d'arrivée d'eau,
soit l'orifice supérieur d'évacuation. L'eau ainsi évacuée se
rend à la tubulure de la cuvette, à laquelle le robinet est relié
par un manchon en caoutchouc bien ligaturé. L'eau qui peut
alimenter la petite capacité en question vient du tuyau d'arrivée, où elle est en pression ; elle passe par les orifices o, o,
se rend par des tuyaux latéraux de très petit diamètre dans un
vide annulaire ménagé dans le joint, puis de ce vide par un
passage vertical à sa destination. Le passage vertical est
plus ou moins fermé par un robinet de réglage à vis E. La
capacité communique directement avec l'espace C qui est au-
dessus de la soupape.

Ceci posé, voici le fonctionnement :

Le flotteur est levé, la soupape S fermée ; l'eau en pression
se rend lentement dans la capacité C, vient appuyer sur la
soupape par une grande surface et la ferme malgré la pression en H.

Si le flotteur s'abaisse, la soupape S s'abaisse, la pression
en C disparaît, et la soupape donne issue à l'eau qui s'échappe
à plein tuyau en produisant la chasse et le nettoyage.

Ce robinet automoteur présente un inconvénient grave,
c'est que les très petits passages d'eau nécessaires à son
fonctionnement s'obturent très aisément avec la moindre
impureté de l'eau. Aussi l'appareil Junnings a-t-il été avantageusement remplacé par les appareils plus simples employés
aujourd'hui, et qui doivent leur simplicité à la séparation
des chasses d'eau, produites indépendamment de l'appareil
par des réservoirs séparés. Mais il a été le premier appareil
salubre employé pratiquement et a ouvert la voie aux appareils actuels.

125. Appareil Porcher. — La maison Porcher
fabrique un appareil de forme toute différente des précédents et dans laquelle la double garde d'eau est particulière-

ment efficace. La retenue d'eau dans la cuvette est de 0ᵐ,20 et la garde d'eau dans le siphon est de 0ᵐ,10. La figure 212 donne la coupe et la vue de l'appareil.

La chasse d'eau est double ; elle se fait par un tuyau de 35 dans la cuvette et par un tuyau de 25 dans le siphon.

Cette dernière chasse arrivant en C y comprime l'air qui dénivelle le siphon et projette le liquide qu'il contient ; à

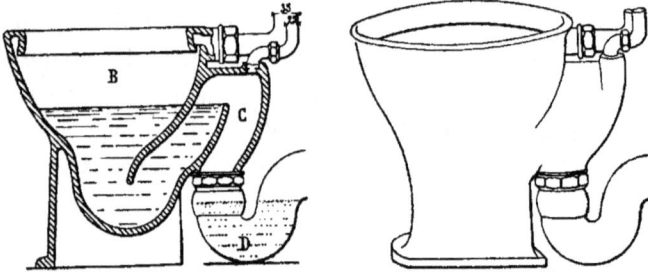

FIG. 212.

ce moment, il se produit une aspiration brusque, qui appelle toute l'eau de la cuvette et la vide entièrement avec violence. A la suite de cette vidange, l'eau continue à couler du réservoir de chasse et rétablit dans la cuvette et le siphon les gardes normales. Il n'est pas nécessaire de ventiler le siphon.

Cet appareil de luxe exige des chasses puissantes pour fonctionner convenablement, mais il s'oppose absolument à toute émanation venant de la chute.

126. Appareil Doulton. — La maison Doulton fabrique un appareil à siphon et à valve, analogue

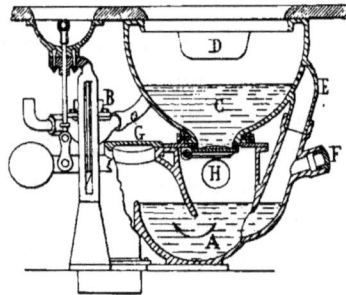

FIG. 213.

comme fonctionnement à la cuvette Havard dont il a été parlé au n° 119. La figure 213 en donne la coupe verticale.

Il se compose d'un siphon en grès ou en fonte se raccordant
avec la chute, et fixé au plancher ; sur le siphon vient poser
une cuvette à clapet étanche C, à effet d'eau, de telle sorte
que l'on obtient ainsi une double garde d'eau. Le siphon
reçoit le trop-plein E de la cuvette, et l'étanchéité est obtenue
par la position de l'orifice en dessous du niveau de l'eau.
Le clapet est muni d'un disque en faïence qui se maintient
toujours propre.

Le mécanisme est à tirage. L'arrivée d'eau est munie
d'une valve régulatrice spéciale ; la quantité d'eau se règle
en tournant une simple vis dans le sens convenable. En F
est un embranchement pour produire une ventilation, ou
pour raccorder le tuyau de trop-plein du réservoir à eau, ou
encore pour servir à la vidange d'eaux de toilette ; G est un
tampon de visite, et H un branchement permettant l'emploi
d'un tuyau de ventilation.

127. Réservoirs de chasse. — On a inventé une
grande quantité de réservoirs de chasse, différant très peu les
uns des autres. Ils se composent généralement de trois parties :

1° Un *récipient*, souvent en fonte, destiné à recevoir l'eau
d'une chasse. Ce réservoir est placé au minimum à 1^m,60
au-dessus de la cuvette à alimenter. Il est appliqué le long
du mur au-dessus de l'appareil même auquel il se relie, et
se fixe, soit au moyen de fortes vis tamponnées, passant
dans des oreilles extérieures, soit sur des consoles vissées
ou scellées dans la maçonnerie. C'est à ce récipient que
vient se relier le tuyau de décharge. On le munit quelquefois d'un couvercle, afin d'éviter l'introduction des corps
étrangers, ou les projections d'eau dans le cas d'une
manœuvre brusque ;

2° Une *alimentation au moyen d'un robinet flotteur*, soit
à vis, soit à boisseau, soit à repoussoir. Il faut s'attacher à
faire un bon choix de ce robinet, duquel dépend en majeure
partie le bon fonctionnement du réservoir. Quand le réservoir continue à s'emplir lentement, si le flotteur ne marche

pas bien, l'eau s'écoule à mesure par la décharge, sans qu'il soit besoin d'établir de trop-plein.

Ce robinet flotteur doit être bien étanche, lorsqu'il est fermé, et ne pas être sujet à s'engorger par les impuretés de l'eau.

Il est toujours bon, en prévision d'une réparation possible de ce robinet, d'intercaler sur le branchement un robinet d'arrêt permettant d'isoler le réservoir sans avoir à arrêter toute la canalisation dont il dépend.

Le croquis de la figure 221 donne une disposition très ingénieuse du flotteur dans les réservoirs de M. Flicoteaux. Ainsi que le montre le dessin, la boule du flotteur est placée dans un compartiment spécial D, venu de fonte avec le réservoir et communiquant avec lui par un petit orifice *o* placé à la partie basse. Lorsque la chasse se produit, le réservoir se vide brusquement; le compartiment D, au contraire, ne se vidange que très lentement, pendant la chasse; il n'y a donc pas d'alimentation ni d'eau perdue. Le compartiment continuant à se vider, le flotteur s'ouvre lentement et le réservoir se remplit; le flotteur marche en plein jusqu'au niveau que l'eau doit atteindre, le compartiment s'emplit brusquement et le flotteur, se relevant vivement, ferme le robinet bien mieux que si la fermeture était progressive;

3° Un *siphon*, servant à vider le réservoir, qu'on amorce à l'aide d'un mécanisme ramené à la portée de la main. C'est la façon d'amorcer le siphon qui distingue les divers systèmes. Voici les principaux :

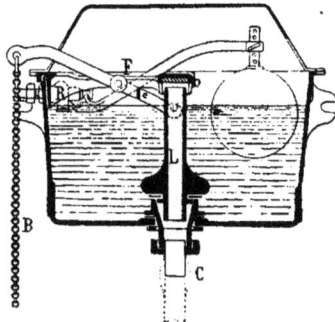

Fig. 214.

Réservoirs Geneste et Herscher. — Le croquis de la figure 214 donne la coupe verticale d'un réservoir à débit facultatif de la maison

Geneste et Herscher. Cette coupe permet de se rendre compte du fonctionnement, qui n'a lieu que pendant la durée de la traction de la main sur la chaîne B. Cette traction produit un soulèvement de la soupape d'écoulement qui porte en même temps le tube de trop-plein L.

Le soulèvement s'opère au moyen d'un levier à fourche e articulé en F ; un butoir b limite le mouvement, tout en empêchant l'air de rentrer pendant la chasse. C est la décharge à laquelle on donne 0^m,035 de diamètre intérieur pour un réservoir de 10 litres, et 0^m,040 pour une capacité de 15 litres.

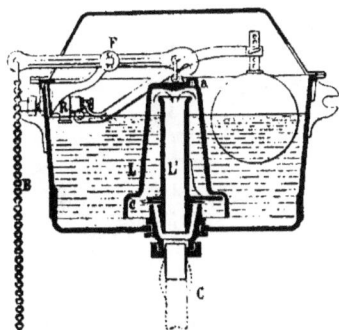

Fig. 215.

Un autre réservoir de la même maison est représenté à la figure 215. Il fonctionne à tirage comme le précédent ; ce mouvement détermine l'amorçage du siphon et ce dernier vide le réservoir à fond. Il contient un tube L′ et une cloche L, liés ensemble et portant une bonde inférieure. En tirant la chaîne B, on soulève le tout par l'intermédiaire du levier articulé en F, et l'écoulement d'un peu d'eau dans le tuyau C détermine l'amorçage par succion.

L'eau arrive par le robinet R et le flotteur qui le commande peut prendre à volonté plusieurs positions, suivant le cran auquel est attachée la boule, ce qui permet de faire varier dans une certaine mesure la dépense d'eau par chasse.

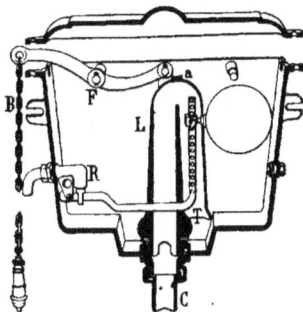

Fig. 216.

Réservoir Le Garrec. — A part quelque différence dans les formes, le réservoir de la maison Le Garrec est construit sur le même principe : le siphon, au lieu d'être à cloche, est fait d'un tube recourbé ; il est terminé par une bonde qu'on soulève pour l'amorçage. La boule du flotteur peut varier dans des limites bien plus étendues, ce qui est un grand avantage lorsqu'on veut faire varier le cube de la chasse. Ce réservoir est représenté dans la figure 216 par une coupe longitudinale.

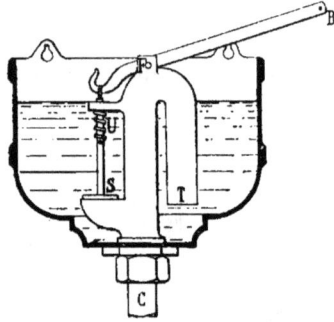

Fig. 217.

Réservoir Flicoteaux à tirage. — Le réservoir de la maison Flicoteaux est représenté partiellement dans la coupe verticale de la figure 217, qui ne montre que le siphon en élévation. En tirant sur le levier B, articulé en F, on soulève la soupape S rappelée par le ressort V sur son siège. L'eau que l'on écoule ainsi amorce le siphon T, qui vide le réservoir dans la conduite de décharge C.

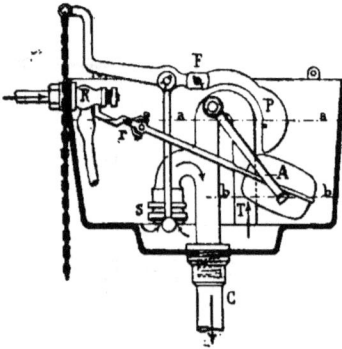

Fig. 218.

Réservoir Scellier. — Dans le réservoir de la maison Scellier, le même principe est appliqué, ainsi qu'on le voit dans la figure 218. Le tirage sur la chaînette actionne le levier articulé en F et lesté par le contrepoids P ; une tige également articulée suit le mouvement du levier et ouvre la soupape S, dont l'ouverture est dirigée vers le bas. Il passe un peu d'eau qui produit une succion et amorce le siphon.

Un tube A, ouvert à son extrémité, communique par une articulation en *a* avec le haut du siphon et peut être fixé dans une position quelconque.

Au moment où le liquide qui se vide arrive au niveau de l'orifice inférieur de ce tube, il y a rentrée d'air, et le siphon se désamorce. On a donc ainsi un moyen simple de régler la dépense des chasses.

Réservoir Doulton. — Dans le réservoir de la maison Doulton, représenté partiellement dans la coupe verticale de

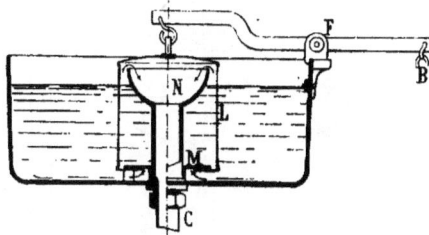

Fig. 219.

la figure 219, on produit l'amorçage par le tirage sur une chaînette qui agit en B sur un levier articulé en F; l'autre branche du levier soulève une cloche M qui se trouve momentanément fermée par le diaphragme mobile M; l'eau qu'elle contient se déverse dans la coupe N, et l'amorçage se produit.

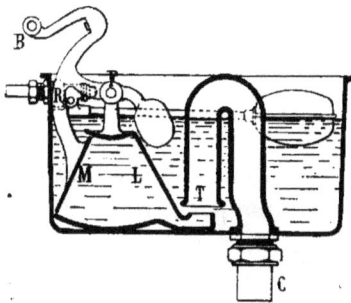

Fig. 220.

Réservoir Croppi. — Dans ce réservoir (*fig.* 220) la chaînette de traction articulée en B actionne, par l'intermédiaire d'un levier, un diaphragme mobile qui parcourt une caisse L et en chasse l'eau. Celle-ci s'écoule par une tubulure verticale

dans le tuyau T, et y arrive avec une vitesse assez grande
pour provoquer l'amorçage du siphon ; le diaphragme
revient à la position première de lui-même, par l'effet d'un
contrepoids convenablement placé sur le levier.

Réservoir Flicoteaux à poucette — La maison Flicoteaux
construit un réservoir de chasse pour appareil d'aisances,
figuré dans le croquis 221, dans lequel l'amorçage est fait
par un écoulement d'eau spécial, dans la branche ouverte

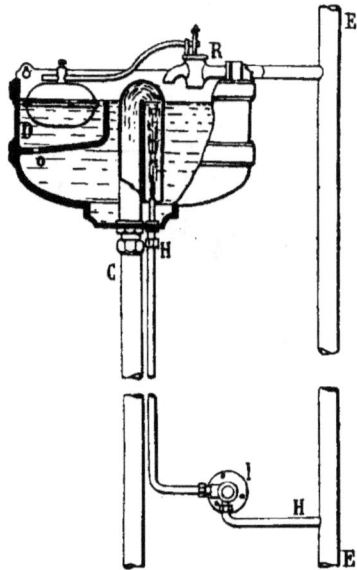

Fig. 221.

du siphon. L'eau est amenée par un branchement H, de
0^m,013 de diamètre, établi sur le tuyau d'amenée de l'eau E ;
le mécanisme est réduit à un bouton-poucette établi en I et
qui ouvre le branchement. La charge de l'eau dans le
branchement doit être d'au moins de 4^m,50 pour produire
un amorçage certain.

Réservoir sans garnitures, système Scellier. — Le second
appareil de la maison Scellier est établi sur un autre principe

que les précédents. Il ne possède aucune garniture qui puisse s'user et a, par conséquent, une durée de fonctionnement plus grande. A l'intérieur du réservoir se trouve un siphon à double courbure qui aboutit au tuyau de décharge ;

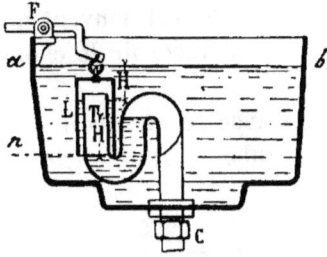

Fig. 222.

sa tubulure libre est recouverte d'une cloche L mobile (*fig.* 222), que l'on soulève par la traction de la chaînette. Le siphon contient une garde d'eau provenant de la chasse précédente. Quand le réservoir se remplit à nouveau, à partir du niveau n, l'eau comprime de l'air dans la cloche ; la pression dénivelle la garde d'eau. Lorsque le niveau atteint son maximum ab, la compression est mesurée par une hauteur H, de même que la dénivellation de la garde d'eau.

Pour produire la chasse, on actionne le tirage et l'on soulève par cela même la cloche ; l'air se détend, le niveau monte jusqu'à amorcer le siphon, et le réservoir se vide jusqu'au niveau n. A ce moment, l'air rentre par le bas de la cloche et désamorce le siphon.

Ce système de réservoir de chasse est très pratique ; l'absence de garnitures évite non seulement les réparations, mais encore garantit des chances de fuite. Le fonctionnement est toujours certain. Enfin, la manœuvre de la cloche, qui est très légère, peut s'obtenir soit par un tirage, soit au moyen de l'air comprimé.

128. Tuyau de décharge des réservoirs de chasse. — Le tuyau de décharge des réservoirs de chasse se fait le plus généralement en plomb. Pour obtenir une chasse énergique, on lui donne un diamètre intérieur de $0^m,030$ pour les chasses ordinaires d'environ 6 litres, $0^m,035$ pour les chasses de 10 litres, et $0^m,040$ pour les chasses de 15 litres. Il est bon de rendre leur parcours aussi direct et aussi droit que possible, et d'éviter les coudes brusques à l'arrivée à l'appareil, afin de ne pas augmenter la résistance au passage de l'eau. Le tuyau est fixé au mur par le moyen de deux colliers en cuivre scellés ou tamponnés dans la maçonnerie. Le collier inférieur est souvent muni d'un amortisseur en caoutchouc pour recevoir le choc de l'abattant du siège.

Le joint du tuyau de décharge avec le réservoir se fait par l'intermédiaire d'un bout de tube en attente (*fig.* 223)

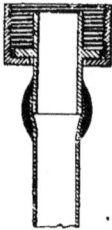

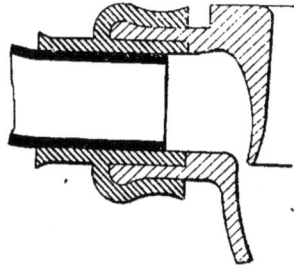

Fig. 223.   Fig. 224.

réuni par un raccord à vis avec le réservoir. Le tuyau, d'autre part, est relié au tube par un nœud de soudure.

Le joint du tuyau de décharge avec la tubulure d'arrivée d'eau à la cuvette se fait au moyen d'un manchon conique en caoutchouc. A l'extrémité du tuyau, on soude un bout de tube en cuivre ou en plomb fondu muni d'un coude pour venir retrouver l'appareil ; c'est sur l'extrémité de ce coude que l'on ligature fortement le caoutchouc. On en fait autant à l'arrivée à la cuvette et on réunit le caoutchouc avec la tubulure de celle-ci par une nouvelle ligature.

On fait maintenant des manchons spéciaux en caoutchouc destinés à raccorder avec les cuvettes ; ils sont représentés dans la figure 224. Ainsi que le montre le dessin, ils portent un ajutage intérieur qu'on fait entrer à force dans la tubulure de la cuvette, tandis que la portion extérieure du manchon est fortement ligaturée.

129. Chasses d'eau sans réservoirs, système Croppi. — M. Croppi s'est attaché à créer une disposition permettant de se passer de réservoir, ce qui est, dans certains cas, un grand avantage, et d'obtenir les chasses par un branchement établi directement sur la canalisation d'eau de la maison. L'appareil est représenté d'ensemble dans la figure 225. L'eau arrive en M, passe dans un robinet spécial A ; lorsque celui-ci est ouvert, elle passe en chasse dans l'appareil par la jonction F.

L'ouverture du robinet A se fait par le moyen d'un second appareil à soupape V manœuvré par un bouton-poucette, que l'on place à portée de la main. Cette soupape V est reliée à l'appareil A au moyen de deux tuyaux de petits diamètres i et j, branchés en k et h sur le robinet A.

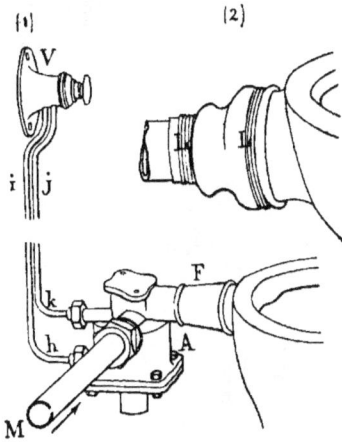

FIG. 225.

Le croquis (2) de la même figure donne la vue du raccord en caoutchouc qui relie le tuyau de chasse à l'appareil qui l'alimente ; le joint se fait par contact direct appuyé par une ligature très serrée.

La figure 226, dans ses quatre croquis, donne la disposition du robinet A et de la soupape V.

En (1) et en (2), sont représentées la vue en plan et la coupe suivant RS de l'appareil A. Une soupape pressée par un ressort intercepte ou ouvre le passage de l'eau ; cette soupape est liée à un piston B, muni d'un cuir embouti qui la suit dans son mouvement.

L'eau qui est au-dessus du piston l'empêche de se fermer, mais elle peut s'échapper lentement en D par un orifice réglé par un petit robinet C, de telle sorte que la soupape, une fois ouverte, mettra pour se fermer un temps qu'on peut fixer ; ce sera le temps de la chasse.

Le croquis (3) donne la coupe du robinet A par un plan vertical perpendiculaire au premier ; elle montre le raccord

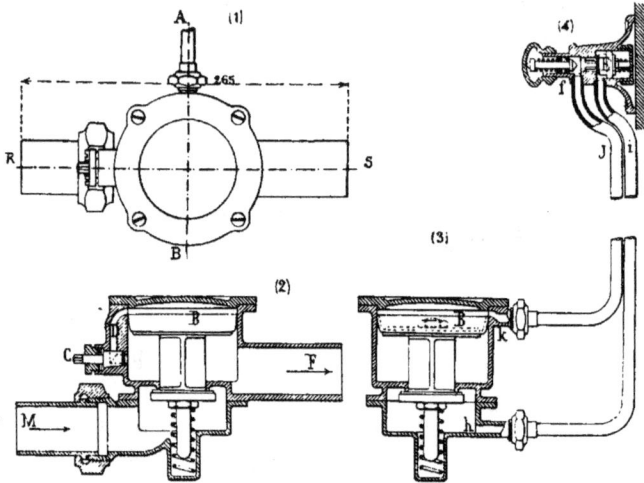

Fig. 226.

avec le bouton-poucette du croquis (4), ainsi que la communication par les tuyaux i et j.

Quand on pousse le bouton, on ouvre la soupape E ; l'eau d'alimentation, passant par i et par j, arrive sur le piston B et, pressant sur sa grande surface, ouvre la soupape d'admission, et la chasse a lieu. Lorsqu'on lâche le bouton, la soupape d'admission se ferme très lentement, laissant à la chasse le temps nécessaire pour se produire utilement.

130. Siège des appareils d'aisances. — Les sièges se font en bois d'essences diverses : chêne ciré ou verni, noyer, acajou, pitchpin, etc.

Certains appareils, en raison de leur forme, demandent à être cachés derrière un siège complet, formé d'une tablette supérieure et d'une paroi verticale sur le devant et les côtés.

Ces sièges pleins étaient autrefois universellement adoptés pour les appareils à tirage des appartements, mais ils sont peu commodes. Leur démontage se fait rarement sans dégâts; ils sont difficiles à maintenir propres; leur intérieur est souvent plein de gravois, et ceux-ci s'imbibent de l'urine qui passe parfois entre la cuvette et la tablette de dessus; de là, de mauvaises odeurs.

Quand on adopte ces sièges, il faut les rendre facilement démontables; on les compose d'un bâti fixe que l'on main-

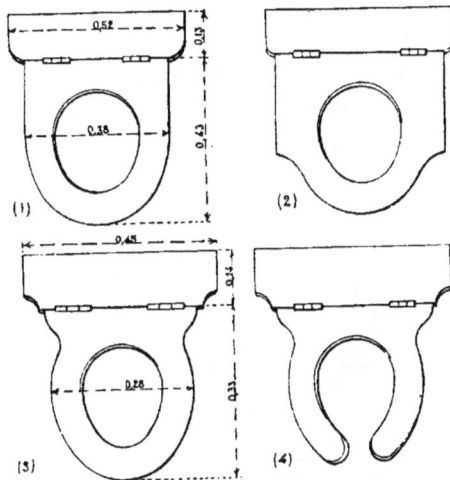

Fig. 227.

tient à la paroi du cabinet d'aisances et dans la feuillure duquel on place la partie mobile, que l'on assujettit avec des vis.

L'abattant qui se rabat sur le siège reste en saillie sur sa surface ou s'encastre dans l'épaisseur même de la tablette.

Ce système peut également convenir aux appareils sanitaires; mais on tend à l'abandonner et à le remplacer par des sièges plus simples, réduits à leur partie horizontale, que l'on établit à charnières, afin de pouvoir les relever. Avec cette disposition, le siège est visible et facile à nettoyer sur toutes ses parties.

On nomme ces sièges des *sièges abattants*. Ils se présentent sous des formes simples, représentées dans la figure 227 ; ils sont constitués par une partie fixe, solidement établie sur des consoles scellées dans la maçonnerie, et par une partie mobile, qui recouvre la cuvette et peut se relever : c'est *l'abattant*. L'abattant vient reposer sur la cuvette par l'intermédiaire de deux ou trois petits tampons en caoutchouc, vissés par-dessous dans le bois.

L'abattant suit en plan la forme de la cuvette sur laquelle il vient s'appliquer. Le trou dont il est percé est ovale, préférablement, cette forme étant reconnue la plus convenable pour l'usage.

Le croquis (4) montre un siège du même genre, qui est interrompu en avant, ce qui présente, dans nombre de cas, un grand avantage.

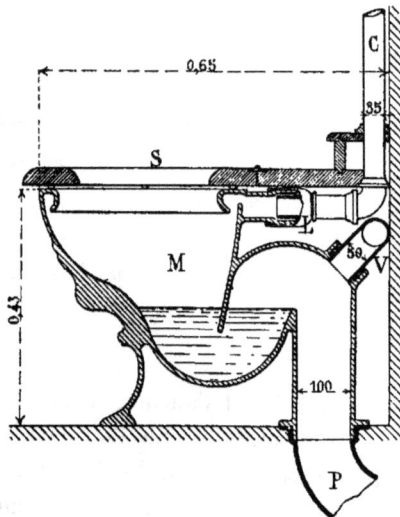

Fig. 228.

Les sièges abattants figurés ci-dessus laissent voir l'intérieur de la cuvette, ainsi qu'on peut s'en rendre compte par la coupe verticale d'un appareil muni de son siège représenté dans la figure 228. Quand on veut cacher cet intérieur de cuvette, on couvre celle-ci d'un abattant double, composé d'un siège, comme les précédents, surmonté d'un couvercle plein tournant autour des mêmes charnières.

Un abattant double est dessiné dans le croquis en perspective de la figure 229.

La maison Geneste et Herscher a établi un système d'abattant spécial, qui ne prend de point d'appui que sur la cuvette elle-

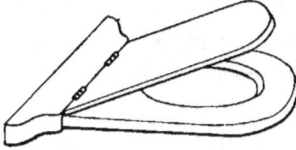

Fig. 229.

même. Cette disposition dégage entièrement l'appareil sanitaire et permet de l'isoler du mur ; c'est, dans certaines circonstances, un grand avantage, pour le nettoyage de l'appareil et la propreté absolue de ses abords.

131. Installation de cabinets communs à la turque, avec appareils dits salubres. — Pour que des cabinets communs ne présentent que le minimum d'inconvénients et d'odeur, il faut que les appareils soient séparés de la chute d'une façon absolument effective, par une fermeture hydraulique présentant une garde d'eau suffisante. Cette condition est imposée d'une

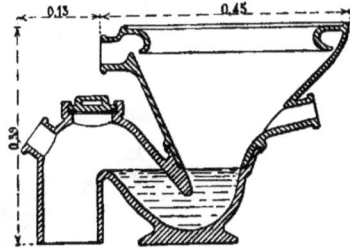

Fig. 230.

manière très stricte aux propriétés parisiennes desservies par l'écoulement direct à l'égout.

Les communs, devant être fréquentés par des personnes étrangères l'une à l'autre, doivent présenter toutes les garanties possibles d'hygiène. On adopte généralement des appareils disposés *à la turque*, et on admet la position accroupie. Le dessus du siège sur lequel on monte est légèrement élevé au-dessus du sol ; il présente une lunette pour l'évacuation des matières. On le raccorde aux murs par une trémie forméc de matériaux lisses, inaltérables, joints d'une façon irréprochable, et ne présentant aucun angle vif où puissent séjourner des matières organiques solides ou liquides. Sur le devant du siège on ménage un *terrasson* qui doit recevoir les urines, les conduire en un point d'où elles soient évacuées. Au-dessous du siège se trouve placée une cuvette en porcelaine émaillée, dont la forme est indiquée dans la figure 230. Cette cuvette ne diffère de celle de la figure 203 qu'en ce qu'elle possède en avant une tubulure, ayant pour objet de recevoir les liquides du terrasson et de les ramener dans la chute.

La figure 231 représente une cuvette de ce genre installée ainsi sous un siège S à la turque. Ce dernier est en grès

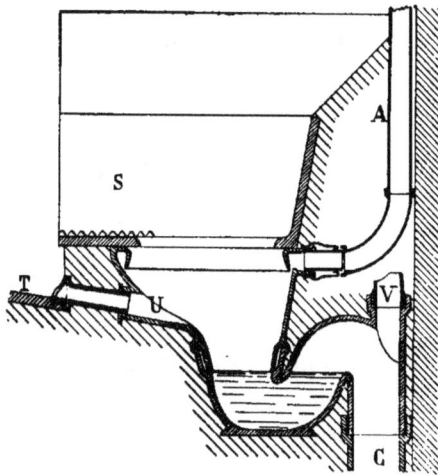

Fig. 231.

émaillé, d'une seule pièce; il est raccordé par une trémie en ciment avec les parois verticales du cabinet. La cuvette se relie à la chute C par l'intermédiaire d'un siphon, avec garde d'eau de $0^m,07$. Le siphon est ventilé par un tuyau spécial dont on voit l'amorce en V. Le terrasson T se raccorde avec la tubulure U pour ramener les eaux de lavage,

ainsi que les urines qui ont pu tomber en avant. L'eau qui
doit laver la cuvette vient d'un réservoir de chasse analogue
aux réservoirs d'étage, mais pouvant débiter au moins
10 litres ou, mieux, 12 litres par chasse ; l'eau de ces chasses

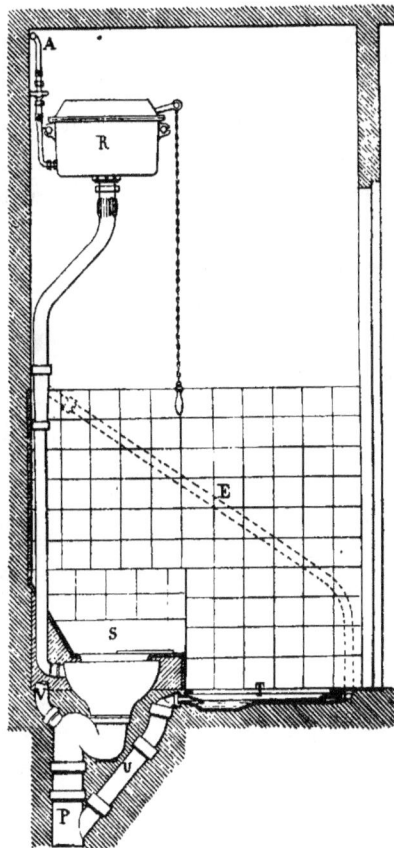

Fig. 232.

arrive dans la cuvette par le tuyau A. La cuvette est noyée
dans un massif général en ciment. La manœuvre de chasse
se fait à la main au moyen d'un tirage ; souvent on remplace le tirage à la main par un mécanisme commandé par
l'ouverture même de la porte des cabinets. On n'a pas ainsi

à compter avec la négligence des gens qui fréquentent le
cabinet. D'un autre côté, ces mécanismes se dérangent facilement; lorsque le fonctionnement est interrompu, l'appareil n'est plus alimenté du tout.

Le dessus de siège se fait, comme ceux dont il a déjà été
question, soit en grès, soit en fonte émaillée, soit en ardoise.
Le grès vernissé est plus fragile ; mais il est plus imperméable et résiste mieux aux urines.

Le dessus du siège est raccordé aux murs, dans les installations soignées, par un revêtement en carreaux de grès vernissé, qui se continue sur les parois des cabinets sur une
hauteur de 1 mètre à 1^m,50.

La maison Jacob fabrique un modèle intéressant de siège
à la turque permettant la suppression de la cuvette. Le siège
est alors monté directement sur le siphon. L'appareil, en
grès d'une seule pièce, est représenté dans la figure 233 en
coupe verticale et en plan. Il
se présente sous la forme
d'une grande trémie percée
d'une ouverture de 0^m,15
pour la chute des matières ;
les pieds sont reçus soit sur
une grille, soit sur deux parties striées disposées à droite
et à gauche de la lunette.
L'appareil se met légèrement
en contre-bas du sol, de manière à dispenser du tube
d'écoulement qui dessert le
terrasson dans les installations précédentes et qui peut
donner lieu à des engorgements. L'arrivée d'eau à l'ap-

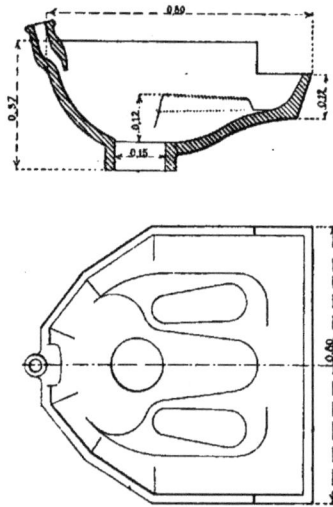

Fig. 233.

pareil se fait soit par une douille venue avec la trémie même,
soit au moyen d'une pièce spéciale en bronze rapportée
après coup. Cet appareil peut convenir dans les établisse-

ments où sont réunis des agglomérations d'individus auxquels on ne peut demander de grands soins (dans les
casernes, maisons d'éducation, etc.).

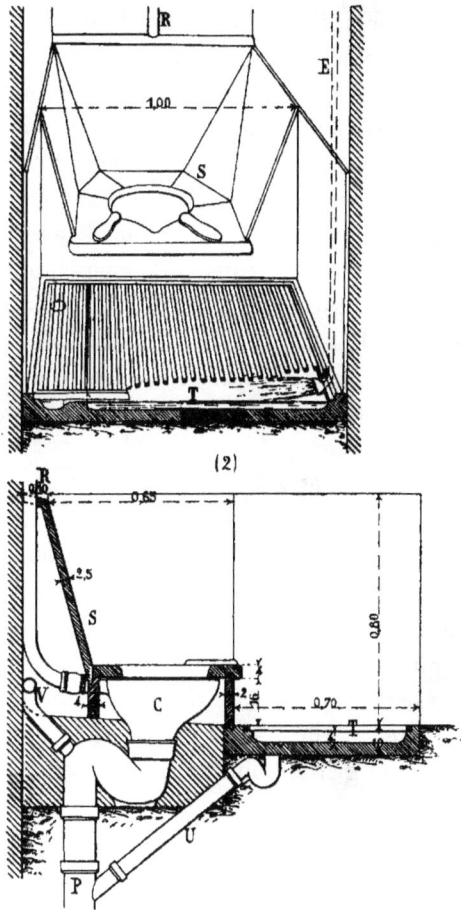

Fig. 234.

Dans la plupart de ces divers appareils, le terrasson qui
constitue le sol au-devant de l'appareil peut être formé par un
simple enduit de ciment; sa surface, dressée en forme de trémie très plate, doit ramener les liquides à l'appareil dans

lequel ils pénètrent par un tube spécial, garni d'une *crépine* pour arrêter les matières solides.

On peut constituer le terrasson par une cuvette en grès présentant une pente telle que les liquides soient ramenés à un point bas près d'une rive, d'où ils tombent, après leur passage à travers une crépine, dans un branchement. Celui-ci est disposé pour les ramener à la cuvette, ou bien à la chute, après les avoir siphonés ; mais, dans ce dernier cas, il faut assurer le lavage périodique du caniveau, afin que le siphon ait toujours sa retenue d'eau.

La figure 234 représente de même un siège à la turque avec trémie, siège et terrasson construits en plaques d'ardoises ; la coupe montre l'assemblage de toutes ces pièces. en même temps que la grille qui recouvre le terrasson et le tuyau de décharge qui le vide. Le tuyau E est raccordé à la canalisation et muni d'un robinet, ce qui permet de faire à volonté le lavage du terrasson.

Le terrasson peut être à retenue d'eau, afin de diluer de suite les urines qui peuvent s'y répandre ; l'alimentation se fait alors, soit par un petit réservoir spécial automatique, fonctionnant à des intervalles de temps assez considérables, soit par une dérivation du tuyau de chasse de la cuvette. C'est ainsi qu'est établi l'appareil dessiné dans la figure 234 et qui représente une installation de la maison Geneste et Herscher. Le terrasson T est recouvert, comme dans le cas précédent, d'une grille établissant le sol au niveau du dallage du reste du cabinet.

132. Latrines communes. — Une disposition de latrines communes, qui nous vient d'Angleterre, est représentée dans la figure 235. Les sièges sont montés sur un collecteur cylindrique, dans lequel se réunissent les matières, et d'où on les expulse à des intervalles de temps déterminés par des chasses d'eau vigoureuses. L'exemple dessiné montre l'installation de latrines disposées pour la défécation assise. Un collecteur en grès, de $0^m,22$ ou $0^m,30$ de diamètre, formé de tronçons de 0^m,60 ou 0^m,76 assemblés à emboîtement, présente à des intervalles réguliers des tubulures de 0^m,30 de diamètre formant lunettes.

Ce collecteur est simplement posé sur le sol. A son extrémité A, il est relié par un tuyau en plomb à un réservoir de

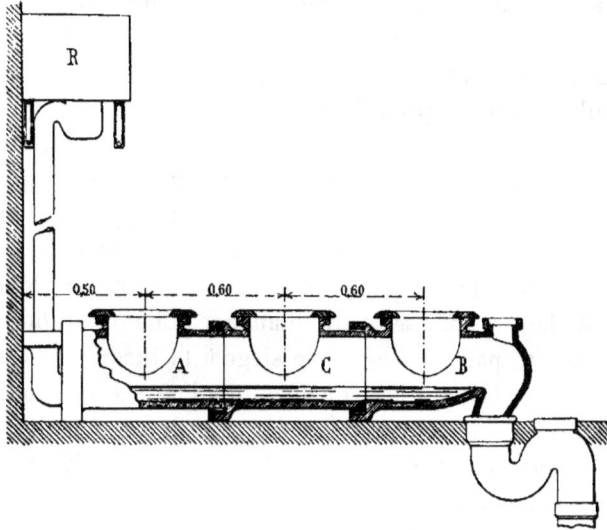

Fig. 235.

chasse automatique, d'une capacité de 0^m,75 à 200 litres, placé à 2^m,50 ou 3 mètres au-dessus du collecteur. L'extrémité B est terminée par une pièce de forme spéciale s'emboîtant dans un siphon de 0^m,12 de diamètre, formant garde hydraulique de toute l'installation, et séparant celle-ci du tuyau de chute. La paroi inférieure du collecteur en B est légèrement relevée, de façon à conserver une retenue constante de 0^m,08 à 0^m,10 de hauteur d'eau, dans laquelle les matières tombent et se diluent, en attendant que les chasses les poussent à la chute. Les tubulures du collecteur reçoivent des sièges en chêne boulonnés sur des brides.

On peut augmenter la distance d'axe en axe des lunettes en intercalant entre les tronçons des raccords de 0^m,15,

0^m,20, 0^m,25, 0^m,30 ou 0^m,35 de longueur, ce qui permet de prendre la même disposition pour des cabinets formés de stalles séparées.

L'installation ci-dessus est tirée des modèles de la maison Doulton.

Un autre modèle de la maison Doulton consiste en un tuyau tronqué à sa partie supérieure, d'une façon continue dans toute sa longueur, ce qui permet de le recouvrir d'un siège à lunette, sans avoir à se préoccuper de la position des tubulures du cas précédent.

133. Latrines à la turque à collecteur et à chasses d'eau. — Si l'installation comprend des sièges à la turque, elle présente les modifications suivantes :

Le collecteur à tubulures, identique au précédent, est placé dans l'épaisseur du plancher. Chaque tubulure est recouverte par un dessus de siège à la turque que, suivant les cas, on laisse libre, ou bien que l'on raccorde aux murs par des trémies en matières lisses et imperméables, posées à bain de ciment. Ainsi qu'on le voit dans la figure 236, un terrasson commun, recevant les urines, règne sur le devant de tous ces sièges. Ce terrasson est à retenue d'eau et couvert de grilles en fer galvanisé ; il reçoit les chasses d'un réservoir spécial automatique de petites dimensions. Le terrasson est formé de pièces en grès posées à bain de ciment et bien jointoyées.

L'about d'entrée a une forme spéciale : il porte une tubulure sur laquelle on branche le tuyau de jonction avec le réservoir de chasse. L'autre extrémité, l'about de sortie, présente une tubulure d'évacuation que l'on raccorde avec la conduite de chute, en intercalant un siphon pour former fermeture hydraulique. Cette pièce a son fond légèrement relevé, de façon à maintenir dans le terrasson une retenue d'eau de 0^m,04 de profondeur.

Cette installation a été faite par la maison Geneste et Herscher aux écoles de la rue Chaptal à Paris.

La Compagnie des grès français de Pouilly-sur-Saône

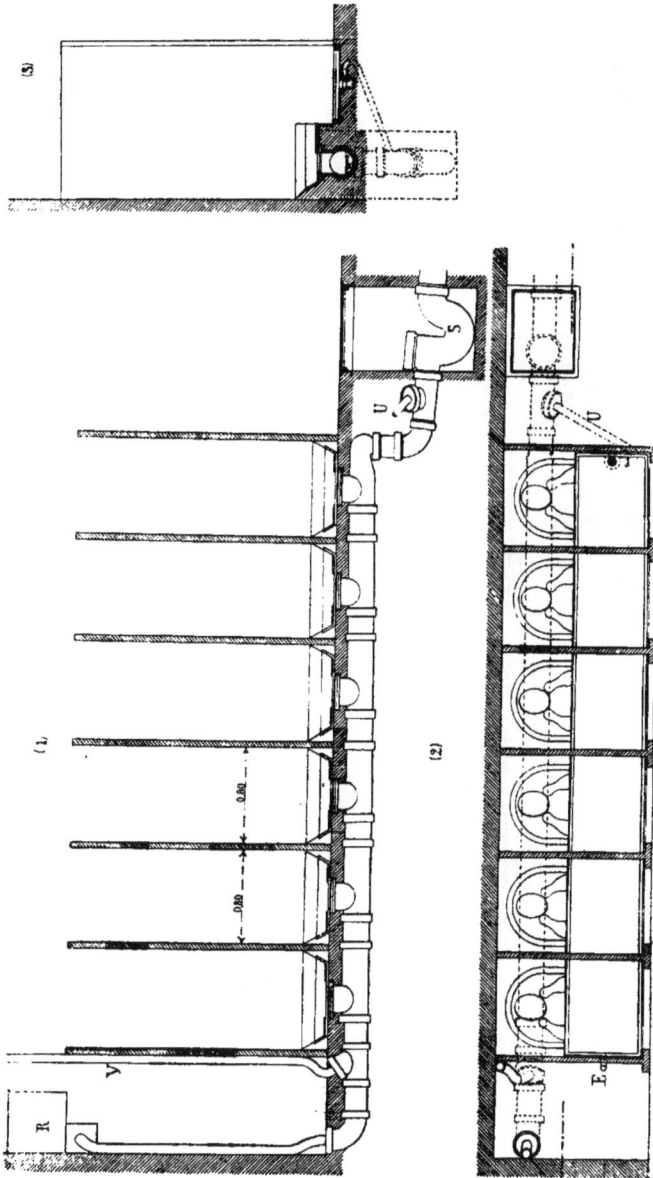

fabrique des pièces de terrasson d'un assemblage très facile, représentées en plan et en coupe par la figure 237. On voit

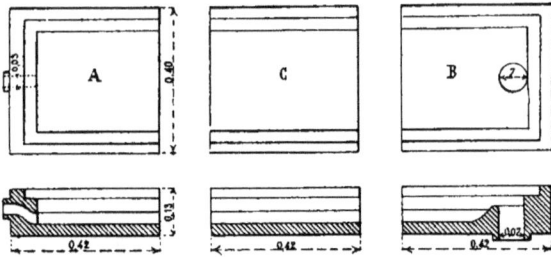

Fig. 237.

la forme de l'about d'entrée, de l'about de sortie et d'une pièce intermédiaire.

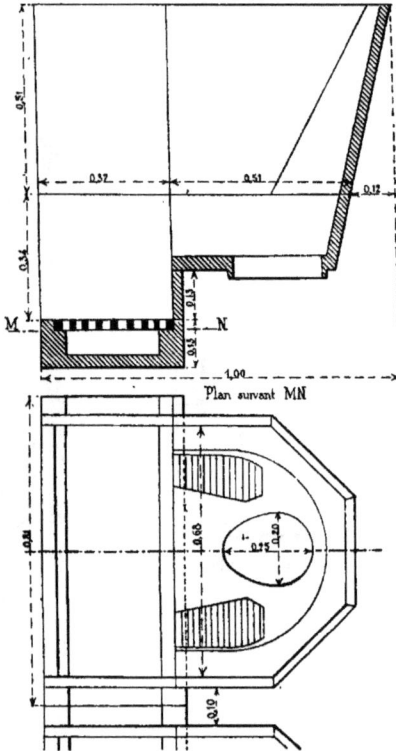

Plan suivant MN

Fig. 238.

La longueur de ces pièces est déterminée de manière à

se relier avec des cabinets dont les stalles, séparées par des cloisons de 0^m,10, ont 0^m,84 de largeur d'axe en axe.

Cette même Compagnie de Pouilly fabrique, pour les mêmes cabinets, des sièges à la turque, dont on a fait une application aux nouvelles casernes de Grenoble ; on en a figuré un, en coupe verticale et en plan, dans les deux croquis n° 238. Les dimensions, cotées aux dessins, sont réduites à leur minimum. Ces sièges peuvent très bien se placer sur un collecteur analogue à celui dont il vient d'être question plus haut.

134. Réservoirs de chasses pour cabinets communs. — Pour les cabinets communs, on emploie les mêmes réservoirs de chasse, à la dimension près, que pour les privés. Leur capacité doit être plus grande ; généralement, pour des sièges isolés, on emploie des réservoirs de 15 litres ; l'amorçage de ces réservoirs se fait autant que possible à la main par traction sur une chaîne.

Différents systèmes ont été proposés pour produire la chasse. Il a été déjà question de l'amorçage par l'ouverture d'une porte, et MM. Geneste et Herscher ont combiné une serrure spéciale pour obtenir ce résultat. Dans d'autres cas, on a obtenu le déclenchement par la pression du pied sur une pédale, action tout à fait indépendante de l'intervention voulue du visiteur.

Ces systèmes ont toujours un côté défectueux, la complication ; ils ne donnent pas un fonctionnement bien assuré.

Dans bien des circonstances, on peut les remplacer par des réservoirs automatiques, alimentés par des filets d'eau réglables à volonté, produisant des chasses à des intervalles de temps régulièrement espacés.

C'est encore à ces réservoirs automatiques qu'on a recours pour les cabinets groupés en nombre, tels que ceux que l'on vient de décrire. Ils donnent toute sécurité de marche pendant longtemps, sans qu'on ait à s'en préoccuper.

Il est difficile de dire d'avance combien d'eau ils doivent

fournir; on détermine la quantité, dans chaque cas particulier, en se rendant compte des conditions du programme et des nécessités du service.

135. Considérations générales sur les urinoirs. — L'urine est une des matières organiques qui se décomposent le plus facilement et le plus vite; en peu de temps, elle dégage une odeur désagréable, accompagnée d'émanations ammoniacales.

De plus, dès qu'elle touche une paroi solide, elle y forme un dépôt adhérent que ne réussit pas à enlever un simple lavage. Pour rendre la surface nette, il faut premièrement que la matière soit lisse et non poreuse, et en second lieu que le lavage ait lieu avec accompagnement d'une friction.

Si le corps solide est imprégné par l'urine, il devient infect en dépit de tout lavage. Si ce sont des matériaux de maçonnerie, ils se salpêtrent sans ressources.

L'urine diluée dans l'eau n'a pas à beaucoup près au même degré ces inconvénients, et le lavage peut entretenir seul les surfaces mouillées par le mélange, surtout si l'eau est en abondance.

Ceci posé, on voit de suite quels sont les principes que devra suivre la construction des urinoirs. Ils devront être établis de telle sorte :

1° Qu'aucune surface solide ne reçoive l'urine directement ;

2° Que, sitôt émise, elle soit enlevée immédiatement ;

3° Qu'il ne puisse en aucun point y avoir stagnation.

On distingue : les urinoirs à plaque ;

Les urinoirs à auges ;

Les urinoirs à cuvettes.

On va s'occuper successivement et succinctement, dans l'ordre qui précède, de ces divers genres d'appareils.

136. Urinoirs à plaques. — Dans les urinoirs à plaques, dont la figure 239 donne la représentation, l'urine est projetée contre une plaque de fond en matière lisse et imperméable, ardoise, lave émaillée, verre ou marbre ; puis, suivant la paroi verticale, elle aboutit dans un *caniveau* inférieur. Celui-ci peut être avec ou sans retenue d'eau, et construit soit en grès émaillé, soit en ardoise.

Les liquides du caniveau, appelé aussi *terrasson*, passent

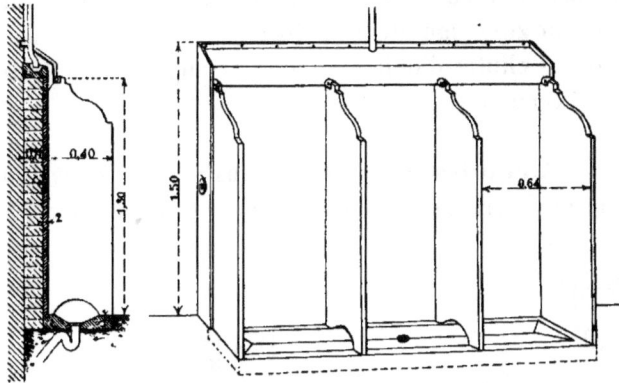

Fig. 239.

dans un siphon ; de là, ils se rendent dans la conduite d'évacuation.

Le lavage de l'urinoir doit se faire en nappe sur *toute* la surface qui peut recevoir l'urine ; sans cela, dans les parties non lavées, il se forme des dépôts et très rapidement de l'odeur.

Le lavage peut être constant ou intermittent ; le lavage constant est celui qu'il faut adopter, toutes les fois que l'on peut faire la dépense considérable d'eau qu'il exige. C'est le seul qui s'oppose efficacement au dégagement des odeurs.

Les inconvénients de cet urinoir sont donc de développer considérablement la surface de contact avec l'urine, de demander un lavage complet difficile à obtenir, et d'exiger beaucoup d'eau. Malgré cela, il se prête très bien, lorsqu'il est construit avec un soin et une précision minutieuse, aux installations communes collectives qui sont à établir dans les services publics ; dans ce cas, on le divise en un certain nombre de stalles, séparées par des cloisons faites des mêmes matériaux que le fond.

Le meilleur moyen d'obtenir une nappe d'eau, venant, avec le minimum de débit, recouvrir toute la surface du fond, consiste à établir au-dessus de cette surface un caniveau bien de niveau, et présentant une rigole avec une *berge avant* arrondie en déversoir ; on recouvre le tout d'un couvercle en zinc, maintenu à distance, qui protège la rigole contre les chutes d'objets solides étrangers qui viendraient gêner l'écoulement.

137. Urinoirs à auge. — L'installation dont le dessin forme la figure 240 donne un exemple d'*urinoir collectif à*

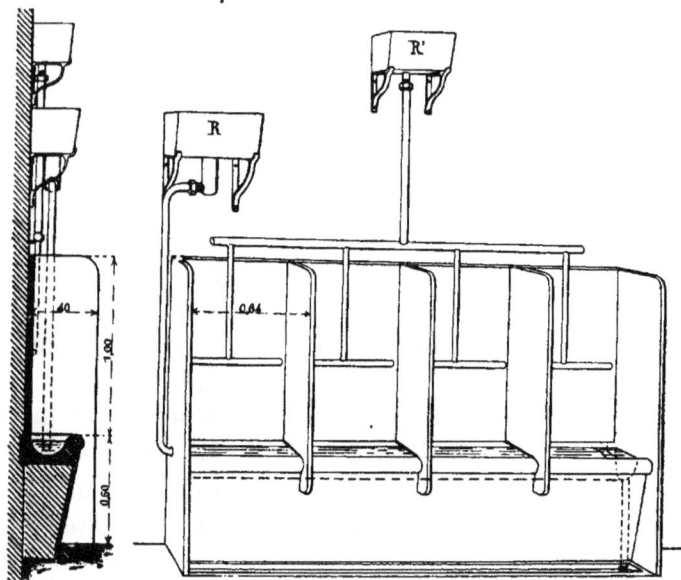

Fig. 240.

auge, de la Cⁱᵉ des Ardoisières d'Angers. Une auge demicylindrique, formée de tronçons de 0ᵐ,64 de longueur, est

fermée à ses deux extrémités par des pièces spéciales. Elle
est entretenue toujours pleine d'eau, qui s'y renouvelle d'une
manière constante ou intermittente.

L'urine s'y dilue immédiatement et est entraînée avec
l'eau ; des plaques de revêtement, également en ardoises,
garnissent le devant de l'auge jusqu'au sol et le devant du
mur au-dessus de l'auge sur 1 mètre de hauteur. Sur le sol,
un caniveau, pouvant être parcouru par un écoulement d'eau,
entraîne l'urine qui aurait pu tomber hors de l'auge ; des
cloisons de stalles perpendiculaires divisent l'urinoir en com-
partiments.

Dans l'installation représentée, les lavages sont intermit-
tents ; ils sont obtenus par deux réservoirs de chasse R et R' ;
le réservoir R produit la chasse dans l'auge, afin d'en renouveler l'eau d'une façon périodique ; le réservoir R' alimente
une série de tuyaux horizontaux placés dans les stalles à
0^m,50 en contre-haut de l'auge, et percés régulièrement de
trous pour l'écoulement de l'eau. On lave ainsi d'une manière
régulière la portion du fond qui peut être mouillée par l'urine.

Cet urinoir est un peu plus compliqué peut-être que l'urinoir à plaques ; mais il lui est supérieur au point de vue de la
dépense d'eau et aussi au point de vue de l'odeur ; l'urine y est
étendue d'eau et risque moins de produire des dépôts sur les
surfaces qu'elle mouille dans l'intervalle de deux chasses.

Cet urinoir est construit par d'autres maisons en matériaux divers, parmi lesquels le grès émaillé tient le premier
rang, en raison des formes spéciales auxquelles il permet
d'arriver. ·

138. Urinoirs à cuvettes. — Une forme très convenable pour les urinoirs est celle des appareils à cuvettes
On peut obtenir avec ces appareils, lorsque l'on a affaire à
des personnes soigneuses, une absolue propreté et l'absence
aussi complète que possible d'odeurs.

Les cuvettes sont en porcelaine émaillée, et la forme dite
à bec prévient la chute de l'urine sur le sol. On les fixe sur

une paroi verticale de mur ou de cloison, recouverte préalablement d'une plaque de matière lisse et imperméable,
telle que l'ardoise ou le verre. Quand on en met plusieurs
à côté les uns des autres, dans les services publics, on les
sépare en stalles par des cloisons, et l'ardoise est particulièrement convenable pour constituer ces dernières.

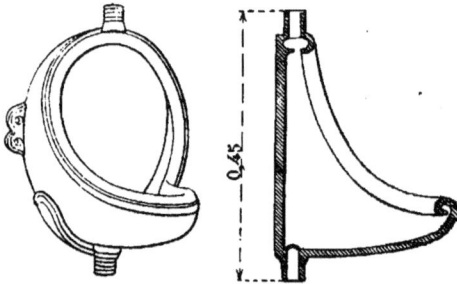

Fig. 241.

L'installation varie suivant le service de l'appareil. Dans
un local habité, on peut avantageusement prendre la disposition du croquis (1) de la figure 242.

La tubulure supérieure de la cuvette est reliée à un branchement d'alimentation établi sur la canalisation des eaux,
et un robinet règle la dépense. Si l'appareil est rarement en
service, le robinet sera placé immédiatement au-dessus, de
façon à ne l'ouvrir qu'au moment où l'on se sert de l'urinoir ;
on le ferme lorsque toute l'urine est enlevée et l'appareil
bien rincé. De cette façon, on n'a jamais la moindre odeur,
et l'urine ne peut faire aucun dépôt fermentescible.

Si les urinoirs doivent servir fréquemment pendant toute
ou partie de la journée, on mettra le robinet hors de portée
de la main ; il pourra régler à la fois plusieurs urinoirs et
fonctionnera à écoulement continu.

Lorsqu'on est alimenté par une quantité d'eau faible et qu'il
y a lieu de la ménager, on remplace l'écoulement continu par
un lavage intermittent ; on obtient ce dernier en employant
un réservoir de chasse automatique, ainsi que le montre la dis-

position (2). On peut produire ainsi des chasses d'eau de
6 à 10 litres, à des intervalles de temps réguliers.

Les dispositions (1) et (2) sont tirées de l'*Album des
installations de la maison Geneste et Herscher*.

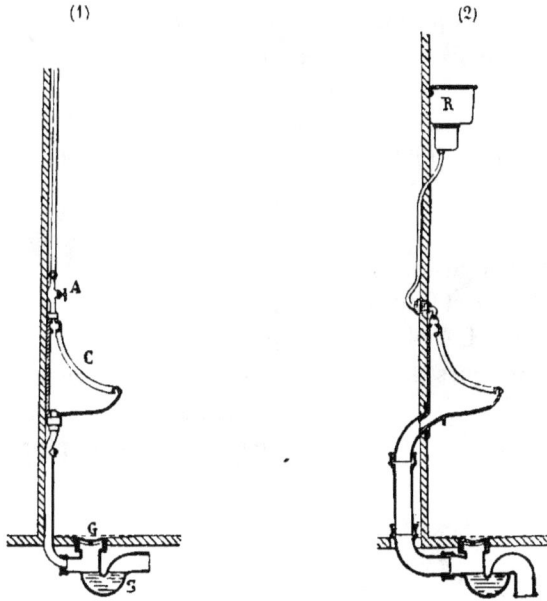

Fig. 242.

Dans les deux cas, le tuyau de décharge, apparent ou
caché derrière le revêtement, va se relier par l'intermédiaire
d'un siphon avec le tuyau de chute. Le sol, s'il peut recevoir des urines, sera légèrement en pente vers une rigole
cimentée aboutissant à une tubulure placée sur le siphon ;
on peut ainsi enlever les urines et les eaux de lavage. Une
grille arrête les matières solides qui peuvent être entraînées
et les empêche d'engorger le siphon.

Lorsque l'écoulement est intermittent, à évacuations espacées, l'urine qui mouille intérieurement le tuyau de
décharge n'est plus entraînée entièrement par les chasses,
et il se forme un dépôt qui arrive à donner de l'odeur. Il

est bon alors d'employer une forme de cuvette à garde d'eau représentée par la figure 243. L'orifice du tuyau de décharge est bouché par une fermeture hydraulique et ne peut plus donner d'odeur ; en même temps l'urine, diluée dans un volume d'eau important, dépose beaucoup moins dans les tuyaux pendant l'intervalle de deux chasses.

On a fait des cuvettes alimentées automatiquement par des pédales à bascule ; elles présentaient l'avantage de se trouver lavées au moment même de leur service, mais les mécanismes placés sous les pieds étaient constamment mouillés, se rouillaient et finissaient par ne plus fonctionner. De plus, ils recevaient de l'urine sur leurs surfaces développées et dégageaient des produits ammoniacaux. On y a renoncé en faveur des dispositions plus simples décrites plus haut.

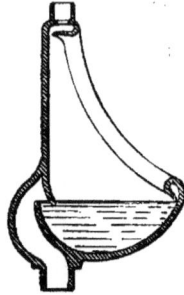

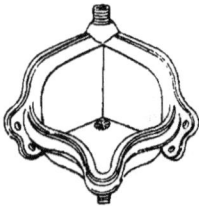

Dans les installations isolées, on peut avoir avantage à utiliser un angle de deux parois de murs ou de cloisons. On peut y installer convenablement l'urinoir ; on trouve dans le commerce des cuvettes disposées spécialement pour former urinoirs d'angle ; la figure 244 représente l'une d'elles, portant un bec avancé, fabriqué par la maison Doulton.

FIG. 243.

FIG. 244.

139. Évacuation des eaux superficielles. — Siphons de cours.

Les eaux des cours coulent à leur surface en raison des pentes qu'on leur donne et se réunissent dans les points bas. Souvent on y fait concourir les descentes d'eaux pluviales des bâtiments ; d'autres fois, ces dernières, reçues au niveau du sol, se mélangent sur sa surface même aux eaux superficielles. Enfin, à ces eaux viennent encore s'ajouter les eaux de lavage.

Il faut recueillir ces eaux avec les impuretés qu'elles contiennent, en retenant les corps étrangers d'un certain volume ; il faut les conduire à la canalisation des eaux résiduaires ; mais, en même temps, il y a lieu de prendre les dispositions convenables pour que les odeurs et miasmes des conduites ne puissent se développer en des émanations malsaines. C'est encore à la fermeture hydraulique et aux siphons qu'on a recours dans ces circonstances.

Les conditions à remplir par les siphons, dits *siphons de cour*, sont les suivantes :

Une grille supérieure pour former sol et empêcher l'introduction des corps solides d'une certaine dimension ;

Une garde d'eau suffisante ;

Un nettoyage et un dégorgement faciles ;

Une solidité convenable ;

Enfin, les siphons doivent être à l'abri de la gelée.

Les divers appareils du commerce remplissent plus ou moins toutes ces conditions. Lorsqu'ils doivent être placés dans des endroits abrités des chocs et de la circulation des voitures, on prend des appareils en grès vernissé. Dans le cas contraire, des appareils plus robustes, en fonte, sont obligatoires ; mais les formes sont toujours les mêmes.

Les *siphons à cloches*, représentés par les deux croquis de la figure 245, sont de grandes bondes siphoïdes ; elles donnent une très faible section de passage à l'eau et n'ont qu'une garde d'eau tout à fait insuffisante pour arrêter d'une façon complète les émanations des conduites.

Fig. 245.

Un siphon de cour bien préférable à tous égards est celui qui est dessiné dans la figure 246 ; il est formé d'un siphon placé en contre-bas du plancher des caves, et son nettoyage est rendu facile, soit par des tampons latéraux, soit par l'amovibilité du coude inférieur ; c'est le cas du croquis. On fixe sur ce siphon une hausse en forme de trémie, couverte par une grille supérieure fixe. Il est évident que ce siphon remplit toutes les conditions dont il a été parlé tout à l'heure: garde d'eau suffisante, dégorgements faciles, solidité convenable, liquide du joint bien à l'abri de la gelée.

Il peut se trouver des cas où l'on ne peut disposer du sous-sol pour les dégorgements et où ceux-ci ne peuvent se faire par le bas.

Un autre siphon de cour, construit par MM. Geneste et Herscher, présente les mêmes

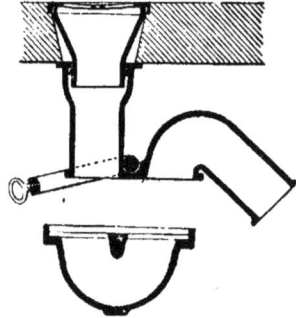

Fig. 246.

avantages, avec celui du dégorgement par le haut en plus. Il est figuré dans le croquis 247. Il se compose d'une caisse en fonte B, placée en contre-bas du sol et ayant la forme d'un cylindre fermé à sa partie inférieure ; de ce cylindre part une tubulure D qui se relève pour former fermeture hydraulique et se raccorder avec la canalisation résiduaire. Au-dessus de cette caisse, on place une trémie A garnie d'une grille mobile et formant entonnoir. La grille est ou plate, ou creusée, afin d'épouser la forme d'un caniveau.

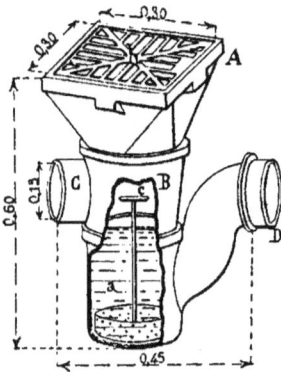

Fig. 247.

Pour retenir et enlever les ordures qui peuvent s'amasser dans le fond, on y met un panier mobile *a* en tôle galvanisée, percé de trous et muni d'une tige centrale terminée à une poignée. Cette disposition de paniers mobiles est employée dans un grand nombre de siphons de cour du même genre. Dans celui de MM. Geneste et Herscher la tubulure C sert à raccorder l'écoulement d'un tuyau de descente voisin.

CHAPITRE VI

CANALISATION DES EAUX RÉSIDUAIRES

D'UNE PROPRIÉTÉ

CHAPITRE VI

CANALISATION DES EAUX RÉSIDUAIRES
D'UNE PROPRIÉTÉ

---

140. Emploi de la fonte. — Les canalisations d'eaux résiduaires n'ont à résister à aucune pression intérieure sérieuse ; elles ne sont soumises qu'à des chocs pouvant venir de l'extérieur. Quand on les établit dans des immeubles neufs, elles peuvent être soumises aux effets de tassements plus ou moins réguliers des gros-œuvres.

On les fait en fonte ou en grès. La fonte est plus rugueuse à l'intérieur et s'encrasse plus facilement ; mais aussi, elle résiste mieux aux chocs extérieurs. On la préfère pour toutes les conduites des étages et pour celles des sous-sols qui sont très exposées à être maltraitées. On préférera le grès dans les canalisations de sous-sol qui, en élévation, seront protégées, ou pour celles qu'on aura à établir *en terre* sous le sol des caves.

Lorsque l'on veut établir en fonte une conduite résiduaire, on songe tout naturellement à des tuyaux plus légers que les tuyaux d'eau forcée qui ont été décrits au commencement de cet ouvrage ; on trouve dans le commerce une série de tuyaux minces, exécutés en fonte *à marmite*, qui sont d'emploi courant depuis longtemps dans le bâtiment pour les descentes d'eau et les chutes.

Ces tuyaux minces sont dessinés dans les divers croquis de la figure 248 ; ainsi qu'on le voit, ils sont terminés d'un

bout par un emboîtement ou tulipe, d'autre part par un bout
lisse précédé d'un cordon saillant. On les pose la tulipe en

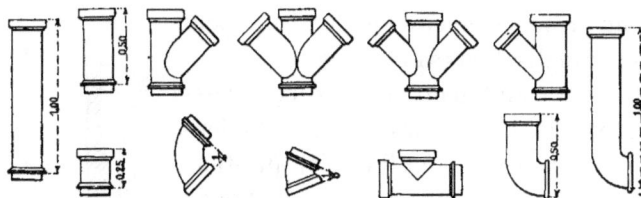

Fig. 248.

haut, et on garnit le joint avec du mortier de ciment pur,
généralement du ciment de Vassy.

Les poids approximatifs de ces tuyaux sont indiqués dans
le tableau suivant :

DIAMÈTRES	0m,041	0m,054	0m,067	0m,081	0m,094	0m,108	0m,135	0m,162	0m,189	0m,216	0m,243
Tuyaux 1 mètre........	5k,60	7k.30	7k,90	9k,50	11k,50	14k,"	17k,"	20k,"	25k,"	30k,"	34k,"
1/2 tuyaux 0m,50	3 "	4 20	5 "	6 50	7 "	9 "	10 10	13 "	15 40	17 20	20 "
1/4 tuyaux 0m,25	1 60	2 80	3 50	3 70	4 40	5 20	6 20	7 30	9 40	10 90	11 20
1/8 tuyaux 0m124......	1 10	1 90	2 20	2 50	2 80	3 40	4 50	4 05	5 80	6 70	7 50
Culottes simples........	3 20	3 90	4 30	5 30	7 90	9 "	18 "	20 80	22 "	25 50	28 30
Culottes doubles........	"	5 70	7 20	8 "	11 30	14 "	25 "	27 20	31 "	46 50	48 "
Embranchements simples.	"	3 50	3 90	4 90	7 30	8 20	16 "	20 60	23 "	22 50	29 "
Embranchements doubles.	"	5 "	5 10	6 40	10 50	11 40	25 "	27 20	31 "	46 50	48 50
Dauphins 0m,50........	4 "	4 50	5 90	7 40	8 80	9 "	12 80	"	"	"	"
Coudes au 1/8.........	1 80	1 90	2 30	2 70	3 90	4 80	5 80	6 80	9 "	10 50	11 60
Coudes au 1/4.........	2 30	2 80	3 40	3 70	5 10	5 20	6 50	10 20	13 "	17 "	18 40
T....................	"	4 10	5 "	6 80	8 "	12 "	12 "	12 20	19 "	20 "	23 "

Ces tuyaux sont économiques et font un bon service ; mais
ils demandent à être posés par un ouvrier très soigneux,
parce que, le joint une fois fait et recouvert par le cordon-
saillant, on ne peut ni le vérifier ni le réparer ; lorsqu'un
joint mal fait donne de l'odeur, on n'a d'autre ressource que
de casser un bout de conduite et de le rétablir à neuf.

De plus, les joints en ciment sont absolument rigides et la
conduite ne saurait se prêter sans se casser à des tassements
des maçonneries qu'ils traversent; ils n'ont pas l'élasticité,
qui est un principe général en plomberie pour
toutes les canalisations sans exception.

On trouve maintenant dans le commerce
des tuyaux en fonte, dont les joints sont mieux
appropriés à l'emploi dont il est ici question;
on les connaît sous la dénomination de *tuyaux
salubres*, et la figure 249 donne la forme de
l'emboîtement. La tulipe est de même diamètre intérieur jusqu'au fond et un peu évasée à l'ouverture. Au dehors, elle est raccordée au corps du tuyau par une moulure
appropriée.

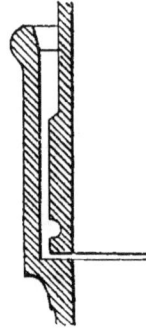

Fig. 249.

Le bout mâle a une épaisseur plus forte à son extrémité
et il y est taillé une rainure circulaire. Cette forme spéciale
se prête à trois sortes de joints, parmi lesquels on peut
choisir, suivant les circonstances de chaque application. On
peut les faire en ciment comme ceux des tuyaux précédents; on voit qu'ici on peut se rendre compte après coup de
la façon dont le joint est fait, et, comme il est accessible, on
peut le réparer ou le refaire. On peut constituer le joint par
une bague en caoutchouc. On peut enfin le faire au plomb
fondu et maté, comme ceux des canalisations d'eau forcée.

Les tuyaux salubres se font en fonte très mince, et on leur
donne alors le nom de *tuyaux minces salubres*, ou en fonte
un peu plus épaisse, intermédiaire entre les précédents et
les tuyaux d'eau forcée; ce sont les *tuyaux mixtes salubres*.
On emploiera les uns ou les autres, suivant les actions extérieures auxquelles ils seront exposés, et les conditions économiques de leur service.

Voici quelques données sur ces deux séries :

1° *Tuyaux minces salubres.* — Les pièces de cette série ont
une épaisseur de $0^m,004$ à $0^m,005$. Les-parois sont aussi

légères que celles des tuyaux de descente ordinaires; mais ils présentent sur ces derniers l'avantage de l'herméticité de leurs joints.

Les dimensions courantes sont les suivantes :

Diamètres intérieurs	0m,041	0m,054	0m,067	0m,081	0m,094	0m,108	0m,135	0m,162	0m,189	0m,216	0m,241
Poids au mètre	5k,6	7k,3	7k,9	9k,5	11k,5	14k »	17k »	20k »	25k »	30k »	34k »

Les longueurs utiles des bouts sont : 1 mètre, 0m,50, 0m,25, 0m,125. On trouve aussi des coudes au 1/4 et au 1/8, des tés, des S, des culottes simples ou doubles.

Cette série convient pour les colonnes verticales à l'abri des chocs; mais les tuyaux ne résisteraient pas suffisamment, si on en constituait en sous-sol des conduites horizontales exposées.

2° *Tuyaux mixtes salubres.* — Les pièces de cette série présentent une épaisseur de 0m,007 à 0m,008. Elles sont très robustes, résistent aux pressions élevées, ainsi qu'aux chocs violents ; leurs collets sont renforcés et ne craignent pas d'être brisés à la pose.

Les échantillons le plus fréquemment employés sont les suivants :

Diamètres intérieurs..	0in,108	0m,135	0m,162	0m,189
Poids au mètre........	20k,8	26k »	35k »	40k »

Ces tuyaux se fabriquent en mêmes longueurs que les précédents, c'est-à-dire sur des longueurs utiles de 1 mètre, 0m,50, 0m,25, 0m,125.

On trouve également des pièces de raccords appropriés, des coudes, des tés, des S, etc.

La forme des emboîtements pour les joints n'est pas la même que dans les tuyaux minces. Pour pouvoir les comparer, les figures 250 et 251 donnent à la même échelle : l'une, les joints des tuyaux minces salubres ; la seconde, les joints des tuyaux mixtes salubres, dans les trois cas d'emploi de joints en caoutchouc, en ciment, et en plomb. On voit qu'en raison de la plus grande épaisseur des tuyaux mixtes on a pu faire venir une rai-

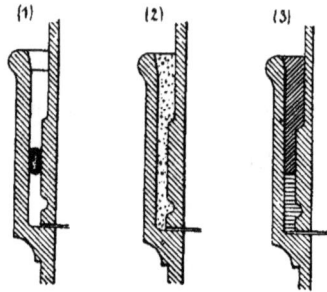

Fig. 250.

nure assez profonde sur la paroi intérieure de la tulipe près de l'extrémité ; le joint en acquiert une grande solidité.

Le joint se fait généralement en ciment, c'est le plus expéditif et on prend du ciment à prise rapide, qui demande bien moins de temps de façon.

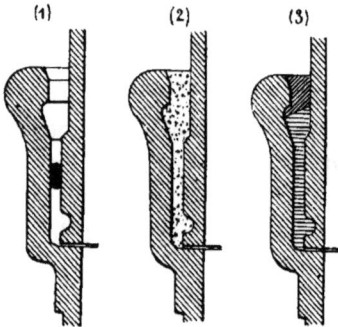

Fig. 251.

Lorsqu'on fait le joint de cette manière, on évite de peindre les parois de l'intérieur des emboîtements (la peinture empêche l'adhérence et est décomposée par le ciment) ; d'ailleurs, le ciment conserve le métal.

Les joints en ciment sont représentés par les croquis (2) des deux figures.

Lorsque les tuyaux en fonte doivent écouler des eaux chaudes, on ne peut plus employer le ciment qui se fendillerait sous l'effet de la température ; on a recours alors au joint en caoutchouc, qui résiste très bien à l'action de la chaleur et de l'humidité réunies. On emploiera également le caoutchouc, lorsque la conduite sera exposée à des tasse-

ments, lorsqu'elle devra présenter une certaine élasticité, ou
lorsqu'elle aura à se dévier dans des limites
assez restreintes.

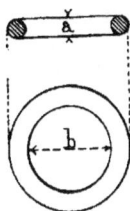

FIG. 252.

On emploie pour cette sorte de joints des
bagues en caoutchouc ayant la forme d'un
tore (*fig*. 252), et dont le diamètre de corps *a*
est plus gros que l'intervalle libre du joint des
tuyaux. On interpose de force la rondelle en
présentant les tuyaux et en les enfonçant pour
les faire pénétrer jusqu'à fond ; la bague roule en s'aplatissant
entre les deux surfaces et prend position vers le milieu du

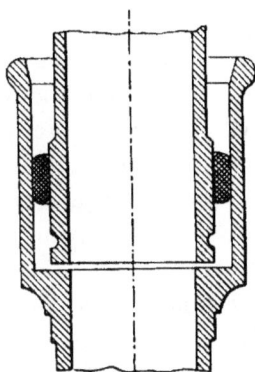

FIG. 253.

joint, ainsi que le montrent les croquis (1) des figures 250
et 251. La figure 253 représente un joint complet avec la
position de la bague. Les dimensions des rondelles en caoutchouc que l'on emploie sont les suivantes :

TUYAUX SALUBRES LÉGERS

DIAMÈTRE des TUYAUX		$0^m,054$	$0^m,067$	$0^m,081$	$0^m,094$	$0^m,108$	$0^m,135$	$0^m,162$	$0^m,180$
Bagues	*a*	millim. 6	millim. 7	millim. 7	millim. 7	millim. 7	millim. 7	millim. 7	millim. 7
	b	40	55	55	70	70	100	100	100

TUYAUX SALUBRES MIXTES

DIAMÈTRE des TUYAUX		0m,108	0m,135	0m,162	0m,180
Bagues	a	millimètres 7	millimètres 7	millimètres 7	millimètres 7
	b	70	100	100	100

Ces joints en caoutchouc s'emploient fréquemment dans le cas de descentes d'eaux pluviales ou chutes résiduaires exécutées en tuyaux minces salubres.

Ce n'est que très rarement, dans des circonstances tout à fait spéciales, que l'on peut avoir à adopter le joint du croquis (3) des figures 250 et 251, au plomb et à la filasse. C'est un joint long et difficile à faire, comparé aux deux précédents. Il faut l'éviter pour les tuyaux minces et ne l'appliquer que rarement aux tuyaux mixtes.

Il y a bien d'autres formes de tuyaux et de joints qui s'emploient concurremment avec les dispositions qui précèdent. M. Scellier emploie un joint qui est figuré dans le croquis 254. L'emboîtement est très large et bien calibrée dans toute sa hauteur; on y place une bague en caoutchouc à section rectangulaire, et l'on pose par dessus le bout mâle qui est terminé par une légère bride plate. On peut achever

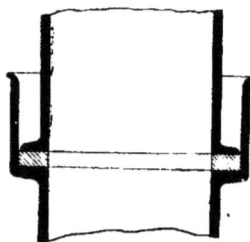

Fig. 254.

de remplir l'emboîtement ou le laisser tel. Le caoutchouc comprimé fait un très bon joint sous la pression de la fonte; ce joint convient pour des colonnes bien verticales, si l'on a soin de ne sceller définitivement les colliers qu'une fois la colonne en place dans toute sa hauteur et de ne pas prendre la conduite, au passage des planchers, dans la maçonnerie de leur hourdis.

M. Jacquemin fait ses canalisations avec un joint à bagues
dont le croquis de la figure 255 donne la coupe par
l'axe.

Il l'a nommé l'*hermétique*. Ce joint se compose d'une rondelle en plomb recouverte par une bague en fonte, et les
tuyaux auxquels on l'applique ne présentent à leurs extrémités que de simples cordons.

On présente bout à bout les tuyaux en fonte et on les fixe ;
on pose sur leurs cordons la
rondelle en plomb ; enfin,
on passe par dessus la
bague qui est alésée suivant
un cône, et l'on frappe dessus en deux points au moins,
situés aux extrémités d'un
même diamètre. Sous la pression produite par les chocs,
le plomb prend la forme des
cannelures, sur lesquelles il se moule, en produisant un joint
hermétique.

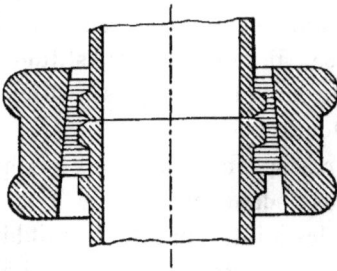

FIG. 255.

Les tuyaux de M. Jacquemin sont plus longs que les précédents, tout en permettant de parfaire les longueurs exactes
dont on a besoin, avec trois joints seulement par étage.
Quand on veut défaire une conduite, on frappe sur la bague
en sens contraire, et on la démonte ; dès qu'elle est soulevée,
on coupe la rondelle et on enlève le tuyau.

Les tuyaux se font aux longueurs de 0^m,90, 1 mètre,
1^m,40 et 1^m,50, aux diamètres les plus courants de 0^m,08 et
0^m,12 (intérieur).

On a remarqué que les tuyaux en fonte, moins lisses que
les tuyaux en grès vernissé, s'encrassaient à la longue et
plus facilement que ces derniers ; aussi quelques constructeurs les émaillent-ils à l'intérieur pour éviter l'adhérence
des matières solides. M. Scellier notamment a établi une
fabrication de tuyaux en fonte recouverts à l'intérieur d'un
émail solide.

141. Emploi des tuyaux en grès vernissé. — On a vu, au nº 30, les formes que l'on donne aux tuyaux en grès vernissé. Ces tuyaux conviennent très bien pour les canalisations d'eaux résiduaires en sous-sol et pour celles du tout-à-l'égout.

Les joints des tuyaux en grès se font en général en ciment ; il faut donner la préférence aux mortiers qui font prise sans augmenter de volume, le gonflement risquant de faire éclater les collets ; les ciments qui renferment de la magnésie, et notamment les ciments à prise rapide, présentent cet inconvénient, et, malgré l'avantage qu'ils offrent de diminuer la durée de la pose, il faut leur substituer le ciment de Portland. Avec cette matière, si la prise est lente, on n'a pas du moins à redouter le gonflement.

Le grès est encore supérieur à la fonte toutes les fois que les eaux à évacuer sont acides ; dans ce cas, au lieu de ciment, on emploie pour faire les joints, du bitume cuit bien chaud, additionné de 4 0/0 environ de brai de gaz. Dans cette circonstance, le bitume factice est supérieur à l'asphalte, et le brai de gaz au bitume naturel.

142. Tuyaux de descente des eaux pluviales. — Lorsqu'un tuyau de descente part d'un chéneau pour venir se dégorger à l'air libre, sur le sol d'une cour, on peut le composer avec les tuyaux de descente ordinaires ou avec les pièces ornées du commerce. Ces fontes ont été données dans notre ouvrage sur la *Couverture*, avec la manière de les assembler ; les joints se font à emboîtement, sans matière interposée entre les fontes des collets.

Dans les travaux soignés, on peut avec avantage leur substituer les tuyaux Bigot-Renaux avec joint au caoutchouc, tuyaux que nous avons également décrits.

Lorsque la conduite d'eau pluviale, au lieu de se déverser à l'air, doit se raccorder avec une canalisation résiduaire, il y a tout lieu de la constituer avec des tuyaux étanches, soit ceux de M. Bigot-Renaux dont il vient d'être question, soit les tuyaux minces salubres avec bagues en caoutchouc.

Si la conduite est placée le long d'un mur de cour ou de voie intérieure, elle rejoint par le plus court chemin possible un branchement de la canalisation générale.

Il est indispensable, et à Paris c'est obligatoire, d'interposer un siphon au commencement du branchement. On évite de la sorte que les odeurs des canalisations ne remontent dans la descente et ne viennent incommoder les logements dont les lucarnes sont voisines des chéneaux ; dans tous les cas, on empêche qu'elles n'infectent la ville.

Si la descente est établie au parement extérieur du mur, on peut, pour faciliter la visite du siphon, mettre celui-ci au niveau du sol. On trouve dans le commerce des siphons obturateurs très convenables pour cet usage ; l'un d'eux est construit

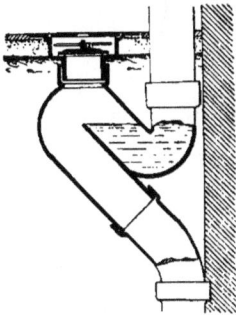

par la maison Jacquemin ; il est représenté par la figure 256. La descente d'eau vient directement agir sur l'inflexion siphoïde ; elle provoque un amorçage et un nettoyage immédiats. Un regard de visite et de dégorgement est placé à petite distance au-dessous du sol et fermé par une plaque à clavette ; le tout est logé dans une boîte en fonte arasant le niveau du sol.

Fig. 256.

L'inflexion est étudiée de telle façon que la branche inférieure du tuyau au-delà du siphon se trouve être, verticalement, le prolongement de la colonne supérieure.

La disposition de la figure 257 remplit le même programme ; mais, en outre, elle permet de recueillir en même temps les eaux superficielles d'une cour. La descente est raccordée par un coude au quart avec un siphon de cour de la maison Jacob, de Pouilly, et cet appareil se raccorde, au moyen d'un nouveau coude au quart, avec une seconde branche verticale de la descente, qui va retrouver la canalisation du sous-sol.

Le siphon est muni d'une grille et reçoit les eaux du ruisseau de la cour. Quelques modèles de siphons récepteurs de cette même maison contiennent des *paniers ramasse-boues*, que l'on soulève lorsqu'on veut nettoyer le siphon. Cela complique l'appareil, mais facilite le nettoyage.

Nous avons représenté au n° 139, dans la figure 247, un

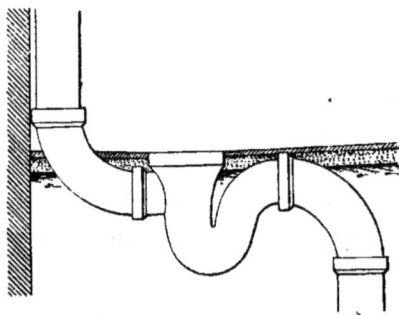

Fig. 257.

siphon de cour de la maison Geneste et Herscher, qui convient également bien pour la circonstance.

Lorsqu'on a besoin que la prolongation de la conduite dans le sous-sol, au-delà du siphon, soit en alignement direct avec la descente supérieure, on emploie un appareil dans le genre de celui que représente la figure 258. C'est, en somme, un siphon construit suivant le même principe que celui de la figure 256, mais avec l'adjonction d'une trémie munie d'une grille mobile, pour recevoir les eaux de la cour et servir en même temps au dégorge-

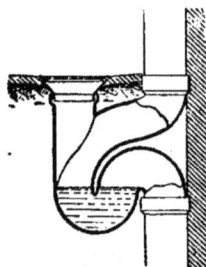

Fig. 258.

ment. Le dessin ci-contre est tiré de l'*Album de la maison Noël-Chadapaux*.

Lorsque la descente d'eaux pluviales est à établir à Paris et se trouve en façade sur la voie publique, le tuyau est extérieur; il plonge sous le trottoir et doit rentrer dans la

maison en traversant le mur du sous-sol; puis, il se relie,
avec interposition d'un siphon, à la canalisation résiduaire.

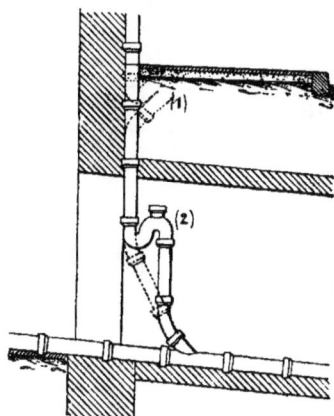

Dans le cas où le branchement d'égout est placé verticalement au-dessous de la
descente d'eaux pluviales,
celle-ci peut y aboutir directement; le siphon obturateur doit être placé dans
le branchement même, en
(2) (*fig*. 259), avant de rejoindre la conduite d'évacuation. Cette jonction doit
avoir lieu en amont du siphon
d'extrémité de la conduite
générale. Dans la figure 259

Fig. 259.

la disposition marquée en traits pleins est la bonne; elle
est conforme aux prescriptions administratives, tandis que
le tracé ponctué, avec siphon dans le sol du trottoir, au pied
de la descente, ne serait pas admis.

143. Chute d'eaux résiduaires en élévation. — Les
conduites d'eaux résiduaires dans les étages des habitations
se font quelquefois en plomb mince de 0ᵐ,05 à 0ᵐ,08 de diamètre; on adopte cette disposition lorsqu'elles sont courtes,
qu'elles ne correspondent qu'à un appareil, et qu'elles
peuvent être considérées comme un simple branchement.

Dans les cas ordinaires, même lorsqu'elles ne reçoivent
que les produits d'un seul cabinet d'aisances, on les exécute
en fonte.

Autrefois, à Paris, on distinguait les descentes ménagères
et les chutes d'aisances. Celles-ci devaient avoir 0ᵐ,20 de
diamètre au moins. D'après les nouveaux règlements, ces
deux sortes de conduites peuvent être assimilées et construites de la même manière; le diamètre minimum est
de 0ᵐ,08, le diamètre maximum de 0ᵐ,16. On y emploie avec

avantage les tuyaux minces salubres avec joints en ciment,
ou mieux en caoutchouc.

Le croquis de la figure 260 indique une portion de tuyau
de chute dans la hauteur d'un étage,
en même temps que les culottes nécessaires pour recevoir les cuvettes
d'aisances ou les branchements de
décharge d'appareils d'autres genres.
On cherche autant que possible à éviter la saillie de ces branchements à
l'étage inférieur ; mais on ne peut
pas toujours y arriver, pour peu que
l'appareil s'éloigne de l'axe vertical
de la conduite, ce qui amène à allonger
le branchement.

Quand on étudie une chute, on
cherche à obtenir la longueur exacte
de l'étage, au moyen d'une combinaison convenable de bouts de tuyaux
entiers et de bouts réduits nommés
raccords.

Il faut aussi se bien rendre compte
de la position que devra occuper l'appareil choisi, de celle de son orifice
inférieur, et de la hauteur en même
temps que de l'emplacement en plan
que doit occuper l'ouverture du
branchement avec lequel il doit se

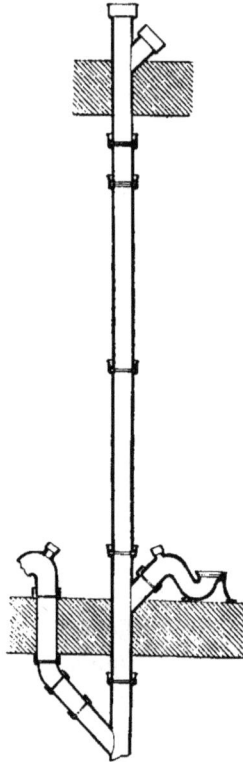

Fig. 260.

raccorder. Il faut que les pentes soient ménagées et que
dans aucun cas elles ne descendent au-dessous de 45°.

La chute s'arrête généralement au dernier appareil et se
termine par un bouchon en cas de prolongement ultérieur.
Elle est suffisamment ventilée par les branchements et les
tuyaux de ventilation des siphons ; il n'est pas nécessaire en
effet qu'il y passe un courant d'air constant produit par le
tirage naturel. Ce courant d'air aurait pour effet de favoriser

les fermentations des matières organiques arrêtées aux parois, puis de les dessécher et de les enlever en écailles, en poussières et en miasmes dans l'atmosphère, ce qui tendrait à infecter la ville. Le desséchement de la paroi intérieure des tuyaux pourra d'autres fois faire adhérer davantage les dépôts et nuire au nettoyage des chasses.

Suivant nous, les parois intérieures des tuyaux ne doivent pas sécher; aussi condamnons-nous depuis longtemps les règlements de la Ville de Paris qui imposent l'obligation de prolonger les ventilateurs de fosses en même temps que les chutes d'aisances jusqu'au dehors du toit, et de les y maintenir ouvertes.

On s'imagine l'effet de tous ces tuyaux, versant sur toute la surface de la Ville, à la hauteur des étages élevés des maisons, leurs émanations insalubres.

A leur arrivée au sous-sol, les chutes d'eaux résiduaires vont se relier aux canalisations générales. Il faut les isoler par un siphon, afin d'éviter que les odeurs de ces canalisations ne puissent remonter dans les conduites, surtout si la chute ne correspond pas à des appareils d'aisances.

La seule différence avec les chutes pluviales est que le siphon du bas de chute ne doit pas recevoir les eaux superficielles des cours au moyen des siphons de cour cités au n° 142. On fait alors des raccords spéciaux pour les chutes ménagères et pour les eaux superficielles.

144. Disposition du bas des chutes transformées, à Paris. — L'article 4 de la circulaire (rapportée) du 8 août 1894, relative à l'installation de l'écoulement direct, portait :

Art. 4. — Toute cuvette d'aisances sera munie d'un appareil formant fermeture hydraulique et permanente, néanmoins l'Administration pourra tolérer le maintien des installations existantes, lorsque celles-ci le permettront, à la condition qu'il soit établi, à la base de chaque tuyau de chute, un réservoir de chasse automatique convenablement alimenté.

A la suite d'un procès récent, cette tolérance est devenue licite. Du moment que les anciens appareils branchés sur une chute sont à effet d'eau, la suppression des tinettes filtrantes n'entraîne plus le changement des appareils et leur remplacement par les dispositions dites *salubres*.

Et, de fait, l'emploi des appareils à tirage à effet d'eau, dans les maisons à loyer, est d'un fonctionnement bien plus certain, au moment des arrêts d'eau et aussi pendant les grandes gelées de l'hiver, que celui des appareils de chasse et des siphons pleins d'eau.

La seule précaution obligatoire et indispensable, pour que la substitution n'entraîne aucun inconvénient, consiste à établir dans le bas des anciennes chutes conservées, un réservoir de chasse. Il suffit

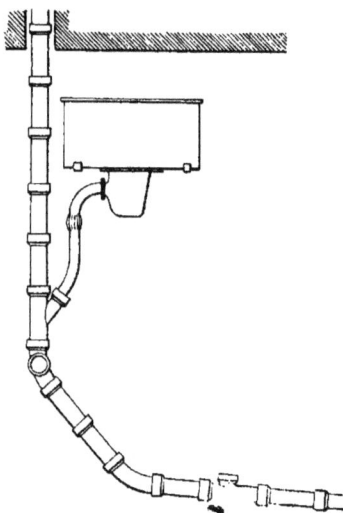

Fig. 261.

que ce dernier puisse donner toutes les huit ou dix heures une chasse de 100 à 150 litres, de telle sorte que son alimentation, faite pour ainsi dire goutte à goutte, suffise pour assurer une bonne évacuation des matières de vidange.

La figure 261 représente la partie basse d'une chute d'aisances transformée, dans la partie qui correspond au sous-sol, ainsi que le réservoir de chasse et le raccord avec la canalisation générale.

145. Réservoirs de chasse automatique en tôle. — Les réservoirs de chasse automatiques de 100 à 150 litres de capacité se construisent, aux dimensions près, comme les réservoirs de chasse de 10 à 15 litres, que nous avons déjà vus, en prenant une disposition spéciale toutefois pour que l'amorçage soit automatique.

On les alimente par un branchement dont le débit est réglable à volonté au moyen d'un robinet, de telle sorte que l'on peut n'avoir qu'un filet d'eau mettant un long temps à emplir le réservoir. Lorsque le liquide a atteint son niveau maximum, brusquement le siphon s'amorce, le réservoir se vide, et la chasse est d'autant plus utile qu'elle se produit plus vivement, plus violemment même.

La figure 262 représente un de ces appareils, construit par la maison Geneste et Herscher. Au-dessous du fond du réservoir, on fixe une boîte S qui reçoit l'origine du tuyau de décharge. Pour que cette boîte ait sa partie supérieure à la pression atmosphérique, on la met en communication avec le dehors au moyen d'un tube vertical *nn* qui traverse le réservoir. Un autre tube plus gros, ouvert aux deux bouts, s'ouvre dans le réservoir ainsi que dans le fond de la caisse, où il plonge dans

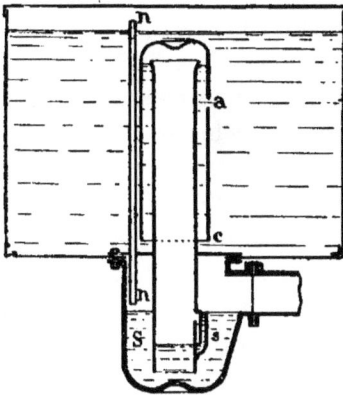

FIG. 262.

une réserve d'eau ; il porte sur le côté un petit tube manométrique *s*. Dans le grand réservoir on le recouvre d'une cloche ouverte en *c* et percée en *a*. Ceci posé, le réservoir qui vient de se vider s'emplit ; tant que le liquide n'atteint pas *a*, rien de particulier ne se produit. Au delà, la cloche est fermée ; l'air s'y comprime et l'eau sous la cloche se dénivelle ; il en est de même pour une quantité égale, du bas du gros tube et de son petit tube manométrique.

Si l'eau monte encore, l'eau du tube manométrique est chassée brusquement, ouvre un passage à l'air comprimé du gros tube qui s'échappe, et l'eau de la cloche n'étant plus retenue s'élance à son tour, amorce le siphon et tout le cube s'écoule violemment par l'orifice inférieur.

On règle la section de passage sur les genres de chasse que l'on désire.

146. Récepteurs de bas de chutes. — Lorsque les chutes desservent de nombreux appareils d'aisances et produisent beaucoup de solides, on est obligé de multiplier le nombre et l'importance des chasses d'eau pour obtenir l'évacuation des produits.

Certains constructeurs ont proposé et préconisé l'emploi d'appareilsspéciaux, qu'ils ont nommés *Siphon dilueur*, *Siphon de bas de chute*, *Récepteurs*, etc. Ils consistent en un réservoir dans lequel s'amassent les matières dans l'intervalle des deux chasses, où elles se diluent dans une masse d'eau plus ou moins grande, et d'où elles sont délogées à intervalles réguliers par un flot liquide violent.

Dans les circonstances ordinaires, à côté de ces avantages, ces appareils présentent des inconvénients qui les contrebalancent. Ils tendent à s'obstruer, en raison de l'élargissement de section qu'ils produisent, et ils demandent une surveillance constante. Il vaut presque toujours mieux n'intercaler aucun appareil, brancher directement la chute sur la conduite d'évacuation, en appliquant les dispositions des articles 9 et 11, et recevoir au-dessus de la première inflexion la décharge du réservoir de chasses automatique.

Cependant, il est des cas où l'emploi des siphons de bas de chute est avantageux. L'un de ces appareils est représenté dans la figure 263. C'est un siphon de forme spéciale, convenable pour bien des applications. Il est construit par la maison Scellier sous le nom de *siphon dilueur*.

Il se compose d'un siphon à pied, qui appuie sur une fondation convenable le bas d'une conduite verticale C amenant des eaux résiduaires. L'écoulement doit se continuer dans une seconde branche inclinée, et la garde d'eau est de $0^m,070$. Une tubulure latérale permet de recevoir un écoule-

ment de conduite plus petite R; deux tubulures reçoivent
les amorces des tuyaux de ventilation V et V'; enfin, une
tubulure verticale reçoit un couvercle B à joint hermétique
mobile qui permet le dégorgement. Les sables et matières
lourdes sont recueillies dans un panier métallique P qui les
enlève tout d'une fois, en passant par la tubulure B.

Cet appareil est applicable dans beaucoup de circonstances

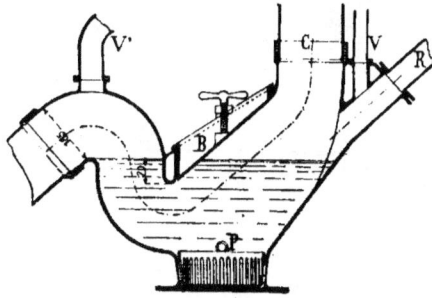

Fig. 263.

et notamment au pied des conduites de cabinets d'aisances
menant à l'égout tout le produit des sièges, surtout lorsque
les appareils sont à tirage avec cuvettes à valve ordinaire.

La figure 264 représente une installation générale au
bas d'une chute, avec application d'un appareil de forme un
peu différente. Ce dernier, construit par la maison Geneste et
Herscher, a été étudié en vue de former récipient diluceur dans
les immeubles de Paris où l'on installe le tout-à-l'égout, tout
en conservant dans les étages les appareils à effet d'eau
à tirage, en application de la tolérance indiquée à l'article 4
de l'arrêté préfectoral du 8 août 1894.

La chute, descendant en C dans le sous-sol, amène les
matières dans un récipient B, cylindrique, vertical, bouché
en haut par un couvercle amovible et duquel partent par le
bas deux tubulures.

L'une de ces tubulures se raccorde avec la chute; l'autre
forme le départ et se relie, par l'intermédiaire d'un siphon,
avec la canalisation résiduaire du sous-sol.

Au bas de la chute, immédiatement avant le récepteur, on

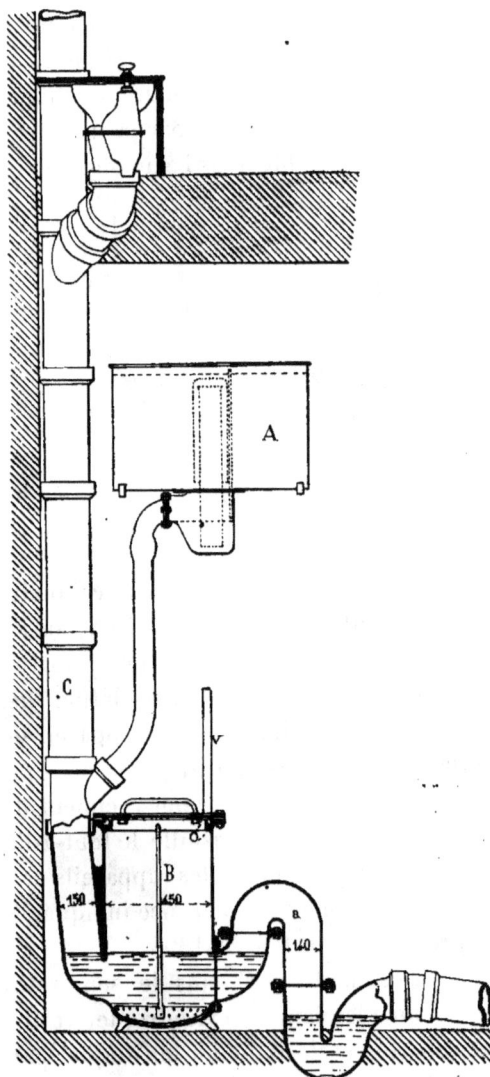

Fig. 264.

ménage un branchement, que l'on met en communication
avec un réservoir de chasse A, d'une contenance de 150 à

200 litres, fonctionnant d'une façon automatique. On l'alimente par un filet d'eau, et, deux ou trois fois par jour, il se vide brusquement, entraîne les matières reçues et diluées dans l'appareil B pendant l'intervalle de deux chasses, et produit un lavage énergique.

Les corps étrangers et lourds, qui tombent dans la chute sont retirés de temps en temps, d'une façon commode, par un panier muni d'une tige qui permet de les extraire par l'ouverture supérieure.

Il est des cas où cet appareil peut être avantageux à employer, lorsque par exemple une chute doit recevoir dans son parcours vertical les branchements d'un grand nombre de cabinets, et qu'on ne veut pas multiplier les chasses pour éviter une trop grande dépense d'eau.

147. Canalisation inférieure menant à l'égout les eaux résiduaires. — L'écoulement à l'égout des eaux résiduaires se fait dans les sous-sols des bâtiments au moyen de canalisations hermétiquement closes d'un bout à l'autre, faciles à visiter et ayant une faible pente, $0^m,03$ à $0^m,10$ par mètre. La disposition doit prévoir des gardes d'eau multipliées, établies de manière à empêcher tout dégagement infect dans les locaux habités.

La canalisation se compose de bouts de tuyaux et de pièces spéciales jonctionnés les uns aux autres d'une manière étanche. Elle peut être faite soit en grès vernissé, soit en fonte. A Paris, le choix est laissé au propriétaire ; l'administration ne marque aucune préférence pour l'un ou l'autre système.

Si la canalisation doit être placée en terre, il est préférable d'employer le grès ; si, au contraire, elle doit être aérienne, la fonte est plus recommandable ; elle résiste mieux aux chocs.

L'emploi du grès devient plus avantageux si la canalisation est susceptible de recevoir ou les eaux acides d'une usine, ou les liquides gras des restaurateurs, charcutiers, etc., ou encore les produits ammoniacaux des écuries.

Si la canalisation peut avoir à donner écoulement à des eaux chaudes, ou à un échappement de vapeur, ou si la température pour une cause quelconque peut s'élever au-dessus de 40 à 45°, on doit employer la fonte ; le grès en effet risque de se désorganiser à la chaleur.

Il est bon de donner une certaine pente aux canalisations. A Paris, l'administration fixe la limite inférieure de cette pente à $0^m,03$ par mètre pour la conduite d'évacuation.

Elle autorise cependant des pentes plus faibles dans les cas où celle de $0^m,03$ n'est pas possible ; mais, dans ces circonstances, elle multiplie le nombre des réservoirs de chasse et des regards de visite, ce qui est onéreux.

Les diamètres ne sont pas indifférents ; autrefois en France on n'employait pour les chutes que de gros diamètre, et on a commencé en fortes dimensions les canalisations d'eaux résiduaires. L'expérience des canalisations anglaises a démontré qu'un tuyau de petit diamètre, mieux lavé par le passage des résidus et des chasses, se nettoyait mieux, se maintenait plus propre et s'engorgeait moins ; aussi, pour les descentes d'eaux pluviales et ménagères, ainsi que pour les tuyaux de chute, l'administration parisienne admet-elle maintenant les tuyaux compris entre la limite supérieure de $0^m,16$ de diamètre intérieur et la limite inférieure de $0^m,08$.

Pour les conduites d'évacuation, la limite inférieure est de $0^m,12$, et le diamètre de chaque canalisation est fixé de telle façon que, même pendant les plus fortes averses, l'eau ne puisse être débitée à pleine section. On évite ainsi une pression exagérée à l'intérieur de la conduite et l'on assure, en même temps que l'écoulement continu des eaux résiduaires, une ventilation convenable pendant tous les moments du fonctionnement.

L'administration, à Paris, a dressé le tableau suivant fixant les diamètres à employer, d'après la surface de la propriété à assainir, en comptant sur une chute d'eau de pluie de $0^m,05$ par heure, ce qui est la limite supérieure des plus fortes averses de nos climats.

TABLEAU DONNANT LES DIAMÈTRES THÉORIQUES ET PRATIQUES DES TUYAUX CAPABLES D'ÉVACUER LES PLUS FORTES AVERSES ($0^m,05$ DE HAUTEUR D'EAU TOMBÉE DANS UNE HEURE)

PENTES PAR MÈTRE		$0^m,005$		$0^m,010$		$0^m,015$		$0^m,020$		$0^m,025$		$0^m,030$ minimum		$0^m,035$		$0^m,040$		$0^m,045$	
SURFACES des propriétés en mètres carrés	MAXIMUM à évacuer par seconde	DIAMÈTRE Théorique	Pratique	DIAMÈTRE Théorique	Pratique	DIAMÈTRE Théorique	Pratique	DIAMÈTRE Théorique	Pratique	DIAMÈTRE Théorique	Pratique	DIAMÈTRE Théorique	Pratique	DIAMÈTRE Théorique	Pratique	DIAMÈTRE Théorique	Pratique	DIAMÈTRE Théorique	Pratique
50	0l,7	48	120	41	120	38	120	36	120	35	120	34	120	33	120	32	120	31	120
100	1 4	63	120	55	120	50	120	48	120	46	120	44	120	43	120	41	120	40	120
150	2 1	74	120	65	120	59	120	56	120	54	120	52	120	50	120	49	120	48	120
200	2 8	83	150	72	120	67	120	63	120	60	120	58	120	56	120	55	120	52	120
250	3 5	91	150	79	120	70	120	69	120	66	120	63	120	61	120	60	120	58	120
300	4 2	98	150	85	150	78	120	74	120	71	120	68	120	66	120	64	120	63	120
350	4 9	104	150	90	150	83	150	79	120	75	120	73	120	70	120	68	120	67	120
400	5 6	109	150	95	150	88	150	83	150	79	120	76	120	74	120	72	120	71	120
450	6 3	115	150	100	150	92	150	87	150	83	150	80	150	78	120	76	120	74	120
500	7 0	120	190	104	150	96	150	91	150	87	150	84	150	81	150	79	120	77	120
550	7 7	124	190	108	150	100	150	94	150	90	150	87	150	84	150	82	150	80	150
600	8 4	129	190	116	150	103	150	98	150	93	150	90	150	87	150	85	150	83	150
650	9 1	133	190	116	150	107	150	101	150	96	150	93	150	90	150	88	150	86	150
700	9 8	137	190	119	150	110	150	104	150	99	150	96	150	93	150	90	150	88	150
750	10 5	141	190	123	190	113	150	107	150	102	150	98	150	95	150	93	150	91	150
800	11 2	144	190	126	190	116	150	109	150	105	150	101	150	98	150	95	150	93	150
850	11 9	148	190	129	190	119	150	112	150	107	150	103	150	100	150	98	150	96	150
900	12 6	151	190	132	190	122	190	115	150	110	150	106	150	103	150	100	150	98	150
950	13 3	155	190	135	190	124	190	117	150	112	150	108	150	105	150	102	150	100	150
1.000	14 0	158	190	137	190	127	190	120	190	114	150	110	150	107	150	105	150	102	150
1.050	14 7	161	190	140	190	129	190	122	190	117	150	113	150	109	150	107	150	104	150
1.100	15 4	164	190	143	190	132	190	124	190	119	150	115	150	111	150	108	150	106	150
1.150	16 1	167	190	145	190	134	190	127	190	121	190	117	150	113	150	110	150	108	150
1.200	16 8	170	220	148	190	136	190	129	190	123	190	119	150	115	150	112	150	109	150
1.250	17 5	173	220	150	190	139	190	131	190	125	190	121	190	117	150	114	150	111	150
1.300	18 2	175	220	153	190	141	190	133	190	127	190	123	190	119	150	116	150	113	150
1.350	18 9	178	220	155	190	143	190	135	190	129	190	124	191	121	190	117	150	115	150
1.400	19 6	181	220	157	190	145	190	137	190	131	190	126	190	122	190	119	150	116	150
1.450	20 3	183	220	160	190	147	190	139	190	133	190	128	190	124	190	121	190	118	150
1.500	21 0	186	220	162	190	149	190	141	190	135	190	130	190	126	190	123	190	120	190

PENTES PAR MÈTRE	$0^m,050$		$0^m,055$		$0^m,060$		$0^m,065$		$0^m,070$		$0^m,075$		$0^m,080$		$0^m,085$		$0^m,090$		$0^m,095$		$0^m,100$	
SURFACES des propriétés en mètres carrés	DIAMÈTRE Théorique	Pratique	DIAMÈTRE Théorique	Pratique	DIAMÈTRE Théorique	Pratique	DIAMÈTRE Théorique	Pratique	DIAMÈTRE Théorique	Pratique	DIAMÈTRE Théorique	Pratique	DIAMÈTRE Théorique	Pratique	DIAMÈTRE Théorique	Pratique	DIAMÈTRE Théorique	Pratique	DIAMÈTRE Théorique	Pratique	DIAMÈTRE Théorique	Pratique
50	30	120	29	120	29	120	29	120	28	120	28	120	28	120	27	120	27	120	27	120	27	120
100	40	120	39	120	38	120	38	120	37	120	37	120	36	120	36	120	35	120	35	120	35	120
150	47	120	46	120	45	120	44	120	44	120	43	120	42	120	42	120	41	120	41	120	41	120
200	52	120	51	120	50	120	50	120	49	120	48	120	48	120	47	120	47	120	46	120	46	120
250	57	120	56	120	55	120	54	120	54	120	53	120	52	120	51	120	51	120	50	120	50	120
300	62	120	60	120	59	120	58	120	57	120	57	120	56	120	55	120	55	120	54	120	54	120
350	65	120	64	120	63	120	62	120	61	120	60	120	60	120	57	120	58	120	58	120	57	120
400	67	120	68	120	67	120	66	120	65	120	64	120	63	120	59	120	61	120	61	120	60	120
450	70	120	71	120	70	120	69	120	68	120	67	120	66	120	62	120	64	120	64	120	63	120
500	72	120	74	120	73	120	72	120	71	120	70	120	69	120	65	120	67	120	66	120	65	120
550	75	120	77	120	76	120	74	120	73	120	72	120	71	120	68	120	70	120	69	120	68	120
600	78	120	80	150	78	120	77	120	76	120	75	120	74	120	70	120	72	120	71	120	71	120
650	81	150	82	150	81	150	80	150	79	120	78	120	77	120	73	120	75	120	74	120	73	120
700	85	150	85	150	83	150	82	150	81	150	80	120	79	120	76	120	77	120	76	120	75	120
750	86	150	87	150	85	150	84	150	83	150	82	150	81	150	78	120	79	120	78	120	77	120
800	89	150	89	150	87	150	86	150	85	150	84	150	83	150	80	120	81	150	80	150	79	120
850	91	150	92	150	90	150	89	150	87	150	86	150	85	150	82	150	83	150	82	150	81	150
900	94	150	94	150	92	150	91	150	89	150	88	150	87	150	84	150	85	150	84	150	83	150
950	96	150	96	150	94	150	93	150	91	150	90	150	89	150	86	150	87	150	86	150	85	150
1.000	98	150	98	150	96	150	95	150	93	150	92	150	91	150	88	150	89	150	88	150	87	150
1.050	100	150	100	150	98	150	97	150	95	150	94	150	93	150	90	150	91	150	90	150	89	150
1.100	102	150	102	150	100	150	98	150	97	150	95	150	94	150	92	150	92	150	91	150	90	150
1.150	104	150	104	150	102	150	100	150	99	150	97	150	96	150	93	150	94	150	93	150	92	150
1.200	106	150	105	150	103	150	102	150	100	150	99	150	98	150	95	150	95	150	94	150	93	150
1.250	107	150	107	150	105	150	103	150	101	150	100	150	99	150	96	150	97	150	96	150	95	150
1.300	109	150	109	150	107	150	105	150	103	150	102	150	100	150	98	150	98	150	97	150	96	150
1.350	111	150	111	150	109	150	107	150	105	150	104	150	102	150	99	150	100	150	99	150	98	150
1.400	113	150	112	150	110	150	108	150	106	150	105	150	103	150	101	150	101	150	100	150	99	150
1.450	115	150	113	150	111	150	110	150	108	150	106	150	105	150	104	150	103	150	102	150	101	150
1.500	117	150	115	150	113	150	111	150	110	150	108	150	108	150	105	150	104	150	103	150	102	150

Observations. — Ce tableau a été dressé par l'Inspecteur de l'Assainissement, en décembre 1895.

D'après la pente adoptée, et la surface de la propriété, ce tableau donne de suite le diamètre théorique qui suffit pour l'écoulement, et le diamètre pratique que l'administration impose. Ce tableau peut servir non seulement pour les canalisations principales d'évacuation, mais encore pour les branchements partiels qui y aboutissent.

Pour de plus grandes surfaces des propriétés, les diamètres des canalisations peuvent se déterminer facilement par l'emploi des tables de Prony, de Mary ou de Bresse. On y trouve les diamètres dans le cas où la conduite débite l'eau à pleine pression, et on augmente les résultats dans des proportions convenables, afin d'assurer la libre circulation des gaz au-dessus du niveau de l'eau, dans toute la longueur de la conduite. On peut encore prendre les diamètres dans le tableau donné plus haut du débit des tuyaux à moitié pleins.

148. Pose de la canalisation dans un sous-sol. — 1° *Canalisation souterraine.* — Pour poser une conduite en terre, on creuse une tranchée que l'on dresse avec soin suivant la pente adoptée ; le corps des tuyaux doit reposer sur le sol et on réserve aux collets un excédent de déblai permettant d'y placer une bonne pelletée de mortier, fait à 1 partie de ciment de Vassy pour 3 parties de sable, destinée à bien assurer l'assiette du tuyau.

En même temps, on garnit le joint et la tubulure du tuyau en attente avec du ciment de Portland délayé pur ; on fait le joint des deux tuyaux par rapprochement et on lute soigneusement en ciment. Enfin, on appuie le tout sur la pelletée de mortier préparée, en réglant la pente convenablement. On achève le calage avec quelques morceaux de meulières ou de moellons.

Pendant ce temps, le Portland commence à prendre sur le joint fait précédemment en arrière, on l'appuie et on le lisse à la truelle en inclinant l'instrument à 45°. On passe alors sur le joint, à l'intérieur du tuyau, une grande brosse ou une tête de loup mouillée, de façon à enlever toute aspérité pouvant former arrêt à l'intérieur de la canalisation.

Quand le ciment est suffisamment dur, on remblaie la tranchée, d'abord d'une première couche de gravois fins ou de terre tamisée, puis de matériaux tout venants.

La pose au bitume se fait de la même façon qu'avec le ciment, sauf la précaution de lisser au fer chaud la surface du joint, tant à l'intérieur qu'à l'extérieur du tuyau.

2° *Canalisation aérienne*. — Lorsque la canalisation (en fonte généralement) est posée en élévation, on lui fait suivre presque toujours le parement d'un mur, afin d'y trouver le moyen facile de la supporter. Pour cela, de distance en distance, on scelle dans la maçonnerie des corbeaux en fer carré [(*fig*. 264, (1)] ou en fer à **T** [*fig*. 265, (2)], ou encore des colliers, soit simples à deux branches en fer plat ou en feuillard [*fig*. 266, (1)], soit à deux pièces [*fig*. 266, (2)]. Le poseur présente les tuyaux le long du mur, y marque les

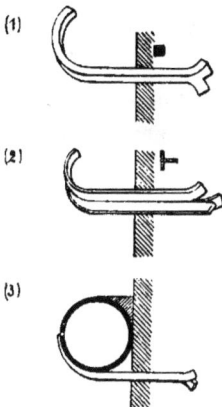

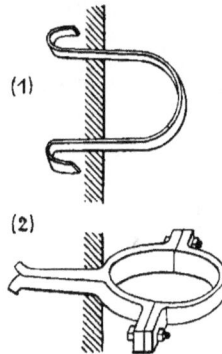

FIG. 265.   FIG. 266.

trous de scellement et les dépose. Il fait ensuite les scellements des supports au plâtre ou au ciment, en ayant soin de les arcbouter par un bout de bois jusqu'à prise complète. Il les règle soit avec un cordeau, soit en présentant de nouveau les tuyaux à sec.

Lorsqu'une ligne de corbeaux est ainsi préparée, l'ouvrier

y pose les tuyaux, en faisant successivement les joints, ainsi qu'il a été dit plus haut.

Ordinairement, on met un support par bout près du joint, de telle sorte que chaque tuyau soit soutenu par le joint précédent à un bout et par le support à l'autre.

On fait quelquefois la pose de la canalisation en même temps que les scellements des supports ; mais le travail est alors plus compliqué, et le règlement plus difficile.

Une fois la pose terminée, on garnit le vide supérieur entre le tuyau et le mur d'un solin de plâtre ou de ciment [*fig.* 265, (3)]; cela assure la fixité de la canalisation, et en même temps rend le travail plus propre, en empêchant dans ce vide triangulaire l'accumulation de débris difficiles à nettoyer.

149. Regards de visite sur les canalisations. — Les canalisations en sous-sol d'eaux résiduaires, qui forment la conduite d'évacuation, doivent présenter tous les 4, 5 ou 6 mètres un regard de visite avec tampon hermétique, de manière à faciliter les dégorgements. On se sert pour cela de *tés* représentés en *a* (*fig.* 267). Avec la précaution de mettre ces tés dans les endroits accessibles, on peut visiter aisément

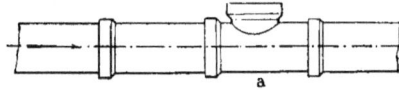

Fig. 267.

l'intérieur de la conduite et l'*épingler* en cas d'obstruction.

A chaque changement de pente ou de direction, on ménage également des regards de visite ; les trois croquis de la figure 268 en donnent des exemples ; en (1) est un regard à un changement de direction; le tuyau est représenté en plan, et le regard R est formé par une culotte C; en (2), on voit un regard sur changement de pente, à la partie basse d'une chute par exemple. La conduite est faite alors d'alignements droits raccordés par deux coudes, entre lesquels on a placé un té à regard *a*.

Le croquis (3) représente une autre disposition de bas de chute, dans laquelle une partie de conduite à 45° (minimum de pente dans ce cas), se trouve interposée entre la chute verticale et la canalisation d'évacuation. On a employé ici des coudes à regard au huitième, outre les alignements droits.

Dans toutes ces applications, les regards R sont munis de

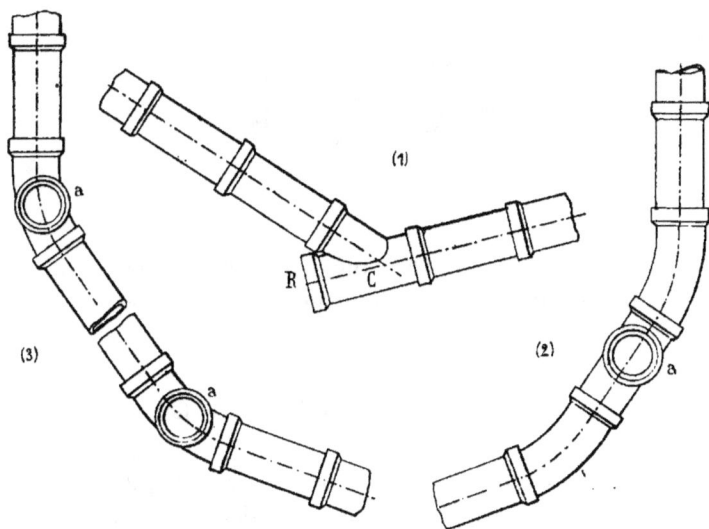

Fig. 268.

tampons mobiles *autoclaves*, qui forment une fermeture hermétique.

On place également des regards de visite sur les canalisations souterraines et il faut pouvoir les rendre accessibles. Les emplacements des regards sont toujours placés aux mêmes points ; seulement on les établit dans des fosses maçonnées en meulière de $0^m,20$ d'épaisseur, avec enduit de ciment. Le radier de la fosse est en pente, afin de réunir en un même point les eaux qui pourraient s'y accumuler et rendre leur enlèvement facile. Le plan de la fosse est un carré d'un mètre de côté ; la maçonnerie, rétrécie à sa partie haute, porte

une dalle de fermeture en fonte composée d'un châssis fixe à
ouverture ronde de 0ᵐ,65. Cette ouverture est fermée par un
tampon mobile de même métal.

Ces fosses peuvent parfois atteindre une grande hauteur,

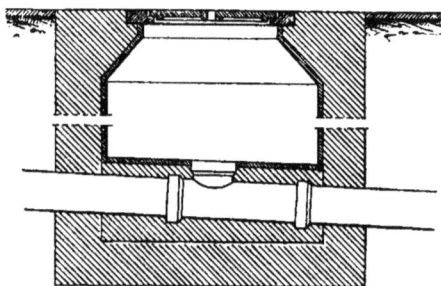

Fig. 269.

lorsque l'égout se trouve à une profondeur considérable.

Dans des établissements qui ne seraient pas sous le coup
de règlements administratifs, on peut modifier ces regards
d'une façon avantageuse en faisant l'écoulement sur le fond
de la fosse dans des caniveaux à découvert facilement accessibles.

La figure 270 représente, dans ses trois croquis, ces sortes
de regards, avec caniveaux coulant à découvert, formant des

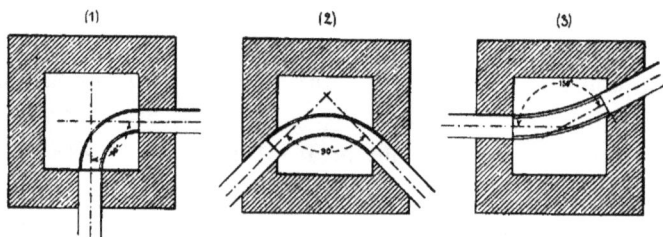

Fig. 270.

coudes plus ou moins ouverts dans des canalisations enter-
rées.

La figure 271 donne le croquis d'un regard dans lequel
on a accumulé les jonctions, sur une seule conduite maî-

tresse, d'une série de branchements venant de canalisations secondaires.

On peut exécuter tous ces caniveaux en ciment; mais ils sont difficiles à régler dans ces fonds peu
accessibles aux ouvriers.

Il vaut mieux les exécuter en grès
vernissé, et la Société des Grès de
Pouilly-sur-Saône (Jacob et Cⁱᵉ)
fabrique des caniveaux tout préparés d'avance pour tous les cas
prévus dans les figures 270 et 271.
On scelle ces caniveaux dans la
maçonnerie, en les emboîtant dans
les tuyaux des canalisations avec
lesquels ils se raccordent, et en

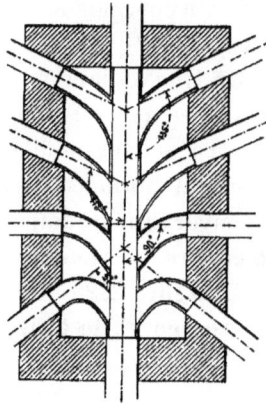

FIG. 271.

exécutant en ciment seulement les intervalles. On fait ces
derniers soit à plat, soit en talus, suivant les cas.

**150. Obturateurs hermétiques pour la ferme-
ture des regards.** — Toutes les tubulures de visites de
canalisation sont fermées au moyen d'obturateurs métalliques parfaitement étanches et d'ouverture facile. Un grand
nombre de systèmes sont employés.

En général, les tampons de fermeture sont en fonte; ils
doivent être robustes, très simples et faciles à manœuvrer.

L'obturateur se compose généralement de trois parties.

1° Un cadre en fonte, cannelé à l'extérieur la plupart du
temps, que l'on enchâsse dans la tubulure du regard en le
scellant au ciment de Portland. C'est sur ce cadre que l'obturateur mobile doit prendre ses points d'appui, et non sur
le collet de la tubulure, car on s'exposerait à briser celle-ci
et à mettre le tuyau hors de service;

2° Un bouchon mobile dont le cadre ci-dessus est le siège;
entre les deux on interpose une rondelle en caoutchouc

qui doit être comprimée énergiquement à l'effet d'obtenir un joint tout à fait étanche.

3° Un mécanisme de serrage. C'est de la simplicité de ce mécanisme que dépend la qualité de l'obturateur hermétique.

On trouve dans le commerce les types suivants :

1° *Serrage au moyen de vis.* — Une arcade ou une traverse rigide et mobile est retenue par des saillies du cadre. Elle est taraudée et reçoit une vis à manette qui vient appuyer sur le tampon et le serrer sur son siège par l'intermédiaire du caoutchouc.

La figure 272 représente dans son croquis (1) un obturateur de ce genre ; le châssis porte deux oreilles dans lesquelles

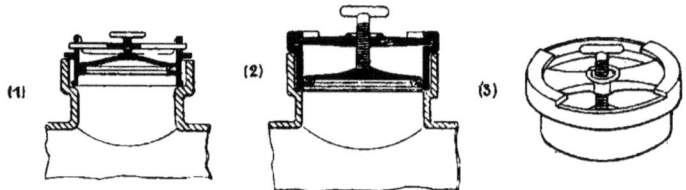

Fig. 272.

passe une traverse. On voit dans le dessin la vis qui prend appui sur cette traverse pour presser le tampon mobile. Cette disposition est tirée de l'*Album de la maison Noel-Chadapaux*.

Le croquis (2) montre une variante extraite de l'*Album de la Compagnie des Grès français de Pouilly-sur-Saône* (E. Jacob et Cⁱᵉ). Le principe est le même ; la traverse est retenue dans deux rainures qui existent dans deux secteurs en saillie de la circonférence du châssis.

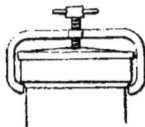

Fig. 273.

Le croquis (3) donne la perspective de ce même joint pour faire mieux comprendre son fonctionnement. Enfin, une disposition économique est représentée dans la figure 273.

Le châssis est supprimé et une arcade en fer, prenant appui sur l'extérieur de l'emboîtement de la tubulure, remplace la tra-

verse et supporte la vis. On peut employer ce procédé lorsque
les canalisations sont destinées à des locaux plus soignés où
elles ne sont pas susceptibles de recevoir des chocs violents.

En résumé, ces joints à vis conviennent pour les endroits
plutôt secs et ventilés. L'humidité risque en effet de corroder
les vis et de les mettre rapidement hors d'usage, surtout en
présence des gaz sulfurés ou ammoniacaux.

Le serrage à clavette est certainement d'un fonctionnement
aussi simple et plus assuré dans les emplacements humides.
Le principe consiste à remplacer la traverse des joints précédents par une clavette excentrée, munie d'une poignée, et
qui par sa rotation vient s'appuyer directement sur le couvercle. C'est le système Jacquemin. Il est représenté en
coupe verticale par le croquis (1) de la figure 274. Le châs-

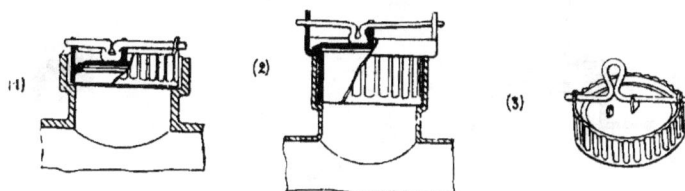

Fig. 274.

sis porte deux oreilles à travers les trous desquelles passent
très librement les extrémités de la clavette, lorsque sa convexité est tournée vers le haut. A ce point, la poignée est
couchée dans un sens ; mais il suffit de la rabattre sur le
joint, en la faisant tourner de 100 à 110°, pour que la convexité
change de position et vienne appuyer sur un taquet placé
au milieu du tampon mobile.

Le croquis (2) montre une variante du châssis permettant
l'occlusion sans diminuer, lorsque le joint est ouvert, la section libre de la tubulure ; il est applicable aux petits tuyaux
de 0^m,10 et au-dessous.

Le croquis (3) donne la vue en perspective de ces dispositions; cette vue rend compte de la position des oreilles et
du fonctionnement de la clavette.

Le système Colin, représenté dans la figure 275, est établi sur le même principe ; mais sa clavette a une section ovale : c'est un avantage au point de vue de la résistance.

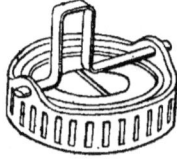

Fig. 275.

Un autre genre de tampon est le tampon à fermeture hélicoïdale. On en a deux exemples dans la figure 276. En (1) est représenté le système Rogier et Mothes. La traverse M forme manette ; elle porte deux griffes g qui glissent sur la face inférieure d'une bride formant plan incliné ; on obtient en tournant la manette un serrage progressif.

Les croquis (2) et (3) montrent l'élévation et la coupe du tampon employé par MM. Geneste et Herscher. Il est construit

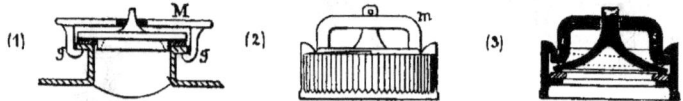

Fig. 276.

sur le même principe que le précédent : une manette m s'engage sous deux rainures formées par un double secteur saillant à sous-face inclinée ; elle agit ainsi à la façon d'une vis et le serrage est énergique.

Les tampons à serrage hélicoïdal ont un inconvénient : la rouille attaque la fonte, le frottement devient très dur et le desserrage est difficile.

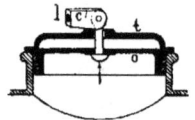

Fig. 277.

Un autre moyen de serrage est celui de M. Jacob ; il est intéressant par son mode de fonctionnement. Sa coupe verticale est donnée par la figure 277. Il se compose de deux pièces : un opercule o, sur la paroi extérieure duquel on met une rondelle en caoutchouc élastique, et un couvercle t appuyé sur la tubulure. La came c, articulée au centre, rappelle les deux pièces et dans ce mouvement le caoutchouc pressé se gonfle latéralement et fait joint. On fait la manœuvre au moyen d'un levier mobile à carré, qu'on introduit en *l*. Il n'y a donc pas de châssis fixe ; l'ensemble est mobile.

Les joints hermétiques autoclaves sont obligatoires à Paris. Mais dans les pays où les règlements administratifs ne sont pas applicables, lorsqu'une canalisation ne risque pas d'être engorgée facilement, on remplace ces joints par des briques ou des tuiles taillées dont on fait à sec un tampon et sur lequel on étend un peu de mortier de ciment pur à prise rapide. On défait ce joint sans danger avec la plus grande facilité, quand il en est besoin.

151. Emploi de siphons sur les canalisations d'eaux résiduaires. — Ainsi qu'on l'a vu, on doit toujours établir un siphon à l'origine supérieure de chacun des branchements d'eaux résiduaires, éviers, postes d'eau, vidoirs, lavabos, baignoires, etc., afin d'éviter l'irruption dans les pièces des odeurs des canalisations.

Après son passage dans le siphon, l'eau descend par une colonne verticale jusque dans le sous-sol, et se branche directement sur la canalisation chargée de l'évacuer.

Il en est de même des appareils de cabinets d'aisances que l'on installe à neuf dans les bâtiments qu'on édifie. Ces siphons sont obligatoires à Paris pour toutes les installations qui se relient au système du tout-à-l'égout. Il y a cependant une tolérance pour les anciens appareils, lorsqu'il y a tranformation de l'écoulement.

Chaque tuyau d'évacuation doit être muni, avant sa sortie de la maison, d'un siphon dont la plongée soit d'au moins $0^m,07$, afin d'éviter que les odeurs de l'égout ne puissent remonter dans la canalisation et, par suite, dans les locaux habités. Les règlements prévoient un regard de visite en amont de l'inflexion siphoïde. Il y a deux manières de placer le siphon, soit bien horizontalement pour ne pas perdre

de plongée d'eau, ainsi qu'on le voit en (1) (*fig.* 278), soit
en lui faisant suivre la pente générale (2). Cette dernière
est préférable. On perd, il est vrai, un peu de plongée, mais
les joints sont d'épaisseur plus régulière et plus faciles à
bien exécuter.

Il est bien, également, de prévoir une tubulure de visite

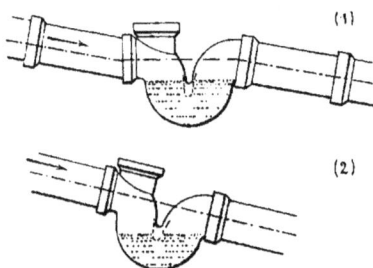

Fig. 278.

à l'aval du siphon, ainsi que l'indique la figure 279. On fait
pour cela suivre le siphon d'un té avec regard et tampon
mobile.

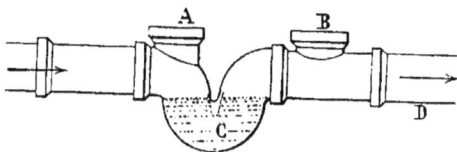

Fig. 279.

Si une obstruction se produit, on commence, en épinglant
par l'égout, par s'assurer que ce n'est pas la partie D qui est
engorgée, ce qui ne peut se faire que si on a un regard B.
Ensuite, également par B, on dégage le siphon et on évite
ainsi les débords violents qui auraient lieu si on ouvrait le
regard A, le siphon C étant engorgé.

152. Exemple d'une canalisation en sous-sol. —
La figure 280 donne dans ses deux croquis un exemple de

canalisation en sous-sol d'une maison de Paris. Le croquis (1)
représente le plan des caves ; le croquis (2) est une coupe
de la maison dans la hauteur des caves par un plan vertical

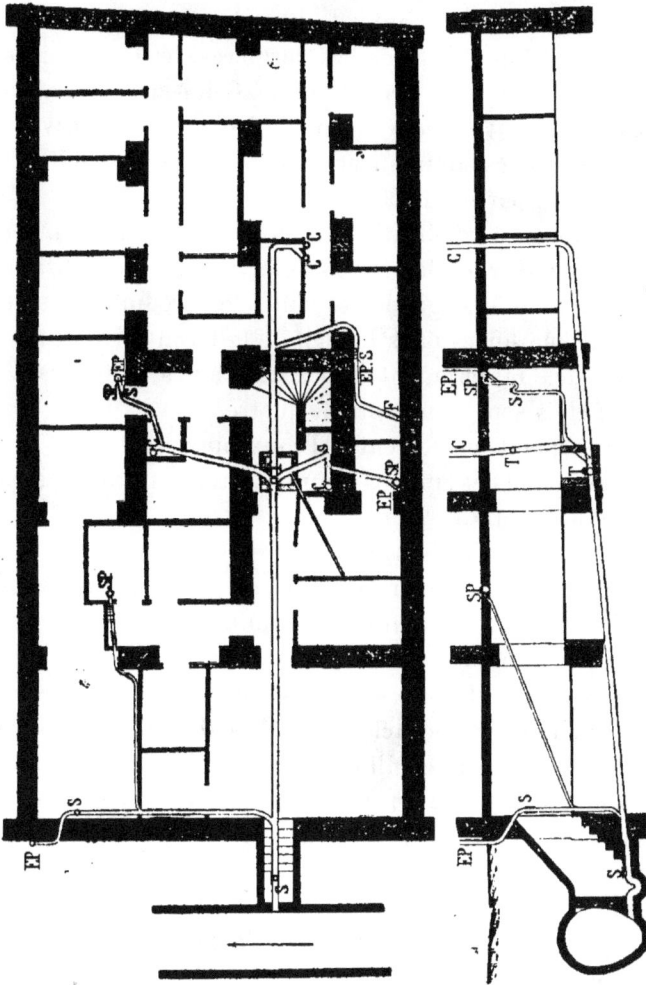

Fig. 280.

perpendiculaire à l'axe de la voie publique. Le terrain bâti
est sensiblement rectangulaire avec un des petits côtés en
façade. Il est fouillé dans toute sa surface ; on voit repré-

sentés dans le plan les murs de pourtour, les refends et les piles de l'intérieur, l'égout de la voie publique et le branchement particulier de la propriété, ce dernier muré au droit du piédroit de l'égout public.

La coupe verticale montre le plancher haut des caves, la ligne horizontale du sol de ces dernières, les fondations des refends, la position de l'égout public. Celui-ci se trouve dans cet exemple notablement en contre-bas du sol des caves, ce qui a conduit à établir un branchement très en pente avec gradins à la partie inférieure.

Pour tracer la canalisation principale, on a dû commencer par marquer sur le plan toutes les arrivées des canalisations partielles dont il s'agit de recueillir les produits. Ces arrivées sont marquées dans le plan de la façon suivante :

C, C, etc., représentent le bas des chutes verticales d'aisances ; elles sont au nombre de quatre ;

EP indiquent les descentes d'eaux pluviales ;

SP indiquent des siphons à panier récoltant les eaux superficielles des cours.

Telles sont les trois sortes de conduites verticales aboutissant au sous-sol ; pour les relier et en recueillir les eaux, on a installé une conduite longitudinale passant en droite ligne dans le branchement et aboutissant à l'égout public. Cette conduite est toute sous le sol des caves, en raison de la profondeur de son débouché. Cela dispense d'avoir à se préoccuper de la possibilité de barrer des passages indispensables. Construite en grès vernissé, la conduite se prolonge en amont jusqu'aux derniers tuyaux de chute ; pour la visiter, la dégorger et la nettoyer, on établit vers le milieu de son parcours un tampon T, placé dans un regard assez profond en maçonnerie. Près de son débouché, la conduite porte un siphon S qui empêche le retour des odeurs de l'égout public.

À son entrée dans le bâtiment, elle reçoit par un branchement intérieur longeant la façade, la descente extérieure des eaux pluviales, dont le pied, rentré à l'intérieur, est muni d'un siphon. Ce même branchement reçoit, en outre, les eaux superficielles d'un premier siphon à panier.

Dans le regard maçonné arrivent deux autres branchements se faisant vis-à-vis. Celui de gauche reçoit le bas d'un tuyau de descente d'eaux pluviales siphonné, la tubulure d'un siphon à panier et, enfin, le pied d'un tuyau de chute d'aisances. Le branchement de droite reçoit de la même façon un siphon à panier, une descente d'eaux pluviales et une chute. Le siphon réglementaire est indiqué en S.

Au-delà du regard est un troisième branchement prenant en F les eaux de la fontaine du rez-de-chaussée ; en EP le bas d'une descente d'eaux pluviales, siphonnée en S.

Lorsque l'égout public est plus haut, on met hors du sol des caves les canalisations, que l'on fait alors en grès si elles sont protégées, et, dans le cas contraire, en fonte. On étudie les passages de façon qu'on n'ait à traverser aucune baie à moins de 2 mètres du sol ; pour cela on contourne la canalisation générale, en lui faisant suivre les parements des murs mitoyens qui, exempts de baies, fournissent d'ordinaire les meilleurs passages.

153. Débouché de la canalisation dans l'égout. — Lorsqu'une canalisation vient déboucher dans un égout, on peut adopter l'une des dispositions qui vont être décrites à propos de l'arrivée des conduites d'eaux résiduaires des immeubles riverains dans l'égout public.

A Paris, dans le dernier cas, on est sous le coup de règlements administratifs, qui ont varié fréquemment dans ces dernières années. D'abord on n'employait pas de siphons. Le tuyau de la canalisation se recourbait et descendait verticalement dans le branchement d'égout, en tête près du mur de la maison. Il plongeait dans une grande cuvette, construite en meulière et ciment, ayant la forme d'une grande sébille de 0^m,45 à 0^m,50 de diamètre et 0^m,25 environ de profondeur. Cette disposition donnait lieu à de fréquents engorgements, et les égoutiers dans leurs nettoyages cassaient les tuyaux à coups de pinces.

Lorsque vers 1867 on a prescrit l'établissement des tinettes filtrantes, il a fallu établir les canalisations aussi basses que possible, souvent en tranchée dans le sol jusqu'à l'égout où le tuyau se terminait et débouchait dans un siphon. La conduite de descente pluviale y arrivait également et s'y trouvait siphonnée. Les eaux de tous ces tuyaux coulaient sur le radier du branchement jusqu'à l'égout public.

Vers 1880, l'Administration a exigé que les conduites d'eaux résiduaires fussent prolongées le long du branchement jusqu'à l'égout public; la pointe du siphon se trouvait à l'alignement du mur de l'égout public. Quant au tuyau des eaux pluviales, il se terminait au pignon du branchement par un siphon à collier; les eaux qu'il déversait, étant considérées comme propres, contribuaient au lavage et à la propreté du branchement.

En 1884, on a rejeté les anciens appareils (valves ou siphons) en D ou à cuvettes, pour adopter le principe du siphon en S, auquel les divers fabricants ont donné des formes très diverses. Pour pouvoir appliquer l'écoulement direct à l'égout, que l'on a commencé à adopter à cette époque, on a dû améliorer le régime des égouts publics et on y a établi quelques réservoirs de chasse automatiques; mais leur action était presque nulle, l'eau se répandant dans les branchements particuliers et perdant de suite sa vitesse. On a dû, par suite, prescrire le murage de ces branchements pour obtenir des chasses un effet réellement utile; on a appliqué d'abord le nouveau système aux constructions neuves, le laissant facultatif pour les autres. Ce n'est qu'en 1895 que le nouvel arrêté prescrit ce murage obligatoire pour tous les branchements.

Aujourd'hui, l'évacuation des eaux des immeubles de Paris se fait d'une façon pour ainsi dire uniforme : la conduite générale suit le branchement particulier, s'y trouve siphonnée à la fin du parcours, arrive au mur qui le termine et le traverse. On peut distinguer deux cas : ou bien l'on doit se raccorder avec un grand égout collecteur, ou bien avec un égout ordinaire.

Les grands collecteurs sont ordinairement placés à une grande profondeur et ils reçoivent par moments beaucoup d'eau. La moindre pluie, l'eau de lavage des ruisseaux de neuf heures à onze heures du matin suffisent pour faire momentanément déborder les cuvettes et envahir les banquettes de circulation. Dans ces conditions, le branchement d'égout est très incliné à son arrivée au collecteur ainsi que le représente le croquis de la figure 281.

Il s'agit d'un collecteur du type n° 3 de la Ville de Paris,

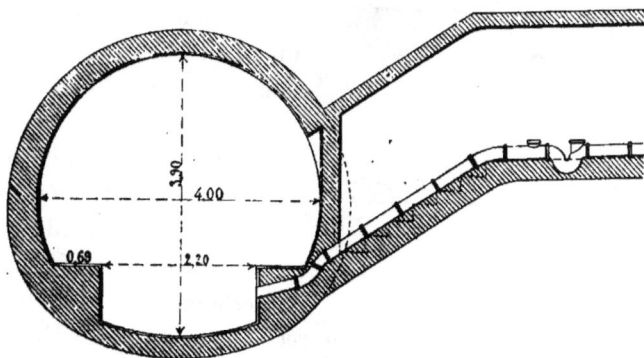

Fig. 281.

de 4 mètres de largeur sur 3^m,90 de hauteur. Le branchement, d'abord en faible pente, regagne le niveau du collecteur par les gradins d'un escalier; suivant les règlements parisiens, il est muré à l'à-plomb du piédroit de l'égout public.

La canalisation suit le branchement, porte dans la partie haute le siphon et reçoit ensuite un T de dégorgement; elle s'infléchit alors, suit la pente des gradins sur lesquels on la pose, traverse le mur d'extrémité et passe sous la banquette, dans la maçonnerie de laquelle on la noie en la courbant en plan dans le sens du courant, afin de faciliter l'écoulement.

Bien que dans ces circonstances les eaux d'égout remontent dans le tuyau, la canalisation étant étanche, l'écoulement des eaux de l'immeuble se fait malgré l'immersion, à la condition que la tête de la canalisation soit à un niveau plus élevé.

Lorsque l'égout public est un égout ordinaire, celui du type 10 *bis* de la même série, par exemple, représenté dans la figure 282, la banquette n'excède le radier formant cuvette que de $0^m,25$ à $0^m,30$. Comme l'on doit laisser un gradin d'au moins $0^m,10$ au-dessus du fond, on ne peut même plus passer un tuyau dans le massif de la banquette, ne fût-il que de $0^m,15$ de diamètre. On arrête alors le tuyau de la canalisation au parement du piédroit du mur du branchement et on le raccorde avec le radier par une cuvette cimentée courbe, prenant le sens du courant et recouverte d'une grille en fer placée, droite ou en biais, au niveau de la banquette.

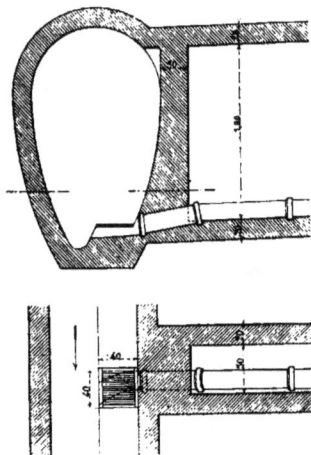

Fig. 282.

134. Moyens d'éviter le reflux de l'égout. —

Lorsqu'on se trouve dans un point bas, il peut arriver qu'à la suite de pluies d'orage les eaux de l'égout grossissent brusquement, atteignent un niveau bien supérieur au débouché de la conduite d'évacuation et débordent dans les habitations.

Dans ce cas, on a avantage à terminer l'extrémité de la conduite d'évacuation, à son débouché dans l'égout, par un clapet (*fig.* 283) qui

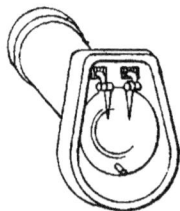

Fig. 283.

ferme l'orifice dès que la pression extérieure vient à dominer. Ce clapet fonctionne tout seul et empêche tout mouvement inverse de l'eau. A Paris, où ces clapets ne sont pas admis, on n'a d'autre ressource, pour parer à l'inconvénient précité, que d'établir sur la conduite d'évacuation un robinet-vanne (*fig.* 284) que l'on manœuvre s'il en est besoin. Mais l'on n'est prévenu de la nécessité de fermer momentanément cette vanne que lorsque l'inondation a déjà fait sentir en partie ses effets.

Dès que l'égout a écoulé son trop-plein, on soulève la vanne et le régime est rétabli.

155. Types divers d'égouts applicables à une propriété. — L'écoulement des eaux résiduaires, dans une grande propriété, lorsqu'elles sont abondantes, et susceptibles de donner lieu à de grands dépôts, se fait préféra-

F.g. 284.

blement par des égouts que l'on peut parcourir et nettoyer facilement. Ces égouts peuvent même servir à plusieurs fins : on peut y loger des canalisations d'eau, des câbles électriques pour distribution de lumière, des fils téléphoniques, etc. (il n'y a que les tuyaux de gaz qu'il ne faut jamais établir en égout).

Le profil de l'égout varie suivant son importance, la quantité d'eau à écouler, les services supplémentaires qu'il peut être appelé à rendre. Voici une série de profils entre lesquels, suivant les circonstances, on pourra choisir.

Le profil n° 1, représenté dans la figure 285, est le plus petit type que l'on puisse adopter. Il a 1^m,40 de hauteur sous clef et 0^m,70 dans sa plus grande largeur ; le radier a 0^m,40. On peut tout juste y passer pour le nettoyage, et il n'est

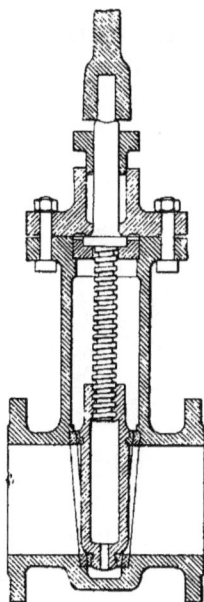

possible d'y faire sur la paroi intérieure aucune installation
de câble ou de canalisation en tuyaux; il faut le réserver pour
les eaux résiduaires seules et ne l'employer que si la plus
stricte économie s'impose. Le cube de maçonnerie par mètre
courant est de $0^m,900$ environ.

Le type n° 2 (*fig.* 286) est plus cher : il cube un peu plus
(1 mètre environ), mais est infiniment plus commode ; on

N° 1

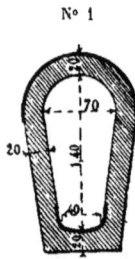

N° 2

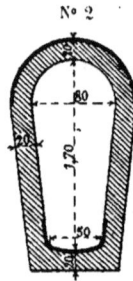

N° 2 *bis.*

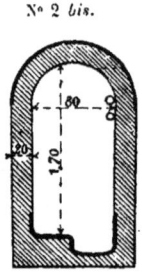

Fig. 285.   Fig. 286.

peut le parcourir, et, par suite, le surveiller plus facilement ;
il a en effet $1^m,70$ de hauteur sous clef et une largeur de $0^m,80$
dans sa partie haute. La cuvette a $0^m,50$.

Dans le cas où il est susceptible de recevoir des canalisations, nous proposons de le modifier suivant le profil n° 2 *bis*
qui, avec une dépense à peine supérieure, permet des installations plus faciles, en même temps qu'un parcours à
pied sec.

Le type venant immédiatement au-dessus du précédent,
comme dimensions, est représenté dans la figure 287 sous
le n° 3. Il a $1^m,90$ de hauteur sous clef et 1 mètre de plus
grande largeur. On peut l'exécuter soit en $0^m,20$, soit en
$0^m,25$ d'épaisseur, suivant la qualité des matériaux de
maçonnerie dont on dispose; son radier a $0^m,50$ de largeur
et peut donner issue à de fortes quantités d'eau. Il est assez
large pour recevoir à hauteur convenable une ou plusieurs
canalisations importantes. Il cube $1^m,500$ de maçonnerie
environ par mètre de longueur.

On le rend d'un parcours et d'une surveillance plus faciles

en modifiant son profil suivant le tracé n° 3 *bis* (qui augmente, il est vrai, mais très légèrement le cube et la
dépense).

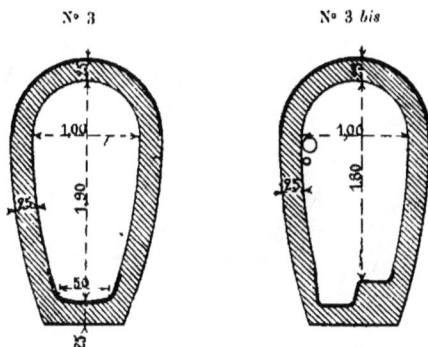

Fig. 287.

Si, pour écouler la masse d'eau, ou pour loger de plus
grosses conduites, on a besoin de plus de largeur encore, on
prend le profil n° 4, dessiné dans la figure 288. La plus
grande largeur est portée à 1ᵐ,20 et la hauteur est de 2ᵐ,10

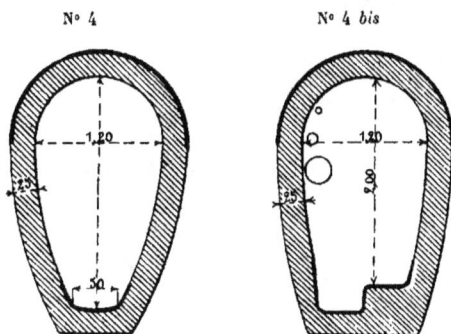

Fig. 288.

sous clef. L'épaisseur de maçonnerie est de 0ᵐ,25 et le cube
par mètre est de 1ᵐ,70.

On en facilite l'accès en disposant, comme dans le profil
n° 4 *bis*, une banquette resserrant la cuvette d'écoulement
et permettant le parcours à pied sec.

Il est rare, même dans les plus grands établissements, que l'on dépasse ces dimensions d'égouts.

Si cependant, dans un cas tout particulier, de plus fortes sections s'imposaient, on prendrait le profil de la figure 5, ou bien on aurait recours aux types des collecteurs des grandes villes, et notamment à ceux de la Ville de Paris dont les profils sont parfaitement étudiés.

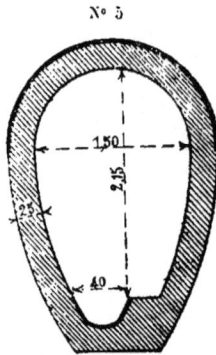

N° 5

Le profil n° 5 de la figure 289 est muni d'une banquette ; il présente une largeur de 1ᵐ,50 et une hauteur entre banquette et clef de 2ᵐ,15 ; son épaisseur de paroi est de 0ᵐ,25.

Tous ces égouts sont exécutés d'ordinaire en maçonnerie de petites meulières ou de pierrailles et mortier de ciment à prise rapide. On fait un enduit de 0ᵐ,025 sur toute la surface qui, à la partie inférieure, peut être mouillée par le courant, et on les couvre extérieurement sur toute la convexité supérieure par une chape de 0ᵐ,015 également en ciment.

Fig. 289.

156. Des branchements d'égout des maisons de Paris.

— Depuis 1852, jusqu'à l'arrêté préfectoral du 25 février 1870, le type des branchements d'égout imposés par l'administration aux propriétés parisiennes était celui qui, dans la série d'égouts de la Ville, porte le n° 12. Il a 2ᵐ,30 sous clef, 1ᵐ,30 de largeur aux naissances et 0ᵐ,65 de radier [1].

En principe, chaque immeuble devait avoir son branche-

---

[1] La construction de cet égout était indiquée en meulière de 0ᵐ,20 d'épaisseur, hourdée en mortier de ciment de Vassy. Une chape sur voûte de 0ᵐ,03 et l'enduit intérieur des piédroits et voûte étaient indiqués en mortier de parties égales de sable et de ciment de Vassy. Le radier est enduit en mortier de ciment de Boulogne de 0ᵐ,03 d'épaisseur (1 partie de ciment et 2 parties de sable).

ment distinct. Cependant les propriétaires avaient la faculté
de ne construire qu'un branchement pour deux immeubles
contigus, et dans ce cas on plaçait le branchement d'égout à
cheval sur la jambe étrière commune. Chacun pouvait y
écouler ses eaux, y placer ses conduites d'eau ; chacun pour
moitié participait aux frais de curage.

Cette disposition a toujours paru défectueuse aux archi-
tectes, tous les trous nécessaires pour le passage des eaux
propres ou résiduaires détruisant la solidité du mur au-
dessous de la jambe étrière, c'est-à-dire en un point qui
devrait conserver toute sa force de résistance.

Aujourd'hui, l'arrêté préfectoral du 16 juillet 1895 régle-
mente les branchements, prescrit leur murage au droit de
l'égout, mais ne fait pas mention des branchements communs. Cependant, pour ceux qui existent, l'administration
municipale autorise leur murage, avec la disposition indiquée
dans la figure ci-dessous, n° 290. Pour ne pas avoir à
prescrire à l'un des deux propriétaires seulement le murage

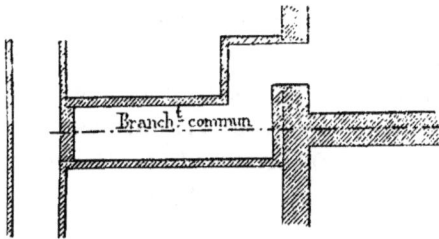

Fig. 290.

du branchement commun, elle exige du premier demandeur
que sa demande, adressée à la Préfecture de la Seine, soit
visée pour autorisation par le propriétaire voisin. Ce voisin
devra, quand viendra son tour, faire le même travail symé-
triquement par rapport à la ligne séparative des immeubles,
chaque débouché en cave devant être fermé par une porte ou
une grille en fer.

L'arrêté préfectoral du 25 février 1870 a modifié les

dimensions du branchement; elle a porté la hauteur sous clef
à 1ᵐ,90 et la largeur à 0ᵐ,90 à la naissance et 0ᵐ,60 au radier;
les épaisseurs et enduits sont les mêmes que ceux du type 12.
En même temps, cet arrêté rend obligatoire l'exécution d'un
branchement distinct pour chaque im-
meuble.

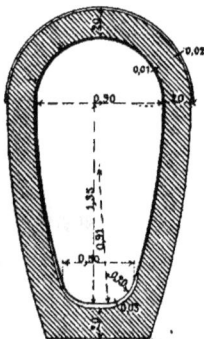

Fɪɢ. 291.

Ce même arrêté de 1870 autorisait
cependant l'établissement d'un seul branchement pour plusieurs immeubles contigus possédés dans une même rue par
un même propriétaire, à condition de
passer tous les tuyaux à l'intérieur.

L'arrêté préfectoral du 16 juillet 1895
modifie encore les dimensions du branchement (voir ci-dessous le texte de l'arrêté) et exige le murage au droit de
l'égout public.

La figure 291 donne la section du branchement actuellement obligatoire. Il a 1ᵐ,80 de hauteur sous clef, 0ᵐ,90 de
largeur aux naissances et 0ᵐ,50 au radier. Celui-ci est plat,
mais raccordé par de forts congés de 0ᵐ,20 de rayon avec
les piédroits; l'épaisseur est uniformément de 0ᵐ,20 pour
les murs, le radier et la voûte. Au-dessus de celle-ci est une
chape en ciment de 0ᵐ,02. L'enduit intérieur a 0ᵐ,01 d'épaisseur, sauf dans la cuvette du radier, où il est porté
à 0ᵐ,03.

157. Arrêté réglementant la construction et l'entretien des branchements particuliers d'égout à Paris.

Lᴇ Pʀᴇ́ꜰᴇᴛ ᴅᴇ ʟᴀ Sᴇɪɴᴇ,

Vu l'article 6 du décret du 26 mars 1852;
Vu la loi du 10 juillet 1894, relative à l'assainissement de Paris
et de la Seine;

Vu l'arrêté préfectoral du 8 août 1894, portant règlement relatif à l'assainissement de Paris ;

Vu le rapport de l'ingénieur en chef de l'assainissement en date
du 30 avril 1895 ;

Vu la délibération du Conseil municipal en date du 21 juin 1895 ;

Ensemble l'arrêté approbatif de ladite délibération ;

Arrête :

ARTICLE PREMIER. — Les branchements particuliers d'égout
sont construits et entretenus aux frais des propriétaires intéressés.

Un branchement particulier d'égout ne peut desservir qu'une
seule propriété. Mais une propriété peut être desservie par autant
de branchements qu'il est nécessaire pour l'évacuation de ses
eaux usées dans les meilleures conditions possibles.

ART. 2. — En règle générale les branchements particuliers
d'égout doivent être exécutés en maçonnerie de meulière et mortier
de ciment, conformément aux dispositions observées pour la construction des égouts publics, et présenter les dimensions ci-après :

Hauteur sous clé......................................	1^m,80	
Largeur aux naissances...............................	0	90
Largeur au radier....................................	0	50
Épaisseur de la maçonnerie (non compris chape et enduits).	0	20

Chaque branchement doit être d'ailleurs fermé à l'aplomb de
l'égout public par un mur de 0^m,30 d'épaisseur au moins, en
maçonnerie de meulière et ciment, avec enduit de part et d'autre,
qui présentera du côté de l'immeuble un parement vertical et du
côté de l'égout épousera le profil du piédroit jusqu'à la naissance
de la voûte, pour se prolonger ensuite verticalement jusqu'à la
rencontre de la voûte du branchement dont la pénétration restera
dès lors apparente à l'intérieur de l'égout. Une plaque en porcelaine portant le numéro de l'immeuble sera scellée dans l'enduit
qui recouvrira le parement du mur à l'intérieur de l'égout. Une
ventouse placée sur la façade de la maison mettra l'air du branchement en communication avec celui de la rue.

ART. 3. — Tous les écoulements d'eaux pluviales et usées de
l'immeuble doivent être ramenés dans le branchement particulier
par une canalisation qui sera prolongée jusqu'à l'aplomb de la
paroi intérieure de l'égout public.

A cet effet, les prolongements des tuyaux d'eaux pluviales et ménagères des façades devront être ramenés à l'intérieur de l'immeuble pour y être branchés sur la canalisation générale. C'est seulement en cas d'impossibilité matérielle par suite de la disposition des lieux qu'on en tolérera l'établissement sous trottoir, en tuyaux de fonte épaisse de 0^m,15 de diamètre intérieur au moins, avec joints en plomb et sous le maximum de pente disponible, sans que l'inclinaison puisse être jamais inférieure à 0^m,03 par mètre. Si cette dernière condition ne pouvait être remplie, il devrait être établi des branchements supplémentaires.

Art. 4. — Dans les voies de petite circulation classées en deuxième catégorie et pour les propriétés d'un revenu imposable inférieur à 3.000 francs, le branchement, au lieu d'être établi en maçonnerie, pourra être formé d'un tuyautage en fonte épaisse posé dans les conditions définies à l'article précédent, et reliant directement l'immeuble à l'égout public, si toutefois la nature du sol le permet.

La même disposition s'appliquera aux branchements supplémentaires, quand ils n'auront à écouler que les eaux pluviales et ménagères des façades.

Art. 5. — Au droit de toute voie privée, le branchement sera constitué par un tronçon d'égout d'un des types en usage au Service municipal, qui sera établi à partir de l'égout public jusque dans l'intérieur de la voie privée et suffisamment prolongé au-delà de l'alignement pour recevoir toutes les eaux usées, sans qu'aucun ouvrage soit établi à cet effet sur la voie publique. Ce tronçon d'égout sera ouvert du côté de l'égout public, raccordé audit égout par une partie courbe dirigée dans le sens de l'écoulement, fermé à l'extrémité amont par un mur pignon et pourvu, en tête, d'un réservoir de chasse.

Il sera toujours étudié en vue de son extension ultérieure sur toute la longueur de la voie privée.

Une grille pourra être exigée à l'aplomb de l'alignement pour intercepter la communication de l'égout privé avec l'égout public.

Art. 6. — Les projets des branchements particuliers seront dressés par les ingénieurs du Service municipal aux frais de l'Administration et d'après les indications fournies par les propriétaires.

Ils ne pourront être mis à exécution qu'après une approbation régulière et dans les conditions de cette approbation.

Art. 7. — Lorsqu'une partie quelconque d'un branchement en

maçonnerie rencontrera une conduite de gaz préexistante, celle-ci devra toujours être isolée par un manchon en fonte dont le propriétaire devra supporter les frais. Des mesures analogues seront prises en ce qui concerne les canalisations électriques.

ART. 8. — Tout branchement entrepris isolément sera exécuté par l'entrepreneur du choix du propriétaire, lequel devra présenter aux agents de l'Administration l'autorisation écrite du propriétaire et justifier au besoin, à toute réquisition, de son inscription sur la liste des entrepreneurs admis à faire des travaux de ce genre.

ART. 9. — Les travaux seront soumis à la surveillance des ingénieurs de la Ville de Paris.

Les entrepreneurs se conformeront aux clauses et conditions générales imposées aux entrepreneurs des travaux publics par l'arrêté du Ministre des Travaux publics en date du 16 février 1892 et aux stipulations des cahiers des charges des entreprises d'entretien du Service municipal de Paris.

Si un entrepreneur n'observe pas quelqu'une des clauses et prescriptions ci-dessus visées, notamment dans le cas où, après avoir ouvert une tranchée sur la voie publique, il abandonnerait le travail commencé, l'ingénieur donnera avis de l'état de choses au propriétaire ou à son représentant, et pourra, après un ordre de service notifié à l'entrepreneur et non suivi d'effet dans les vingt-quatre heures, soit faire remblayer la tranchée, soit confier la continuation du travail à l'entrepreneur de l'Administration. L'entrepreneur qui aura été l'objet de ces mesures sera exclu de tout travail d'égout dans les rues de Paris pour l'avenir.

ART. 10. — Faute par le propriétaire d'entreprendre les travaux ou de se conformer aux conditions qui lui auront été prescrites et huit jours après une mise en demeure restée sans effet, les ingénieurs pourront procéder d'office à l'exécution des travaux qui sera confiée aux entrepreneurs de l'Administration. Les dépenses avancées par elle dans ce cas et dans celui de l'article précédent seront recouvrées sur le propriétaire par toutes les voies de droit.

ART. 11. — Les branchements à construire par mesure collective dans une rue ou portion de rue seront confiés à un entrepreneur unique désigné d'avance par voie d'adjudication publique spéciale aux travaux de cette nature.

L'entreprise sera d'ailleurs strictement limitée aux travaux extérieurs et ne comprendra même pas la fourniture et la pose des conduites à établir dans l'intérieur des branchements.

Les propriétaires resteront libres de faire exécuter par des entrepreneurs de leur choix les travaux de canalisation intérieure. Mais ces travaux devront être exécutés sans retard et terminés vingt jours au plus après les branchements ; après ce délai et sans autre avis préalable, les gargouilles des trottoirs pourront être enlevées d'office.

Chaque propriétaire paiera directement à l'entrepreneur la dépense qui lui incombe, après vérification et règlement sans frais du métré des ouvrages, s'il le demande, par l'ingénieur qui aura surveillé l'exécution des travaux.

ART. 12. — Les raccordements et la réfection définitive des chaussées, trottoirs et dallages, au-dessus des tranchées seront faits par les entrepreneurs de l'Administration pour la voie publique. La dépense en sera payée par la Ville et remboursée par le propriétaire, conformément aux règles et suivant les tarifs fixés pour ces travaux. Les dépenses faites d'office par application des articles 9 et 10 seront recouvrées en même temps que les frais de raccordements.

Le métrage des divers travaux et le décompte des dépenses seront notifiés préalablement à chaque propriétaire qui aura dix jours après cette notification pour présenter ses observations au bureau de l'ingénieur ordinaire. Ce délai expiré, il sera passé outre à l'émission de l'arrêté de recouvrement. ·

ART. 13. — L'entretien des branchements et de leurs accessoires sous la voie publique reste à la charge des propriétaires, quelle que soit l'époque de leur établissement. Les travaux d'entretien seront soumis aux règles stipulées ci-dessus pour la construction des branchements isolés.

Les propriétaires devront tenir constamment les branchements en parfait état de propreté, et faire enlever les eaux qui pourront s'y amasser. Ils ne devront y faire aucun dépôt de quelque nature que ce soit.

Ils seront tenus d'y donner accès à toute heure du jour aux agents de l'Administration chargés de la surveillance, ainsi qu'à ceux de la préfecture de police.

Ils ne pourront élever aucune réclamation dans le cas où les branchements seraient traversés à une époque quelconque postérieure à leur établissement par des conduites d'eau ou de gaz ou des canalisations électriques, ou atteints et modifiés de quelque manière que ce soit par des entreprises d'intérêt général.

ART. 14. — Chaque propriétaire est responsable, tant vis-à-vis de l'Administration que vis-à-vis des tiers, des conséquences de l'établissement, de l'existence et de l'entretien des ouvrages construits tant à l'extérieur qu'à l'intérieur pour le drainage de son immeuble. En conséquence, il lui appartient d'exercer sur ces ouvrages, dans son propre intérêt, le contrôle qu'il jugera convenable. La surveillance exercée par l'Administration ne substitue en rien la responsabilité de la Ville à la sienne propre.

Il lui appartiendra notamment de prendre à ses frais, risques et périls, les mesures qu'il croira nécessaires pour intercepter, pendant la construction du branchement, la communication entre son immeuble, la voie et l'égout publics.

Dans le cas où un accident viendrait à se produire, le propriétaire est tenu d'en donner immédiatement connaissance, à toute heure du jour, aux agents de l'Administration municipale et à ceux de la préfecture de police.

ART. 15. — Les branchements actuellement existants, en communication avec les égouts publics, devront être successivement murés au droit de l'égout, conformément aux prescriptions de l'article 2, ci-dessus.

Cette modification, soumise d'ailleurs à toutes les règles stipulées ci-dessus pour la construction des branchements isolés, sera effectuée lors du premier travail de modification ou d'entretien qui sera entrepris, et au plus tard avant dix ans à dater de la publication du présent arrêté.

ART. 16. — Les arrêtés antérieurs relatifs aux dispositions, à l'établissement et à l'entretien des branchements particuliers d'égout sont et demeurent abrogés, sauf celui du 30 mars 1872, relatif au curage des branchements en communication avec les égouts publics et celui du 14 mai 1880, classant les rues de Paris en voie de grande et de petite circulation, ainsi que les arrêtés postérieurs qui ont complété ce classement.

ART. 17. — Le Directeur administratif des travaux de Paris est chargé de l'exécution du présent arrêté dont ampliation sera adressée :

1° A M. le Ministre de l'Intérieur ;
2° A M. le Préfet de Police ;
3° Aux Maires des vingt arrondissements de Paris ;
4° A M. le Directeur des Affaires municipales ;
5° A MM. les Ingénieurs en chef du Service municipal ;

6° Au Secrétariat général pour insertion au *Recueil des Actes administratifs;*

7° A la Compagnie générale des Eaux.

Fait à Paris, le 16 juillet 1895.

POUBELLE.

158. Réservoirs de chasse en maçonnerie pour têtes d'égouts. — Appareil Geneste et Herscher. — Il faut donner aux égouts desservant les grandes propriétés une pente aussi forte que possible pour permettre l'écoulement facile des eaux ; autant que possible, on ne descend pas au-dessous de $0^m,01$ par mètre.

L'eau y ayant moins de vitesse que dans les canalisations qui s'y déversent, il tend à s'y former des dépôts qui s'accumulent et bientôt entravent le mouvement des liquides. On doit alors procéder à des curages réguliers qui constituent l'entretien de l'égout. On diminue beaucoup cet entretien si on prend la précaution de produire dans l'égout, à des intervalles de temps réguliers, des chasses automatiques violentes, produites par l'irruption soudaine de quelques centaines de litres d'eau. On construit, pour obtenir ce résultat, un réservoir automatique que l'on place en tête de l'égout et qu'on alimente par un filet d'eau dont le débit est réglé d'après la fréquence et le cube des chasses. La capacité du réservoir est elle-même en rapport avec la chasse à produire ; on l'alimente d'eau au moyen d'un branchement muni d'un robinet. Enfin, on le munit d'un appareil siphoïde disposé de telle sorte que, dès que l'eau a atteint un certain niveau, le réservoir se vide brusquement par une forte ouverture, de telle manière que le flot d'eau puisse produire un nettoyage efficace. Cette ouverture doit se faire automatiquement.

La figure 292 représente l'ensemble d'une installation de ce genre. La tête de l'égout est en E; une chambre en maçonnerie C, dans laquelle on accède par un regard R, communique avec cette tête. Un mur transversal permet de faire une retenue d'eau jusqu'au niveau *mn* ; la capacité de la chambre est établie en raison de la chasse que l'on veut obtenir.

L'appareil *a*, joint au siphon S, est disposé de telle sorte que, dès que le niveau maximum *mn* est atteint, l'amorçage du siphon a lieu instantanément, et un flot d'eau sort avec

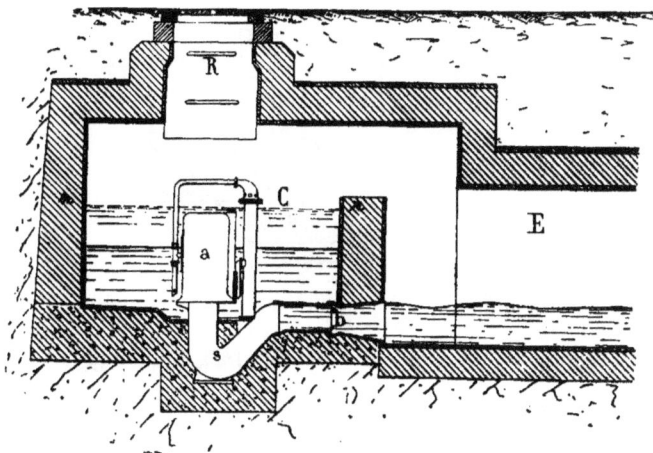

FIG. 292.

vitesse et abondance par le tuyau *b* dont la section est considérable.

On a établi bien des systèmes de siphons s'amorçant automatiquement. L'un d'eux, construit par la maison Geneste et Herscher, est représenté dans les trois croquis des figures 293 et 294. La figure 293 donne la coupe verticale complète.

Un siphon S, de gros diamètre, communique avec l'ajutage d'écoulement et est, comme lui, complètement noyé dans la maçonnerie, sauf la branche verticale, libre, qui émerge. Celle-ci est recouverte d'une cloche communiquant, par les orifices *a* et *d*, avec une série de tubes et siphons représentés dans le dessin.

Si on cherche maintenant comment se fait le fonctionnement, il faut se représenter l'appareil au moment où une

chasse vient d'avoir lieu. L'eau occupe alors dans le réservoir le niveau 1, 1. Le robinet d'alimentation étant ouvert, le
niveau de l'eau s'élève; l'air sort de la cloche par l'orifice *a*,

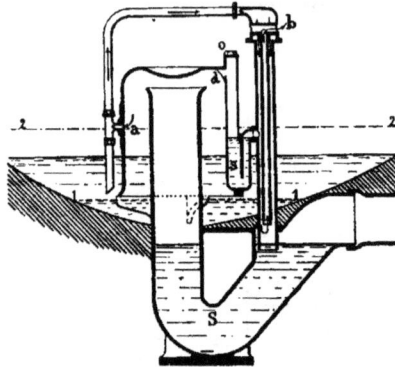

Fig. 293.

suit le chemin qu'indiquent les flèches et s'échappe dans
l'atmosphère. Ceci se passe tant que l'eau n'a pas atteint le
niveau 2,2.

A ce moment, lorsque l'eau obstrue l'orifice *a*, la compres-

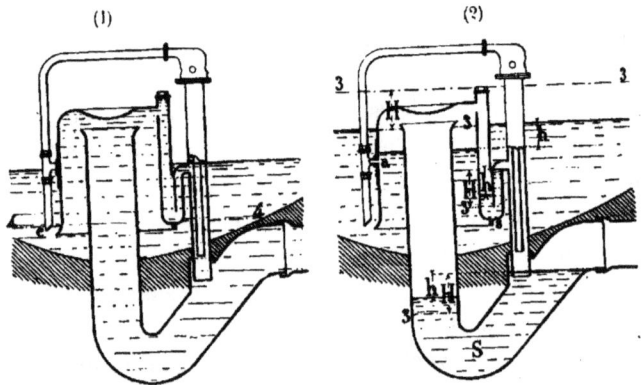

Fig. 294.

sion commence; il s'établit une dénivellation *h* [(1), *fig*. 294],
qui est la même dans la cloche, dans le siphon *s* et dans le

siphon S. Cette dénivellation augmente à mesure que le niveau s'élève jusqu'à ce qu'il arrive en 3,3. La dénivellation est alors à son maximum H, égale à la plongée du siphon S. Quelque peu d'eau en plus et cette plongée est dépassée, l'air comprimé s'échappe par *s*, la dénivellation H diminue rapidement, l'eau se précipite dans la cloche, puis dans le tube central et l'amorçage a lieu, vidant tout le réservoir.

Lorsque le niveau arrive à baisser jusqu'en 4, 4 [(2), *fig.* 294], l'air entre par *c* et désamorce l'appareil.

159. Réservoir de chasse Flicoteaux. — La figure 295 représente en coupe longitudinale et en élévation le réservoir de chasse de la maison Flicoteaux. C'est, avec une

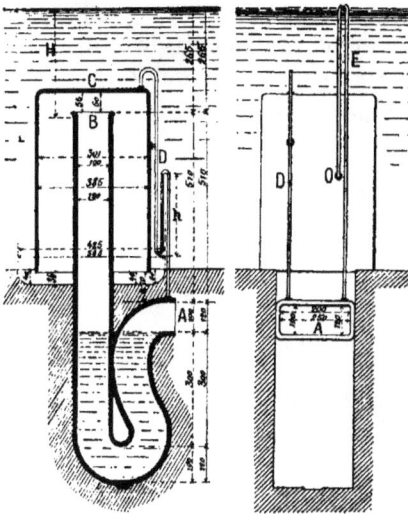

FIG. 295.

forme un peu différente, l'application du même principe d'amorçage. Le siphon est un tuyau AB en fonte, recourbé sur lui-même, aplati, et dont la section rectangulaire figure au dessin à son débouché A. Ce tuyau est scellé dans la maçonnerie du fond du réservoir et émerge dans l'intérieur d'une quan-

tité notable. Il y est recouvert par une cloche en fonte C,
dite *de compression*, maintenue solidement, à hauteur fixe.

La cloche C communique avec l'extrémité A du siphon
au moyen de deux tubes en fer D et E. Lorsque le réservoir
se remplit d'eau, l'air s'échappe de la cloche par le tuyau E,
jusqu'à ce que le niveau de l'eau dans la cloche arrive en O.
A partir de ce niveau, l'air se comprime de plus en plus
jusqu'au moment où la hauteur H est supérieure à la garde
d'eau h du tube D et parvient à l'expulser. L'intérieur de
la cloche se trouve alors en communication avec l'atmosphère par l'orifice A ; l'air comprimé peut ainsi s'échapper
et faire place à l'eau qui se précipite dans l'orifice B en
amorçant le siphon.

L'extrémité A du siphon peut être disposée comme ci-dessus pour donner un seul orifice de dégagement à l'eau ; les
constructeurs font également des tuyaux à deux orifices
à 90° ou à 180°, pour le cas où le réservoir aurait à laver,
au moyen de ses chasses, deux branchements d'égout diver-
gents.

TROISIÈME PARTIE

ÉCLAIRAGE AU GAZ

CHAPITRE VII

-

GAZ.— CANALISATIONS ET ACCESSOIRES

SOMMAIRE :

CHAPITRE VII

GAZ. — CANALISATIONS ET ACCESSOIRES

---

160. Propriétés du gaz de houille. — Les matières propres à l'éclairage sont solides, liquides ou gazeuses. Les solides sont les graisses et les acides gras, qu'on utilise sous forme de lampions, de chandelles et de bougies ; les liquides sont les huiles diverses et les pétroles, qui brûlent dans des lampes par l'intermédiaire de mèches qu'ils imbibent et où se fait la distillation. Les gaz combustibles, produits dans des usines spéciales et emmagasinés dans des réservoirs convenables, sont distribués dans nos demeures au moyen de canalisations métalliques et brûlés dans des appareils disposés de manière à utiliser le plus possible de leur pouvoir éclairant. L'installation de l'éclairage par le gaz relève donc de la plomberie, et à ce titre doit être traitée dans ce livre.

L'industrie du gaz a pris naissance à la fin du siècle dernier, lors de l'invention de Lebon, qui, dans un poêle qu'il nommait thermo-lampe, distillait du bois ou de la houille, et, outre le chauffage produit, obtenait du gaz dont il utilisait le pouvoir éclairant.

Depuis ce temps, la grande industrie du gaz de houille s'est étendue partout, a perfectionné les moyens de production et alimente maintenant toutes les villes et, dans les villes, pour ainsi dire toutes les maisons.

La distillation des sortes de houilles les plus hydrogénées, telles que celles de Mons, Anzin, Denain et Commentry, donne le gaz de l'éclairage ordinaire. Ce gaz est un mélange de produits divers, tels que des vapeurs de carbures d'hydrogène variés, l'hydrogène bicarboné, l'hydrogène protocarboné, l'hydrogène libre, l'oxyde de carbone et l'azote, matières auxquelles il faut ajouter des traces plus ou moins fortes d'hydrogène sulfuré et de sels ammoniacaux.

La fabrication du gaz de l'éclairage étant partout la même, sa composition ne varie que par l'épuration plus ou moins complète qu'on lui fait subir pour retenir la naphtaline, les sels ammoniacaux, l'hydrogène sulfuré et l'acide carbonique, qui sont nuisibles dans le mélange.

D'après MM. de Mont-Serrat et Brisac, la composition moyenne d'un gaz fabriqué avec les houilles le plus généralement employées est la suivante :

Acide carbonique..........................	1,72
Oxyde de carbone	8,21
Hydrogène bicarboné	50,10
Hydrogène protocarboné...................	35,03
Benzol....................................	1,06
Autres carbures	3,88
	100,00

Le gaz de l'éclairage est incolore; son odeur forte et désagréable lui est propre, et varie légèrement suivant les proportions des matières composantes. Cette odeur, loin d'être un inconvénient, est au contraire un avantage; elle décèle les fuites qui peuvent se produire sur les canalisations et qui sont dangereuses à tant de titres. On reconnaît l'odeur du gaz intimement mêlé à l'air lorsque, dans une pièce de 50 mètres cubes, il s'en est répandu 5 à 6 litres.

La densité du gaz rapportée à l'air varie de 0,36 à 0,42. Ces chiffres sont à multiplier par 1,29 pour donner le poids réel de l'unité de volume du gaz.

Un mètre cube de gaz de l'éclairage pèse donc de $0^{kg},464$ à $0^{kg},542$; en moyenne, 2 mètres cubes de gaz pèsent 1 kilogramme. Cette faible densité a des conséquences qu'il est important de signaler dès maintenant. C'est à elle que l'on doit l'emploi du gaz de l'éclairage dans le gonflement des ballons. C'est parce que le gaz est aussi léger que, dans les canalisations, dans des localités accidentées, l'on voit la pression augmenter considérablement dans les points hauts. Cette faible densité est un grand inconvénient dans les fuites des canalisations et des appareils : le gaz qui s'échappe monte, en effet, de suite vers le plafond des pièces, s'y cantonne et, en se mélangeant avec l'air, forme un mélange détonant dont on ne soupçonne pas la présence, parce que ce n'est qu'à la longue qu'il se mêle à l'air du reste de la pièce.

D'après MM. Mallard et Lechatelier, cités par MM. de Mont-Serrat et Brisac[1], le mélange de gaz et d'air commence à être explosif à la proportion de 6 0/0 de gaz et l'est encore à 28 0/0. C'est une des grandes préoccupations que l'on doit avoir, dans les installations de gaz, de prévenir les cantonnements de mélanges détonants, que l'approche d'une lumière, ou le contact de la moindre étincelle, peut faire déflagrer.

Le gaz de l'éclairage est délétère, surtout par l'oxyde de carbone qu'il contient. Aussi est-il prudent d'éviter l'emploi du gaz ou le passage des conduites dans les chambres à coucher, les fuites de gaz qui s'y produiraient pouvant occasionner, même sans explosion, des accidents mortels.

La puissance calorifique du gaz varie de 10.000 à 10.800 calories par kilogramme de gaz brûlé.

Le gaz de l'éclairage attaque un peu les métaux, surtout sous l'influence des condensations ; le laiton est un de ceux qui résistent le mieux, quoique les surfaces en contact avec le gaz laissent toujours voir des traces sérieuses d'altération au bout d'un certain temps de fonctionnement.

---

[1] *Le Gaz et ses Applications*, 1892.

161. Combustion du gaz de houille. — D'après sa composition, le gaz de houille contient : une faible quantité d'azote, des gaz combustibles non éclairants, tels que l'hydrogène et l'oxyde de carbone, des gaz combustibles éclairants, comme l'hydrogène protocarboné et l'hydrogène bicarboné, enfin des carbures composés volatils, en petite quantité, tels que la benzine, le toluène, le xylène, l'acétylène, la naphtaline, etc.

Mis en présence de l'air, le gaz s'allume par le contact d'une flamme, d'une étincelle, d'un corps chauffé au rouge.

Il brûle sous faible épaisseur avec une belle flamme blanche éclairante, en ne produisant aucune fumée. Les produits de la combustion ne se composent, outre les gaz inertes, que d'acide carbonique provenant de la combinaison du charbon avec l'oxygène, et d'eau, résultat de la combinaison de l'hydrogène avec l'oxygène. Ces produits ne sont pas nocifs pour la respiration et ne donnent pas d'odeurs bien sensibles.

Lorsqu'on brûle le gaz sous forte épaisseur, l'air n'alimente plus que l'extérieur de la masse. Dans l'intérieur, où il n'arrive pas en quantité suffisante, les matières sont incomplètement brûlées : l'hydrogène et l'oxyde de carbone brûlent sans décomposition préalable ; les hydrocarbures se décomposent et donnent des particules de charbon disséminées dans la flamme, et qui, portées au rouge blanc dans certaines parties, la rendent éclairante ; dans d'autres portions, la flamme se refroidit avant que tout le charbon soit brûlé et alors qu'il reste même des gaz non attaqués ; il y a production d'odeurs désagréables et de fumée noire. Les produits de cette combustion incomplète peuvent contenir une certaine quantité d'oxyde de carbone échappée à la combustion, et se trouver toxiques.

Dans la flamme des brûleurs à gaz brûlant sans fumée, il se présente trois régions : l'une, au centre, peu chaude contenant presque exclusivement du gaz qui s'échauffe ; une seconde, qui constitue la partie éclairante, où l'air est en

défaut. Il s'y forme un précipité de poussière très fine de
charbon, qui, échauffé au blanc, donne à la flamme sa puissance éclairante ; enfin, une couche extérieure très chaude,
où l'air est en excès et où s'achève toute la combustion.

Si on réduit successivement l'épaisseur d'une flamme
fuligineuse, il arrive un moment où la fumée noire cesse,
et où la flamme rougeâtre passe au blanc. A ce moment, le
pouvoir éclairant est à son maximum. On obtient ce maximum en débitant le gaz en une lame mince par une fente
de $0^m,0007$. Si l'on continue à réduire encore l'épaisseur de
la flamme, le contact avec l'air extérieur diminue la quantité
de carbone en suspension, et le pouvoir éclairant faiblit. Il
faut aussi que la pression déterminant l'écoulement soit
faible et que le gaz ne s'échappe qu'avec une vitesse modérée, sans quoi il y a mélange intime du gaz avec une trop
grande quantité d'air et diminution de l'éclairage.

La quantité d'air strictement nécessaire pour brûler complètement 1 mètre cube de gaz est de $5^{m3},5$; on réalise
assez difficilement cette proportion, qui donne le maximum
du pouvoir éclairant, mais avec produits fuligineux ; d'autre
part, le pouvoir éclairant diminue rapidement à mesure que
la proportion d'air augmente, et on cherche à limiter cette
quantité d'air.

L'air mélangé d'avance au gaz avant la combustion a une
énorme influence sur le pouvoir éclairant de la flamme.
Du gaz mélangé seulement de 6 0/0 d'air perd moitié de
son pouvoir éclairant. Du gaz mélangé de 20 0/0 d'air brûle
avec une flamme bleuâtre, sans émettre de rayons lumineux
éclairants.

Les flammes du gaz sont transparentes et se laissent traverser presque sans perte par les rayons lumineux. Les
éclairages de deux flammes parallèles s'ajoutent donc, quoique
les rayons de la seconde aient à traverser la première.

Pour obtenir le plus grand pouvoir éclairant, il faut brûler
le gaz de manière à produire dans la flamme la plus haute
température possible.

On va voir, en passant en revue les différents brûleurs, comment on a cherché, dans chaque cas, à tirer de la combustion du gaz le meilleur effet utile.

Le gaz mélangé d'une certaine quantité d'air brûle encore facilement et détone s'il est en volume important ; dans un bec, qu'il alimente sans explosion possible, le mélange brûle avec une flamme bleue peu éclairante, mais très chaude. Les particules de charbon brûlées à leur formation n'existent plus dans la flamme. On dit alors que le gaz brûle en bleu. Dans ces conditions il ne se forme pas d'oxyde de carbone dans les produits de la combustion. Si, dans cette flamme bleue, on vient à mettre un corps solide infusible, celui-ci, porté au rouge blanc, pourra devenir très éclairant.

162. Gaz acétylène. — L'acétylène est connu depuis longtemps déjà ; Davy l'a découvert en 1836. Ce n'est qu'en 1862 que Berthelot a étudié ses propriétés, et, à cette date aussi, le chimiste Wohler l'a obtenu du carbure de calcium en étudiant la préparation de ce dernier métal. Il a vu que le carbure de calcium, mis en contact avec l'eau, laissait dégager de l'acétylène. En 1894, Moissan obtint pratiquement le carbure de calcium en chauffant énergiquement dans un four électrique un mélange de coke et de chaux. Cette découverte abaisse assez le prix de l'acétylène pour le mettre à même d'être employé comme combustible d'éclairage courant.

L'acétylène est incolore. Il possède une forte odeur alliacée qui en décèle de suite la présence. Sa densité, rapportée à l'air, est 0,92, de telle sorte que 1 litre de gaz pèse $1^{gr},19$, à peu près le poids de l'air. Ce gaz, en cas de fuite, ne se séparera donc pas par sa légèreté pour se cantonner, comme le gaz de l'éclairage, dans les parties hautes des locaux habités ; il se mélangera à l'air dans les environs mêmes de la fuite, et son odeur indiquera de suite l'accident.

L'acétylène n'est pas, comme le gaz de l'éclairage, un mélange de plusieurs gaz, c'est un carbure d'hydrogène à composition définie, contenant ses deux éléments dans la proportion de leurs équivalents en poids :

Hydrogène................	14,30
Carbone..................	85,70

Cette proportion est la même que celle de l'hydrogène bicarboné qui forme la partie réellement éclairante du gaz de l'éclairage, mais qui n'entre que pour moitié dans sa composition.

L'acétylène est donc un gaz très riche en carbone, et l'expérience montre qu'il jouit de propriétés éclairantes très remarquables. Son pouvoir éclairant est quinze fois celui du gaz de l'éclairage brûlé dans les conditions ordinaires et trois fois et demie celui du gaz brûlé dans les meilleurs becs à incandescence.

La température de sa flamme est très élevée, ce qui le décompose vivement, et le charbon, abondamment précipité, y est porté à une forte incandescence, double raison du pouvoir éclairant dont il vient d'être parlé.

L'acétylène, en raison de sa richesse en carbone, demande à être brûlé sous faibles épaisseurs; sans cela la flamme devient de suite fuligineuse. On peut également, sans diminuer son pouvoir éclairant, le mélanger soit avec de l'air, soit, mieux, avec des gaz inertes en petite proportion. Parmi les gaz inertes, on a recommandé l'azote, qui possède sensiblement la même densité. La proportion qu'il ne faut pas dépasser est 15 0/0 d'azote et 85 0/0 d'acétylène.

L'acétylène forme avec l'air des mélanges détonants, et, alors que pour le gaz il faut 8,1 0/0 de gaz pour commencer à détoner, il ne faut, dans les mêmes conditions, que 2,7 0/0 d'acétylène. Sous ce rapport il faut donc se méfier des fuites de ce gaz, mais il faut ajouter que le débit est moins grand que pour le gaz dans la proportion du pouvoir éclairant.

En brûlant complètement, l'acétylène ne donne que de l'acide carbonique et de l'eau, produits inodores; ces der-

niers sont, à éclairage égal, répandus en bien moins grande
quantité dans nos locaux d'habitation.

D'après les recherches du Dr Gréhant, l'acétylène est bien
moins toxique que le gaz de l'éclairage, à cause de l'oxyde de
carbone qui accompagne toujours ce dernier. Alors qu'un
mélange d'air et de gaz ordinaire, dans la proportion de 14 0/0
de ce dernier corps, tue un animal en dix minutes, un
mélange d'oxygène et d'acétylène, ce dernier dans la proportion de 79 0/0, le rend très malade en dix minutes sans le
tuer. Il faut au moins 40 0/0 d'acétylène dans un mélange
pour le rendre toxique, et encore au bout d'un temps assez
long.

L'acétylène se combine avec d'autres corps; et, parmi ces
combinaisons, l'acétylure de cuivre est intéressant : il est
explosif, et il se produit par le contact de l'acétylène et du
cuivre en présence des sels de cuivre. On a craint la formation de ce dangereux produit dans les canalisations et appareils en cuivre. Il paraît qu'il n'y a pas à craindre ce résultat
quand l'acétylène produit est pur, comme on peut l'obtenir
maintenant, et surtout dénué de produits ammoniacaux.

Le laiton, le bronze, le plomb et le zinc ne sont pas attaqués par ce gaz d'une façon appréciable.

Le carbure de calcium, qui sert à la préparation de l'acétylène, est un corps solide à la température ordinaire, qui
coule liquide des fours à la température très élevée de la
production. Sa couleur est gris noirâtre. Il est cristallin,
tout en ayant un peu l'apparence du coke. Sa densité est 2,2.

Mis en contact avec l'eau, le carbure de calcium se décompose : il y a dégagement d'acétylène, et il reste un résidu de
chaux. Le gaz se produit avec une vive effervescence, dont
il y a lieu de se préoccuper dans les installations pratiques.

Un kilogramme de carbure doit donner par cette réaction
340 litres de gaz acétylène; mais, en pratique, il ne faut
compter que sur 300 litres. Il y a dégagement en même
temps d'une quantité importante de chaleur, dont il faut tenir
compte si la quantité d'eau est faible.

Le carbure de calcium vaut encore 400 francs la tonne ; mais il n'est pas douteux que ce prix ne se réduise par suite des nombreuses recherches et des perfectionnements pratiques que subira sa fabrication.

A 400 francs la tonne, le prix de la carcel-heure obtenue par l'acétylène est de 0 fr. 012, alors qu'elle revient à 0 fr. 038 dans un bec Bengel alimenté par le gaz d'éclairage ordinaire, et à 0 fr. 16 dans l'éclairage avec les bougies.

Il faut ajouter qu'avec l'acétylène on se contente des canalisations de diamètres très réduits pour les installations neuves, et que les canalisations existantes peuvent être conservées.

Il est bon pour l'emploi de ce gaz de limiter la pression dans les conduites à une hauteur d'eau de 0^m,04.

En résumé, l'emploi de l'acétylène pour l'éclairage est sur le point de devenir absolument pratique ; il peut être économique et tendra de plus en plus à diminuer de prix de revient. Il demande de faibles sections de tuyaux et une faible pression. Il est moins toxique que le gaz : les produits de sa combustion vicient moins l'air, car ils occupent, à pouvoir éclairant égal, un volume moitié moindre que ceux du gaz ordinaire le mieux brûlé. Il est moins dangereux, étant moins léger, et les fuites étant moins importantes. Il est très éclairant sous petit volume et n'exige l'emploi que de becs ordinaires, mais de dimensions réduites. Enfin, au point de vue de la réserve des matières premières, il est moins encombrant : 1 tonne de carbure de calcium donnant autant de lumière que 15 tonnes de houille.

163. Règlements administratifs concernant l'emploi du gaz à Paris. — A Paris, l'emploi du gaz est soumis à une réglementation très sage qui prévient de nombreux accidents et indique toutes les précautions dont il sera parlé dans les articles qui vont suivre. Le règlement ci-après, ainsi que l'instruction qui lui fait suite, sont extraits des arrêtés préfectoraux des 18 février 1862 et 2 avril 1868.

TITRE I

RÈGLEMENT CONCERNANT LES CONDUITS ET APPAREILS D'ÉCLAIRAGE
ET DE CHAUFFAGE PAR LE GAZ A L'INTÉRIEUR DES BATIMENTS ET
HABITATIONS.

Nécessité d'une autorisation pour l'établissement et l'emploi d'appareils à gaz (Arrêté du 2 avril 1868, art. 1er). — Nul ne pourra établir dans Paris, à l'intérieur des bâtiments et habitations, un ou plusieurs appareils destinés à l'éclairage ou au chauffage par le gaz, ni faire usage d'appareils déjà installés, en augmenter ou modifier notablement la forme ou les dimensions, sans en avoir, au préalable, demandé et obtenu l'autorisation du Préfet de la Seine. La demande, signée de la personne intéressée, devra, s'il s'agit de travaux à effectuer, indiquer le nom et la demeure de l'appareilleur qui en sera chargé.

La permission sera délivrée au nom du signataire de la demande ; celui-ci devra, en cas de cession des lieux où le gaz sera employé, informer l'Administration du nom de son successeur.

Conditions de délivrance de l'autorisation (Ibid., art. 2).— Aucun appareil ne pourra être mis en service avant la délivrance d'une autorisation écrite du Préfet de la Seine ou de son délégué. Toutefois, si la demande ne s'applique qu'à l'usage du gaz avec des appareils déjà installés et vérifiés, un accusé de réception de cette demande tiendra lieu d'autorisation. Dans les autres cas, l'autorisation ne sera accordée qu'après la réception définitive des travaux par les agents du service municipal, après l'accomplissement des formalités qui seront énumérées ci-après.

Surveillance et réception des travaux (Ibid., art. 3). — L'exécution des travaux sera soumise à la surveillance des agents de l'Administration, qui donneront, s'il en est besoin, au pétitionnaire et à son appareilleur, les indications nécessaires pour que les ouvrages soient mis en état de réception.

Dès que les travaux seront terminés, et trois jours au moins avant qu'il ne soit fait usage du gaz, le consommateur ou son appareilleur devra en faire parvenir l'avis au bureau de l'éclairage de l'arrondissement où ces travaux ont été entrepris, pour qu'il puisse être procédé à la réception des appareils.

Le pétitionnaire et son appareilleur seront prévenus, vingt-quatre heures au moins à l'avance, du jour et de l'heure de la visite de l'agent du service de l'éclairage chargé de la réception.

Cet agent visitera d'abord la canalisation et les appareils, afin de reconnaître s'ils sont établis conformément aux dispositions du présent arrêté ; il s'assurera ensuite qu'aucune fuite n'existe ; cette dernière vérification sera faite au moyen du compteur, sur lequel aura été adapté un manomètre, le tout aux frais de l'appareilleur.

Dans le cas où l'agent aura constaté que les appareils et la canalisation satisfont aux conditions réglementaires et que le manomètre ne révèle aucune fuite, il délivrera immédiatement une permission provisoire d'éclairage, qui sera valable pour quinze jours, et il pourra être fait, sans nouveau délai, usage du gaz.

Lorsqu'il existera des fuites peu importantes, mais que les conduites et appareils, sans satisfaire cependant à toutes les conditions réglementaires, ne présenteront pas de danger pour l'emploi momentané du gaz, il pourra être délivré, par l'inspecteur principal de l'éclairage, une permission de tolérance d'une durée égale à celle qui sera nécessaire pour mettre en état les conduites et appareils. A l'expiration du délai accordé, une nouvelle visite sera faite à la diligence du consommateur, pour procéder, s'il y a lieu, à la réception définitive.

S'il existe, enfin, des fuites importantes et des défectuosités dangereuses dans les conduites ou appareils, il sera sursis à la délivrance de toute permission, et l'agent dressera procès-verbal de sa visite.

Le consommateur et l'appareilleur seront mis en demeure de signer ce procès-verbal et d'y ajouter les observations qu'ils jugeraient à propos de présenter.

Il sera statué par l'Administration, qui, le cas échéant, fera connaître au pétitionnaire les travaux qu'il devra exécuter, afin de rendre possible la réception des appareils installés.

Après l'achèvement des travaux requis, il sera procédé, s'il y a lieu, à la réception dans les formes ci-dessus indiquées.

Défense aux Compagnies de livrer du gaz dont l'emploi n'est pas autorisé (Arrêté du 10 février 1862, art. 3). — Les compagnies d'éclairage et de chauffage par le gaz ne pourront délivrer du gaz à la consommation que sur la présentation qui leur sera faite de l'autorisation prescrite.

Pose des branchements et robinets (Ibid., art. 4). — Aucun branchement ne pourra être établi sur une des conduites que la Compagnie parisienne d'éclairage et de chauffage par le gaz est autorisée à poser sur la voie publique, sans une autorisation spéciale. Les robinets des branchements devront être placés dans les soubassements des maisons ou boutiques, ou dans l'épaisseur des murs.

Les robinets existant sous la voie publique seront supprimés aux frais de qui de droit, au fur et à mesure de la réfection des trottoirs et du pavé.

Robinet extérieur (Arrêté du 2 avril 1868, art. 4). — Le robinet extérieur de tout branchement sera placé à l'entrée du bâtiment, dans l'épaisseur du mur, et renfermé dans un coffre disposé de telle sorte que le gaz qui s'y introduirait ne puisse s'échapper qu'en dehors du bâtiment. Ce coffre sera fermé par une porte en métal, dont les agents du service de l'éclairage et les compagnies auront seuls la clef. Cette porte sera pourvue d'un appendice disposé de telle sorte que le consommateur ne puisse pas ouvrir le robinet pour faire circuler le gaz sans l'action préalable des compagnies, mais de manière, cependant, à ce qu'il lui soit possible d'user du gaz à volonté ou d'en arrêter l'introduction dès qu'il aura été mis à sa disposition par les compagnies ; celles-ci lui remettront une clef à cet effet.

Un signe extérieur, placé sur le coffret, indiquera, d'ailleurs, si les compagnies ont livré le gaz venant de leurs conduites.

Robinet principal (*Ibid.*, art. 5). — Un robinet principal sera établi intérieurement à l'origine de la distribution, pour donner aux consommateurs du gaz la faculté d'intercepter l'introduction du gaz dans les appareils de distribution, malgré l'ouverture du robinet extérieur.

Compteurs (*Ibid.*, art. 6). — Les compteurs qui mesurent la consommation du gaz devront être conformes aux modèles approuvés par l'Administration. Avant qu'ils ne soient mis en service, l'exactitude de leur débit sera vérifiée par les agents de l'Administration, qui apposeront un poinçon destiné à constater le résultat favorable de la vérification.

Les compteurs seront, d'ailleurs, toujours placés dans les lieux d'accès facile et parfaitement aérés.

Tuyaux de distribution et de consommation (*Ibid.*, art. 7). — Les tuyaux de conduite et les autres appareils servant à la distribution et à la consommation du gaz doivent rester apparents, sauf les exceptions relatives à la traversée des plafonds, planchers, murs, pans de bois, cloisons, placards, espaces vides intérieurs quelconques.

Toutes les fois que les tuyaux seront ainsi dissimulés, ils

devront être placés dans un manchon continu, en fer forgé ou en cuivre. Ce manchon sera ouvert à ses deux extrémités, et dépassera d'un centimètre, au moins, les parements des murs, cloisons, planchers, etc., dans lesquels il sera encastré. Le diamètre intérieur de ce manchon aura au moins un centimètre de plus que celui du tuyau qu'il enveloppera.

Le manchon pourra, toutefois, être supprimé :

1° Dans les murs en pierre de taille, lorsque le tuyau ne traversera des murs ou cloisons que sur une longueur de moins de 0^m,20 ;

2° Derrière les glaces, panneaux, etc., pourvu qu'il existe, entre les murs et les panneaux, un espace libre suffisant pour l'aération.

Si un tuyau est placé suivant son axe, dans un mur, une cloison, un plafond, un parquet ou un plancher, le manchon du tuyau devra être terminé par un appareil à cuvette assurant la ventilation de l'espace libre entre le tuyau et son manchon.

L'appareil de ventilation pourra comporter soit un tuyau droit enfermé dans le manchon, soit un tuyau courbe ; mais, dans ce dernier cas, le diamètre extérieur de l'ouverture de la boîte de ventilation devra avoir au moins 0^m,07, et sa profondeur ne pourra dépasser les deux tiers de ce diamètre. La partie courbe du tuyau devra avoir au moins 0^m,10 de rayon, et le centre de cette courbe devra se trouver sur le plan passant par le fond de la cuvette, parallèlement à la surface du plafond.

Le raccord soutenant l'appareil à gaz devra être vissé à la cuvette et non fondu avec elle.

Les tuyaux de conduite et de distribution devront être construits en métal de bonne qualité, autre que le zinc, et parfaitement ajustés.

Brûleurs (*Ibid.*, art. 8). — Chaque brûleur devra être muni d'un robinet d'arrêt dont les canillons seront disposés de manière à ne pouvoir être enlevés de leurs boisseaux, même par un violent effort.

Un taquet sera placé de manière à arrêter le canillon dans une position verticale, lorsque le robinet sera fermé.

Ventilation des pièces éclairées au gaz (*Ibid.*, art. 9). — La ventilation ne sera pas obligatoire dans les salons, salles à manger, salles de billard, chambres à coucher de maîtres, ni dans les appartements munis de cheminées d'appel spéciales, prenant l'air à la partie supérieure des pièces à ventiler et débouchant au-dessus de la toiture. Mais cette exception ne s'étendra pas aux arrière-boutiques, soupentes, entre-sols et sous-sols, en communication directe et permanente avec les boutiques, magasins, bureaux ou ateliers.

Ventilation des grandes salles et ateliers (Ibid., art. 10). — L'Administration, après avoir entendu les intéressés, déterminera, dans chaque cas, le mode de ventilation à adopter pour les pièces, salles ou ateliers occupant un espace de plus de 1.000 mètres cubes, en tenant compte de la disposition des lieux, de l'importance de la consommation du gaz et des moyens de ventilation existant déjà pour d'autres besoins que ceux de l'éclairage.

Mode de ventilation des saillies lumineuses et fermées (Ibid., art. 11, et arrêté du 18 février 1862, art. 13). — Les montres, placards et autres espaces fermés contenant des brûleurs ou traversés par des conduites, et les caissons renfermant les compteurs, lorsqu'il en est établi, devront être ventilés par deux ouvertures de 50 centimètres carrés, au moins, chacune.

Ces ouvertures seront placées, l'une dans la partie haute, l'autre dans la partie basse du local à ventiler, et devront communiquer, autant que possible, l'une avec l'intérieur, l'autre avec l'extérieur des locaux éclairés.

Dans le cas où cette dernière disposition serait impraticable et où les deux ouvertures seraient établies à l'intérieur, la superficie de chacune devra être portée à un décimètre carré.

Visite des installations (Ibid., art. 12). — L'Administration fera visiter les installations de gaz par ses agents, chaque fois qu'elle le jugera convenable. Dans leurs visites ces agents s'assureront du bon état de toutes les parties des appareils et des conduites, et constateront, au moyen du manomètre adapté au compteur, s'il n'y a pas de fuite.

En cas de contravention et sur le vu du procès-verbal dressé par ses agents, l'Administration fera, au besoin, suspendre l'emploi du gaz, et prescrira les mesures nécessaires pour arrêter les fuites et réparer les conduites ou appareils.

La recherche des fuites par le flambage est formellement interdite, même en plein air ou dans les lieux parfaitement ventilés.

Mesures particulières aux lieux de réunions publiques (Ibid., art. 13). — Les directeurs de théâtres et autres établissements faisant usage de compteurs de 100 becs et au dessus seront tenus de s'assurer journellement, avant l'allumage, de l'état de leurs appareils d'éclairage ; le résultat constaté sera inscrit, chaque jour, sur un registre qui devra être présenté à toute réquisition des agents de l'éclairage. Si des fuites sont révélées, elles seront aussitôt recherchées et étanchées.

Dispositions à prendre pour l'emploi du gaz comme force motrice (Arrêté du 18 février 1862, art. 18). — Toute personne voulant employer du gaz pour mettre des machines en mouvement, ou voulant en faire usage d'une manière intermittente, devra isoler ses prises de gaz de la canalisation de la rue par un régulateur gazométrique dont les dimensions seront déterminées par l'Administration.

Avis à donner par les compagnies en cas d'accident (Arrêté du 18 février 1862, art. 19). — La Compagnie qui aura reçu avis d'un accident sera tenue d'envoyer immédiatement sur les lieux, et d'en informer aussitôt le Directeur de la voie publique et des promenades.

Remise aux abonnés des règlements et instructions (Arrêté du 18 février 1862, art. 20). — Un exemplaire du présent arrêté et des instructions relatives aux précautions à prendre pour l'emploi du gaz sera délivré aux abonnés, en même temps que leur police d'abonnement, par les soins des Compagnies.

Répression des contraventions (Arrêté du 2 avril 1868, art. 14). — Les contraventions aux dispositions du présent arrêté seront constatées par des procès-verbaux qui seront déférés aux tribunaux compétents, sans préjudice des mesures administratives auxquelles ces contraventions pourront donner lieu, notamment la suppression des branchements particuliers, lesquels, dans ce cas, ne seront rétablis que sur une nouvelle autorisation.

Les poursuites pour infraction aux dispositions précédentes seront dirigées, à défaut de la déclaration prescrite par le paragraphe 2 de l'article 1er, contre ceux qui auront formé la demande ou obtenu l'autorisation exigée par le même article, nonobstant tout changement de propriétaire ou locataire.

TITRE II

INSTRUCTIONS RELATIVES A L'ÉCLAIRAGE ET AU CHAUFFAGE PAR LE GAZ AINSI QU'AUX PRÉCAUTIONS A PRENDRE POUR SON EMPLOI

Pour que l'emploi du gaz n'offre aucun inconvénient, il importe que les becs n'en laissent échapper aucune parcelle sans être brûlée.

On obtiendra ce résultat pour l'éclairage en maintenant la flamme à une hauteur modérée (8 centimètres au plus), et en la contenant dans une cheminée en verre de 20 centimètres de hauteur : un régulateur de pression, permettant de régler automatiquement la dimension des flammes, rendra de réels services et diminuera la consommation.

Les lieux éclairés ou chauffés doivent être ventilés avec soin, même pendant l'interruption de la consommation, c'est-à-dire qu'il doit être pratiqué dans chaque pièce des ouvertures communiquant avec l'air extérieur, par lesquelles le gaz puisse s'échapper en cas de fuite ou de non-combustion.

Ces ouvertures, au nombre de deux, devront, autant que possible être placées l'une en face de l'autre, la première immédiatement au-dessous du plafond, et la seconde au niveau du plancher.

Sans cette précaution, le gaz pourrait s'accumuler dans les appartements et occasionner de graves accidents.

Les robinets doivent être graissés intérieurement de temps à autre, afin d'en faciliter le service et d'en éviter l'oxydation.

Pour l'allumage il est essentiel d'ouvrir d'abord le robinet principal et de présenter la lumière successivement à l'orifice de chaque bec, au moment même de l'ouverture de son robinet, afin d'éviter tout écoulement de gaz non brûlé.

Pour l'extinction, il convient d'abord de fermer chacun des brûleurs, et ensuite le robinet principal intérieur, qu'il est indispensable d'avoir à l'entrée du gaz dans les appartements. En tenant ce robinet fermé dès qu'on ne fait plus usage du gaz, on est à l'abri de tout accident.

Dès qu'une odeur de gaz donne lieu de penser qu'il existe une fuite, on peut, dans beaucoup de cas, déterminer le point où elle se trouve, en étendant avec un linge ou un pinceau un peu d'eau de savon sur les tuyaux ; là où il y a fuite, il se forme une bulle, et, pour empêcher l'écoulement du gaz, il suffit de boucher le trou avec un peu de cire molle. Une réparation plus sérieuse doit d'ailleurs être faite le plus tôt possible.

Dans tous les cas, il convient d'ouvrir les portes et les croisées, pour établir un courant d'air, et de fermer les robinets intérieur et extérieur : de plus, on doit aussitôt en donner avis au Directeur de la voie publique et des promenades, à l'appareilleur et à la Compagnie.

Le consommateur doit bien se garder de rechercher lui-même les fuites par le flambage, c'est-à-dire en approchant une flamme du lieu présumé de la fuite. Les fabricants d'appareils doivent également s'en abstenir.

Dans le cas où, soit par imprudence, soit accidentellement, une fuite de gaz aurait été enflammée, il conviendra, pour l'éteindre, de fermer les robinets de prise extérieurs.

Il arrive parfois que, par suite de contrepentes dans les tuyaux de distribution, les condensations s'accumulent dans les points bas et interceptent momentanément le passage du gaz, dont l'écoulement devient intermittent ; les becs situés au-delà de la portion engorgée s'éteignent ; puis, si le gaz, par l'effet d'une augmentation de pression, parvient à franchir cet obstacle, il s'échappe des becs sans brûler, et se répand dans les appartements où il devient une cause de graves dangers.

Pour les prévenir, il importe d'établir à tous les points bas des moyens d'écoulement pour ces condensations.

Lorsqu'on exécute dans les rues des travaux d'égouts, de pavage, de trottoirs ou de pose de conduites, les consommateurs au-devant desquels ces travaux s'exécutent feront bien de s'assurer que les branchements qui leur fournissent le gaz ne sont point endommagés ni déplacés par ces travaux, et, dans le cas contraire, d'en donner connaissance à la Compagnie d'éclairage et à l'Administration municipale.

164. Des conduites de gaz. — Les conduites de gaz pour les grosses canalisations s'exécutent en tuyaux de fonte avec joints au plomb et quelquefois au caoutchouc, ou en tuyaux de tôle étamée recouverte de bitume, système Chameroy. Pour les canalisations de plus faible diamètre on emploie le fer ; enfin, pour les petites canalisations d'inté-

rieur, on emploie presque toujours le plomb, moins souvent le cuivre.

On prend pratiquement, pour les conduites de gaz de longueurs usuelles, les diamètres suivants :

	Diamètre		Diamètre		Diamètre
Pour 1 bec	$0^m,015$	De 16 à 20 becs.	$0^m,035$	De 81 à 100 becs.	$0^m,080$
De 2 à 5 becs.	0 020	De 21 à 30 —	0 040	De 101 à 250 —	0 100
De 6 à 10 —	0 025	De 31 à 50 —	0 050	De 251 à 600 —	0 150
De 11 à 15 —	0 030	De 51 à 80 —	0 060	De 601 à 1.000 —	0 200

Au dessus, on emploie les formules de l'écoulement des
gaz dans les tuyaux, avec des coefficients pratiques spéciaux.

Schilling a déduit d'expériences le tableau suivant, donnant le diamètre intérieur des tuyaux à employer, en fonc-
tion du nombre de becs de 140 litres à alimenter, et aussi
de la longueur de la tuyauterie qui leur amène le gaz.

DIAMÈTRE intérieur des tuyaux	NOMBRE DE BECS ALIMENTÉS POUR DES LONGUEURS DE CANALISATIONS DE : (Schilling, traduit par M. Servier)									
	3 mètres	6 mètres	9 mètres	12 mètres	15 mètres	18 mètres	21 mètres	24 mètres	27 mètres	30 mètres
$6^{m/m}$	1	»	»	»	»	»	»	»	»	»
9	4	3	2	1	»	»	»	»	»	»
12	10	7	5	4	3	2	1	»	»	»
18	25	14	10	8	6	5	4	3	3	2
25	60	38	26	19	15	12	10	8	7	6
31	100	64	42	32	25	20	16	13	10	8
37	150	95	65	48	37	30	25	20	16	13
50	350	226	156	114	90	70	60	50	40	25

Ce tableau montre l'importance qu'il y a à tenir compte de la longueur des tuyaux dans la détermination de leur diamètre. Dans ce tableau, Schilling a prévu un rétrécissement probable des diamètres, par suite de dépôts, et aussi un accroissement de consommation de 25 0/0. Il a de plus supposé que les becs utilisaient le gaz à une pression de 10 millimètres et que, d'autre part, la perte de charge du compteur au brûleur n'excédait pas $2^{mm},5$. L'expérience a été faite sur une conduite en zigzag.

Les conduites qui forment les grandes canalisations dans le sol doivent toujours être posées à même le sol, et jamais en égout où la moindre fuite continue, s'accumulant dans certains points, formerait avec l'air des mélanges détonants prenant feu aux lanternes des ouvriers. Ces accumulations de gaz mélangés à l'air sont très redoutables; elles amènent souvent, malgré des précautions très attentives, de graves accidents. Une explosion formidable a fait sauter les dalles du trottoir du pont d'Austerlitz, à Paris, sur une longueur de plus de 60 mètres, parce qu'il y avait, directement sous ces dalles, un caniveau parcouru par une conduite de gaz. Les joints des dalles sur lesquels on avait pu compter pour la ventilation de la conduite s'étaient presque tous bouchés, et l'allumette d'un fumeur avait mis le feu à la veine de gaz détonant s'échappant par une des rares fissures restées ouvertes.

C'est donc en terre, à une certaine distance des égouts de la voie publique et des caves des maisons riveraines, qu'il convient de faire poser les conduites. On observe les mêmes précautions dans les voies et espaces libres des propriétés particulières.

Lorsqu'on passe à proximité de plantations, on évite les infections des terrains environnants, nuisibles aux végétaux, en drainant la conduite. On l'entoure de pierrailles sur sa moitié supérieure, sur $0^m,20$ ou $0^m,25$ d'épaisseur, et on pose par dessus, de distance en distance, un drain aboutissant à l'air libre. On donne ainsi issue au gaz; cela permet une surveillance de la conduite, et donne, en outre, un moyen de déterminer la zone précise, où peut se trouver une fuite.

Les tuyaux de gaz doivent avoir une pente vers certains points bas, que l'on crée lors des règlements des déclivités, et en ces points bas on ménage, sous le nom de siphons (voir n° 171), les récipients nécessaires pour accumuler cette eau et pour pouvoir l'enlever.

165. Des conduites en fonte. — Les tuyaux en fonte sont très convenables pour conduire le gaz : ils n'ont que l'inconvénient de coûter un prix élevé. Les assemblages par brides sont trop chers et donnent trop de rigidité aux conduites ; par suite, il se produit des ruptures au moindre tassement. On leur préfère les assemblages par emboîtements et cordons, que nous avons vu employer pour les eaux (voir n° 100). La corde goudronnée est remplacée par de la corde suiffée, que l'on tasse fortement dans la moitié la plus profonde de l'emboîtement ; on achève de remplir avec du plomb fondu, que l'on mate au pourtour après refroidissement.

Dans certains pays, on a employé des canalisations avec joints des systèmes Petit ou Lavril, malgré l'action exercée sur le caoutchouc par le contact du gaz ; cet essai paraît avoir réussi. On a alors une canalisation économique, de pose et de dépose très faciles.

Tous ces tuyaux doivent se placer dans le sol à environ 1 mètre de profondeur, afin de les soustraire d'abord aux variations de température et ensuite aux trépidations et pressions directes, exercées par les charges roulantes des transports superficiels.

Quand on veut, pour réparation, arrêter le gaz dans une conduite en charge, et qu'on n'a pas de robinet à proximité, on prend un moyen simple et très pratique : on introduit, par une tubulure ou un bouchon, un ballon vide en caoutchouc et on le gonfle avec une pompe de manière à lui faire obturer complètement le conduit. Cette occlusion est parfaitement étanche.

Les branchements se font ordinairement sur conduites en fonte, au moyen de pièces spéciales portant les tubulures nécessaires, et les joints se font tantôt à· emboîtement, tantôt à brides.

Lorsque le branchement est d'un diamètre assez petit, tel que ceux qui alimentent les petites propriétés particulières, on l'établit en perçant la conduite en un point convenable, généralement sur une portée ménagée à cet effet de distance en distance, et on fait le joint au moyen d'un collier à lunettes, exactement comme pour les prises d'eau. Pour éviter toute perte de gaz et tout accident, on fait le percement en charge comme pour l'eau, une fois le joint fait et le robinet posé, sans qu'il y ait la moindre perte de gaz pendant l'opération.

166. Tuyaux en tôle et bitume, système Chameroy. — On emploie presque exclusivement dans certains pays, à Paris notamment, pour les conduites de gaz des voies publiques les tuyaux Chameroy en tôle et bitume, et, pour les mêmes raisons, ils sont applicables aux grosses canalisations sous terre des propriétés importantes.

Ces tuyaux sont formés de tôles douces, que l'on plombe préalablement et que l'on assemble au moyen de rivets. On les plonge ensuite dans la soudure, de manière à avoir une jonction parfaitement étanche. On garnit leurs extrémités de bagues bien cylindriques, en alliage de plomb et d'antimoine, réglées pour s'emboîter à joints précis; enfin, on recouvre la surface extérieure d'une enveloppe protectrice en bitume.

Ces tuyaux se font depuis le diamètre de $0^m,035$ jusqu'à celui de $1^m,300$. La longueur des bouts est de 4 mètres. Pour poser ces tuyaux, on dresse avec soin le fond de la tranchée; on nettoie les joints avec une brosse dure; on remplit la rainure du joint extérieur A (*fig.* 296) avec du fil fin de trame imprégné de cire et de suif, et on garnit la base du collet de quelques tours de ce même fil. On enduit avec une

petite brosse les deux parties formant joint d'un mélange
composé en proportions égales de plombagine et de sain-
doux, et l'ouvrier présente les deux tuyaux bien en ligne, la
rivure en dessus, en dirigeant le joint A du tuyau à poser
dans la partie B du tuyau déjà posé; tandis que l'aide, placé

Fig. 296.

à l'autre bout qu'il maintient, frappe légèrement sur un
tampon C en bois appuyé contre l'extrémité B' du tuyau à
poser, jusqu'à ce que le collet dudit tuyau serre la garniture.

A partir du diamètre de $0^m,108$ et au dessus, en suivant
les indications qui précèdent, on doit employer des tampons C
en bois cerclé de fer, et employer des béliers proportionnés.
Il est nécessaire d'assujettir les tuyaux à mesure de l'avancement de la pose, par un cavalier de remblais.

Les tuyaux employés pour le gaz sont essayés à 4 kilogrammes de pression effective.

Pour permettre la comparaison du prix avec les tuyaux
en fonte, le tableau suivant donne, pour tous les diamètres
de la fabrication, le prix de fourniture au mètre, le prix de
pose, le prix d'une bride en fonte pour jonction spéciale et
le poids approximatif.

DIAMÈTRES INTÉRIEURS	PRIX DU MÈTRE joints compris Gare Paris ou Lyon	PRIX DE POSE par mètre	PRIX D'UNE BRIDE en fonte sur tuyau	POIDS APPROXIMATIFS par mètre	OBSERVATIONS
m.	f.	f.	f.	kilog.	
0,035	2,05	0,16	2,30	4	Ces tuyaux peuvent résis-
0,042	2,30	0,18	, 2,50	5	ter, ainsi que leurs joints, à une pression de 4 kilogr.
0,054	2,65	0,21	3,40	6	par centimètre carré.
0,068	3,05	0,24	4,10	7,5	La longueur utile est seule comptée au mètre.
0,081	3,75	0,28	4,65	8,5	Les *bouts, cônes obliques,*
0,108	5,25	0,34	6,30	11	*coudes, tubulures, tampons de fermeture,* supportent en
0,135	7,05	0,41	7,90	14	plus de leur longueur une plus-value égale à la valeur
0,162	8,85	0,48	9,40	17	d'un mètre de tuyau.
0,189	10,45	0,56	10,20	22	La valeur du cône a pour base le prix du plus grand
0,216	12,45	0,64	12,50	25	diamètre.
0,244	14,75	0,73	16, »	28	Au-dessous de 200 mètres la pose est faite à la journée.
0,271	17, »	0,82	18,30	33	Les prix ci-contre ne com-
0,297	19,30	0,92	20, »	39	prennent ni les terrasse- ments, ni les transports, ni
0,325	23,25	1,05	23, »	45	les déplacements d'ouvriers.
0,350	27,80	1,15	27, »	52	
0,400	31,75	1,40	32, »	70	
0,450	37,40	1,70	36, »	78	
0,500	44,20	2, »	41, »	90	
0,550	52,15	2,30	» »	95	
0,600	60,10	2,60	» »	100	
0,700	77,05	2,90	» »	125	
0,800	94,05	3,50	» »	155	
1,000	130,50	4, »	» »	210	
1,300	200, »	» »	» »	365	

En cas de terrains de remblai, ces tuyaux sont préférables aux tuyaux en fonte, ils se déforment par le tassement sans casser et sans laisser bâiller leurs joints. Ils résistent bien à l'oxydation, sauf dans les terrains très humides.

Il faut les recouvrir au moins d'un mètre de terre, pour leur permettre de résister aux charges roulantes.

Quant à l'étanchéité, elle est au moins égale à celle des tuyaux en fonte. Suivant MM. de Mont-Serrat et Brisac, les fuites des canalisations à Paris, où les conduites Chameroy sont depuis longtemps en usage, correspondent à 5 et 6 0/0 du gaz qui circule dans les conduites, tandis qu'à Londres, où les tuyaux en fonte sont exclusivement adoptés, les fuites varient de 5,87 à 6,35 0/0.

Quant aux branchements, ils peuvent se faire, pour les gros diamètres, au moyen de pièces spéciales en fonte, assemblées à brides. Pour les petits diamètres, on emploie des pièces spéciales en plomb, serrées par collier à lunettes, et, après la pose du robinet de prise, on fait le percement de la conduite en charge sans perte de gaz.

On a soin de dégarnir le tuyau de son bitume au droit de l'assemblage, et de bien nettoyer la surface qui doit faire le joint. Une fois ce dernier terminé, on recouvre la partie dégarnie de bitume qu'on appuie au fer chaud afin d'obtenir l'adhérence avec les parties restées en place.

167. Canalisation en plomb. — Les tuyaux en plomb s'emploient surtout pour les faibles diamètres, et pour les conduites intérieures qui suivent des contours sinueux et présentent de nombreuses ramifications. Le plomb employé est étiré sans soudure et à une épaisseur bien plus faible que celle des tuyaux pour eaux forcées. Voici les épaisseurs généralement adoptées.

Diamètres	Épaisseurs	Poids du mètre linéaire	Diamètres	Épaisseurs	Poids du mètre linéaire
m.	m.	k.	m.	m.	k.
0,010	0,002	0,850	0,040	0,004	6,250
0 013	0 002	0 950	0 045	0 005	9 000
0 015	0 002	1 220	0 050	0 005	9 800
0 020	0 0025	2 000	0 055	0 005	10 500
0 025	0 003	2 900	0 060	0 005	11 000
0 030	0 003	3 600	0 070	0 005	13 000
0 035	0 0035	5 000	0 080	0 005	15 000

Il est accordé sur les poids ci-dessus une tolérance de 2 0/0 en plus ou en moins, pourvu que la totalité de la fourniture ne s'écarte pas du poids normal.

Les tuyaux sont livrés, comme pour les tuyaux d'eau, en couronnes de 10 mètres pour les diamètres de $0^m,010$ à $0^m,035$; en couronnes de 7 à 8 mètres, pour les diamètres de $0^m,040$ à $0^m,055$; et, enfin, par bouts de 4 mètres, pour les diamètres de $0^m,060$ à $0^m,080$.

Les tuyaux en plomb se jonctionnent au moyen de nœuds de soudure faits au fer ou à la lampe, comme pour les tuyaux d'eau, mais avec une épaisseur moindre. On bouche les extrémités des conduites qui ne se prolongent pas, au moyen de nœuds de tamponnage. Quant aux branchements, ils se font au moyen d'empattements. La soudure pour tous ces nœuds est composée de 2/3 de plomb et de 1/3 d'étain.

168. Pose en tranchée de tuyaux en plomb. — Les tuyaux de plomb pour le gaz peuvent être posés soit en tranchée, soit en élévation. Lorsqu'on les pose en tranchée, on dresse le fond avec soin et on lui donne la pente nécessaire à l'écoulement des eaux de condensation. Afin de régler cette pente plus facilement. on établit au fond, bien appuyées sur le sol, une suite de voliges formant un chemin à inclinaison régulière, et c'est sur ces voliges que l'on dresse le plomb. On évite ainsi des points bas accidentels qui se rempliraient d'eau et obstrueraient le passage du gaz.

Lorsque les tuyaux de gaz, posés ainsi dans le sol, passent à proximité de plantations à ménager, on les draine pour donner issue au gaz et l'empêcher d'imprégner le sol de produits noirs, empyreumatiques, fort nuisibles à la végétation. Ce drainage se fait au moyen de tuyaux en poterie dans lesquels passent les conduites, et que l'on fait aboutir hors du sol en un point suffisamment protégé.

Dans l'établissement d'une conduite souterraine de gaz, il faut diriger la pente vers un point bas où les condensations puissent se réunir et d'où il soit possible de les extraire. Ce doit être une constante préoccupation lorsque l'on pose des conduites en tranchée, sous peine de les voir bouchées, soit partiellement, ce qui fait baisser et danser les flammes, soit entièrement, ce qui amène des extinctions. Autant que possible, on établit une pente vers l'une des extrémités de la conduite, au point où elle débouche en élévation, et là on établit un récipient et un moyen de purge que l'on nomme un siphon (voir n° 171). Lorsque la conduite est longue et ne peut s'accommoder d'une seule pente, on établit un siphon dans le sol et on prend toutes dispositions pour pouvoir vider de temps en temps l'eau qu'il peut contenir.

Lorsqu'on a établi une longueur importante de conduite au fond d'une tranchée, il importe, avant de remblayer, de s'assurer que l'on a obtenu une étanchéité parfaite. On l'essaye au moyen d'une pompe et on s'assure qu'elle garde bien la pression.

Il ne faut pas omettre cette vérification des joints ; car, une fois la conduite remblayée, la recherche des fuites est difficile. On y arrive cependant de la manière suivante : on fait au-dessus de la conduite, dans le terrain, des trous de pince de $0^m,70$ environ de profondeur ; dans chacun d'eux,

on enfonce un tube pointu en fer percé de trous, fermé en
haut par un bouchon en liège, et contenant un papier
fraîchement imprégné de chlorure de palladium. Au bout
d'un quart d'heure d'exposition on retire les papiers et on
reconnaît la position de la fuite par la teinte brune qu'ont
prise dans le voisinage les papiers à réactif. Cette méthode
est appliquée avec succès à la Cie des chemins de fer de l'Est.

Lorsqu'on remblaie, il faut entourer la conduite de terre
fine exempte de pierres qui pourraient, par des pressions
locales ultérieures, aplatir ou percer la conduite. Ce n'est
qu'après avoir ainsi recouvert le tuyau d'environ 10 centimètres avec soin (avec du sable fin, si l'on n'a pas de terre
fine), que l'on remblaie en grand pour achever de remplir la
tranchée.

169. Pose en élévation. — Les tuyaux en plomb
pour le gaz se disposent également en élévation. Ils se
soudent les uns aux autres au moyen des mêmes soudures
et sont soutenus tous les 0^m,30 à 0^m,40 au moyen de crochets légers à pointes, que l'on enfonce dans les murs et cloisons. Il ne faut pas craindre de multiplier
les supports, car, l'épaisseur du plomb étant
faible, celui-ci tend toujours à *faire la corde*
entre deux points d'appui. Quand on le peut,
on soutient les tuyaux sur un tasseau de bois
bien droit, cloué sur la paroi de soutien.
C'est encore préférable aux supports isolés.

Les canalisations en plomb doivent être
réglées de pente pour recueillir la condensation et éviter qu'il ne puisse y avoir accumulation dans un point donné et, par suite,

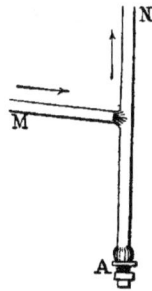

Fig. 297.

obstruction. Les pentes doivent conduire les eaux conden-
sées, autant que possible dans le sens du mouvement du gaz,
vers des points bas accessibles. En ces points, on prolonge la
conduite verticalement, et on la termine par un bouchon
vissé (Voir au n° 176). Cela s'appelle établir un siphon sur

le tuyau. La figure 297 représente la disposition d'un siphon
ainsi établi : le gaz parcourt le tuyau M en s'abaissant avec
une très légère pente ; puis il se relève en N ; l'eau qui s'accu-
mulerait à l'angle vient se loger dans un prolongement en
contre-bas du tuyau vertical, terminé par un bouchon A.
De temps en temps, quand il y a un ralentissement dans
l'éclairage, on visite tous les siphons tels que A ; on donne
ainsi écoulement aux eaux accumulées et on rétablit la
circulation à pleine section.

Les tuyaux, pour pénétrer dans tous les locaux habités et
y porter l'éclairage, ont à traverser les murs, les cloi
sons et les planchers. De même que pour l'eau, ils ne
doivent jamais y être scellés. De plus, ils ne doivent pas
pouvoir répandre de gaz dans la maçonnerie qui est quelquefois creuse ; aussi doit-on établir un fourreau métallique
dans la traversée des murs, cloisons et planchers, et ce fourreau, plus large de $0^m,02$ que le diamètre de la conduite,
doit sortir de $0^m,02$ au dehors des enduits des pièces ; de la
sorte, les tuyaux ne risquent pas d'être obstrués après coup.
Lorsque ces fourreaux sont à établir dans l'épaisseur d'un
plancher, ils dépassent en dessous de $0^m,02$; en dessus, il est
bon de les monter à $0^m,70$ ou 1 mètre en contre-haut du sol,
afin de protéger la base des tuyaux en plomb contre les chocs
extérieurs.

170. Canalisation en fer ; pose en élévation. —
Les canalisations de gaz s'exécutent avantageusement dans
de grands établissements, au moyen des tuyaux en fer dont
il a été parlé à l'article 26. Les joints se font avec des manchons taraudés, en ajoutant un peu de céruse en pâte sur
les filetages ; on ne les emploie qu'en élévation.

Ces tuyaux sont particulièrement avantageux lorsqu'il
existe dans les projets de grands alignements droits pour la
partie de la canalisation qui, de la prise, va desservir les
distributions de détail ; ces dernières continuent à se faire
en plomb.

Lorsque les tuyaux sont à poser à l'extérieur le long des bandeaux de longues façades, on cherche à leur donner un excédent de section et l'on supprime la pente. Lorsqu'il y a des saillies et des pilastres, le tuyau doit les contourner, ainsi que le montre la figure 298. De cette manière, l'apparence est sauvegardée et les saillies sont de niveau.

On maintient ces tuyaux par des colliers simples et aussi

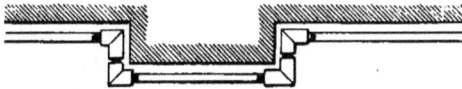

Fig. 298.

par des colliers en deux pièces. Avec le fer ces supports peuvent être facilement espacés de mètre en mètre.

La pose de ces tuyaux est particulièrement facile ; on peut en préparer tous les morceaux d'avance. Pour ceux qui doivent être obtenus à longueurs fixes, l'ouvrier est toujours muni de deux outils : un coupe-tubes et une filière, permettant sur place d'établir un tube à longueur et de le fileter ; pour les inflexions courbes, elles doivent être faites à chaud et les tuyaux s'y prêtent mal, les soudures longitudinales fatiguent trop dans ces opérations et risquent de donner des fuites. Pour la pose, il n'y a qu'à visser les pièces ; pour cela on se sert de deux pinces spéciales à long manche dont l'une retient la canalisation déjà posée, tandis que l'autre visse le nouveau tuyau à son extrémité.

Lorsqu'on a des parties courbes à exécuter, il faut en prendre les gabarits exacts et les commander directement aux usines productrices, en demandant une qualité supérieure soudée avec un soin exceptionnel.

Les tuyaux en fer exposés à l'extérieur demandent à être entretenus de peinture avec soin, pour éviter que la rouille ne les détériore. Il ne faut pas exécuter en fer des canalisations susceptibles d'être démontées ultérieurement, car la rouille, au bout d'un certain temps, fait adhérer les pas de vis et rend le démontage pour ainsi dire impossible. On est

presque toujours obligé de couper les tuyaux et de remplacer
la portion déposée par des conduites neuves.

171. Purge des condensations. — Siphons dans le sol et en élévation.

— Le gaz, en passant dans les
divers appareils laveurs et épurateurs des usines, se charge

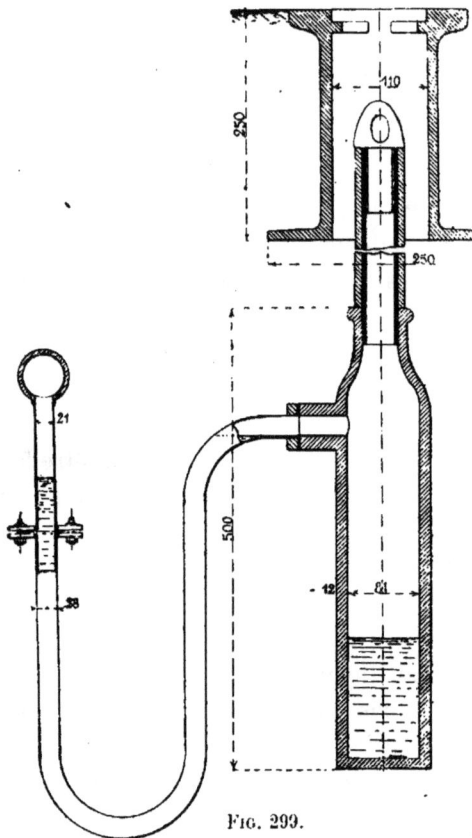

Fig. 299.

d'une certaine quantité de vapeur d'eau, et cette eau est
susceptible de se condenser dans le parcours des canalisations. Le gaz entrant dans un établissement se charge encore
de vapeur d'eau dans la traversée des compteurs.

Les points bas, qu'on ne peut éviter dans le tracé des

conduites sont ceux où cette eau vient s'accumuler ; l'accumulation peut être telle que la section du tuyau soit obstruée et le passage du gaz rendu impossible. Il faut donc à tout point bas se ménager la possibilité d'enlever cette eau à mesure de sa formation et éviter toute diminution de la section de passage ; on y arrive au moyen de *siphons*. La forme de ces appareils est très variable, mais le principe sur lequel ils sont établis est toujours le même. On a vu ceux que l'on ménage dans les installations intérieures, il reste à voir ceux que l'on dispose sur les canalisations plus grosses établies en terre. L'un de ces appareils est représenté dans la figure 299.

Du point le plus bas de la conduite part un tuyau de 0,021 en plomb, qui descend verticalement d'environ $0^m,50$ et remonte un peu moins haut ; il se déverse ensuite dans une bouteille en fonte ou en plomb, de $0^m,08$ de diamètre, où l'eau s'accumule. Cette bouteille est munie d'une tubulure supérieure ouverte à l'air libre, et fermée par un bouchon mobile. On accède à cette tubulure par une bouche en fonte dont la plaque mobile supérieure est au niveau du sol.

De temps en temps, par la bouche du sol, on ouvre la bouteille et on y passe le tuyau d'aspiration d'une petite pompe mobile, au moyen de laquelle on vide complètement l'eau de cette bouteille. On dégage ainsi, aussi souvent que l'on veut, le point bas de la canalisation, et cela, sans avoir à démolir aucun ouvrage de gros œuvre.

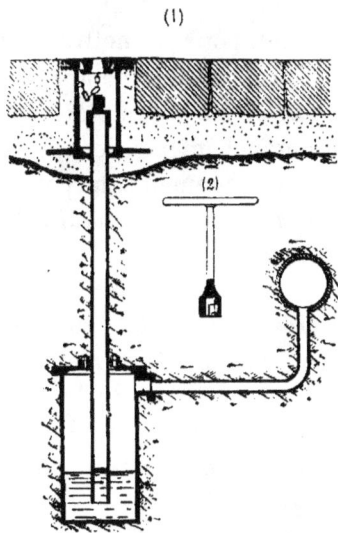

Fig. 300.

La figure 300 représente une variante de la disposition

de ces siphons. C'est une bouteille en fonte, fermée d'une façon absolument hermétique par un couvercle boulonné avec joint étanche, surmontée d'un tube ouvrant sous bouche à clef; elle est terminée par un bouchon mobile. Par une tubulure latérale et un second tube elle vient communiquer avec la portion la plus basse d'une partie de canalisation, pour en enlever les condensations; le joint n'est fait que par garde d'eau du fond de la bouteille. Il faut disposer l'aspiration de la pompe de vidange pour qu'elle se désamorce assez à temps pour maintenir cette garde d'eau et

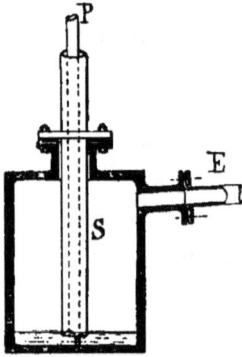

Fig. 301.

éviter toute sortie de gaz. Le croquis (2) montre la clef de manœuvre avec laquelle on retire le bouchon du haut, pour permettre d'introduire le tuyau d'aspiration de la pompe.

Les siphons s'emploient également au pied des branchements, lorsqu'on n'a pu donner à ces branchements la pente nécessaire pour faire revenir à la conduite l'eau qu'ils peuvent accumuler.

Dans ces conditions on emploie la bouteille représentée par la figure 301; c'est un récipient en fonte traversé par le gaz et placé au point le plus bas du branchement, de préférence près de la façade de l'immeuble desservi. Cette bouteille, outre les tubulures latérales d'arrivée et de départ du gaz, en présente une autre au sommet munie d'un tube plongeant, de telle sorte qu'il suffit d'une petite quantité de liquide au fond de la bouteille pour former garde d'eau. Le tube

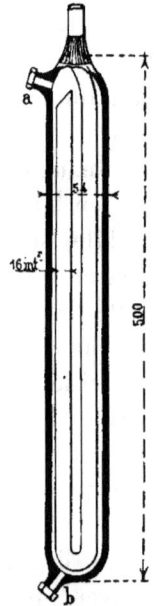

Fig. 302.

monte verticalement et vient au sol à une bouche en fonte

dans laquelle il débouche à l'air libre. C'est par ce tube
vertical qu'on passe le tuyau d'aspiration de la pompe qui
doit enlever l'eau. Seulement, il faut faire une encoche au
tuyau d'aspiration pour qu'il laisse toujours la garde d'eau
inférieure.

Quelquefois, on est amené à établir le siphon en élévation,
à la base des colonnes montantes par exemple ; on emploie
dans ce cas la disposition de la figure 302. C'est un récipient
métallique en fonte, dans lequel se trouve logé un tube
recourbé de toute la hauteur, ouvert à son extrémité. Le
tube une fois plein, l'eau déborde et se déverse dans le récipient que l'on vide par un bouchon inférieur *b*. L'inconvénient de cet appareil est de se désamorcer lorsqu'on souffle
dans les conduites pour les dégager de leur naphtaline.
On n'a pour remettre de l'eau qu'à ouvrir un bouchon supérieur *a* et à y verser de l'eau jusqu'à remplir l'appareil ;
le tube se remplit en même temps que le récipient, puis on
vide ce dernier par le bouchon *b*.

172. Robinets à gaz. — A part les vannes et les valves
employées pour les grosses canalisations, les robinets destinés aux conduites de gaz sont des appareils à boisseaux. On
les exécute en fonte pour les gros diamètres, en fer ou en
laiton pour les moyens et les petits ; on emploie aussi dans

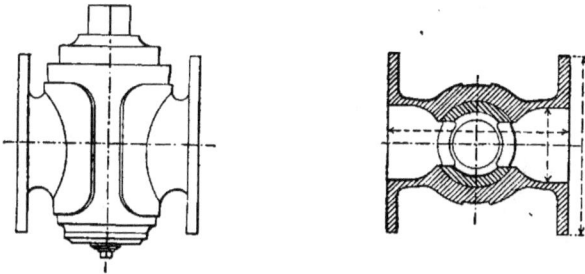

Fig. 303.

quelques cas un métal *antifriction* inattaquable au gaz. Les
épaisseurs qu'il est nécessaire de donner au métal sont bien

plus faibles que celles des robinets à eau, vu les très faibles
pressions auxquelles ils ont à résister.

Pour les grosses et moyennes conduites, de 0ᵐ,054 jusqu'à 0ᵐ,160, on prend des robinets à brides ; on trouve même
de ces robinets à brides depuis 0ᵐ,040 de diamètre intérieur.

La figure 303 représente la vue latérale et la coupe verticale d'un robinet de cette série, de 0ᵐ,060 de diamètre intérieur. Vu le peu d'épaisseur du métal, la forme est toute
ramassée, et la clef est creuse dans son intérieur. Il faut avoir
soin, quand on les pose, de faire le joint avec assez de
précaution pour que le serrage inégal des boulons ne déforme
pas le boisseau et n'amène pas de fuites.

Dans la figure 304 on a représenté en élévation une autre
forme de robinet à gaz à boisseau, en fer, dont les deux
tubulures sont taraudées, afin
de se relier aux canalisations
en fer de même diamètre.

Mais, dans les distributions
de gaz des habitations, les robinets d'arrêt les plus employés
sont ceux qui présentent la
forme de la figure 305. Construits en laiton, à deux bouts
droits, ils sont destinés à se
relier avec les canalisations
en plomb ; d'ordinaire, on les
établit à l'origine des branchements, afin de pouvoir intercepter l'arrivée du gaz dans un

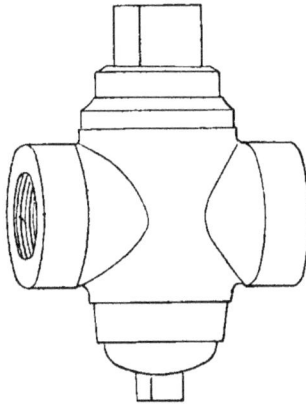

Fig. 304.

groupe d'appareils éclairant des locaux dont le service est
intermittent. Ces bouts droits se jonctionnent avec les tuyaux
de plomb au moyen de nœuds de soudure, plus légers que
ceux des distributions d'eau, mais exécutés de la même façon.
Le boisseau est ouvert en haut et en bas et il est rempli par
la clef qui est fermée à la partie inférieure. Cette clef est
terminée par une saillie rectangulaire, appelée parfois

canillon, qui sert à la commande par l'intermédiaire d'une poignée mobile. Souvent, on lui ajuste une broche fixe, qui sert de levier et de poignée et permet la manœuvre sans l'intervention de tout autre moyen.

La clef est maintenue dans son boisseau par une bride légère fixée par deux vis à la partie supérieure. La pression que cette bride exerce empêche la clef de se soulever, tout en étant assez faible pour lui permettre la rotation. Il faut ne serrer les vis que juste ce qui est utile pour que le contact ait lieu sans fuite, mais aussi sans grippement.

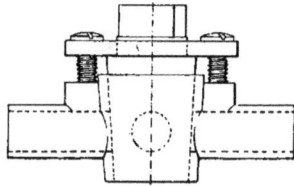

Fig. 305.

Tous les robinets qui viennent d'être décrits doivent avoir une course limitée d'un quart de cercle, de telle sorte que la clef tournée dans un sens jusqu'à un arrêt donne d'une manière précise l'ouverture en plein, et tournée dans l'autre sens, également jusqu'à un autre arrêt, ferme complètement

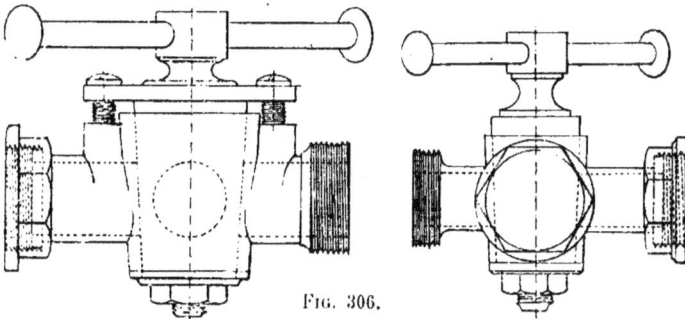

Fig. 306.

le passage du gaz. Sans cette précaution, absolument indispensable pour tous les robinets à gaz, de quelque nature qu'ils soient, on s'expose à de très graves accidents dans le service de l'éclairage.

Ces mêmes robinets prennent la forme représentée dans la figure 306 pour se relier aux compteurs. Ils sont alors à trois eaux et portent une tubulure latérale servant à rechercher les fuites.

Quant aux robinets qui se trouvent annexés aux appareils d'éclairage, ils sont faits suivant la forme indiquée dans les deux croquis de la figure 307. Le boisseau est sensiblement sphérique ; il se continue par deux tubulures filetées ou taraudées, suivant les cas. La clef traverse le boisseau ; elle est de forme légèrement conique ; elle se trouve rappelée à la partie basse par une vis prenant appui sur le boisseau, par l'intermédiaire d'une rondelle. En haut, la clef se termine par un bouton plat permettant de la tourner à la main. La sûreté de la manœuvre est obtenue par une encoche à la partie haute ou à la partie basse du boisseau, correspondant à une rotation de 90°, et par un taquet d'arrêt faisant corps avec la clef. Les positions extrêmes de la clef sont ainsi parfaitement précisées. Lorsque le robinet est hors de portée de la main, on le manœuvre au moyen d'un crochet plus ou moins longuement emmanché ; on remplace alors le bouton plat par un levier-bascule à œil, ainsi qu'on le voit dans la figure 308. On applique ce procédé dans les robinets des lanternes d'éclairage, vu leur position à une hauteur de plus de 2 mètres au-dessus du sol.

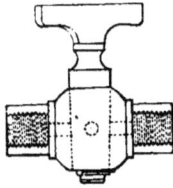

Fig. 307.

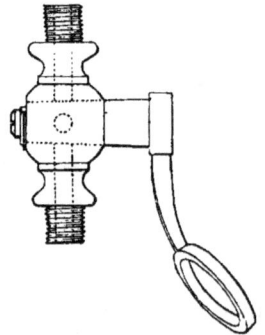

Fig. 308.

Dans ces robinets d'appareils qui doivent être employés à l'intérieur des habitations, on a une sécurité plus grande dans le service, et on évite la possibilité d'accidents importants en mettant toujours le bouton de la clef de manœuvre sur le côté ou, mieux encore, au-dessus du robinet.

De la sorte, si, par mauvais état ou fonctionnement défectueux, la vis de serrage venait à se défaire, la clef ne tombe-
rait pas et il n'y aurait pas de fuite importante de gaz. C'est
un grand avantage, car les fuites imprévues, non reconnues
à temps, peuvent avoir des conséquences très graves. Dans la
position renversée, le bouton mis au-dessus de la clef est
moins commode à manœuvrer, mais donne toute sécurité.

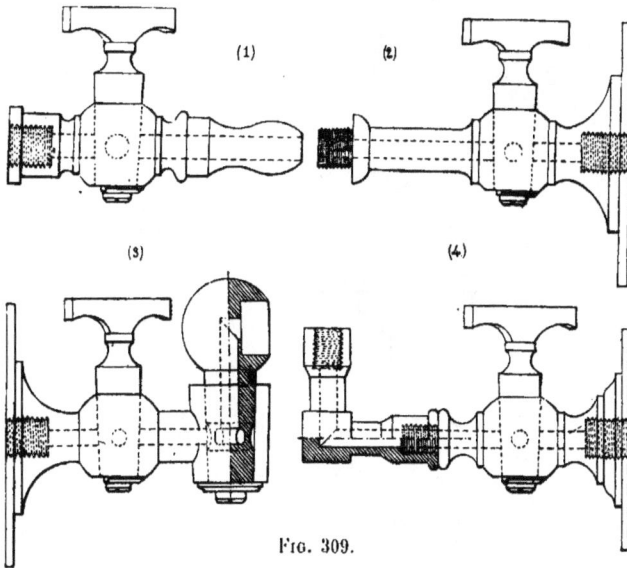

Fig. 309.

Ces robinets d'appareils sont souvent placés dans une position horizontale et peuvent être fondus avec une embase,
formant rosace élargie, pour se fixer le long des murs. On les
nomme *robinets-appliques*; à l'autre bout ils sont munis
d'une tige plus ou moins longue, filetée à son extrémité, afin
de recevoir le reste des pièces de l'appareil dont ils font
partie. Le robinet du croquis (2) de la figure 309 est allongé
et constitue un appareil qui porte souvent le nom de *manchon*.
Le croquis (4) représente un robinet plus court, terminé par
un raccord coudé. Il se nomme alors une *pipe*, comme le
raccord coudé lui-même. Le robinet du croquis n° 1 peut se
fondre avec ou sans embase; à l'autre bout, il porte un manie-

lon, lui permettant la jonction avec un tuyau en caoutchouc.
L'appareil se nomme *robinet-porte-caoutchouc*. Le robinet
figuré en (3) est d'un côté à applique ; de l'autre, il est fondu
avec un boisseau vertical dans lequel peut tourner une clef
de robinet à tête sphérique élargie, évidée latéralement,

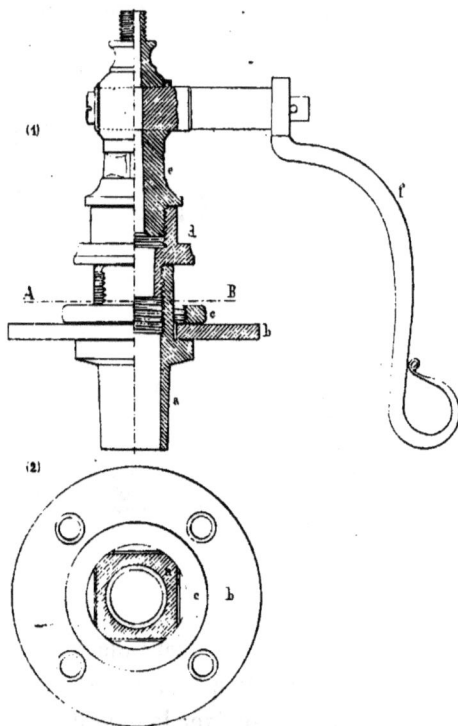

Fig. 310.

pour recevoir une tige creuse horizontale. Cette dernière
peut alors tourner horizontalement dans le boisseau. Le croquis montre que, dans toutes les positions de la clef, le gaz
peut passer dans la tige tournante et que celle-ci ne cesse
pas d'être alimentée, quelle que soit sa direction. C'est ce
que l'on nomme un *mouvement de genouillère*. On peut le
disposer également avec un axe horizontal.

Pour les grandes lanternes des villes, qui sont élevées à

une hauteur de 3 à 4 mètres au-dessus du sol, on rend la
manœuvre plus commode en augmentant la longueur de la
bascule et en établissant bien solidement son attache avec la
tige allongée de la clef du robinet. Voici (*fig*. 310) un robinet
de lanterne ainsi construit : la tige *f* de la bascule est en fer et
sa section est partout carrée. Le robinet est fondu avec une
embase *e* se vissant sur un raccord *d*. En *b* est une grande
rondelle chargée de maintenir l'ensemble sur le haut du
candélabre en fonte qui sert de support. A cette plaque
est suspendu le raccord *a* qui termine le tuyau d'arrivée du
gaz et qui est maintenu au moyen de
l'écrou *c*. Le pied inférieur de la cage
vitrée de la lanterne est serré de son côté
entre l'écrou *e* et la partie saillante du
raccord *d*.

Le croquis (2) de la même figure donne
la coupe horizontale suivant le plan AB.

**173. Robinets-vannes pour le
gaz.** — Pour les grosses conduites, on
remplace les robinets dont il vient d'être
parlé par des robinets à vannes, établis
d'après les mêmes principes que ceux
qui sont employés pour les eaux, mais
construits bien plus légèrement.

L'un des modèles existants est représenté dans la figure 311 par deux
coupes : l'une horizontale, l'autre verticale. Il est composé de deux pièces fixes
se joignant à brides, et terminées extérieurement par des brides d'attente qui
les relieront à la conduite. Intérieure-

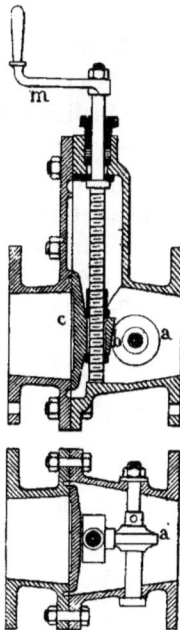

Fig. 311.

ment, elles forment un siège vertical circulaire dressé, le long
duquel glisse la vanne *c* mue par une vis filetée qui peut
tourner sans aucune translation. Cette vis fait avancer ou
reculer un écrou fixé à la vanne, suivant le sens dans lequel

on tourne la manivelle de commande *m*, calée sur l'arbre de la vis, dont une partie lisse passe dans un presse-étoupes. Ce presse-étoupes est placé à la partie supérieure d'un dôme plat où se loge la vanne lorsqu'elle est soulevée. Un collet faisant saillie sur le haut de l'arbre de la vis vient prendre appui sur le bas du presse-étoupes et empêche la vis de monter.

Pour rendre le robinet-vanne tout à fait étanche, lors de sa fermeture, et le forcer à appuyer sur son siège, le dos de sa vanne présente une face inclinée s'appuyant sur un disque *a*, mobile autour d'un axe horizontal.

174. Branchements sur la voie publique. — Les

usines à gaz, par leurs traités avec les villes, font circuler leurs canalisations sous le sol des voies publiques. C'est là que les riverains peuvent, sous certaines conditions, prendre le gaz pour leur éclairage. Cette prise se fait par un branchement établi dans des conditions spéciales. Pour les propriétés d'importance moyenne, les branchements se font d'ordinaire en plomb; les diamètres les plus fréquemment employés sont ceux de $0^m,027$, $0^m,034$, $0^m,044$; pour de plus fortes consommations on prend les diamètres de $0^m,054$, puis $0^m,081$. Au delà,

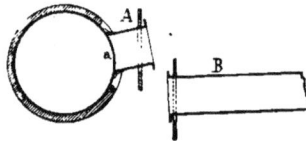

Fig. 312.

le plomb est remplacé par les tuyaux *Chameroy*, ou des tuyaux en fonte.

La prise en plomb est à faire sur la conduite de la voie publique, qui est presque toujours en tôle et en bitume. On prépare une tubulure en plomb A (*fig.* 312); on adopte l'emplacement qu'elle doit occuper, on dégage la tôle du bitume qui la recouvre et on soude le collet de la tubulure sur la tôle étamée.

Le tuyau B qui doit faire suite à la tubulure A étant prêt, on procède au forage du trou de prise au milieu de la tubulure soudée ; on se sert pour cela d'un foret, dit *trépan*, de disposition spéciale, manœuvré à l'aide d'une clef à cliquet. Ce foret est représenté dans son ensemble dans le croquis (1) de la figure 313, et la mèche qui doit forer le trou est dessinée en détail dans le croquis (2). Ainsi qu'on le voit, cette mèche est cylindrique et dentée ; elle doit découper une rondelle de tôle du diamètre voulu, tandis qu'une seconde

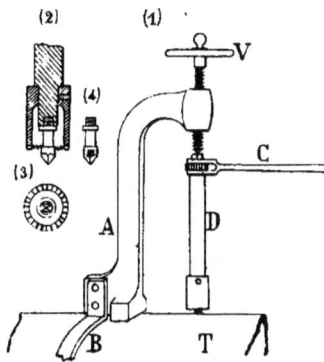

Fig. 313.

mèche, centrale, a préalablement troué et tirebouchonné le centre, de telle sorte que l'outil doit extraire la rondelle dès qu'elle est détachée du tuyau. A ce moment on retire vivement l'appareil et on fait aussitôt le joint de la tubulure avec le tuyan qui doit lui faire suite. Il s'échappe un peu de gaz ; mais, comme tout est prêt, on réduit considérablement le temps pendant lequel la perte a lieu. Cela fait, on rétablit le bitume sur la grosse conduite, et on remblaie la tranchée dans laquelle cette opération a eu lieu.

Si la conduite de la voie publique, sur laquelle doit se faire le branchement est en fonte, au lieu d'être en tôle et bitume, on procède autrement. On prend toujours une tubulure A en plomb, que l'on fixe d'avance au moyen d'un joint à brides avec le reste du branchement, et on se sert d'un collier à lunettes (*fig.* 314) pour fixer la tubulure à la grosse conduite. On présente l'ensemble exactement au point où doit se faire le joint ; puis, on desserre le collier et on repousse légèrement le tout pour laisser libre le point où doit se faire le percement.

On prend alors le *trépan*, et on perce la conduite en découpant la rondelle au diamètre voulu et en l'enlevant au

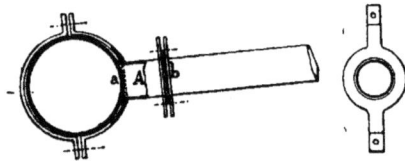

Fig. 314.

moyen de la saillie de la mèche centrale. Au moment où la rondelle est enlevée, on dégage vivement le tuyau, on ramène l'assemblage préparé et on serre le collier, afin de réduire au minimum la perte de gaz.

Lorsqu'on supprime le branchement, on dégage le joint *b* de la tubulure et on met une bride pleine pour fermer le joint ; c'est là l'utilité du maintien de ce joint.

Lorsque, enfin, le branchement est de gros diamètre et doit être établi sur une canalisation en tôle et bitume ou en

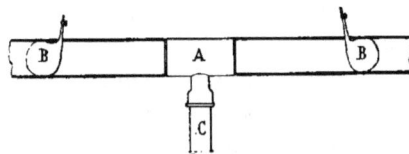

Fig. 315.

fonte, on ne peut plus prendre les dispositions précédentes ; il est nécessaire de poser préalablement sur la conduite de la rue une pièce à tubulure en forme de T (A, *fig.* 315) se reliant facilement au branchement C.

Il faut alors isoler l'endroit où doit se faire le branchement. Par les procédés précédents, on perce deux trous

en BB et on y passe deux ballons en caoutchouc que l'on
gonfle d'air, de manière à obturer sans perte le passage du
gaz. On a alors toute facilité de couper la conduite, d'y
intercaler la pièce spéciale à tubulure dont on a besoin et de
la relier avec le branchement. Cela fait, on enlève successivement les ballons et on bouche les trous qui ont servi à

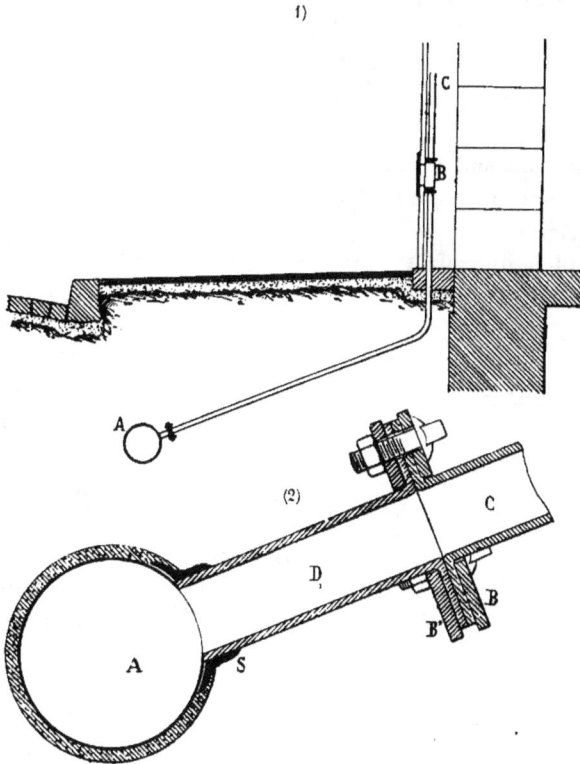

Fig. 316.

leur introduction, au moyen de plaques en plomb fixées par
des colliers.

Lorsque les distributions des villes sont sectionnées par
des vannes d'arrêt, on évite par la manœuvre convenable de

ces vannes l'emploi des ballons et, par suite, le percement,
ainsi que le bouchement des trous.

Une fois la prise exécutée sur la conduite de la voie
publique, le branchement qui lui fait suite va ordinairement
en montant avec une pente régulière, jusqu'au pied de la
façade du bâtiment à desservir ; là, il s'incruste dans le mur
de face ou derrière la devanture qui forme la façade et
aboutit à un coffret B [*fig.* 316, (1)].

Ce coffret contient un robinet d'arrêt dont la Compagnie
peut disposer, pour l'ouvrir ou le fermer à son gré avec sa
clef.

L'abonné peut également manœuvrer ce robinet avec une
clé à béquille, mais seulement lorsqu'il a été ouvert par la
Compagnie.

Au-delà du coffret, le tuyau se continue soit en élévation,
soit en se recourbant pour passer
en cave, suivant le genre de canalisation qu'il doit alimenter.

Le croquis (2) de la même figure
représente à plus grande échelle
le tuyau A, avec la coupe longitudinale de l'origine du branchement.

Les coffrets se présentent sur
les façades des immeubles suivant
des formes rondes, ovales ou rectangulaires. La figure 317 montre
la forme de la partie apparente d'un
coffret rectangulaire. Le châssis
extérieur est fixé à la façade d'une
manière solide ; la porte est à

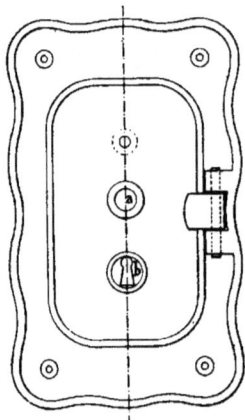

Fig. 317.

charnière et présente deux orifices *a* et *b* ; l'orifice *b* reçoit
la clé de la Compagnie qui peut ouvrir le coffret. Une fois
celui-ci ouvert, elle peut, ou condamner la manœuvre du robinet ou l'ouvrir, suivant ses arrangements avec l'abonné.
La clé à béquille que possède l'abonné s'applique, sans ou-

vrir le coffret, sur l'orifice *a*, et ouvre ou ferme le robinet, si

(1)

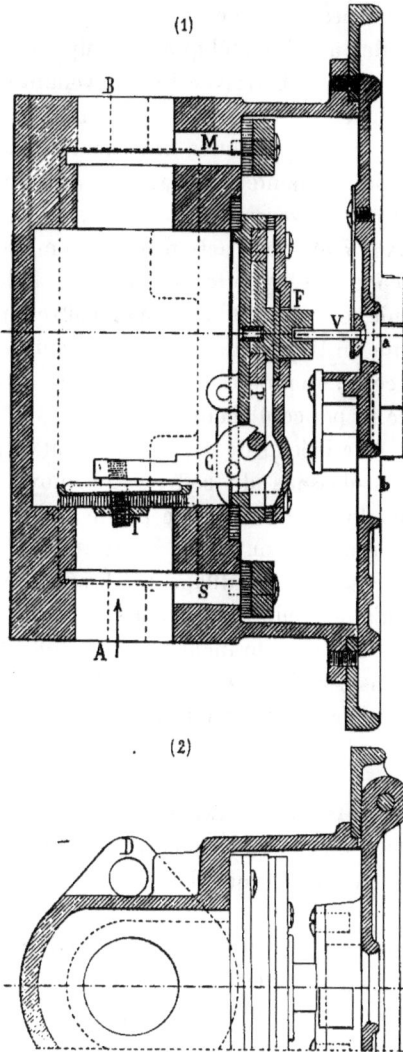

(2)

Fig. 318.

ce dernier a été préalablement laissé libre par la Compagnie.

Un cache-entrée peut être poussé de l'intérieur et rendre impossible la manœuvre du robinet par l'abonné.

La figure 318 représente une section verticale, ainsi qu'une coupe horizontale du coffret, tel que la Compagnie Parisienne du Gaz l'établit à Paris. L'arrivée du gaz, venant du branchement, se fait en A. Le départ se fait en B pour aller au compteur. Entre A et B se trouve une chambre dans laquelle se meut un clapet T, manœuvré par le levier articulé C qui est commandé par le verrou P. Ce dernier s'abaisse par la rotation de l'axe V et sous l'action d'une came qui suit son mouvement; l'axe V est mobile par la clé de l'abonné.

La Compagnie, en ouvrant la porte du coffret au moyen de sa clé introduite en B, peut immobiliser le verrou P et s'opposer ainsi à ce qu'on puisse prendre du gaz en dehors des conventions de la police d'abonnement.

Les tuyaux d'arrivée et de départ viennent se jonctionner au-dessus et au-dessous du coffret, au moyen de brides ovales et de boulons ; on voit une partie de cet assemblage en D dans la coupe horizontale.

L'ouverture S sert au soufflage du branchement, depuis le coffret jusqu'à la conduite principale.

L'ouverture M sert à brancher sur le coffret un manomètre qui, dans certains cas, permet de se rendre compte des fuites qui pourraient exister entre le coffret et le compteur.

175. Robinets sous dalles. — Pour les prises au-dessus de $0^m,081$, on n'emploie généralement plus les coffrets, et on les remplace par ce que l'on appelle des *robinets sous dalles*.

Le branchement entre directement chez l'abonné par un percement ménagé dans le mur de la façade, dans la hauteur de la fondation ; au pied de la façade, sur la voie publique, on construit un regard en maçonnerie recouvert par un tampon en fonte, et dans ce regard on installe un robinet qui est entièrement à la disposition de la Compagnie. La figure 319

rend compte, en coupe verticale et en plan, de la forme
de ce regard ; on y voit le robinet R disposé au mieux pour
la manœuvre ; dans les brides de jonction avec les deux

(1)

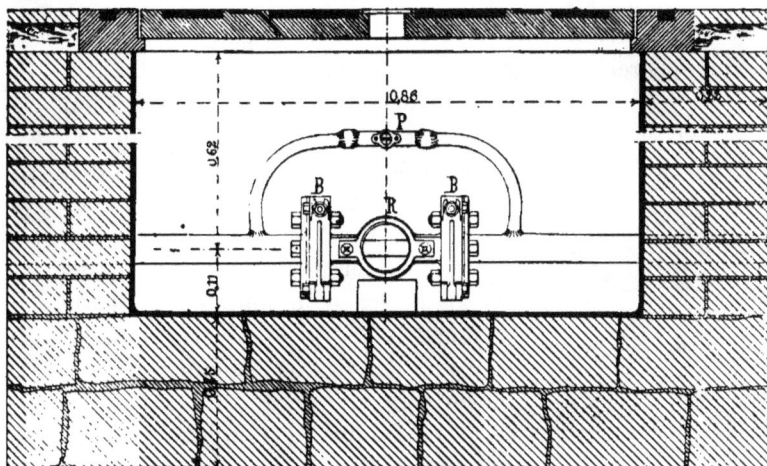

(2)

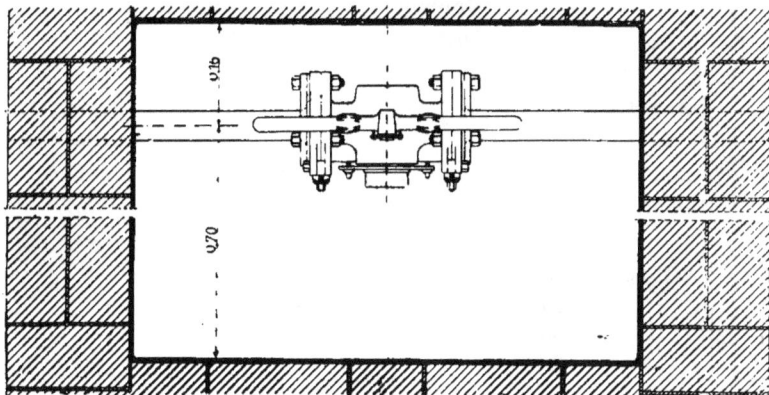

Fig. 319.

parties de la conduite sont ménagés des orifices BB permettant d'y introduire des vannes mobiles pour arrêter le gaz
pendant le nettoyage et le graissage du robinet.

Pour ne pas arrêter le gaz chez l'abonné pendant ce nettoyage, on a rejoint les deux conduites par un *by-pass* avec robinet d'interception P.

176. Bouchons à gaz. — Lorsque l'on veut déposer un appareil à gaz sans cesser de laisser fonctionner la canalisation, on le dévisse du raccord qui le porte et on le remplace par un bouchon qui empêche le gaz de sortir. Le bouchon présente le même pas de vis que l'appareil, se met à sa place avec un peu de céruse ; on le tourne au moyen d'un anneau qu'il porte sur son fond plein et dans lequel on passe une tige quelconque pour faire levier.

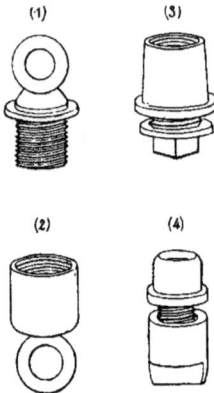

Fig. 320.

Les croquis (1) et (2) de la figure 320 représentent des bouchons mâle et femelle applicables, suivant la manière dont était fixé l'appareil qu'ils doivent remplacer.

Un autre emploi des bouchons consiste à terminer les conduites de faible diamètre qui partent des points bas des canalisations pour servir de siphons et recueillir les condensations. Ces bouchons se composent de deux pièces : l'une se soude à l'extrémité du branchement et présente un pas de vis de raccord ; l'autre est le bouchon proprement dit, qui se visse sur la première pièce (croquis 3 et 4 de la figure 320).

177. Colonnes montantes. — La Compagnie Parisienne d'éclairage et de chauffage par le gaz a facilité beaucoup la consommation du gaz à Paris, en le mettant à portée des appartements, afin de diminuer le plus possible les frais d'installation pour les abonnés. A cette fin, elle a créé les *colonnes montantes*.

Dans chaque immeuble où elle trouve un certain nombre

d'abonnés, elle s'entend avec le propriétaire pour installer
une ou plusieurs conduites de gaz dites colonnes montantes,
passant à proximité de séries verticales d'appartements superposés. Ces conduites restent la propriété de la Compagnie.
La figure 321 montre l'ensemble d'une partie de colonne
montante ainsi établie dans une maison. Branchée sur la

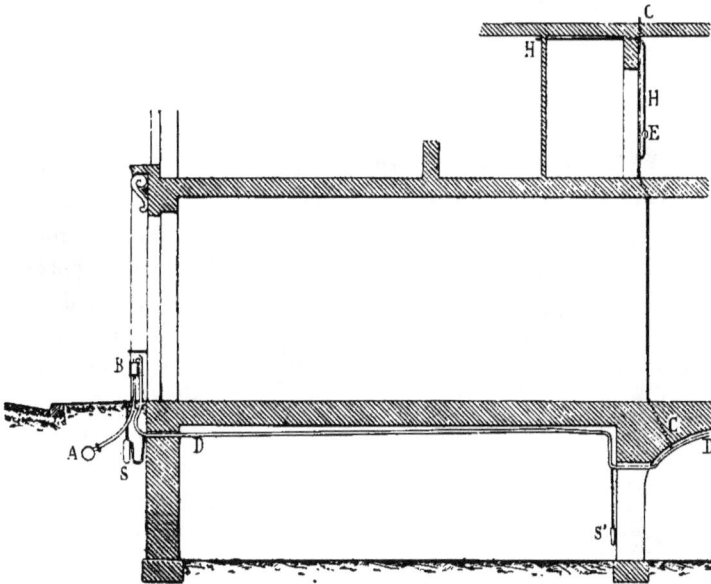

Fig. 321.

conduite A de la rue, elle est commandée par un robinet
extérieur contenu dans un coffret B placé sur la façade de la
maison. La conduite redescend pour passer en sous-sol, et
un siphon s reçoit les condensations ; la conduite D passe
ensuite dans les sous-sols, franchit ou contourne tous les
obstacles, envoie les condensations qui peuvent s'accumuler dans les points bas dans des siphons S' et monte en C
dans la hauteur de l'immeuble, au point où une étude atten-
tive a fait reconnaître le plus de commodité pour desservir

une suite verticale de locaux d'abonnés. Chacun de ceux-ci
prend le gaz sur la colonne montante au moyen d'un branchement H commandé par un robinet à coffret E. Chaque
abonné a ainsi son coffret distinct, et cette disposition se
reproduit à chaque étage et pour chaque local desservi.

La plupart des maisons de Paris sont ainsi parcourues par
une ou plusieurs colonnes montantes amenant le gaz à la
portée du consommateur ; ces colonnes sont avantageuses
pour le propriétaire, pour la Compagnie du gaz et aussi pour
le locataire.

178. Manomètre indique-fuites. — Le branchement, tel qu'il a été indiqué plus haut, après avoir pris le
gaz au tuyau de la canalisation publique,
le mène à l'appareil mesureur appelé
compteur, dont on verra la description dans
le prochain chapitre. Du compteur partira
la canalisation générale de la maison. En
tête de cette canalisation se place un robinet
spécial d'ordonnance, puis vient un appareil
dit *manomètre indique-fuites* qui permet,
ainsi que son nom l'indique, de se rendre
compte si, dans la canalisation ultérieure de
la maison, il y a une fuite, et quelle est son
importance.

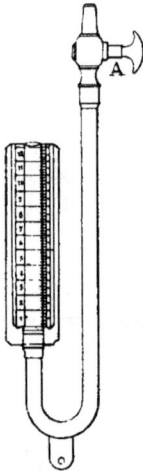

Le *manomètre indique-fuites* est un tube
en **U**, muni d'un robinet d'arrêt A, se vissant sur un raccord soudé à la canalisation,
et dont la seconde branche, ouverte à l'air
libre, est faite d'un tube de verre placé

FIG. 322.

devant une échelle graduée en centimètres et millimètres.

Voici comment on se sert de cet appareil : on verse un
peu d'eau dans le tube, et, tous les brûleurs de la canalisation étant fermés avec soin, on ouvre le robinet du compteur ; l'eau, qui s'était nivelée, subit sur sa surface intérieure
la pression du gaz. Cette pression s'accuse par une dénivel-

lation. L'eau monte dans le tube en verre jusqu'à un certain niveau que l'on constate. On ferme alors le robinet du compteur. Si la canalisation est étanche, elle doit rester en charge et le niveau de l'eau ne doit pas varier. On peut même facilement, s'il y a une fuite, se rendre compte de l'importance de la fuite : il suffit d'ouvrir le compteur, tous les brûleurs étant fermés avec soin, et d'observer le tambour des litres de l'appareil pendant deux ou trois minutes. On se rendra compte, par le nombre de divisions qu'on verra passer, de la perte pendant ce temps, et on en déduira la perte horaire ou journalière.

Toutes les fois que dans un établissement on séparera la canalisation d'un bâtiment distinct de la canalisation générale, au moyen d'un robinet d'arrêt posé en tête du branchement, on devra toujours placer un manomètre indique-fuites immédiatement après le robinet d'arrêt.

De la sorte, si on constate une fuite au manomètre indique-fuites du compteur à l'entrée de la propriété, on pourra poursuivre facilement les recherches et trouver en peu de temps quel est le bâtiment spécial qui la recèle.

179. Grilles de ventilation. — Les pièces dans lesquelles circule la canalisation et qui contiennent ou non des appareils à gaz sont susceptibles de receler des fuites donnant lieu à des dangers d'explosion. Il est toujours prudent de les ventiler ; les règlements administratifs en vigueur dans certaines villes rendent cette ventilation obligatoire, au moins pour tous les locaux qui ne sont pas d'habitation immédiate.

Le principe de cette ventilation dérive de la manière dont se comporte le gaz. Comme, en raison de sa légèreté, il tend toujours à monter et à se cantonner dans les points hauts, on doit établir la ventilation dans la partie supérieure des pièces, afin d'éviter tout cantonnement.

La disposition même des locaux à ventiler et des pièces adjacentes commande la disposition qu'on doit prendre.

Le mieux serait d'établir des orifices d'évacuation à la partie haute des plafonds, à réunir les conduits qui en partiraient dans des canalisations qui mèneraient le gaz au comble par les chemins les plus courts et les évacueraient au dehors. On n'a presque jamais cette prudence, et la décoration ne s'y prête guère.

On se contente généralement d'établir dans les menuiseries de façade, ou dans les cloisons communiquant avec les dégagements ou escaliers déjà ventilés, des orifices rectangulaires ou circulaires présentant une section de 50 à

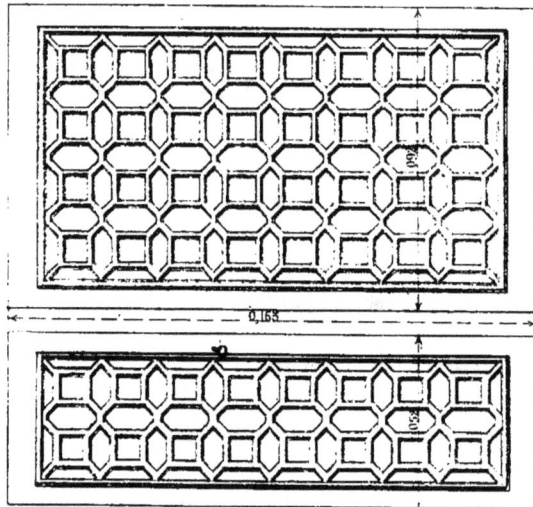

Fig. 323.

60 centimètres carrés au moins pour les petites salles, et, pour les grandes, une section en rapport avec l'importance de l'éclairage ou de la canalisation.

Pour éviter que par ces orifices il ne passe des courants d'air gênants et en même temps pour cacher les trous béants de leurs ouvertures, on les masque par des grilles en laiton estampé que l'on trouve dans le commerce et que l'on cloue sur les orifices des débouchés dans les pièces ; la figure 323

donne la forme de deux grilles rectangulaires, et la figure 324
celle d'une grille circulaire ayant cette destination. On en
met ainsi aux deux parements des menuiseries traversées ou
des cloisons.

Quelquefois on se contente, pour satisfaire aux exigences
des règlements administratifs,
de percer, dans la traverse
haute du vantail mobile d'une
croisée, cinq ou six trous d'une
grosse mèche, séparés par un
intervalle de 0ᵐ,01, et de recouvrir les trous d'une grille
rectangulaire allongée de
0ᵐ,052 × 0ᵐ,165.

Mais il ne faut pas oublier
que les ventilations sont d'autant plus efficaces qu'elles
sont plus voisines du haut du

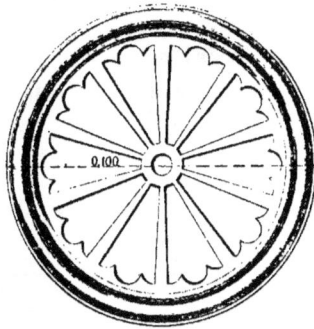

Fig. 324.

plafond, et qu'elles ne fonctionnent que si on leur donne
un large débouché, où les gaz trouvent une évacuation
facile, non influencée par les vents, et qui ne puisse jamais
être obstruée.

Dans les salles de réunion éclairées par un grand nombre
de becs de gaz, les moyens que nous venons d'indiquer ne
sont plus suffisants ; il y a lieu d'ouvrir de véritables gaines
de grande section à la partie haute des pièces, de les desservir par des conduits montant jusqu'à la partie supérieure
de l'édifice et débouchant à l'extérieur. D'autres fois, ces
conduits se relieront à un système de canalisation générale
menant le gaz, en même temps que l'air vicié, à la base d'une
grande cheminée chargée de les évacuer au dehors (voir le
Rapport sur la ventilation du théâtre de Nantes, dans les
Annales des Ponts et Chaussées de 1867).

180. Raccords en laiton. Patères en bois. —
Presque tous les appareils à gaz sont fixés à demeure sur

les parois des murs ou des plafonds des pièces de nos habitations; ils doivent dans cette position être alimentés par les ramifications des tuyauteries.

On fixe les appareils par l'intermédiaire de *raccords en laiton*, auxquels se joignent les extrémités des branchements, et qui se vissent sur des *patères* en bois scellées dans la maçonnerie.

Le raccord est un disque au centre duquel est un bout de tube fileté ou taraudé, suivant la manière dont se termine

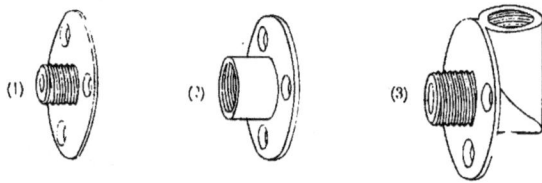

Fig. 325.

l'appareil à placer, et qui doit être vissé sur ce tube. Si le tube est fileté, le raccord est dit *mâle;* il est appelé *raccord femelle* dans le cas contraire. Les croquis (1) et (2) de la figure 325 représentent les raccords mâle et femelle.

Pour se servir de ces raccords, on les étame à l'arrivée, et on les soude à l'extrémité du branchement en plomb qui doit amener le gaz. La jonction est faite par un coude d'équerre très court pratiqué sur le tuyau, de sorte que le disque se trouve tangent à une génératrice du cylindre qui forme le tuyau. On fait la soudure de telle sorte qu'elle n'aveugle pas les trois ou quatre trous de vis préparés sur le disque pour le fixer à la patère.

La figure 325 représente dans le croquis (3) un raccord dans lequel le coude arrière est préparé dans la pièce même et taraudé. Ce raccord est spécial à la canalisation en fer et doit se raccorder avec l'extrémité du branchement lorsqu'il est exécuté avec ce métal.

Le tube qui émerge de la surface du disque a son pas de

vis de différentes dimensions, suivant l'importance de l'appareil qu'il doit recevoir ; pour les très petits appareils, on prend le pas des becs ; pour les appareils ordinaires, on adopte le pas de Paris ou un'autre analogue. Pour les appareils encore plus grands, on prépare des pas spéciaux à filets de vis plus solides.

On voit qu'avec les raccords le pas de vis qui recevra l'appareil est tracé sur un bout de tube perpendiculaire à la paroi du mur, tandis que le tube qui doit l'alimenter passe extérieurement le long de cette même paroi.

On voit un raccord avec son tube soudé, dans sa position véritable par rapport au mur qui le porte, dans la figure 327.

Pour fixer à un mur, au moyen d'un raccord, un appareil à gaz, on prépare ce que l'on appelle une *patère* en bois. C'est un morceau de bois, de hêtre généralement, que l'on scelle dans le mur ou dans un plafond, et sur lequel on fixe l'appareil par des vis à bois.

Sa forme est ordinairement carrée dans le scellement, et

(1)   (2)

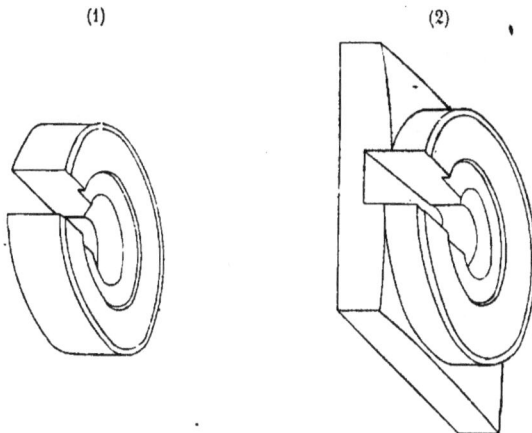

Fig. 326.

pour que l'adhérence avec la maçonnerie soit complète, on lui adjoint à l'arrière quelques clous à bateau dont les trois quarts dépassent extérieurement. On fait un trou carré

convenable dans la maçonnerie et on y place la patère ainsi
préparée, à bain de plâtre, après arrosage des parois du
trou. Une partie du bois dépasse le nu du mur ; cette partie,
arrondie présente en creux la forme du raccord qui termine
le tuyau, avec la profondeur nécessaire pour loger le tuyau
et son coude.

La patère dont il vient d'être parlé est figurée en (2) dans
la figure 326 ; le croquis (1) représente une patère ronde,
employée bien plus rarement pour le même usage.

La figure 327 donne l'élévation et la coupe verticale d'un
raccord posé dans une patère fixée à un mur, le tout bien

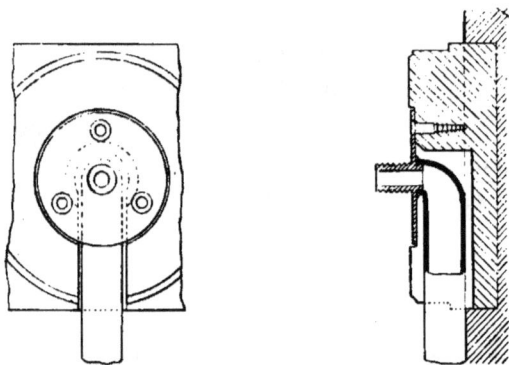

Fig. 327.

exactement à sa place. On tourne cette patère et on la place
dans la position qui convient à la direction du tuyau d'arrivée;
ici l'encoche est à la partie basse, pour recevoir le tuyau
vertical montant de la partie inférieure. Le raccord est fixé
à la patère au moyen de trois ou quatre vis, suivant l'importance du raccord. Il faut que cette attache soit suffisamment
solide pour recevoir l'assemblage de l'appareil que l'on
vissera à fond sur le raccord, et pour résister aux efforts
que cet appareil recevra des mains qui s'en serviront.

181. Boîtes de ventilation. — Lorsqu'on veut fixer
un appareil à gaz important au plafond d'une pièce, qui par

sa décoration ne permet pas d'avoir un tuyau d'alimentation apparent, on prend la disposition suivante :

On scelle au plafond, au croisement des axes qui précisent la position de l'appareil, une boîte en laiton A, représentée dans les deux croquis de la figure 328. Cette boîte présente une tubulure latérale pour se raccorder avec le fourreau F placé

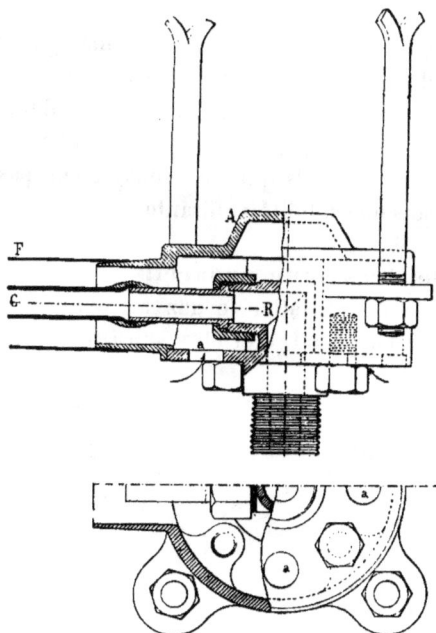

Fig. 328.

dans le plancher et à travers lequel passe la canalisation de gaz C. Cette boîte est fortement tenue par des boulons pris dans la maçonnerie et dont on peut serrer les écrous. Elle est ouverte par le bas et on la recouvre d'un couvercle R sur lequel se visse le raccord du branchement, d'une part, et qui, de plus, présente dans le bas une tubulure taraudée ou filetée qui recevra l'appareil.

Entre les vis ou tirefonds à métaux qui fixent le couvercle à la boîte, on ménage des ouvertures *a* qui permettent la ventilation du fourreau.

Presque partout on se sert de ces boîtes de ventilation pour fixer au plafond des pièces les gros appareils à gaz qu'on doit y suspendre; elles donnent toute sécurité pour la résistance de l'installation et pour le bon fonctionnement des appareils.

On fait également avec une forme analogue, mais sans tubulures de ventilation latérale, des pièces en laiton formant à la fois patère et raccords, qui se scellent profondément dans les murs et plafonds, et servent surtout à soutenir les gros appareils qui ne trouveraient pas dans les patères en bois une solidité suffisante.

182. Bélières pour appareils en plafond. — On a fréquemment à installer le gaz au plafond d'une pièce existante, où l'appareil doit être substitué à un appareil à

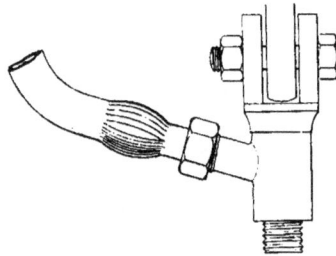

Fig. 329.

huile, pour lequel un simple piton à scellement servait d'attache. D'autre part, le piton est entouré d'ornements en pâte qu'on ne veut pas détruire. Il est impossible, dans ces conditions, de sceller une patère dans la maçonnerie, ce qui ferait trop de dégâts. On adopte alors la disposition suivante. On fait courir sur la paroi du plafond un tube saillant en cuivre de petit diamètre, environ $0^m,008$ à l'intérieur; on l'amène

près du piton en le terminant par un raccord. On trouve
dans le commerce, d'autre part, des pièces préparées, fondues
en laiton, que l'on nomme des *bélières*. L'une de ces bélières
est représentée dans la figure 329. C'est un bout de tube
vertical bouché à sa partie haute et portant sur le côté un
branchement oblique vissé, devant se raccorder avec l'extrémité du tube en cuivre d'arrivée du gaz. Le bas de la bélière
est fileté au pas de l'appareil à supporter. Le haut de cette
même pièce est bifurqué et se termine par deux disques
parallèles percés d'un trou en leur milieu. Ces deux disques
sont placés de côté et d'autre du piton, et un boulon traverse
le tout.

Il n'y a plus qu'à visser l'appareil. Ce dernier n'est donc
pas établi d'une façon fixe au plafond ; il peut se balancer
dans les manœuvres de fonctionnement ; il faut laisser assez
de liberté à l'extrémité du tuyau d'alimentation pour qu'il
puisse suivre sans fatigue les mouvements du haut de l'appareil ainsi monté.

183. Alimentation des moteurs à gaz. — Les
moteurs à gaz sont souvent branchés sur une canalisation
de faible diamètre, et les variations du débit nécessaire
déterminent des fluctuations de pression dans la conduite
d'alimentation. Ces fluctuations se répercutent dans tout le
voisinage et y font vaciller les flammes des brûleurs ;
l'éclairage devient très pénible et fatigue beaucoup la
vue.

On a obtenu une régularisation réelle en interposant, entre
la conduite du gaz et le moteur, une poche en caoutchouc
précédée d'un robinet d'arrêt ; on règle ce dernier de telle
sorte que son débit soit continu, alors que l'élasticité de la
poche permet l'alimentation intermittente du moteur.

MM. Bizot et Akar ont disposé leurs installations avec un
robinet spécial qui, au lieu de présenter une réglementation
difficile à obtenir, se manœuvre automatiquement par les
mouvements mêmes de la poche qu'ils alimentent. L'ensemble

de l'installation est représenté dans le croquis de la figure 330.
Le robinet est à papillon, et la valve du papillon obture plus
ou moins le passage du gaz ;
la valve est commandée par
une roue dentée R, mise en
mouvement par un double levier L, L', articulé avec deux
branches D, D'. Les deux branches D, D' tournent autour d'un
axe P, et sont commandées par
les flancs d'une poche plate,
auxquels ils adhèrent par l'intermédiaire d'une bague et des
agrafes A et A'.

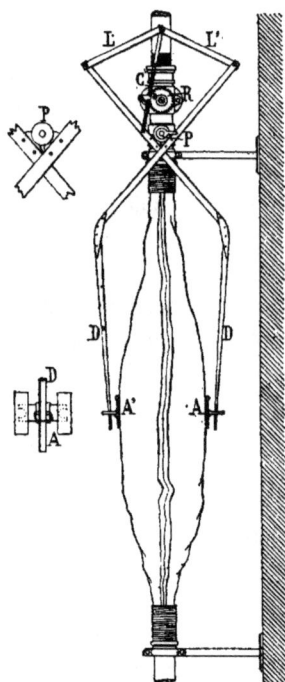

Les deux branches du levier
suivent les mouvements des
parois de la poche dans son gonflement et son dégonflement, et
l'appareil règle de lui-même
l'arrivée du gaz dans la poche
sans aller jusqu'à la remplir ;
dans cette dernière il ne maintient qu'une faible pression,
suffisante pour la marche du
moteur.

FIG. 330.

La chute de pression que pro-
duit le papillon empêche que les variations de pression
dans la poche, dues à la prise intermittente du moteur, se
traduisent en amont de ce papillon et n'influencent les brûleurs dans les canalisations voisines.

CHAPITRE VIII

COMPTEURS ET RÉGULATEURS

SOMMAIRE :

CHAPITRE VIII

COMPTEURS ET RÉGULATEURS

---

184. Compteurs à gaz, compteurs secs. — Le gaz
fourni aux abonnés est mesuré par des appareils nommés
compteurs. On en distingue de deux sortes : les compteurs
secs, et les compteurs hydrauliques.

Les compteurs secs ont été très employés en Angleterre.
Ils se composaient de sortes de soufflets doubles à membrane, logés dans une capacité fermée, dont le jeu imite le
fonctionnement des compteurs Frager pour l'eau. Le mouvement alternatif de chacun d'eux actionne un tiroir qui
sert à régler l'alimentation et le départ du gaz, en même
temps qu'une transmission de mouvement fait totaliser la
dépense par un compteur qui indique la consommation.

Ces compteurs ont présenté de grands inconvénients et
sont abandonnés aujourd'hui complètement.

185. Compteurs hydrauliques. — Les compteurs
hydrauliques ont, au contraire, tout à fait réussi dans la pratique ; ils ont été une des causes principales de la vulga-
risation de l'emploi du gaz.

Ils consistent dans un tambour cloisonné formant une
sorte de roue à écopes, plongée dans l'eau jusqu'à moitié ; en
tournant, cette roue mesure le gaz, et transmet sa rotation

à un compteur enregistreur, indiquant sur cadran la dépense
effectuée.

Si on entre plus en détail dans la constitution d'un compteur hydraulique, on le trouve renfermé dans deux boîtes
séparées A et B (*fig.* 331)[1].

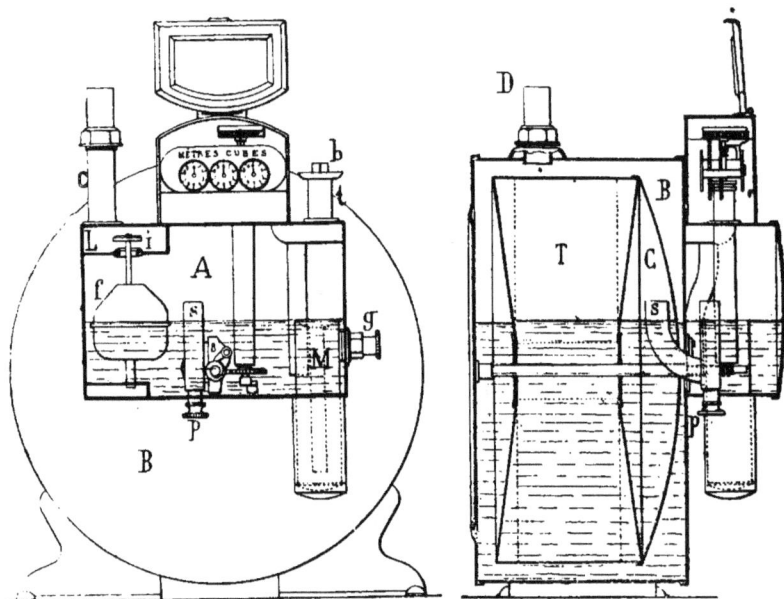

Fɪɢ. 331.

La boîte A est de forme parallélipipédique ; elle reçoit le
gaz à mesurer, et l'envoie dans la boîte B par un tube
recourbé S nommé siphon, qui passe près de l'axe de l'appareil convenablement ouvert et se recourbe verticalement en
haut. La boîte A comprend également d'autres organes :
flotteur à clapet, trop-plein pour régler le niveau de l'eau,

---

[1] Les compteurs représentés dans les figures 331 et suivantes sont ceux de la
Compagnie pour la fabrication des compteurs et matériel d'usines à gaz ; les
figures sont tirées de l'*Album* de cette Société.

ouverture d'emplissage, cliquet, bouchon de visite du siphon ; il sera parlé plus loin de ces organes.

La seconde boîte B est cylindrique et porte le tuyau D de départ du gaz.

Dans son intérieur et sur un axe horizontal se trouve porté le tambour mobile T, cloisonné, qui doit servir à mesurer le gaz ; les cloisons latérales de ce tambour sont formées de lames minces de fer-blanc, laissant entre elles des fentes de chaque côté pour le passage du gaz. Ces fentes sont disposées à raison de deux par écope : l'une qui communique avec l'arrivée du gaz, l'autre avec le départ ; ce tambour est maintenu noyé dans une couche d'eau qui monte à quelques centimètres au-dessus de l'axe.

Les deux orifices d'une même écope sont disposés de telle sorte, l'un par rapport à l'autre, que, si l'un émerge, l'autre est immergé ; il en résulte que la capacité reçoit le gaz si elle est en communi-cation avec l'arrivée, ou le rend si elle donne accès à la capacité de départ.

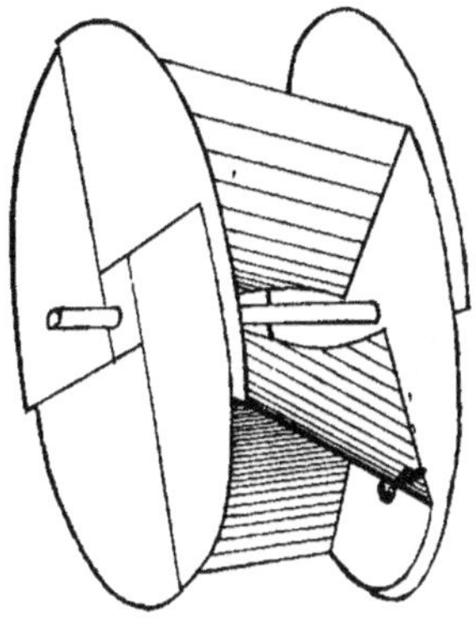

Du côté de l'arrivée, une seconde cloison forme une capa-cité C qui reçoit directement le gaz du siphon, et fait corps avec le tambour ; le siphon passe par un orifice central noyé sous le niveau du liquide.

L'écoulement du gaz produit, dans les augets qui commu-niquent avec le départ, une aug-

Fig. 332.

mentation de quelques millimètres dans le niveau du li-quide ; cette surélévation suffit pour produire la rotation continue du tambour, dès qu'il y a dépense de gaz.

L'écoulement du gaz est continu, parce que, lorsqu'un auget s'emplit, un autre, opposé, est en communication avec la boîte B et lui cède son contenu ; puis, il est remplacé par l'auget suivant. La disposition est telle qu'un auget ne peut être à la fois en communication avec les deux boîtes.

Une vue perspective de l'intérieur du tambour est donnée dans la figure 332 ; elle montre le fonctionnement des augets. Le développement du cylindre (croquis 333) complète cette figure.

L'axe du tambour pénètre librement à travers le liquide de la boîte A ; il s'y termine par une vis sans fin, précédée d'une roue à cliquet.

La vis sans fin, engrenant avec une roue horizontale, commande l'arbre d'un compteur qui totalise le débit et l'accuse : 1° pour les litres, sur un tambour gradué tournant devant un repère fixe ; 2° pour les mètres cubes, sur une série de cadrans donnant : le premier, les mètres cubes ; le second, les dizaines de mètres ; le troisième, enfin, les centaines.

On lit donc immédiatement la consommation en mètres cubes et en litres.

La roue à cliquet empêche le mécanisme de rétrograder et de démarquer une consommation déjà enregistrée.

A chaque tour, la quantité de gaz débitée par le tambour est égale à la différence de deux cylindres de la hauteur du tambour, dont l'un a un diamètre égal au diamètre même du tambour, et l'autre a pour rayon la hauteur du niveau de l'eau au-dessus de l'axe.

Il en résulte que, si le niveau vient à baisser dans le compteur, la consommation par tour augmente et que cette augmentation n'est pas enregistrée. Il est donc nécessaire, de temps en

Fig. 333.

temps, une fois, ou même plusieurs fois par mois, de rétablir le niveau en introduisant de l'eau dans l'appareil.

On met de l'eau par la tubulure t, en enlevant le bouchon vissé b, et cela jusqu'à ce qu'elle sorte par le goulot g, également débouché et qui correspond au trop-plein M ; ce dernier est muni d'une garde hydraulique afin d'éviter la sortie du gaz.

Enfin, pour éviter que le niveau puisse s'abaisser assez pour permettre le passage direct du gaz par la partie centrale, auquel cas le compteur ne marquerait plus aucune dépense, on a ajouté un flotteur à clapet f. Le gaz, avant de passer dans la boîte A, traverse une première capacité L, qui ne communique avec A que par la soupape i commandée par le flotteur f.

Quand le niveau baisse trop, la soupape i ne fonctionne plus, et le compteur ne laisse plus passer de gaz. On rétablit son fonctionnement en remontant le niveau par une addition d'eau. Dans les gros compteurs, la soupape i est double, de manière à interrompre aussi le passage du gaz lorsque le niveau s'élève trop et que le compteur donne des indications erronées au détriment des abonnés.

Un dernier bouchon p communique directement avec le siphon et permet de se rendre compte des engorgements du siphon et, au besoin, d'y insuffler de l'air avec une pompe pour le dégager (après avoir, bien entendu, fermé l'arrivée du gaz et ouvert quelques brûleurs de l'établissement).

Dans les compteurs du modèle dit poinçonné, représenté dans la figure 334, ce bouchon est muni d'une garde hydraulique h, pour empêcher l'abonné de faire une prise de gaz directe ; mais il en résulte l'inconvénient d'un examen et d'un dégorgement plus difficiles.

Les indications du débit du compteur peuvent être faussées :

1° Par la *surcharge*, c'est-à-dire par un débit excédant le numéro du compteur. Cette surcharge produit, en effet, un abaissement de niveau, nécessaire pour le faire tourner à une plus grande vitesse ; l'erreur peut être de 1 à 2 0/0 au détriment de l'usine ;

2° Par la *dénivellation*, qui change les conditions du débit. — Dans la dénivellation d'*arrière en avant*, la capacité des augets du tambour est augmentée, et il se produit une erreur de mesurage au détriment de l'usine, qui peut atteindre

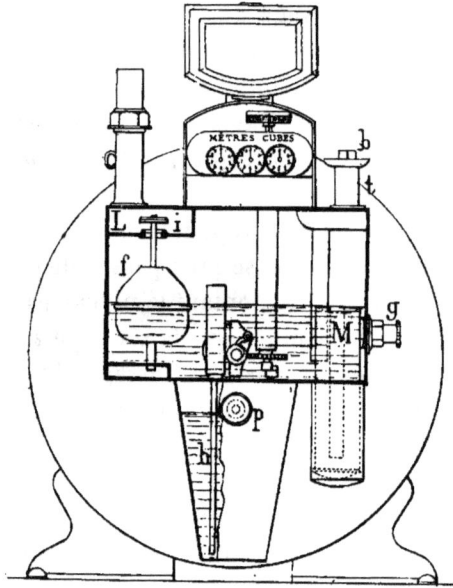

Fig. 334.

6 à 8 0/0. Sans la soupape cette dénivellation pourrait même laisser passer le gaz par le centre sans indication du compteur. C'est par une dénivellation de ce genre que l'on fraude souvent les Compagnies.

L'inclinaison de *gauche à droite* peut également donner dans le même sens des erreurs de 5 à 6 0/0. Celle de droite à gauche serait au détriment de l'abonné.

Il en résulte une obligation absolue de maintenir l'horizontalité des compteurs. On les établit sur des planchettes épaisses en chêne, scellées solidement au plâtre ou portées sur de fortes consoles en fer également scellées dans le mur.

Les compteurs eux-mêmes sont fixés par des vis en cuivre à
la planchette, et dans les gros modèles ils portent dans le
haut des surfaces parallèles à leur plan de base et dont il
est facile de contrôler le niveau.

Le débit par tour d'un compteur est le suivant :

		Débit par tour
Pour compteur de 3 becs	....	$3^l,5$
— 5 —	....	7 »
— 10 —	....	14 »
— 20 —	....	28 »
— 30 —	....	42 »
— 40 ou 50 —	....	56 »
— 60 —	....	84 »
— 80 —	....	112 »
— 100 —	....	140 »

186. Compteurs à niveau constant. — Des expériences faites par M. Coze, directeur de la Compagnie du
Gaz de Reims, il résulte que l'eau enlevée des compteurs
par le passage du gaz est de :

$0^l,430$ pour 100 mètres cubes mesurés dans un compteur de	3 becs
0 331	—	—	—	5 —
0 245	—	—	—	10 —
0 207	—	—	—	20 —
0 171	—	—	—	30 —
0 170	—	—	—	40 —
0 135	—	—	—	60 —
0 149	—	—	—	80 —
0 141	—	—	—	100 —
0 032	—	—	—	300 —
0 017	—	—	—	500 —

Ce tableau explique pourquoi il est indispensable de régler
le niveau des compteurs une ou plusieurs fois par mois.
Aussi, a-t-on depuis longtemps fait tous les efforts possibles
pour éviter cette dénivellation; parmi toutes les inventions
y relatives, celle qui a paru donner le meilleur résultat consiste dans la disposition du compteur à niveau constant de
MM. Siry-Lizars. Ce compteur ne diffère des autres que par

l'adjonction d'une boîte à chicanes pleine d'eau, que le gaz
parcourt avant d'entrer dans le compteur; il s'y sature et
n'enlève plus le liquide de l'appareil mesureur. Il n'y a
qu'à maintenir plein d'eau le saturateur en question.

187. Compteurs à mesures invariables. — On a
fait ensuite les appareils connus sous le nom de compteurs
invariables, que l'on construit depuis quelque temps et qui
tendent à se répandre d'une façon générale. Celui de Siry-
Lizars est fondé sur l'adjonction de cuillers renversées qui
sont annexées aux augets du tambour. Ces cuillers sont
représentées par les lettres M, M', N et N' de la figure 335;
elles sont parallèles deux à deux, mais renversées les unes par

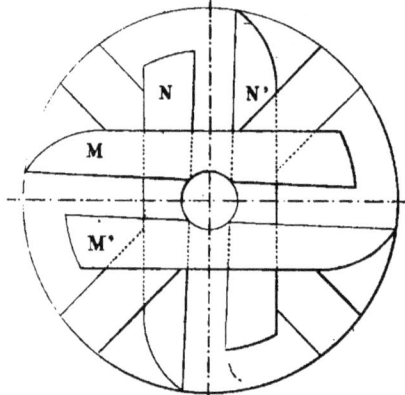

rapport aux autres. Ces cuillers ont pour effet de retenir une
portion de gaz dans l'auget qui se vide et de la reverser dans
l'auget qui se remplit; le volume de gaz ainsi retenu est
d'autant plus grand que le niveau s'abaisse davantage. La
forme des cuillers est telle qu'il y a compensation et que le
mesurage reste exact.

Ce compteur, entré dans le domaine de la pratique, n'absorbe pas plus de pression qu'un compteur ordinaire et

s'établit pour toutes les capacités, depuis 3 becs jusqu'à
500 becs. Il faut ajouter qu'on dispose ces cuillers compen-
satrices de manière à ne pas déformer le volume du gaz
ramené d'un compartiment dans l'autre; on évite ainsi toute
oscillation dans le pouvoir éclairant des flammes des brûleurs.

188. Gros compteurs avec caisses en fonte. —
Jusqu'à 200 becs, les compteurs ont leur caisse établie en
tôle. Pour les compteurs plus gros, on la construit en fonte;
elle est cylindrique avec deux fonds à brides boulonnés.

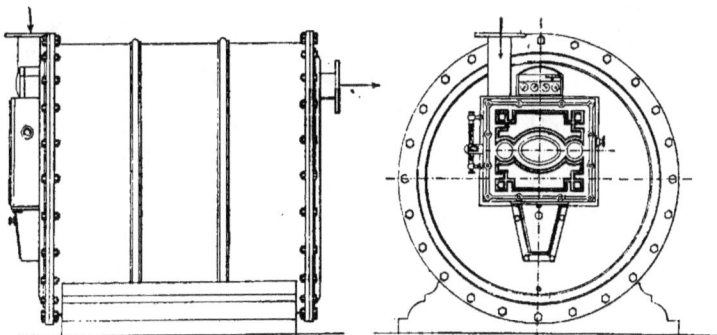

Fig. 336.

Sur le plateau d'avant se trouve l'arrivée, avec la boîte rectangulaire contenant le mécanisme; le départ s'effectue sur
le fond arrière.

La figure 336 représente un compteur de ce genre exécuté
par la « Compagnie pour la fabrication des compteurs et
matériel d'usines à gaz ». Le principe de fonctionnement
est toujours le même, à quelques détails près. La soupape
est supprimée pour éviter tout danger d'extinction des brûleurs sous l'influence de variations brusques de débit ou de
pression.

Un tube en verre, placé latéralement et recevant en haut

la pression d'arrivée, permet de voir en marche le niveau
réel de l'eau dans le volant.

Une autre disposition, préférable à la précédente, permet,
par une légère modification intérieure, d'admettre et d'émettre
le gaz sur la même face, à l'arrière de l'appareil. Elle est
représentée par deux élévations dans la figure 337. Le gaz
arrive en A et sort en B; l'entrée occupe forcément le centre
du plateau; la sortie peut indifféremment se faire dans l'axe
vertical ou sur le côté.

Cette modification permet l'emploi combiné des trois

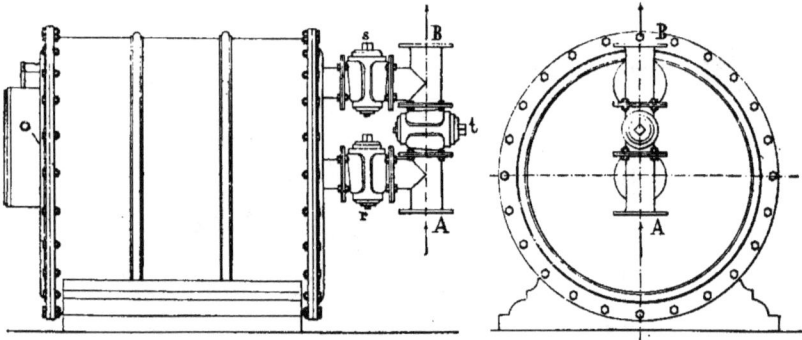

Fig. 337.

robinets-valves *r*, *s* et *t*, dont le rôle est le suivant : le robinet *r* commande l'arrivée du gaz ; le robinet *s* règle le départ ;
le robinet *t* permet d'effectuer le débit du gaz directement,
dans le cas exceptionnel de mauvais fonctionnement du
compteur, et, par suite, de ne pas interrompre l'éclairage et
le service. Cette combinaison porte le nom de *by-pass*.

189. Compteurs à payement préalable. — Pour
rendre le gaz accessible aux ouvriers et aux petits ménages
d'employés, on a imaginé et mis en service, en Angleterre,
depuis 1889, des compteurs spéciaux dits à *payement
préalable*.

Ces compteurs consistent dans l'adjonction aux compteurs ordinaires d'un mécanisme tel qu'en versant préalablement dans un orifice ménagé *ad hoc* une pièce de 0 fr. 10, on détermine l'ouverture d'une soupape qui permet le fonctionnement du compteur jusqu'à concurrence de la livraison d'une quantité correspondante de gaz, variable avec le prix de ce dernier. En versant ainsi d'avance un certain nombre de décimes, l'abonné s'assure le débit d'une réserve de gaz. Un cadran l'avertit de l'importance de cette réserve à tout instant, et chaque pièce de monnaie versée ajoute l'équivalent en gaz à la réserve disponible.

L'abonné, en outre du cadran indicateur, est averti de la consommation de la totalité de sa réserve, un peu d'avance, par l'abaissement de pression que produit la fermeture lente de la soupape.

Ces compteurs ont parfaitement réussi en Angleterre et ont rendu l'emploi du gaz accessible à toutes les petites bourses; dans certaines villes, ce mode de livraison dépasse en importance celui des compteurs ordinaires. Ce nouveau système a été importé à Rouen et y réussit également.

190. Dimensions des compteurs. — On fabrique des compteurs de toutes capacités, depuis 5 becs de consommation. L'unité de bec correspond à une dépense de 140 litres à l'heure.

On a même construit un compteur pour très faible dépense appelé compteur de 3 becs ; mais il ne correspond qu'à des becs de 120 litres, soit un débit normal de 360 litres, et la préfecture de la Seine, le considérant comme hors série, en a refusé le poinçonnage.

Les dimensions des compteurs sont approximativement les suivantes :

NOMBRE des becs	VOLUMES DÉBITÉS par heure à la vitesse normale de 100 révolutions par heure (litres)	DIMENSIONS APPROXIMATIVES			CAPACITÉ du volant	PRESSION absorbée	VOLUME NORMAL de l'eau environ	DIAMÈTRES des raccords	DIAMÈTRE du branchement et tuyau de sortie	DIAMÈTRE de la distribution à partir de la sortie
		Largeur	Hauteur	Profondeur						
becs 3	0m3,360	0m,30	0m,35	0m,25	3l,500	2mm,5 à 3mm	6l, »	0m,0135	0m,027	0m,024
5	0 700	0 39	0 42	0 27	7	2 5 à 4	10 500	0 020	0 027	0 021
10	1 400	0 45	0 50	0 33	11	3 à 4	20	0 025	0 027	0 027
20	2 800	0 52	0 61	0 40	28	3 à 5	38	0 030	0 034	0 034
30	4 200	0 60	0 69	0 47	42	4 à 5	65	0 037	0 040	0 040
40	5 600	0 68	0 78	0 49	56	4 à 6	75	0 043	0 540	0 054
60	8 400	0 75	0 80	0 65	48	5 à 6	115	0 043	»	»
80	11 200	0 82	0 88	0 68	112	6 à 8	143	0 050	»	»
100	14 000	0 87	0 93	0 70	140	7 à 9	190	0 050	»	»
150	21 000	0 95	1 40	0 85	»	8 à 10	224	0 055	»	»
200	28 000	Diamètre : 1m,05	1 05	1 15	»	8 à 10	450	0 080	»	»
300	42 000	—	1 15	1 35	»	8 à 10	650	0 100	»	»
400	56 000	—	1 25	1 40	»	9 à 10	800	0 125	»	»
500	70 000		1 36	1 50	»	9 à 10	1.050	0 150	»	»

191. Installation des compteurs. — Les compteurs
doivent être placés dans un endroit frais et non froid. En
hiver, ils doivent se trouver à l'abri de la gelée. Si, faute
d'autre emplacement, on est obligé de les établir dans une
pièce chauffée, une cuisine par exemple, on évitera le haut
de la pièce et on les maintiendra près du sol.

Cette précaution a pour but de diminuer l'évaporation de

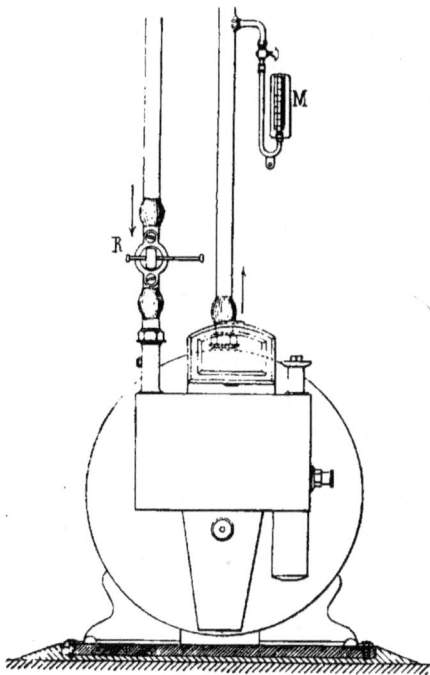

FIG. 338.

l'eau et, par suite, l'entraînement de cette eau et les condensations qui en résulteraient, dont les conséquences seraient
l'obstruction des conduites ou, tout au moins, la nécessité
d'une surveillance continuelle des siphons. Il faut également
choisir un local facilement accessible aux visites des agents
de la Compagnie, chargés d'enregistrer périodiquement les
indications des cadrans.

Une fois l'emplacement choisi, on scelle sur le sol, bien de niveau, une planche en chêne de forte épaisseur qui fera la fondation de l'appareil. Si ce dernier doit être posé à une certaine hauteur au-dessus du sol, on pose la planche sur des consoles en fer scellées dans la maçonnerie d'un mur, et on la fixe par des boulons.

C'est sur cette planche que l'on tirefonne les oreilles de la base du compteur. La figure 338 représente un compteur de faible capacité, ainsi installé sur sa planche ; on voit à gauche le tuyau d'arrivée, le robinet d'arrêt R et le tuyau de départ muni à hauteur convenable du manomètre indique-fuites. Souvent, on met un robinet d'arrêt à la sortie de l'appareil.

Le compteur doit être préservé des chocs. Si on ne peut le loger dans une petite pièce spéciale, on l'enveloppe d'un coffrage dont le devant forme porte et est mobile autour de charnières. En aucun cas, ce coffrage ne doit être entièrement clos ; on le munit de deux grilles de ventilation, l'une en bas pour l'accès de l'air, l'autre en haut pour sa sortie. On évite ainsi l'accumulation du gaz en cas de fuite.

Les grands compteurs demandent une installation plus soignée ; on leur consacre une pièce spéciale à l'abri de la gelée et parfaitement ventilée.

La figure 339 représente l'installation d'un compteur de 200 becs, telle qu'on l'établit à la Compagnie du chemin de fer de l'Est. La place montre qu'on a réservé une chambre de $3^m,10$ de largeur sur $2^m,75$ de profondeur.

Le gaz arrive par le sol dans un caniveau découvert, dans un tuyau de $0^m,100$ de diamètre. Le compteur adopté reçoit le gaz par l'arrière et l'émet également par l'arrière ; les robinets sont disposés pour une manœuvre facile.

Du compteur, le gaz se rend dans un régulateur de pression, qui reçoit le gaz par une tubulure latérale et l'émet par une tubulure opposée ; le régulateur est installé entre deux robinets pour pouvoir être isolé pour les nettoyages et réparations. Un tuyau latéral forme *by-pass* et permet de

n'interrompre nullement le service du gaz lorsque le régulateur ne fonctionne pas ; un autre *by-pass* est disposé au

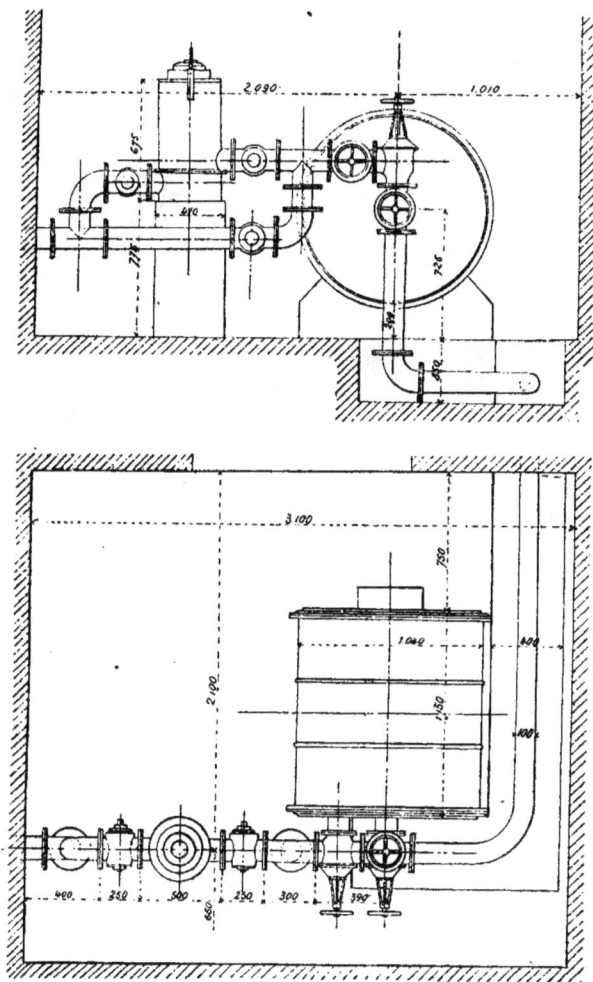

compteur pour ne pas interrompre le service en cas de réparation. L'ensemble des canalisations et des robinets qu'elles

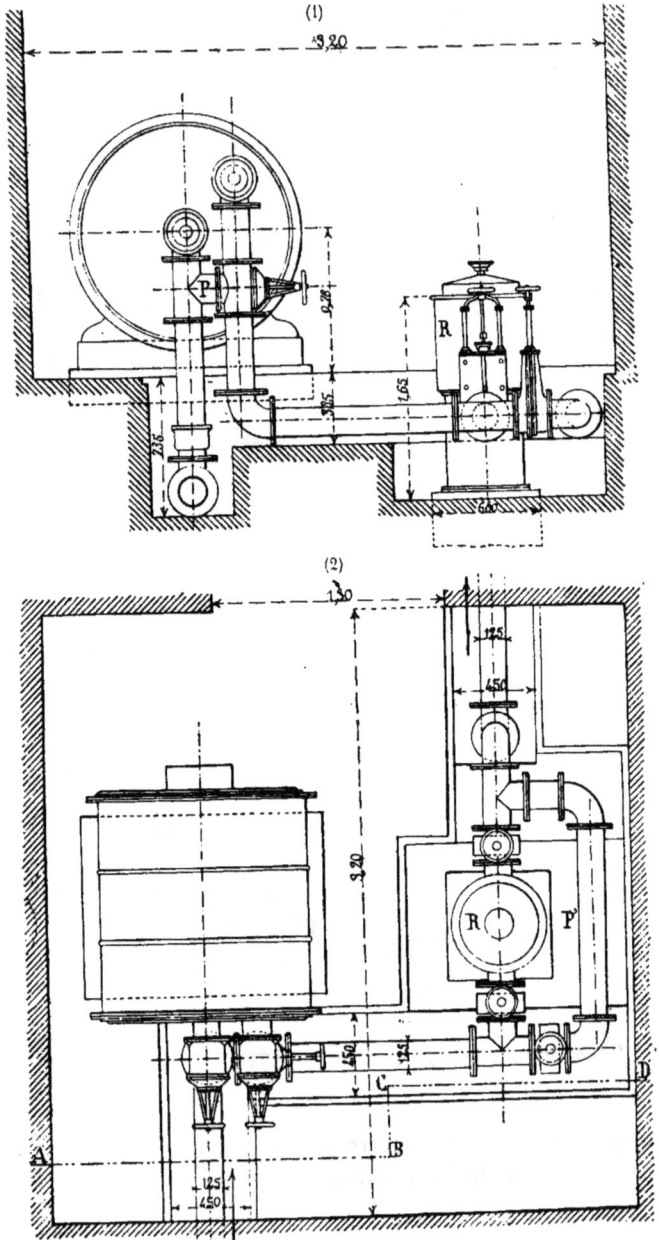

(1)

(2)

Fig. 340.

comportent est indiqué en élévation dans la coupe verticale. Cette canalisation est en fonte à brides et se relie avec les valves et tubulures spéciales des appareils.

La figure 340 montre en coupe et en plan le type d'installation d'un compteur plus fort (400 becs) de la même Compagnie. La chambre est légèrement plus grande, 3ᵐ,20 × 3ᵐ,20 ; le compteur est sur le côté, et le gaz arrive par le sol, en arrière, au moyen d'un tuyau en fonte de 0ᵐ,125 de diamètre. Comme dans le cas précédent, ce type de compteur reçoit le gaz par l'arrière et l'émet également du même côté, ce qui facilite l'organisation des robinets et l'installation d'un *by-pass* P, pour le cas où le compteur serait en réparation ou fonctionnerait mal, par suite d'accident.

Sur le tuyau de départ qui redescend en caniveau, on place un régulateur de pression R, installé dans une cavité en contre-bas. Ce régulateur est compris entre deux vannes, pour permettre le nettoyage ou les réparations, et, pendant ce temps, le gaz passe dans un *by-pass* P' qui rejoint la conduite de départ.

Dans les installations très importantes, au lieu d'un très gros compteur, on a avantage à dédoubler l'appareil en deux, de telle sorte qu'un accident ne met hors de service que la moitié des appareils, et que l'éclairage reste assuré, quoique moins largement alimenté.

La figure 341 donne le plan et la coupe d'un double compteur ainsi installé ; ce dessin est encore un type de la Compagnie de l'Est.

Chacun des compteurs figurés est de 2.000 becs ; le tuyau d'arrivée total est de 0ᵐ,250 extérieurement ; il amène le gaz à l'arrière des deux compteurs, qui sont disposés parallèlement dans une chambre de 7ᵐ,10 × 6ᵐ,99. Les deux tuyaux partiels ont même diamètre, et les compteurs admettent le gaz sur leur face arrière et l'émettent de même ; les robinets sont disposés en *by-pass*, comme dans les exemples précédents. La tuyauterie de sortie des compteurs, toujours en fonte, de 0ᵐ,250 extérieur, passe à côté des régulateurs R, R que l'on

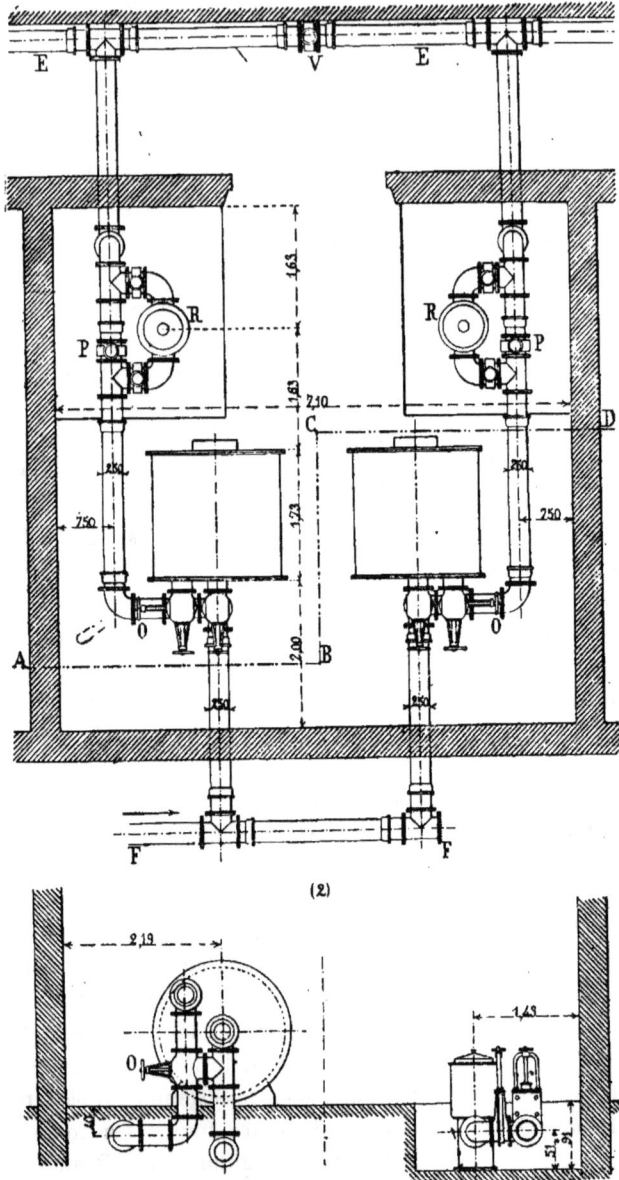

Fig. 341.

peut isoler ou mettre en service à volonté par la manœuvre de trois valves d'isolement et de commande.

Les conduites continuent jusqu'à joindre la conduite générale de distribution E, qui répartit le gaz dans tout l'établissement.

Lorsque l'établissement en question est placé entre deux voies publiques, desservies toutes deux par des conduites de gaz, il est préférable d'adopter une disposition autre, qui est la suivante :

On dédouble les compteurs et on fait une installation avec prise spéciale sur chaque voie; on fait aboutir les deux conduites sur le tuyau général de distribution de la propriété.

De la sorte, s'il arrive un accident à une des canalisations de la voie publique, l'autre conduite continue à amener le gaz, et l'extinction absolue n'a pas lieu.

192. Préservation des compteurs de la gelée. — On doit prendre toutes les précautions pour préserver un compteur de la gelée, et choisir à cet effet un emplacement convenable (pas trop chaud pour éviter de trop fortes évaporations).

Bien souvent, les emplacements qui se présentent disponibles ne sont pas suffisamment garantis; on cherche alors à rendre incongelable le liquide contenu dans le compteur.

Le premier moyen consiste à remplacer une partie de l'eau par de l'alcool dénaturé, à raison de 1/2 litre par bec de capacité ; avec le mélange ainsi produit, un compteur peut être abaissé sans congélation jusqu'à la température de — 10°.

On peut encore remplacer l'alcool par la glycérine dans une proportion telle que le mélange ait une densité de 1,1. La glycérine a sur l'alcool l'avantage de ne pas s'évaporer et de ne donner aucune chance d'extinction de ce fait. Elle permet au compteur de résister également jusqu'à un froid de — 10°; mais elle oxyde les métaux de l'appareil et les détériore rapidement.

On a essayé sans succès les huiles de goudron et les dissolutions de différents sels; en résumé, c'est à l'alcool ou à l'esprit-de-bois qu'il est préférable de recourir.

Une bonne précaution dans tous les cas consiste à envelopper le compteur dans une caisse en bois garnie de matières peu conductrices : feutre, bois, liège, etc., qui retardent le refroidissement de l'appareil.

193. Rhéomètres et régulateurs. — Malgré tout le soin des usines à gaz à envoyer dans les conduites une quantité de gaz aussi en rapport que possible avec la consommation, on constate aux brûleurs des fluctuations continuelles correspondant à des variations de la pression dans les diverses parties des canalisations. On remédie à l'insuffisance de lumière par l'ouverture plus complète du robinet ; au bout de quelque temps arrive un excès de gaz allongeant la flamme, la rendant fuligineuse, la faisant filer, au grand détriment de l'abonné : il dépense plus de gaz, est désagréablement affecté par l'odeur dégagée, et les peintures des appartements sont détériorées et salies. Pour éviter tous ces inconvénients, il faut à chaque instant surveiller les becs et modifier la position des robinets.

Ces modifications de pression dans les conduites de la ville se reproduisent de même dans la canalisation de l'abonné par l'allumage ou l'extinction de ses propres brûleurs.

La pression varie ainsi constamment dans des limites très éloignées, qui, à Paris, vont facilement de 40 millimètres à 150 millimètres mesurés en hauteur d'eau.

La différence de niveau des divers quartiers au-dessus de l'usine productrice du gaz détermine, en outre, à raison de la légèreté du gaz, une surpression d'environ $0^{mm},8$ par mètre dont on s'élève, et vient encore ajouter aux irrégularités.

On a cherché des appareils qui pussent garantir de ces variations incessantes.

Dans une conduite de diamètre donné, la pression à l'entrée étant P et celle de la sortie étant p, la charge maintenant l'écoulement est P — p. La section étant constante, le débit varie proportionnellement à la vitesse et, par suite, à la charge P — p. Dans une installation, il peut se présenter deux cas :

1° La conduite n'a à alimenter qu'un seul brûleur ou qu'un seul groupe de brûleurs fonctionnant ensemble ; pour rendre la consommation constante comme volume, il faut rendre constante la charge P — p. C'est le cas des appareils nommés *rhéomètres* qui, tout en permettant des variations de P et de p, maintiennent constante la différence entre les deux pressions. On les distingue en *rhéomètres humides* et *rhéomètres secs* ;

2° La conduite alimente un nombre quelconque de brûleurs ayant chacun son fonctionnement propre, comme temps et comme durée. Cette conduite est supposée établie avec soin, et en aucun point la vitesse du gaz ne dépasse 2ᵐ,50 par seconde.

Dans ces conditions, la perte de charge est négligeable devant la pression P, et, pour maintenir le débit constant, il suffit d'assurer la fixité de P. C'est le but des *régulateurs de pression*.

194. Rhéomètres humides. — Le *rhéomètre* humide est un petit appareil que l'on place sur le brûleur dont on veut régulariser la consommation. Il se compose (*fig.* 342) d'une boîte cylindrique vissée immédiatement avant le bec et contenant une cloche très légère en alliage cuivre-nickel ; cette cloche pèse 0ᵏᵍ,0035 pour le rhéomètre d'un bec ; elle est terminée en haut par un cône qui forme soupape sur l'orifice de dépense.

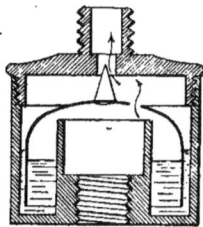

FIG. 342.

La cloche plonge dans une faible quantité du liquide contenu dans la boîte (5 centimètres cubes environ pour un bec); ce liquide est soit de la glycérine, si le cuivre est étamé ou allié, soit de l'huile d'amandes douces, si l'appareil est en cuivre non étamé.

La cloche est percée d'un orifice dont le diamètre correspond au débit que l'on veut obtenir; c'est par cet orifice que passe le gaz. Si la pression du gaz dans la conduite et sous la cloche est P, et si elle est p au-dessus, la section de la cloche étant S, et π son poids, on a comme condition d'équilibre :

$$pS + \pi = PS$$

$$(P - p) = \frac{\pi}{S} = \text{quantité constante.}$$

Le passage du gaz se fait sous une charge constante par un orifice de section constante; donc le débit est constant, quelle que soit la pression initiale du gaz dans la conduite. Une fois l'appareil réglé, la seule variation de débit possible viendrait des variations de densité du gaz. Les rhéomètres sont réglés pour une consommation de 100 litres à l'heure d'un gaz de densité égale à 0,38. Voici les consommations pour des densités différentes :

DENSITÉ	DÉBIT	DENSITÉ	DÉBIT
0,35	104,2	0,50	87,2
0 38	100 »	0,55	84,1
0 40	97,5	0,58	80,9
0 45	91,9		

L'emploi des rhéomètres empêche les becs de filer, leur permet de donner une lumière absolument fixe, quelles que soient les oscillations de pression dues à diverses causes et notamment à l'allumage ou à l'extinction d'autres brûleurs branchés sur la même conduite ; ils demandent peu d'entretien, un nettoyage tous les deux ans par exemple.

Il faut les établir près du brûleur, afin que, par la chaleur transmise, ils soient exempts de toute condensation ou dépôt de naphtaline. La perte de charge de gaz à son passage dans un rhéomètre est d'environ $0^{mm},8$, mesurée en hauteur d'eau.

Les rhéomètres humides donnent par leur régularisation une très notable économie dans la dépense du gaz ; ils sont à recommander toutes les fois que la canalisation est insuffisante, soit par un vice de premier établissement, soit par suite de l'adjonction non prévue d'un nombre considérable de brûleurs supplémentaires.

Ils demandent une seule précaution, c'est de les retirer lorsqu'on souffle dans une canalisation pour enlever les dépôts de naphtaline. On conçoit, en effet, que, dans ce cas, le liquide serait projeté dans les tuyaux et les appareils déréglés.

Le rhéomètre précédent est construit par la maison Giroud et Cie.

L'on peut avoir des rhéomètres humides à débit variable, et l'un de ces appareils est représenté par la figure 343, tirée également de l'*Album de la maison Giroud et Cie*. Le gaz arrive par l'orifice de la cloche pour le débit minimum, et l'on peut augmenter la dépense par un passage supplé-

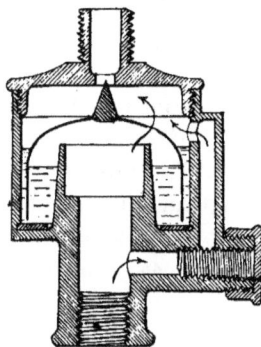

Fig. 343.

mentaire latéral de gaz, commandé par une vis que l'on tourne à volonté pour le limite.

On emploie spécialement cet appareil lorsqu'on est susceptible de faire varier l'allure du brûleur.

Une légère modification de cet appareil en a fait un rhéomètre à fermeture automatique, dit aussi rhéomètre *Serment*, du nom de son inventeur. La figure 344 rend compte de la disposition. La cloche porte à la partie supérieure un double cône qui lui permet de fermer soit l'orifice supérieur de sortie du gaz, soit l'orifice d'arrivée sous la cloche dans les deux positions extrêmes de cette dernière. Le fonctionnement est le suivant : si le bec est en marche, la cloche est soulevée, et le rhéomètre marche comme les précédents. Si le gaz vient à manquer, le robinet restant grand ouvert, la cloche tombe et ferme par son cône l'orifice d'arrivée. Lorsque le gaz reprendra sa pression, celle-ci ne s'exercera plus que sur la section du cône et sera incapable de soulever la cloche; le bec restera fermé. Pour rallumer le gaz, il faudra fermer et réouvrir le robinet; ce n'est que par cette manœuvre que la cloche sera de nouveau soulevée.

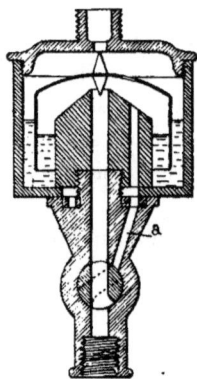

Cet appareil donne toute sécurité en cas d'extinction fortuite des becs par absence momentanée de pression.

Fig. 344.

195. Rhéomètres secs. — Les rhéomètres secs fonctionnent sans liquide.

La cloche des appareils précédents est remplacée par un disque en aluminium, autour duquel passe le gaz dans un espace annulaire restreint. Le croquis de la figure 345 représente à demi-grandeur un appareil de la maison Giroud.

Ainsi qu'on le voit, un disque mobile peut se mouvoir verticalement dans un espace fermé qui sert de passage au gaz. Par la forme même des parois de la chambre, dès qu'il s'élève, soulevé

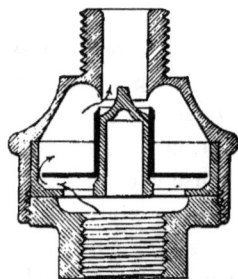

Fig. 345.

par une pression trop forte du gaz, il diminue la section du passage et restreint le débit.

Ces appareils peuvent fournir : le n° 1, de 100 à 300 litres à l'heure ; le n° 2, de 400 à 1.800 litres.

Ici, on n'a plus à craindre l'altération de l'aluminium en présence du gaz, le contact des deux matières se faisant à sec.

Le calibrage des rhéomètres secs est bien plus difficile que celui du rhéomètre humide.

De plus, le passage du gaz est excessivement réduit, surtout dans les appareils à faible débit, et la moindre impureté vient modifier le passage et compromettre le fonctionnement normal ; il faut donc de fréquents nettoyages.

Les avantages sur les rhéomètres humides sont : d'être plus légers, et de pouvoir se placer plus facilement aux extrémités des bras mobiles des genouillères, qu'ils chargent moins ; et, en outre, de se déplacer plus facilement et, par suite, de s'appliquer mieux aux appareils mobiles.

L'appareil devient très pratique pour les débits importants, 500 litres et au dessus, et reçoit une très bonne application dans les rampes ou motifs d'éclairage qui doivent dépenser une quantité de gaz déterminée.

Les rhéomètres secs ci-dessus n'absorbent qu'une pression très faible, ne dépassant pas 10 millimètres pour les gros appareils.

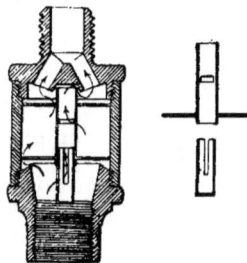

Fig. 346.

La figure 346 représente un autre exemple d'un rhéomètre sec, celui de M. Bablon, qui a été étudié de manière à permettre un réglage initial à l'usine pour un débit déterminé. Ainsi que le montre le dessin, le gaz passe, d'une part, entre un diaphragme mobile et l'enveloppe, puis entre le tube qui surmonte le diaphragme mobile et une cloison fixe. D'autre part, il en passe une seconde partie dans l'intérieur du tube, et c'est sur ce passage supplémentaire que l'on peut agir en modifiant la position d'un tuyau fermé, se mouvant dans le premier d'une façon télescopique et à frottement dur. Deux fenêtres opposées sont plus ou moins ouvertes dans les différentes positions du tuyau, et laissent passer plus ou moins de gaz.

On règle, dans une expérience pratique préalable, qui se fait au laboratoire, la position du tuyau jusqu'à ce qu'on obtienne le débit voulu et, une fois cette position obtenue, on ferme et on livre l'appareil, qui ne peut plus se déranger.

Le croquis de détail montre la forme du disque mobile, du tube qui lui est adapté, et du tuyau qui bouche le tube, avec les fenêtres d'accès du gaz.

196. Régulateurs de pression. — Les régulateurs de pression se posent en tête des installations, et immédiatement après le compteur. De même que pour ce dernier, il faut choisir un local à l'abri de la gelée, mais non chauffé, pour éviter de trop fortes évaporations. Une bonne précaution à prendre est de disposer les tuyaux en *by-pass*, afin d'isoler l'appareil au besoin.

Le régulateur de pression a été inventé, en principe, par Clegg, dès 1815 ; les détails seuls ont subi, depuis, quelques perfectionnements.

L'appareil se compose essentiellement (*fig.* 347) d'une cloche cylindrique flottant dans une cuve contenant un liquide faisant joint hydraulique. La profondeur de ce joint permet à la cloche un mouvement vertical suffisant.

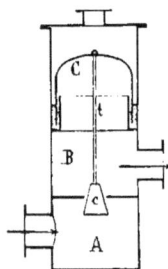

Fig. 347.

Cette cloche supporte, au moyen d'une tige centrale, une soupape conique, qui obstrue plus ou moins, par son déplacement vertical, un orifice percé dans une cloison séparant deux capacités inférieures A et B.

C'est dans la capacité inférieure A qu'arrive le gaz, avec

la pression variable de la canalisation de la ville. Il passe dans la capacité B par l'espace annulaire qui entoure la soupape. Là, il soulève la cloche dès que sa pression atteint une certaine valeur. Si la pression augmente ensuite, la soupape se ferme ; si elle baisse, elle s'ouvre.

On conçoit qu'on puisse régler cette sorte de détendeur de manière à obtenir dans la capacité B une pression déterminée. Or, cette capacité B donne naissance au tuyau de distribution.

La cloche est en équilibre sous l'action de son poids P et de la pression p du gaz, qui s'exerce par dessous sur sa section S ; on a la relation :

$$P = pS,$$

d'où :

$$p = \frac{P}{S} = C^{te}.$$

On peut faire varier p par l'addition à la partie supérieure de la cloche d'un nombre variable de rondelles en plomb, de manière à régler la pression du gaz à la valeur qui convient au meilleur éclairage.

La sensibilité de l'appareil dépend de la section de la cloche et de la longueur du cône ; on donne quelquefois à la génératrice de ce dernier la forme plus rationnelle d'un arc de parabole.

Il se produit quelquefois, dans ces appareils, lorsque la pression initiale varie brusquement, une série d'oscillations qui se transmettent jusqu'aux brûleurs et font danser les flammes ; on a cherché à y obvier par l'emploi de doubles cônes, et quelquefois au moyen du remplacement des cônes par des soupapes ; mais, dans ce dernier cas, c'est aux dépens de la sensibilité de l'appareil.

La figure 348 représente la forme que donne à ses régulateurs la *Compagnie pour la fabrication des compteurs et matériel d'usines à gaz*. L'appareil est cylindrique, vertical, et les deux capacités ont une forme telle que les tuyaux d'arrivée et de départ soient au même niveau. La cloche est

PLOMBERIE.   33

guidée verticalement au moyen de galets, et l'espace situé
au dessus correspond directement à l'air libre. La soupape a
la forme d'un arc de parabole allongé.

La cloche est rendue légère par un réservoir d'air annulaire, formant flotteur, soudé aux parois du bas et permettant
d'ajuster à la partie supérieure, sous forme de rondelles en
plomb, un lest réglable à volonté.

La pose de cet appareil est très simple : on le remplit d'eau

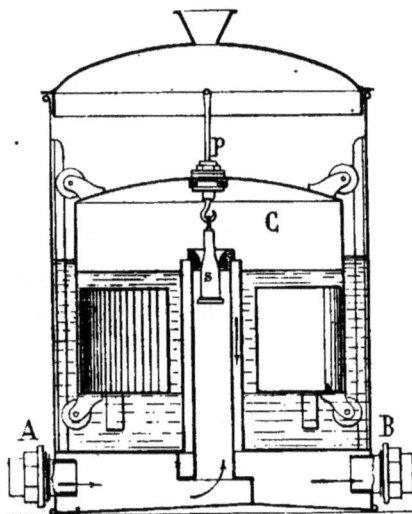

Fig. 348.

jusqu'à ce qu'elle s'écoule par la vis de trop-plein située
sur le cylindre extérieur; on y ajoute, au besoin, de l'alcool
ou de la glycérine.

Ces régulateurs de pression évitent le gaspillage du gaz et
assurent une grande régularité dans l'éclairage; ils exigent
une canalisation bien faite, avec des tuyaux de diamètres
appropriés et suffisamment grands.

197. Régulateur Parenty. — Ce régulateur se compose d'un récipient cylindrique vertical (*fig.* 349), dans
lequel le gaz arrive par le tuyau A, et d'où il sort par le con-

duit B. Ce récipient renferme la cuvette cylindrique et mobile
C d'un manomètre à eau, cuvette suspendue par une tringle
rigide à l'extrémité d'un fléau de balance, et équilibrée par
un contrepoids p pour un certain niveau du liquide qu'elle
contient. Dans cette cuvette plonge un large tube vertical

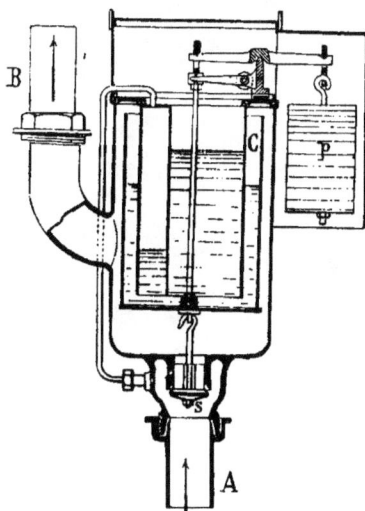

Fig. 349.

fixe, soumis à la pression atmosphérique ; le haut de ce tube
est soudé au plafond du récipient.

La soupape S, qui va régler le débit du gaz, est accrochée
au-dessous de la cuvette et participe à tous ses mouvements.
Un frein de sûreté se trouve sous le fléau, et un tube compen-
sateur est destiné à détruire les résistances qu'une pression
variable à l'entrée ne manquerait pas d'exercer sur la soupape. Si la pression du gaz augmente en B, l'eau montera
dans le tube fixe, la cuvette sera plus légère, le contrepoids
l'emportera, et la soupape d'arrivée se rapprochera de son
siège et resserrera le passage.

Ce régulateur est d'une grande précision en même temps
que d'une très remarquable sensibilité.

CHAPITRE IX

BRULEURS ET APPAREILS

SOMMAIRE :

CHAPITRE IX

BRULEURS ET APPAREILS

198. Unité de lumière. — Photométrie. — En France, on prend comme unité de lumière l'intensité d'une lampe carcel, alimentée par de l'huile de colza et brûlant par heure 42 grammes de ce combustible.

Le Congrès international de 1881 a décidé de prendre pour unité pratique : la quantité de lumière blanche émise normalement par un centimètre carré de platine fondu à la température de solidification. On a nommé cette unité un *violle*, du nom de M. Violle qui l'avait proposée. La carcel égale les 0,481, soit approximativement la moitié du violle. Le Congrès des Électriciens en 1889 a adopté la *bougie décimale* comme unité sous-multiple. C'est la vingtième partie du violle, ou approximativement la dixième partie de la carcel.

Lorsqu'on veut comparer des intensités de lumière, on s'appuie sur la loi de physique suivante : la quantité de lumière reçue en un point par unité de surface varie en raison inverse du carré de la distance de la source lumineuse.

La *photométrie* est la science de la mesure des intensités lumineuses. Le principe des appareils nommés *photomètres* consiste à éclairer, au moyen des sources de lumière à comparer, deux écrans juxtaposés, et à régler la distance des

sources jusqu'à ce que les deux écrans soient éclairés iden-
tiquement ; on juge alors des intensités, au moyen de la loi
précédente, par les distances des sources à leurs écrans respectifs.

La photométrie ne permet ainsi de comparer que des
lumières de composition presque identique ; avec les cou-
leurs ou les flammes de compositions différentes, la
comparaison ne donne plus de résultats exacts, et on est
conduit à juger d'après les effets sur nos organes de vision.
Il y a, par exemple, certains rayons tels que les rouges, et
surtout les jaunes, qui nous permettent de voir mieux les
objets que des intensités plus fortes de rayons verts, bleus
ou violets.

D'après cela, pour éclairer de la même façon, physiologi-
quement parlant, il faudra un éclairage plus intense par
bec électrique ou à incandescence que par des foyers de
lumière plus jaune.

Il y a à tenir compte aussi de la surface d'émission de la
source lumineuse[1]. Lorsqu'elle est faible, comme dans les
lampes électriques, l'intensité de la lumière affecte nos
organes de telle façon qu'il faut un éclairage général plus
vif pour nous faire distinguer les objets, et, lorsqu'on atténue
les foyers trop brillants par des globes dépolis prenant moitié de la lumière, on dépense ainsi l'excédent d'éclairage
dont il vient d'être parlé et la netteté des objets n'est pas
diminuée.

199. Brûleurs à flamme libre. — On divise les becs
d'éclairage en deux groupes : les *brûleurs à flamme libre*, et
les *brûleurs à cheminées*.

Dans les brûleurs à flamme libre, le gaz sort par un orifice ouvert extérieurement, et on allume le jet au contact
de l'air froid. Dans les appareils de chauffage, le gaz sort de

---

[1] Voir *Le Gaz*, par E. DE MONTSERRAT et E. BRISAC.

l'appareil par un orifice simplement percé dans la paroi de l'appareil. Pour l'éclairage, on a étudié les formes d'orifices qui donnent le meilleur résultat, et on a créé des *becs* que l'on visse à l'extrémité des branchements et qui sont disposés suivant l'effet à obtenir. Ce sont des cylindres creux terminés en bas par un pas de vis (uniforme pour tous les fabricants, et que l'on nomme le pas des becs), et en haut par un disque ou un bouton sphérique portant l'orifice.

Le bec le plus simple est le *bec bougie* dans lequel le disque est simplement percé d'un orifice unique rond et vertical (*fig.* 350). Le gaz s'élève en jet suivant cette direction et donne une flamme analogue à celle d'une bougie. La dépense est faible, de 25 à 30 litres de gaz par heure ; mais

Fɪɢ. 350.

l'intensité de l'éclairage est très médiocre, et ces becs dépensent par unité d'éclairage, c'est-à-dire par carcel, 150 litres à l'heure.

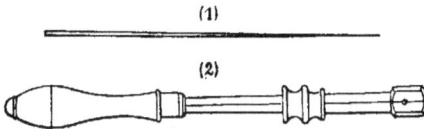

(1)

(2)

Fɪɢ. 351.

On les fait en fonte de fer, et alors ils sont très solides ; mais, lorsque la fonte s'oxyde, l'orifice se bouche facilement,

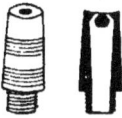

Fɪɢ. 352.

et il faut le déboucher au moyen d'un épingloir en acier effilé [*fig.* 351 (1)] emmanché dans un porte-épingloir, croquis(2).

On les fait aussi en une matière terreuse, compacte, la *stéatite* (silicate impur de magnésie), qui présente l'avantage de moins s'échauffer, mais est assez fragile. Il faut tenir compte de cette fragilité lorsqu'on est dans l'obligation d'*épingler les becs*, afin de dégager la sortie du gaz.

Le *bec Manchester* est analogue, comme forme, au bec-bou-

gie ; seulement, le disque supérieur est percé de deux trous
conjugués, inclinés l'un vers l'autre. Le choc des deux jets
de gaz qui se rencontrent à la sortie produit une lame perpendiculaire à la ligne d'axe des deux trous, et, en l'allumant, on produit une flamme plate, dont la forme en queue
de poisson est représentée dans la figure 353.

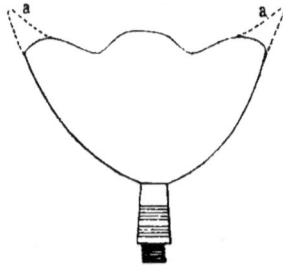

Le bec Manchester demande
au moins 3 millimètres de
pression pour la sortie du gaz ;
il jouit de la propriété que,
lorsque la pression augmente,
le débit ne s'élève pas dans
la même proportion. De plus,
la flamme reste de largeur
sensiblement constante et ne
fait que s'élever avec la pression.

Fig. 353.

Si la pression augmente trop, le bec fait entendre un
sifflement caractéristique, et la flamme s'étend en deux cornes
extrêmes *a, a*.

En raison de ces propriétés, ce genre de becs convient très
bien lorsqu'il doit être enfermé dans un globe qu'il ne
risque pas de casser par une trop grande proximité de la
flamme.

Au point de vue du rendement, il est supérieur à celui
des becs-bougies. Pour les dépenses de 100 à 150 litres, il
faut adopter[1] le diamètre des trous de 1^{mm},5 ; il donne alors
la lumière d'une carcel avec une dépense de 137 litres de
gaz.

Pour les dépenses d'au moins 200 litres, il faut adopter
des trous de 1^{mm},7 à 2 millimètres ; on arrive alors à une
dépense de 120 à 125 litres par carcel.

Les becs Manchester sont à employer pour l'éclairage à

[1] Voir la notice publiée par la *Compagnie pour la fabrication des compteurs
et matériel d'usines à gaz.*

l'air libre, et aussi, mais avec des trous réduits, pour l'emploi du gaz riche, l'acétylène par exemple.

Comme pour les becs-bougies, on les construit en fonte ou en stéatite; on en fait également d'une construction mixte, le disque en stéatite étant enchâssé dans un cylindre en fonte. Ils s'épinglent comme les becs-bougies. Ils portent sur le cylindre extérieur des cercles qui indiquent par leur nombre le numéro du bec.

Le *bec papillon* diffère du bec précédent en ce que le disque est remplacé par une portion de sphère traversée par une fente verticale d'où le gaz sort en produisant une flamme en éventail. La largeur de la fente varie suivant le numéro du bec; elle est marquée par des cercles extérieurs, indiquant par leur nombre les dixièmes de millimètres que présente cette largeur; la série va de 1 à 10.

La figure 354 représente en élévation et en coupe verticale la forme d'un bec papillon. On construit ces becs en fonte

Fig. 354.

ou en stéatite. Les becs en fonte sont beaucoup plus solides, mais ils s'oxydent à la fente, et celle-ci perd de sa netteté; il faut alors les épingler, et cette opération demande à être renouvelée de temps en temps. On l'exécute facilement au moyen d'un épingloir en forme de couteau, représenté un peu ouvert (*fig.* 355), et dont la lame en acier a une épaisseur constante de un ou deux dixièmes de millimètres d'épaisseur. Il suffit de passer cette lame dans la fente des becs. Les

Fig. 355.

becs en stéatite risquent moins de s'encrasser, ils transmettent moins la chaleur aux tubes porte-becs et aux robinets; mais ils sont plus fragiles. Quand on les épingle avec la lame d'acier, il faut beaucoup de précautions; on préfère faire cette opération avec un morceau de carte mince.

Le rendement d'un bec papillon varie avec la pression,

l'épaisseur de la lame de gaz et la consommation par heure.

La meilleure pression est de 2 à 3 millimètres au bec. Le maximum de pouvoir éclairant correspond à une fente de $0^m,0007$. On arrive dans ce bec à produire une carcel avec 120 litres de gaz, avec des consommations de 130 à 150 litres. Plus la fente diminue d'épaisseur plus le pouvoir éclairant diminue; le bec à fente de $0^m,0001$ donne proportionnellement quatre fois moins de lumière.

Dans un bec à fente large, $0^m,0006$ par exemple, l'éclairage varie proportionnellement à la dépense pour des consommations variant du simple au double, de 120 à 240 litres; au-delà, le pouvoir éclairant baisse rapidement.

Dans les becs papillons, la hauteur de la flamme reste à peu près constante avec la pression, la largeur seule varie. Le débit varie avec la pression dans de très larges limites.

Le bec papillon adopté à Paris et dans nombre d'éclairages de villes est à fente de 0,0006.

Pour un débit de 124 litres, la largeur de sa flamme est de			$0^m,07$
—	149	—	—	0 ,08
—	178	—	—	0 ,09
—	204	—	—	0 ,10

La consommation normale de ce bec est de 140 litres.

Les becs à fentes minces conviennent très bien pour le gaz riche qui contient des hydrocarbures en excès.

Tous ces becs à flamme plate, qu'on emploie avantageusement pour les extérieurs, ne conviennent dans les intérieurs que pour quelques applications spéciales. Dans nos demeures ils manquent de fixité, la flamme oscillant au moindre déplacement de l'air ambiant.

On leur préfère alors des becs à tirage d'air au moyen d'une cheminée transparente, dans lesquels on peut obtenir une flamme fixe avec de meilleures conditions de combustion, et une meilleure utilisation du gaz.

200. Porte-becs. — Les becs tels qu'ils ont été décrits plus haut, qu'ils soient en fonte ou en stéatite, doivent être vissés à l'extrémité des appareils d'éclairage. La pièce de ces appareils qui les reçoit prend le nom de porte-becs. C'est une portion de tube en laiton terminé par un orifice taraudé au pas des becs.

De l'autre bout, le porte-bec est muni également d'un pas de vis, un peu plus fort cette fois, qui le relie au reste de l'appareil, et généralement au robinet de commande.

Les porte-becs peuvent être très courts, comme dans le

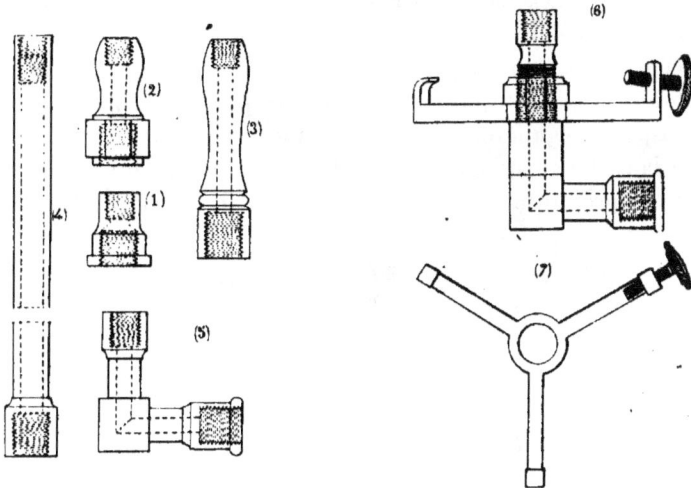

Fig. 356.

croquis (1) de la figure 356. D'autres fois ils doivent être plus longs, comme dans les croquis (2) et (3). En (4) on en voit un très allongé qui porte le nom de *Chandelle*, et dont on règle la longueur à la demande.

On en fait de coudés comme en (5); on les nomme des *pipes*. Enfin, ces porte-becs, verticaux ou coudés, peuvent être disposés comme l'indique le croquis (6) pour recevoir un globe au moyen d'une rondelle à trois branches. Deux de ces branches portent une griffe pour retenir le verre du globe par un cordon saillant qui termine sa base. L'autre

branche a un talon vertical qui laisse passer le verre, et ce
dernier est retenu par l'extrémité d'une vis qui saillit à
volonté. Le croquis (7) montre en plan le porte-globe qui
vient d'être décrit.

Dans d'autres circonstances, on termine les appareils par
un large raccord serré par la chandelle, et on entoure celle-
ci d'un fourreau en porcelaine simulant une bougie.

**201. Becs à cheminées et à double courant
d'air.** — Ces becs sont établis sur le principe de la lampe
à huile à double courant d'air dite *lampe d'Argand*. Ils se
composent, en principe, d'une capacité annulaire dans laquelle
arrive le gaz, et qui le laisse échapper par une série de trous
disposés régulièrement en cercle sur un ou plusieurs rangs
à la partie supérieure. Une galerie métallique, qui entoure
le bec, reçoit une cheminée en verre. L'air arrive par le bas

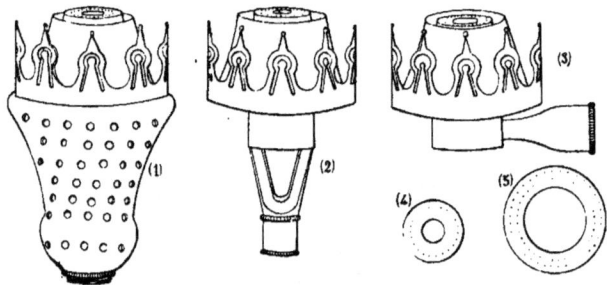

FIG. 357.

et se distribue, partie dans l'intérieur, partie au pourtour,
de telle sorte que la lame de gaz se trouve comprise entre
deux veines d'air.

La figure 357 représente ces sortes de becs, tels que les
construit la maison Bengel. Le croquis (2) indique l'arrivée
du gaz et sa distribution dans la capacité annulaire. Le croquis (1) montre comment l'arrivée du gaz est recouverte par
un panier en porcelaine percé de trous, qui régularise l'ar-

rivée de l'air. Le croquis (3) donne le même bec, mais avec arrivée de gaz par le côté. Dans quelques cas, on a remplacé la série des trous par une fente circulaire continue.

Le rendement le meilleur paraît correspondre à des diamètres de trous de 0,0006 à 0,0008 pour une dépense de 105 litres à l'heure pour 30 trous ; avec un débit de 110 litres la flamme est encore plus éclairante ; au-delà elle devient fuligineuse.

La galerie est souvent prolongée en haut par un cône en métal qui guide l'air et le rejette extérieurement sur la flamme ; on active ainsi la combustion, ce qui permet d'employer des trous de $0^m,001$ de diamètre. Ce cône diminue l'éclairage, mais donne de la fixité à la flamme. Lorsqu'on emploie une fente circulaire, la meilleure largeur est de 0,0007.

Il y a lieu de rapprocher les trous pour éviter le mélange de l'air avant la combustion ; on les met sur deux rangs concentriques pour les forts numéros d'éclairage.

Lorsque, dans ces becs, la quantité d'air affluant sur la flamme est bien réglée, et s'approche de 9 litres pour la combustion d'un litre de gaz, la consommation par carcel d'éclairage se trouve réduite à 105 litres de gaz. De plus, entre des limites très étendues, le pouvoir éclairant est proportionnel à la dépense ; c'est un des avantages importants de ces becs.

La hauteur de verre reconnue la meilleure est de $0^m,20$; c'est la hauteur courante des verres à gaz du commerce.

Les becs à cheminée et à double courant d'air sont très sensibles aux variations de pression ; à la moindre augmentation de débit, ils *filent* et demandent à être surveillés. On les construit en cuivre, en porcelaine et en stéatite. Le cuivre est trop conducteur de la chaleur et les appareils chauffent trop ; la porcelaine est préférable et surtout la stéatite.

Ces becs conviennent très bien pour l'éclairage domestique de nos demeures.

202. Becs intensifs. — Pour l'éclairage des places et des carrefours des villes, et en général des grands espaces qui doivent rester libres, on a cherché à construire des becs de forte intensité lumineuse ; la Compagnie Parisienne du Gaz a créé dans ce but le bec appelé du *Quatre-Septembre*, du nom de la rue où son application a d'abord été faite. Ce bec, dont la figure 358 donne la coupe, est formé de six becs papillon disposés en cercle, de fentes égales à $0^m,0006$. Les flammes sont tangentes à la circonférence. Au-dessous de ces becs sont disposées deux coupes en cristal qui dirigent l'air en deux courants : l'un, au centre, arrive dans l'intérieur de la couronne des becs ; l'autre, entre les deux coupes, se dégage extérieurement au cercle des becs, tout près de ceux-ci.

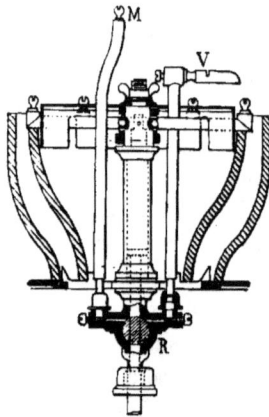

Fig. 358.

Les flammes des six becs s'étalent et arrivent à se toucher en formant un cylindre continu, elles trouvent l'air convenable pour la combustion du gaz, et les produits chauds de celle-ci s'élèvent en chauffant la partie haute de la lanterne où on place ce bec. On adapte en ce point un réflecteur en porcelaine qui reflète bien la lumière. Des courants d'air ménagés le long des verres maintiennent ceux-ci à une température relativement basse et les font résister au froid et a la pluie extérieure.

L'allumage ne peut se faire à la manière ordinaire avec une lampe à huile longuement emmanchée ; on a recours à un bec veilleuse, qui permet l'allumage dès qu'on lâche le gaz, tout en étant d'un débit relativement faible pendant le jour. — On a ajouté à ces becs un bec de minuit, qui reste seul allumé dans la seconde moitié de la nuit ; au moyen

de la manœuvre d'un robinet à trois eaux, on commande
à volonté, soit le bec intensif, soit le bec de minuit, soit la
veilleuse. Ce brûleur consomme 1.400 litres, avec une intensité de 13 carcels. Il compense ce faible rendement par un
éclairage très uniforme réparti sur un grand espace.

203. Becs à récupération. — On a vu que le pouvoir
éclairant du gaz augmentait, avec la température de la flamme.
Or un moyen d'élever cette température consiste à alimenter
le brûleur avec de l'air déjà échauffé, et on peut échauffer
l'air par les chaleurs perdues de la flamme du brûleur.

M. Siemens a établi sur ce principe, déjà appliqué aupa-
ravant par Chaussenot, un bec à flamme renversée, avec cheminée latérale, arrivant à produire l'intensité d'une carcel
avec une dépense réduite de 35 à
55 litres, suivant le débit. Ce brûleur Siemens ne s'est pas répandu,
mais il a été le point de départ de
plusieurs autres appareils pratiques.

Le bec *Wenham* est un appareil
à flamme renversée ; il est représenté en la figure 359, comme ensemble, et en la figure 360, comme

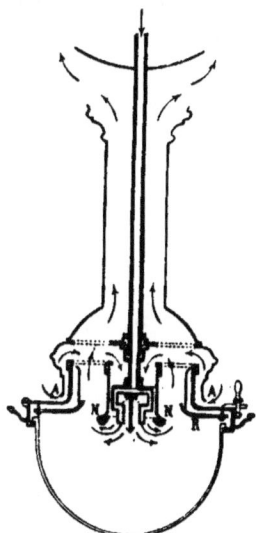

Fig. 359.

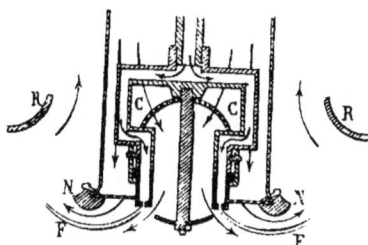

Fig. 360.

détail de sortie du gaz et de l'air. Le gaz arrive par le haut ;
il descend dans un disque circulaire percé d'une série de
trous, disposés suivant un cercle ; un champignon N recourbe
la veine de gaz.

PLOMBERIE.

34

L'air arrive du dehors par des ouvertures A ; il descend dans une capacité C en fonte où il s'échauffe et vient rejoindre la veine de gaz en ignition, dont il active la combustion.

Les produits de cette combustion, appelés par le tirage énergique d'une cheminée importante, lèchent les parois extérieures du récupérateur et lui cèdent une partie de leur chaleur. Le tout est enveloppé d'une calotte transparente.

On a établi beaucoup de modèles de becs Wenham, ayant des débits variables depuis 140 jusqu'à 900 litres.

Ces becs conviennent très bien pour éclairer dans le sens vertical ; les rayons s'étendent peu horizontalement.

Le bec Cromartie a la même forme générale, le récupérateur seul diffère.

Le bec Danichewski a ceci de particulier que, tout en conservant le principe des becs précédents, le gaz y arrive par le bas. Le champignon d'épanouissement de la flamme y constitue une des parties importantes du récupérateur.

Tous ces brûleurs ne conviennent que pour les intérieurs. Pour l'éclairage public, on a employé le principe de la récupération, en l'appliquant aux brûleurs à flamme plate. Tels sont les becs *parisien* et *industriel* qui ne diffèrent que par la forme du récupérateur.

Voici la description du bec industriel, inventé par MM. Lacaze et Cordier, construit par MM. Bengel frères, qui à Paris a remplacé le bec intensif du *Quatre-Septembre*. Il est représenté par la figure 361.

Un certain nombre de becs papillon en stéatite sont montés sur chandeliers et rangés en cercle sur une couronne annulaire dans laquelle arrive le gaz.

L'inclinaison des fentes est régulière et fait pour chaque modèle un angle constant avec la circonférence ; on voit cette disposition dans le croquis, qui représente 8 becs papillons n° 5 ainsi rangés.

Une veilleuse pour l'allumage et un bec de minuit pour restreindre la dépense, lorsque l'éclairage peut se réduire, complètent le foyer.

Le tout est enfermé dans une coupe en cristal qui garantit les flammes des agitations extérieures, permet la récupération et laisse passer les rayons lumineux.

Au-dessus de la coupe est placé le récupérateur, sorte de calorifère exécuté en nickel et composé de deux capacités A

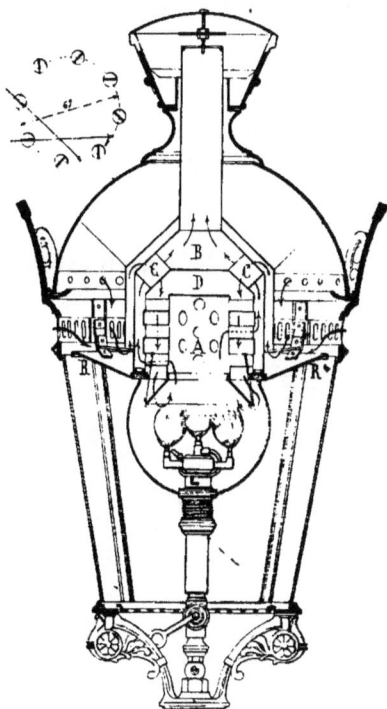

Fig. 361.

et B, communiquant entre elles au moyen d'une série de tubes horizontaux développant une grande surface.

La capacité A reçoit les produits de la combustion, étant placée directement au-dessus de la coupe en cristal qui contient le foyer. La capacité B communique avec une haute cheminée d'évacuation, qui facilite par son tirage le mouvement des gaz et les déverse au dehors. Toutes les surfaces

ainsi développées reçoivent les calories produites et les transmettent à l'air pur venant du dehors.

Celui-ci suit un chemin en sens contraire des produits de
la combustion en léchant la face opposée des parois du
calorifère. Il arrive dans la coupe à une température élevée
et alimente la combustion des becs.

L'entrée de l'air dans le calorifère
est modérée par un brise-vent.
Ainsi qu'on le voit, malgré sa complication, tout cet appareil peut se
loger dans la capacité d'une lanterne de ville dont on a augmenté
le cube par l'addition d'un dôme.
Un réflecteur R envoie vers le sol,
au loin, les rayons lumineux émis
dans une direction supérieure à
l'horizon.

Il existe dans Paris trois types de
ces becs qui consomment respectivement 430, 750 et 1.200 litres de gaz.

La dépense par carcel varie de 50
à 80 litres par heure.

MM. Bengel ont créé, sur ce principe de la récupération, un type de
lampes d'intérieur, pour rateliers et magasins, brûlant, suivant les numéros, de 350 à 750 litres. Il est représenté dans
la figure 362. Ce bec comporte un régulateur et un réflecteur en tôle émaillée; l'allumage se fait par l'extérieur.

En tournant dans un sens et de quantité convenables un
robinet spécial à trois directions qui commande l'appareil,
on peut à volonté :

Fermer complètement l'arrivée du gaz ;

Ouvrir une veilleuse que l'on peut allumer du dehors ;

Donner le gaz en plein.

Dans ce dernier cas, la veilleuse n'est plus alimentée et
s'éteint.

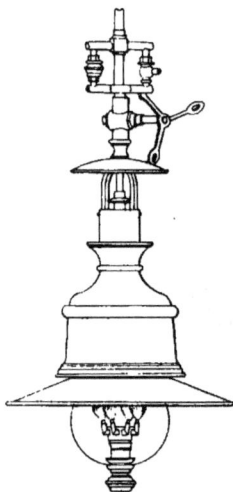

Fig. 362.

La commande de ce robinet, placé en haut de l'appareil, se fait par le moyen de deux chaînettes pendantes.

Cette lampe peut être très facilement disposée, de même qu'on l'a vu pour la lampe Wenham, en vue de la ventilation des locaux, en même temps que pour leur éclairage.

204. Becs à incandescence. — Toute flamme est composée de trois régions : le milieu où l'air n'arrive pas, partie obscure ; une région enveloppant celle-là, où la combustion a lieu, mais avec de l'air en quantité insuffisante pour donner une combustion complète ; la température y est assez élevée pour que les particules de charbon, mises en liberté par la décomposition des hydrocarbures, soient portées au rouge blanc et deviennent éclairantes ; enfin, une troisième région, enveloppant le tout, et encore plus chaude ; la combustion s'y achève au contact de l'air environnant.

On a, depuis longtemps, cherché à rendre les flammes plus éclairantes en leur faisant échauffer un corps fixe, tel que la chaux ou la magnésie. La lumière Drummond est dans ce cas, mais jusqu'à ces derniers temps on n'obtenait de résultat qu'en forçant la lumière au moyen d'un chalumeau.

Le problème restait donc celui-ci : produire une flamme très chaude où la combustion soit complète, et l'envelopper d'un corps réfractaire susceptible d'être porté à très haute température et à devenir incandescent sur toute sa surface, tout en laissant passer les produits gazeux de la combustion.

On a essayé tout d'abord les terres alcalines (chaux, magnésie, baryte, strontiane ; mais ces oxydes n'ont pas donné les résultats attendus ; leur fixité n'est pas absolue et ils se désagrègent facilement. On a cherché à leur donner de la cohésion au moyen de sels métalliques ; mais, ceux-ci se volatilisant, la cohésion n'était pas durable.

On a eu alors recours au groupe d'oxydes dénommés *terres rares*, tels que ceux de thorium, zircon, lanthane, didyme, césium, erbium, terbium, yttrium et ytterbium. Ces oxydes, mélangés entre eux et chauffés fortement, prennent une belle

incandescence, chacun ayant sa coloration propre. Le
thorium est celui qui donne la plus belle lumière, légèrement bleuâtre ; le zircon et le lanthane donnent le blanc pur ;
le césium donne une lumière un peu rouge. Plusieurs de
ces corps se trouvent associés naturellement dans certains
minéraux, tels que la monazite, qui ont fait l'objet des
premières recherches. On leur ajoute des oxydes métalliques
d'autres groupes, tels que l'alumine qui exalte leur incandescence, ou les sels d'or qui donnent une coloration spéciale.

Ces bases sont tout à fait réfractaires et, loin de les désa-
gréger, la chaleur tend, au contraire, à les agglomérer; c'est
avec elles que l'on est arrivé à fabriquer des manchons de
la forme des flammes que l'on en coiffe, et qui, placés dans
la région la plus chaude, participent de sa température très
élevée.

On a créé sur ce principe de nombreux appareils qui
diffèrent peu par la forme des manchons et varient plutôt
par les matières réfractaires employées.

La fabrication des manchons est une opération fort simple.
On prend un tissu de coton à larges mailles, très léger,
affectant la forme du manchon à produire, mais avec des
dimensions supérieures pour prévoir un fort retrait ; on
prépare une de ses extrémités de façon à permettre sa suspension. On trempe le tissu dans le mélange convenable
des azotates des bases rares adoptées et on sèche à l'étuve
sur un mandrin de bois ou de verre.

On incinère ensuite le manchon en le suspendant et
l'allumant par le haut; le coton brûle, et il reste des cendres
noirâtres affectant la forme primitive mais contractée. On
incinère au chalumeau; les azotates décomposés laissent les
oxydes, et on obtient en fin de compte les cônes réguliers du
commerce, avec leur couleur blanche. La matière devenue
pâteuse s'est agglomérée et est devenue transportable, tout
en présentant une grande fragilité.

Cette fragilité est un inconvénient auquel on pare en im-

prégnant le manchon d'un liquide tel que le collodion, qui
lui donne une cohésion momentanée et disparaît au premier
allumage. On a essayé l'emploi de tissus de platine pour
soutenir les oxydes, mais les inégales dilatations mettent le
manchon hors de service dès le premier jour.

Le brûleur destiné à porter le manchon à l'incandescence
est un bec Bunsen plus ou moins modifié dans ses détails.
Le gaz, mélangé d'air par aspiration, brûle en bleu, la consommation varie de 90 à 110 litres de gaz pour une pression
de $0^m,05$ à $0^m,06$; la lumière produite varie aux environs de
3 à 5 carcels, lorsque l'utilisation est bonne.

Il faut apporter un soin tout particulier à l'allumage des
becs, afin de ne produire aucune explosion qui puisse ébranler
et détruire le manchon. Cet allumage se fait convenablement
au moyen d'une mèche à alcool que l'on présente par le
bas.

Lorsqu'il n'arrive aucun accident, la durée d'un manchon
peut aller à 1.000 ou 1.200 heures. Mais l'intensité lumineuse
ne reste pas constante pendant ce temps. D'après le résultat
d'expériences citées par MM. de Montserrat et Brisac, une
mèche qui, neuve, donnait une utilisation de $23^1,6$ par carcel,
exigera :

Au bout de	100 heures	$31^1,2$ par carcel.
—	244	—	42 8	—
—	384	—	57 7	—
—	504	—	64 5	—
—	664	—	76 3	—
—	830	—	84 »	—
—	1.070	—	92 3	—

205. Bec Auer. — Le bec Auer von Welsbach est la
première forme pratique de ces appareils, et, malgré son
prix élevé, il a eu et conserve un grand succès, en raison de
l'économie de gaz qu'il procure.

Le bec Bunsen employé se compose d'un ajutage, terminé
par un disque percé de petits trous, par lesquels arrive le

gaz. Sur cet ajutage est vissée une hausse portant à sa
partie basse élargie des trous d'admission d'air. Le gaz,
par sa pression, entraîne l'air
comme dans un injecteur, et cet
air doit être en quantité suffisante
pour produire la combustion complète et donner la plus haute
température possible. Le brassage
des deux fluides s'opère par le
passage du mélange à travers un
petit tamis situé à la partie supérieure du brûleur.

La figure 363 représente la
disposition générale du bec Auer ;
on voit que le mélange gazeux se
dégage autour d'un cône central
qui sert à se rendre compte de la
marche de la flamme et à régler,
au besoin, suivant la pression, la
quantité d'air à admettre.

Le bec commercial commence
à pouvoir fonctionner dans une
pression de 15 à 18 millimètres,
et marche normalement avec 40 millimètres, l'excès de
pression ne peut que produire une augmentation d'intensité,
l'appel d'air suivant le débit du gaz. Au-delà de 40 millimètres, il devient utile d'ajouter à la hausse une bague
percée de trous se superposant aux trous d'admission d'air ;
en faisant tourner cette bague, on diminue légèrement les
sections d'entrée, et on les met en rapport avec la quantité
d'air qu'il devient nécessaire d'admettre.

La Compagnie des becs Auer accuse pour ses becs une
dépense de 20 litres de gaz par carcel.

L'allumage se fait par le bas au moyen d'une mèche imbi-
bée d'alcool en ignition.

Pour les appareils placés hors de portée, pour lesquels l'em-

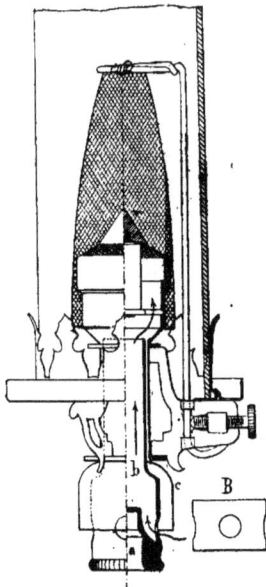

FIG. 363.

ploi d'un allumoir à alcool est difficile, la Compagnie des becs Auer a créé un bec à veilleuse centrale. Cette veilleuse reste toujours allumée, et sa dépense de jour peut être réduite à 4 litres à l'heure; elle est commandée par le même robinet que la lampe et un seul mouvement de manœuvre fait passer de la veilleuse au bec allumé en plein, et réciproquement.

Pour les appareils extérieurs, on facilite l'allumage en employant une rampe représentée dans la figure 364. Son fonctionnement est le suivant: dès qu'on tourne la clef du robinet R, le gaz pénètre dans la rampe et s'échappe par les petits trous; on l'allume en approchant une flamme quelconque; cette flamme monte jusqu'au manchon. En continuant d'ouvrir la clef, le gaz arrive au manchon qui s'allume immédiatement. Pendant un instant, le gaz brûle à la fois le long de la rampe et sous le manchon. Enfin, en terminant le mouvement de la clef, on ferme la rampe qui s'éteint, et le bec seul reste allumé.

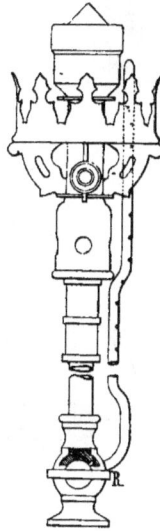

Les becs Auer présentent le grand avantage d'une fixité absolue. La cheminée peut être ou bien un verre ordinaire

FIG. 364.

à gaz, ou bien un verre légèrement étranglé qui donne de la fermeté à la lumière.

206. Autres becs à incandescence. — Il s'est créé un grand nombre de modèles de becs à incandescence, se rapprochant plus ou moins des types Auer.

Voici quelques détails sur les plus intéressants.

Le *bec Oberlé* présente un brûleur de forme spéciale, dessinée en coupe dans la figure 365. Une vis réglable à volonté permet de proportionner l'ouverture à la pression du gaz. L'orifice reste assez grand pour ne pas risquer d'être obstrué

par les poussières. Ce bec, qui fonctionne normalement avec
une pression de 40 millimètres, peut
néanmoins donner une lumière
convenable lorsque la pression est
réduite à 15 millimètres.

Le bec Oberlé consomme 105
litres, et son inventeur indique une
puissance lumineuse de 6 carcels.

L'incandescence des manchons
est légèrement rougeâtre, colora-
tion qui paraît produite par une petite quantité de sels d'or.

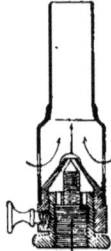

Fig. 365.

Fig. 366.

Le manchon, monté sur
douille métallique, est maintenu par une suspension bien
étudiée ; il est l'un des plus
solidement emmanchés, ce qui
facilite son transport et son
montage.

Le *régulateur incandescent*
présente un brûleur Bunsen
analogue à celui du bec Auer ;
l'accès de l'air est réglable au
moyen d'une douille mobile.
Le gaz s'échappe par cinq trous
percés dans le disque qui termine le bec ; l'air arrive au
pourtour.

Le manchon est porté par
une douille métallique comme
dans le cas précédent.

Le *bec Henry* est représenté
en coupe verticale dans la
figure 367. L'arrivée du gaz au
bec Bunsen est réglable par
une sorte de robinet vertical
au moyen de la clef *g*. Il s'échappe par un jet unique qui fait

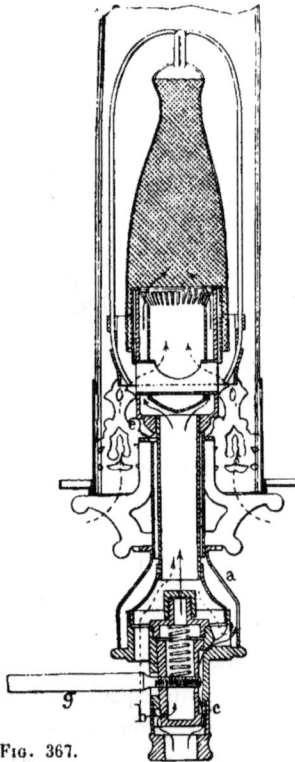

Fig. 367.

appel sur les orifices d'accès de l'air; de là, il va au bec qui alimente le manchon.

En tournant légèrement le robinet du bas, on fait passer le gaz dans un conduit latéral, en *c*; puis, au moyen d'un double cylindre, on le fait déboucher en *e*. Sur le parcours, des ouvertures en fente discontinue le laissent s'échapper, et le tout constitue une rampe d'allumage.

Le mélange de gaz et d'air s'échappe à travers une grille supérieure, au-delà de laquelle a lieu la combustion.

Le manchon est très solidement suspendu et attaché par le moyen de deux fils en nickel emboîtés dans une douille.

Ce bec peut marcher avec 18 millimètres de pression ; dans ce cas, sa consommation est de 96 litres. L'inventeur accuse un éclairage de plus de 6 carcels. Avec une pression de 45 millimètres, la consommation, d'après lui, serait de 113 litres, et l'intensité de 8 carcels.

L'*héliogène* est également un bec incandescent, mais de forme absolument différente de celle des appareils précédents. Le brûleur est composé de deux becs Manchester. Chaque bec donne une flamme en éventail large et très

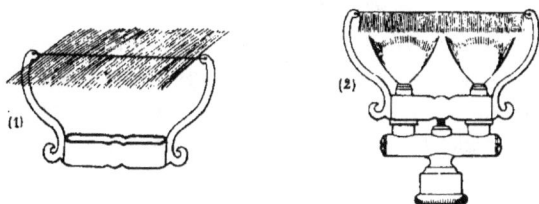

Fig. 368.

mince et la combustion y est complète avec l'air ambiant. La flamme est d'un bleu légèrement bordé de blanc, et au-dessus se trouve une région incolore où la combustion s'achève et où la température est fort élevée. C'est dans cette région que l'on place le corps qui doit être porté à l'in-candescence : *la plume*.

La plume est composée d'un fil de platine tendu entre deux supports et sur lequel sont noués des filaments de coton imprégnés des matières de l'incandescence. Ces fila-ments sont placés côte à côte dans le même plan, comme les barbes d'une plume. La plume et son support en nickel [*fig.* 368, (1)] se placent sur le brûleur, ainsi que le montre l'ensemble en (2).

On allume le gaz, et on le met en veilleuse ; la matière organique de la plume se brûle lentement ; lorsqu'elle est réduite en une matière blanche, on donne le gaz en grand et on le laisse brûler une heure. Les brins de la plume s'inclinent à 45°, et l'ensemble présente une solidité relative.

Chaque fois qu'on allumera les becs, la plume deviendra éclairante.

Le bon fonctionnement correspond normalement à une pression supérieure à 60 millimètres d'eau. La dépense est de 45 litres de gaz par bec, soit 90 litres par appareil.

La durée de la plume peut être de 1.500 à 2.000 heures ; c'est presque toujours le fil de platine qui est désorganisé par l'usage. La lumière est blanche et très douce.

207. Éclairage au gaz ordinaire. Système Denayrouze. — *M. Denayrouze* a trouvé qu'en brassant d'avance, au moyen d'un petit ventilateur, électrique le mélange de gaz et d'air, avant de l'envoyer brûler sous un manchon, on obtenait à la flamme une température beaucoup plus élevée et un éclairage tel que l'intensité d'une carcel ne correspondrait qu'à une dépense de 10 à 12 litres de gaz ; malheureusement la chaleur dégagée est très grande, et toute cheminée en verre est immédiatement fondue. D'autre part, la fragilité du manchon ne permet pas de l'abandonner à l'air libre. Il était intéressant de citer ce résultat très économique dont l'application pratique ne saurait tarder. Le mélange de gaz et d'air se fait en proportions parfaitement déterminées, soit environ 4 ᵒˡ,5 d'air pour 1 volume de gaz. Ces proportions sont convenables pour obtenir une combinaison complète du mélange.

Pour que la combustion soit entière, il faut qu'il y ait un mélange homogène des deux gaz, et on l'obtient par un brassage mécanique au moyen d'un petit ventilateur à ailettes. Une fois le mélange obtenu, il se rend aux brûleurs, où on le combine sous les manchons.

Il faut remarquer que le mélange d'air et de gaz, dans les proportions ci-dessus indiquées, est très détonant, et il y a lieu de prendre des précautions minutieuses pour éviter les accidents ; la principale de ces précautions consiste à multiplier les appareils mélangeurs et à les établir tout près des brûleurs pour éviter un transport du mélange.

La combustion du mélange de gaz et d'air développe une température très élevée au manchon, tellement qu'il est impossible d'envelopper les becs d'une cheminée en verre ; celle-ci, comme nous l'avons dit, serait immédiatement fondue. Les manchons sont donc exposés à l'air sans la protection d'un verre ; il faut les faire plus grands et plus solides que ceux de l'éclairage Auer. Il en résulte également que l'éclairage Denayrouze convient pour l'éclairage de grands espaces, voies publiques ou ateliers ; il peut lutter avec l'éclairage électrique au moyen des arcs, mais ne peut être utilisé à l'éclairage des habitations.

Là où il est possible, il est excessivement économique, si l'on compare la lumière obtenue à la quantité de gaz dépensée pour la produire. On a le pouvoir éclairant de une carcel avec une consommation de 10 litres de gaz à l'heure, soit une bougie par litre de gaz dépensé en une heure.

La figure 369 représente la disposition d'un faisceau de brûleurs Denayrouze branchés sur une canalisation de gaz. Il est bon de bien régler l'arrivée du gaz ; aussi interpose-t-on, entre le branchement et l'appareil représenté, un rhéomètre qui régularise le débit. Sortant du rhéomètre, le gaz est dirigé, par un tube latéral, jusqu'en G, à l'orifice d'une prise d'air aboutissant à l'œil d'un ventilateur V.

En même temps qu'il y a entrainement de l'air par la sortie du gaz, il faut y joindre l'aspiration du ventilateur. Les effets sont calculés de telle sorte que les deux gaz soient mélangés dans la proportion indiquée plus haut.

Le mélange chassé par le ventilateur se rend directement

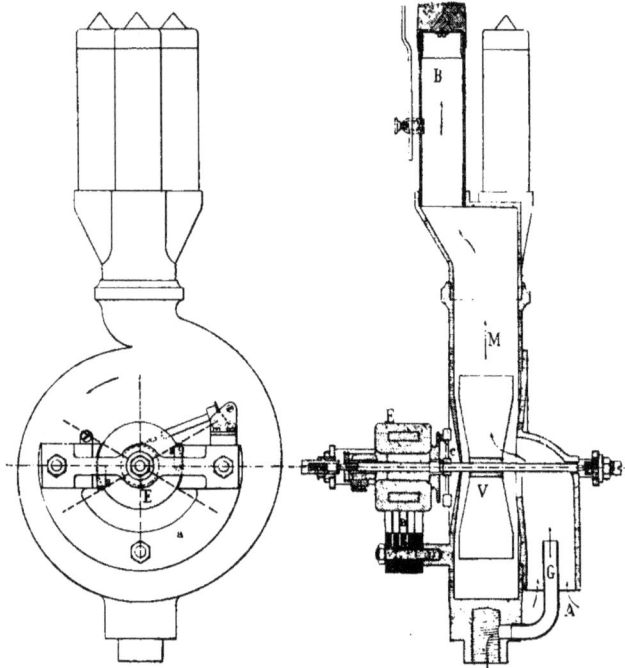

Fig. 369.

aux brûleurs. On obtient l'homogénéité du mélange en maintenant bien constante la vitesse du ventilateur, dont la marche est réglée à 800 tours par minute pour les petits appareils, et à 600 tours pour les grands.

La rotation du ventilateur est obtenue au moyen d'un petit moteur électrique E à enroulement Gramme. Le champ d'excitation est produit par un aimant permanent a; avant de passer dans la bobine mobile, le courant est reçu dans le régulateur de vitesse *c*. Ce dernier est combiné de telle sorte que, si la vitesse augmente, la résistance de l'ensemble augmente dans le même rapport ; l'intensité du courant qui passe dans la dynamo est alors réduite jusqu'à ce que la vitesse redevienne normale. L'effet inverse se produit si la vitesse diminue.

Le mélange gazeux est évacué en M par la tuyère du ventilateur, et envoyé en B aux brûleurs. Dans ce parcours, il traverse une série de toiles métalliques prévenant tout retour de flamme en arrière.

La durée des manchons peut être évaluée de cent vingt à cent cinquante heures. Au commencement de leur emploi, la lumière est tout à fait blanche ; peu à peu elle devient un peu rougeâtre.

Les types d'appareils que construit en ce moment la *Compagnie d'éclairage Denayrouze* sont les suivants :

NOMBRE de becs	CONSOMMATION DE GAZ à l'heure	MOTEUR ÉLECTRIQUE	
		FORCE ÉLECTROMOTRICE aux bornes de la machine	INTENSITÉ du courant
becs	litres	volts	ampère
1	300	4	0,25
3	750	4	0 5
5	1.250	6	0 5
8	2.400	8	0 6
20	5.000	12	1 »

Le courant peut être produit par des piles, mais celles-ci s'épuisent très rapidement. Il vaut mieux, quand on le peut, avoir recours à des accumulateurs, dont on règle la dépense avec un rhéostat, ou bien se brancher directement sur une canalisation électrique.

208. Appareils à gaz. — Les appareils à gaz sont de
véritables porte-becs que l'on trouve généralement tout préparés dans le commerce, appropriés aux différentes circonstances des applications pratiques les plus usuelles. Ils sont
établis pour se visser sur les raccords préparés dans la canalisation pour les recevoir en place convenable, soit sur les
parois verticales des maçonneries ou boiseries, soit sur les
surfaces horizontales des plafonds. Leurs pas de vis sont
toujours pour ainsi dire les mêmes; ils rentrent presque
tous, pour les appareils, dans le pas de Paris. On rencontre
rarement les deux ou trois autres types dont il a été fait mention : Pas de Rouen et autres. Pour les gros appareils
chaque constructeur choisit le pas de vis qui lui est propre
et qui est en rapport avec la résistance à obtenir.

Ces appareils sont formés de pièces pleines ou creuses
suivant les cas, droites en forme de tiges ou courbes
comme des rinceaux. On les assemble à vis, avec de la
céruse en pâte pour faire le joint ; ils sont disposés de telle
sorte que le gaz circule facilement, sans rencontrer ni
obstacles, ni points bas où la condensation de l'eau puisse
s'accumuler. Dans les appareils où un point bas existe, on
ménage un bouchon mobile, afin de permettre les dégorgements.

Parmi ces appareils, on en rencontre d'absolument fixes ;
c'est le cas le plus général. Dans d'autres, une portion, celle
qui porte le brûleur, est mobile, soit autour d'un axe vertical, soit autour d'un axe horizontal; ce mouvement permet
de faire varier la position de la flamme dans certaines
limites. On a même fait des appareils dont les tiges de
suspension, formées de parties emmanchées à la façon des
lunettes ou des télescopes, pouvaient varier de longueur, s'allonger ou se raccourcir à volonté. Mais, dans ces dernières
combinaisons, les presse-étoupes, qui forment la garniture, ne
donnent aucune sécurité. Au bout de peu de temps les joints
ne sont plus étanches et on peut craindre le danger de fuites
sérieuses. Il faut rejeter en principe ce genre d'appareils.

Les appareils qu'on trouve dans le commerce se ramènent à un certain nombre de types courants dont les principaux sont détaillés plus loin.

Les modèles représentés par les figures 370 à 388 sont extraits de l'*Album de la maison Lacarrière, Delatour et Cie*.

209. Des bras fixes. — Les plus simples des appareils à gaz sont les *bras*, applicables toutes les fois que l'on a besoin d'avoir une flamme fixe à faible distance d'un mur. Ils se composent d'une tige courte avec filetage d'attente pour le brûleur, d'un côté, et, de l'autre, un robinet et une embase élargie, formant rosace, pour recouvrir la patère préparée dans le mur. Au centre de l'embase est percé le canal d'écoulement du gaz, taraudé au pas de Paris. Quand on pose l'appareil, on garnit le raccord d'attente de la canalisation avec quelques filaments d'étoupe mélangés de céruse en pâte ; on règle l'épaisseur de la matière molle, pour pouvoir tourner l'appareil de telle sorte que celui-ci s'arrête dans sa position exacte, tout en faisant un joint tout à fait étanche.

La figure 370, qui, dans son croquis n° 1, représente un bras droit fixe, donne en (2) un bras légèrement cintré,

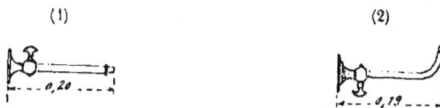

Fig. 370.

plus commode et de forme mieux appropriée dans certaines applications.

Ainsi qu'on l'a déjà dit, la sécurité veut que, dans ces bras, comme dans les appareils qui suivront, on place par dessus le bouton de manœuvre de la clef du robinet, pour que, en cas de desserrage de la vis, cette clef ne tombe pas, en déterminant une fuite dangereuse. La position la plus convenable est donc celle du croquis (1). Ce n'est que si les appareils sont placés trop haut pour que la manœuvre soit commode que l'on renverse la clef comme dans le croquis (2).

Au lieu de porter un simple bec à flamme libre, les bras peuvent avoir à porter des becs à cheminée et à double courant d'air, avec ou sans abat-jour. Dans ces cas, la tige devient plus forte en raison du poids à soutenir, et on lui

(1)   (2)

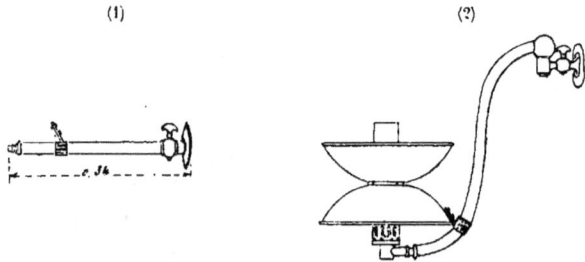

Fig. 371.

soude une patte disposée pour recevoir, au moyen de vis, l'abat-jour métallique ou le support métallique d'un abat-jour en porcelaine ou en opale. Le bras peut être droit comme dans le croquis (1) de la figure 371, ou cintré comme dans le croquis (2), pour le cas où le point d'attache doit être remonté, au-dessus d'un vitrage par exemple. La forme

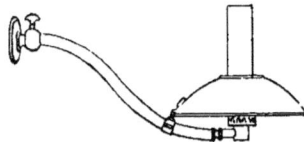

Fig. 372.

courbe du bras se prête à toutes les circonstances. Elle peut être très accentuée comme dans le croquis (2) de la figure 371, ou très faiblement sinuée lorsqu'elle correspond à une petite différence de niveau entre la flamme et le point d'attache, comme dans la figure 372. L'abat-jour lui-même peut être double ou simple, suivant les besoins de l'éclairage, comme le montrent les deux figures ci-dessus.

210. Des genouillères. — On fait des bras que l'on nomme des *genouillères* ; ils présentent, près de leur point d'attache, et immédiatement après le robinet, une articulation autour d'un axe vertical, au moyen de la disposition qui a été nommée *mouvement de genouillère* (V. n° 172) ; de cette façon, le brûleur décrit un demi-cercle dont le rayon est égal à la longueur de la tige, et il peut prendre sur le cercle telle position que l'on veut. On nomme *genouillère à une branche* la disposition qui vient d'être indiquée et qui est dessinée dans le croquis (1) de la figure 373 ; *genouillère à deux branches*, celle du croquis (2), dans lequel le bras

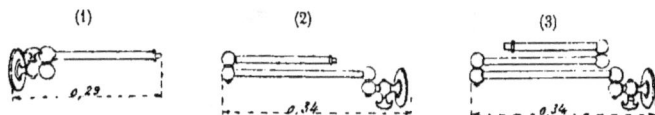

Fig. 373.

mobile est formé lui-même de deux tiges articulées entre elles, ce qui étend le champ de position de la flamme ; *genouillère à trois branches*, celle qui contient 3 tiges articulées entre elles. Plus le bras de levier devient long, plus il faut des tiges et des articulations solides pour soutenir, avec le porte-à-faux croissant, les poids du bec, de la cheminée en verre et de l'abat-jour, auxquels il faut ajouter la pression possible de la main dans la manœuvre de l'allumage.

Les bras de genouillères peuvent avoir les mêmes formes que les bras fixes qu'on a vus ci-dessus, autrement dit on peut appliquer des mouvements de genouillère aux bras fixes déjà indiqués ; on en voit un exemple dans le croquis (2) de la figure 371. La figure 374 donne deux exemples de disposition de bras à genouillère souvent employés à l'éclairage des boutiques. Le premier, n° 1, donne la forme appelée souvent *pipe*, employée à l'intérieur ; au mouvement de

genouillère supérieur est attachée une tige verticale terminée
en bas par un coude à angle droit vif, portant le bec à cheminée de verre et un abat-jour oblique, chargé de refléter la
lumière sur les marchandises en montre. Cet abat-jour pour
plus de solidité est tenu en deux points, le point bas et une
attache supérieure.

(1)　　　　　　　　　(2)

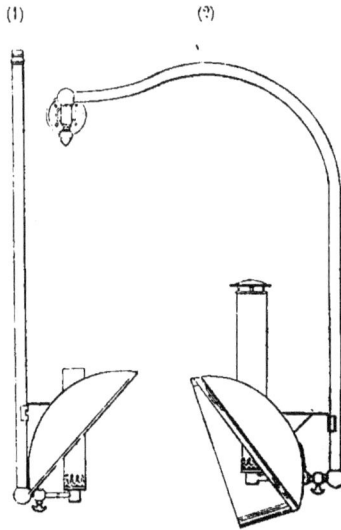

Fig. 374.

Le croquis (2) de la même figure donne un bras extérieur
courbé à la demande et portant, comme le précédent, au bout
d'une tige horizontale l'appareil d'éclairage. Pour le garantir
du vent, le réflecteur est fermé par une porte à charnière
avec glace bombée, le verre lui-même entre au-dessus de
l'abat-jour dans un manchon métallique protecteur surmonté,
à petite distance, d'un couvercle appelé souvent *fumivore*.

**211. Bras consoles avec ou sans mouvement de
genouillère.** — Dans les installations qui demandent un
certain luxe, on remplace les bras droits fixes ou à genouillère par des consoles en forme de rinceaux. La partie courbe
qui laisse passer le gaz peut être exécutée de deux manières :

1° au moyen d'un tube en cuivre cintré à la demande ; c'est le moyen le plus simple et le plus éco- nomique ; on raccorde ce tube au mieux avec les portions d'ornementation pleines qui complètent l'appareil ;

2° En fondant l'appareil en plein, et perçant après coup dans la partie cintrée des portions de forages droits qui se rac- cordent et dont on bouche au moyen de soudures ou de brasures les extrémités. On conçoit que ce

Fig. 375.

travail de percement, long et difficile, exige d'autant plus d'habileté de l'ouvrier que le tracé des pièces est plus con- tourné et composé d'arcs de plus petits rayons de cour- bure.

La figure 375 représente un bras simple à rinceau avec genouillère, portant une chandelle entourée d'un manchon en porcelaine figurant bougie.

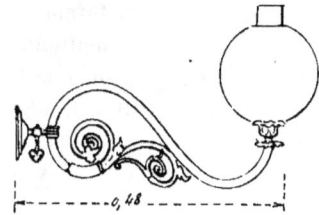

Fig. 376.

La figure 376 montre un bras fixe à rinceau, portant un bec à cheminée, avec globe pour tamiser la lumière et la rendre plus douce.

La figure 377 donne la forme d'un bras fixe faisant console avec suré- lévation du bec au-dessus du point d'attache. Le bec est à cheminée, et cette dernière est entourée d'un globe en verre douci comme dans l'appareil précédent.

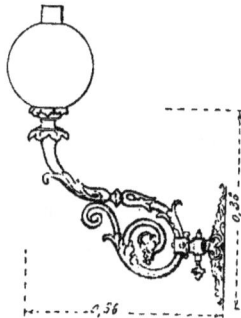

Fig. 377.

212. Lyres et lampes-écusson. — Lorsque les becs d'éclairage doivent être suspendus au plafond des pièces habitées, un des moyens les plus simples de les porter est d'employer les *lyres*. Une lyre (*fig.* 378) est composée d'un tube cintré suivant une forme rappelant plus ou moins l'instrument de musique qui a donné son nom à l'appareil. La hauteur est suffisante pour permettre de supporter un bec à cheminée et son verre. Le haut de la lyre est attaché à une tige verticale, munie d'un plus ou moins grand nombre de bagues et rosaces, et cette tige est terminée par une embase large, taraudée, qui se visse sur le raccord d'attente.

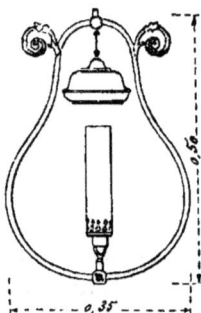

Fig. 378.

La lyre peut être simple, ou munie d'un globe, ou enfin garnie d'un abat-jour de petites dimensions.

La figure 379 donne une variante de forme des lyres. A la partie supérieure de la monture, on suspend une petite cloche renversée, en métal ou en porcelaine, qui se nomme un *fumivore*. Ce fumivore ne supprime nullement la fumée lorsque le bec file, mais il la dilue dans un plus grand volume d'air et empêche les plafonds de se noircir autant, surtout lorsque la surface du plafond n'est pas très élevée au-dessus de la flamme.

Les abat-jours que l'on peut placer entre les branches d'une lyre ne peuvent pas être très développés ; ils ne renvoient que peu de lumière, en

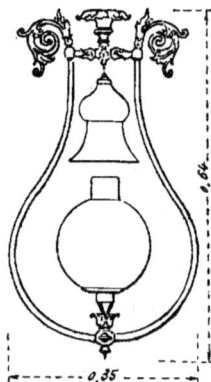

Fig. 379.

raison de leurs dimensions restreintes. On augmente la quantité de lumière en prenant la disposition représentée dans le croquis 380. Ici les branches sont resserrées et l'abat-jour, d'aussi grand diamètre que l'on veut, est extérieur aux branches sur lesquelles il est vissé. L'une des branches est

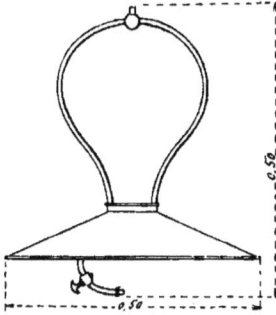

Fig. 380.

supprimée au-dessous de l'abat-jour, afin de pouvoir laisser passer celui-ci pour le monter.

Cette forme de lyre prend le nom de *lampe-écusson*. On en fait de bien des formes, suivant la destination prévue pour l'appareil.

La figure 381 en montre une qui peut se prêter aussi bien à l'adoption d'un globe qu'à celle d'un abat-jour ; la partie haute est symétrique et comprend, entre les deux branches du tube cintré, le fumi-vore qui couvre le bec ; puis, les branches se resserrent pour passer dans le globe. L'une s'arrête presque aussitôt après lui avoir fourni un point d'appui ; l'autre se continue en suivant la courbure du verre et se termine par un culot infé-rieur, qui sert de support au globe. Ce culot est mobile pour permettre de po-ser le verre ; de plus, il doit être percé

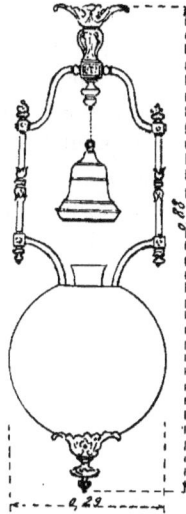

Fig. 381.

de trous, afin de donner passage à l'air qui doit alimenter la combustion.

213. Appareils à deux branches dits *tés*. — Lorsqu'on a à éclairer aussi uniformément que possible une surface horizontale allongée, telle qu'une table, un billard, etc.,
on se sert avantageusement d'appareils à deux branches en
prolongement, dits *tés*. L'un de ces tés est dessiné dans la
figure 382; il se compose d'une tige verticale de suspension
au milieu de l'appareil, et cette tige prend son point d'appui

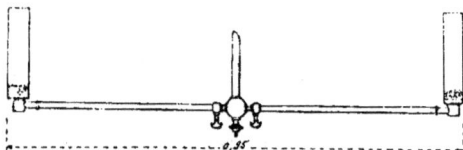

FIG. 382.

à la patère du plafond. En bas, cette tige se termine par une
sphère ou un culot de raccord, duquel partent, après deux
robinets de manœuvre, deux bras horizontaux en prolongement. La force des tubes est telle qu'ils peuvent sans plier,
malgré le porte-à-faux que donne l'appareil, soutenir le brûleur, sa cheminée et son abat-jour ou son globe. La sphère
est un point bas dans lequel peuvent s'accumuler les condensations, on le perce en dessous d'un trou taraudé, sur
lequel on visse un bouchon facilement démontable.

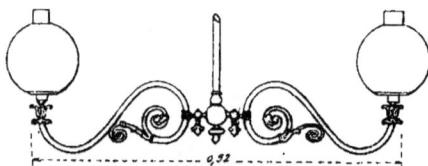

FIG. 383.

Lorsque la question de décoration devient importante, on
remplace les bras droits par des pièces courbes, étudiées dans
le style de l'ornementation générale de la pièce. La figure 383
représente ainsi un *té à rinceaux*, qui remplit le même but
que le précédent, tout en présentant un aspect extérieur plus
satisfaisant.

214. Lampes et lustres. — On donne souvent le nom de *lampes* aux tés à rinceaux qui précèdent, lorsqu'ils n'ont que les deux branches dont il a été parlé. Mais on réserve plutôt ce nom lorsque le nombre des branches vient à augmenter autour de l'axe vertical, en s'espaçant suivant des

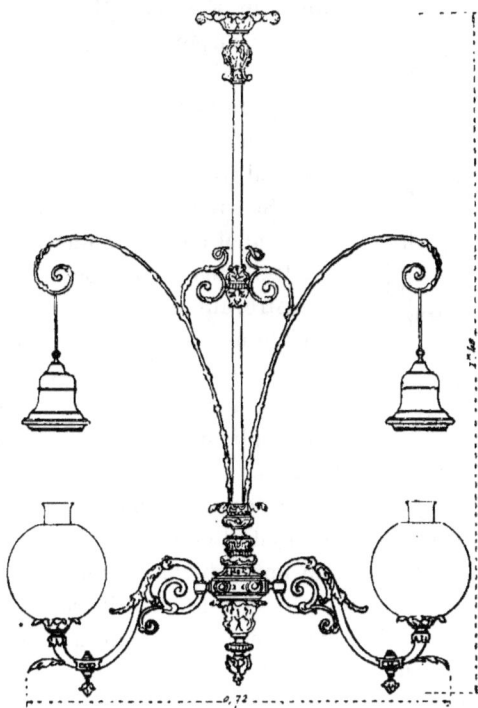

Fig. 384.

angles égaux. Si l'on suppose que l'appareil de la figure 384 présente trois, quatre ou six bras régulièrement répartis autour du culot milieu, on aura plus particulièrement une *lampe*. Ces sortes de lampes, en raison de la décoration importante qu'elles supportent, deviennent des appareils très lourds. Pour leur suspension, il faut des patères métal-

liques spéciales ; souvent on les garnit de fumivores, soutenus au-dessus des becs par des tiges cintrées.

D'autres fois, on ajoute à chaque bras, indépendamment
des brûleurs à verre et à globes, un certain nombre de becs
bougies régulièrement répartis, montés sur chandelles avec
bougies en porcelaine. Lorsque l'appareil
ainsi disposé est de petites dimensions, il
continue de porter le nom de *lampe*. S'il
arrive à des dimensions importantes, il
devient un *lustre*. La grande quantité de
gaz brûlée dans ces appareils conduit
assez naturellement à utiliser la chaleur
dégagée pour ventiler le local de réception auquel ils sont appliqués ; on le fait
très facilement en disposant au-dessus
du lustre, autour de la patère métallique
spéciale qui sert d'attache, une grille à
jour permettant le passage des gaz. Au
moyen d'une gaine horizontale ménagée
dans le plafond, on conduit le gaz à une
cheminée montante qu'on a dû prévoir
dans la construction. En raison de la
haute température, il se produit dans le conduit ainsi formé
un tirage énergique, qui non seulement enlève les produits
de la combustion, mais encore une quantité considérable de
l'air de la pièce. Il faut toujours avoir soin, quand on prend
cette disposition, de se ménager un moyen de réglage par le
moyen d'une valve, dont le mouvement de manœuvre soit
facilement accessible.

La figure 385 représente un appareil qui tient à la fois
de la forme de la lyre et de celle de la lampe ; on le range
plutôt dans cette dernière catégorie. Les branches s'écartent
assez pour porter un cercle à feuillure disposé pour recevoir
un abat-jour en opale. Les branches peuvent être au nombre
ae deux ou de trois, et on leur ajoute souvent à chacune
trois becs bougies, ou trois supports de bougies ordinaires,

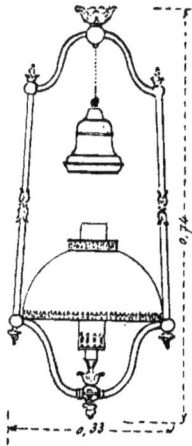

Fig. 385.

pour donner de l'importance à l'ensemble. Ainsi disposé, l'appareil est un de ceux qu'on adopte le plus fréquement pour l'éclairage des salles à manger dans les appartements moyens.

215. Lanternes appliques. — Les lanternes sont des cages en verre disposées pour abriter les becs que l'on doit mettre, soit tout à fait à l'extérieur, soit dans les vestibules ou couloirs dans lesquels il se produit des mouvements importants de l'air ambiant, capables de faire varier les flammes ou même de les éteindre. La plus simple des lanternes est représentée dans la figure 386. C'est ce que l'on nomme la *lanterne-applique*. C'est une cage en verre sur trois côtés, présentant un dos métallique muni de moyens d'accrochage. Elle est, en effet, destinée à s'appliquer sur le parement vertical d'un mur ou d'une cloison et à abriter un manchon terminé par un brûleur à flamme libre. Les parois latérales sont fixes, la paroi du devant est à charnières

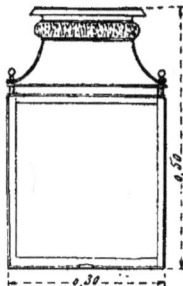

Fig. 386.

pour former porte et permettre l'allumage. Le verre du dessous est échancré pour permettre l'arrivée de l'air. Le plafond est surélevé et présente une galerie à jour sur son pourtour, afin de permettre l'échappement des produits de la combustion. Il forme en même temps *fumivore*.

Le dos est garni soit d'une tôle peinte en blanc, soit d'un véritable réflecteur en cuivre argenté, afin de renvoyer utilement en avant la portion de lumière qui serait absorbée par le mur sans aucun avantage. La forme du réflecteur dépend de la grandeur et de la disposition des espaces pour l'éclairage desquels on peut le plus avantageusement employer cette disposition.

216. Lanternes rondes. — Dans les vestibules ou les cages d'escalier, dans lesquels les ouvertures de portes peuvent amener des courants d'air violents, on emploie des *lanternes rondes*, dont l'une est représentée dans la figure 387. Elles ont la forme d'un cylindre vertical dont les parois sont formées par trois ou quatre verres bombés, maintenus dans une monture en métal. Celle-ci est suspendue par un nombre

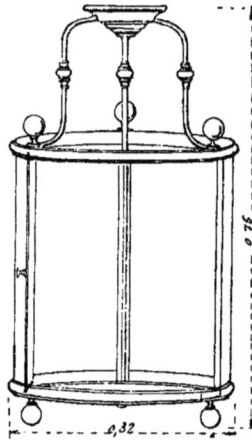

convenable de rinceaux à culot métallique. Le culot, l'un des rinceaux
et une branche verticale de la monture sont creux et communiquent
afin de laisser passer le gaz. Ce
dernier est ramené au milieu à la
partie basse pour aboutir à un brûleur unique ou à un groupe de
trois ou quatre brûleurs. Presque
toujours, on emploie des brûleurs
à flamme libre. Cependant, on peut
y installer des becs à cheminée et
à double courant d'air, et même
des becs à incandescence. Le bas
de la lanterne est fermé par un
disque en verre laissant un trapil-

Fig. 387.

lon mobile pour l'allumage et présentant un passage suffisant pour l'air d'alimentation des brûleurs.

Le haut de la lanterne est complètement ouvert.

Indépendamment du trapillon mobile dont il vient d'être parlé, la monture est organisée pour que l'un des verres bombés soit à charnières et forme porte, pour le nettoyage ou les réparations.

Rarement, ce genre de lanternes s'applique directement au plafond ; presque toujours elles se trouvent suspendues à l'extrémité d'une tige verticale plus ou moins longue, qui sert à les mettre à la hauteur la plus convenable au-dessus du sol.

217. Lanternes extérieures. — Les lanternes extérieures sont vitrées sur leur pourtour, quelquefois à verres

bombés dans les installations de luxe, plus souvent à pans
pour la plus grande commodité de l'entretien de la vitrerie.

La figure 388 représente l'une d'elles, dont la monture est
établie sur un plan carré et supportée par quatre branches
sinueuses réunies par un cercle inférieur percé. Ce cercle
est serré entre les deux pièces d'un rac-
cord, dont l'une fait partie du support,
et l'autre tient au porte-bec. Il y a deux
étages de verres : ceux du bas sont en
surplomb sur la verticale, ceux du haut
simplement inclinés ; tous sont en forme
de trapèze. L'un des verres de surplomb
forme porte à charnières et peut s'ouvrir
pour le nettoyage. Le dessous est également vitré ; il est fixe, sauf un trapillon mobile servant à l'allumage. Le
haut est terminé par une sorte de dôme
métallique, ordinairement en cuivre
comme le reste de la monture, avec une
galerie à jour pour l'évacuation des produits de la combustion.

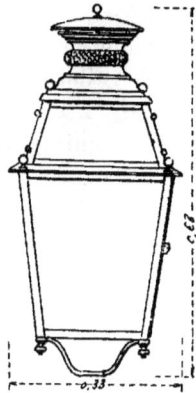

Fig. 388.

Les lanternes se placent de 2^m,50 à 4 et 5 mètres du sol ;
leur hauteur dépend de l'écartement que l'on adopte entre les
appareils. Si l'on veut régulariser l'éclairage, on trouve qu'il
faut adopter une hauteur aussi grande que possible.

Si, au contraire, on veut plus particulièrement éclairer
certains points, il faut abaisser les lanternes le plus près
possible de ces points.

Les lanternes se placent, soit sur des consoles appliquées
aux murs, soit sur des candélabres isolés.

Les consoles appliquées au mur sont quelquefois à genouillère, surtout pour les lanternes de petites dimensions ; la
figure 389 montre la forme qu'elles présentent ; mais, dans la
grande généralité des cas, les consoles sont à scellements.
Elles sont formées, comme le montre la figure 390, d'un
tube en fer creux, fermé du côté du scellement, et servant à

conduire le gaz. Celui-ci arrive par une tubulure latérale. Il

FIG. 389.

porte une sorte de rinceau inférieur en fonte, avec lequel il
est bien attaché ; un second scellement complète
la fixation. L'extrémité du tube se termine par
un culot qui porte le brûleur. Il faut avoir bien
soin, dans le scellement des consoles, que le
gaz ne puisse se répandre dans les interstices
du mur et provoquer, par des fuites qui peuvent
s'étendre au loin, de graves accidents.

C'est pour éviter ces accidents et la responsabilité qui en dérive, que la ville de Paris ne
scelle plus ses consoles dans les murs de face
des maisons en bordure sur les voies publiques
étroites, elle préfère plaquer un candélabre spécial le long de ces façades, et c'est ce candélabre
qui porte la console.

Lorsque les trottoirs sont larges, on emploie
des candélabres posés près des bordures. Ce sont
des colonnettes en fonte à socle massif, très effilées
par le haut, et présentant sur la hauteur de leur

FIG. 390.

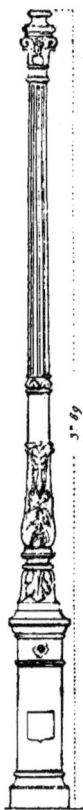

FIG. 391.

fût des moulures et des ornements appropriés. Dans le socle

est généralement une porte pour permettre la pose du plomb d'alimentation et la manœuvre d'un robinet d'arrêt inférieur, lorsque l'on juge utile d'en interposer un. Le socle se prolonge en terre de 0^m,75 à 0^m,80 pour y trouver un scellement. Le haut reçoit la lanterne et le brûleur; on a vu le détail de l'installation de la partie haute dans la figure 310.

Le haut des lanternes se modifie et s'élargit lorsqu'elles doivent contenir des brûleurs spéciaux. La figure 361 montre ainsi une lanterne à dôme très développé contenant un bec à récupération.

TABLE DES MATIÈRES

PREMIÈRE PARTIE

DISTRIBUTION DES EAUX DANS UNE PROPRIÉTÉ

CHAPITRE PREMIER

TUYAUTERIES

CHAPITRE II

APPAREILS D'ARRÊT ET DE PUISAGE

CHAPITRE III

PRISES D'EAU. — POMPES. — COMPTEURS

CHAPITRE IV

CANALISATIONS. — RÉSERVOIRS D'EAU

DEUXIÈME PARTIE

ASSAINISSEMENT DANS LA MAISON

CHAPITRE V

APPAREILS UTILISATEURS D'EAU ET LEURS DÉCHARGES

CHAPITRE VI

CANALISATION DES EAUX RÉSIDUAIRES D'UNE PROPRIÉTÉ

TROISIÈME PARTIE

ÉCLAIRAGE AU GAZ

CHAPITRE VII

GAZ. — CANALISATIONS ET ACCESSOIRES

CHAPITRE VIII

COMPTEURS ET RÉGULATEURS

CHAPITRE IX

BRULEURS ET APPAREILS

Tours. — Imp. Deslis Frères, 6, rue Gambetta.